Buch

Das Fortschreiten zu höheren und umfassenderen Lebensformen ist möglich, wenn der Mensch die Grundüberzeugung gewinnen kann, daß es immer ein »Weiteres« gibt, das über die gegenwärtige Selbstbeschränkung unseres Begreifens der Wirklichkeit hinauswächst. Das Buch zeigt, wie wir durch das Verständnis des Kosmos, durch die überwältigenden Einsichten in die Struktur, den Aufbau, die Gesetze und Prozesse des Universums auch einen neuen Zugang zu unserer Psyche gewinnen können. Wenn wir den Kosmos als lebendiges Ganzes begreifen, beginnen wir uns selbst nicht mehr als vereinsamtes Individuum zu sehen, sondern finden Anschluß an die kosmischen Lebensgesetze, in die wir eingebettet sind wie in den göttlichen Willen. Mynarek entwirft und entwickelt unter Einbeziehung der neuesten naturwissenschaftlichen, kosmologischen, anthropologischen, ethischen und psychologischen Erkenntnisse ein umfassendes Weltbild, in dem wir selbst den Weg unserer Evolution bestimmen können, aber zugleich Bestandteil des großen kosmischen Lebensgesetzes sind.

Autor

Hubertus Mynarek, geboren 1929 in Oberschlesien, studierte Theologie, Philosophie und Psychologie in Krakau, Lublin, Münster und Würzburg. 1953 empfing er die katholische Priesterweihe, 1966 bis 1968 war er Professor für Religionsphilosophie und Fundamentologie in Bamberg, danach bis 1972 Professor für vergleichende Religionswissenschaften in Wien. Im November 1972 führte sein offener Brief an den Papst zum Kirchenaustritt und zum Entzug der kirchlichen Lehrbefugnis. Mynarek ist verheiratet und Vater von drei Kindern. Seine kritischen Auseinandersetzungen mit der Kirche führten zu seinem bekannten Buch »Eros und Klerus« (1978). In einer Vielzahl weiterer Veröffentlichungen hat er sich seitdem mit modernen Glaubensfragen auseinandergesetzt und zu der Entwicklung eines ökologischen Weltbildes beigetragen.

Weitere Bücher von Hubertus Mynarek sind bei Goldmann in Vorbereitung. Bereits erschienen ist sein Buch »Ökologische Religion« (Goldmann TB 12005)

HUBERTUS MYNAREK

DIE VERNUNFT DES UNIVERSUMS

Auf der Suche nach den Lebensgesetzen von Kosmos und Psyche

GOLDMANN VERLAG

Originalausgabe

Der Goldmann Verlag
ist ein Unternehmen der Verlagsgruppe Bertelsmann

Made in Germany · 7/88 · 1. Auflage
© 1988 by Wilhelm Goldmann Verlag, München
Umschlaggestaltung: Design Team München
Satz: Fotosatz Glücker, Würzburg
Druck: Elsnerdruck, Berlin
Verlagsnummer: 14041
Redaktion: Christa Marsen
Lektorat: Michael Görden
Herstellung: Gisela Ernst
ISBN 3-442-14041-2

Inhaltsverzeichnis

Einführung

Erster Teil
Ökologische Elemente
und Lebensregeln bei den Naturvölkern 13

1. Mensch und Natur in der Sicht des prähistorischen
   Menschen 15
2. Mensch und Natur in der Sicht der Naturvölker 21
2.1 Der Baum als herausragendes Beispiel des
    Mensch-Natur-Zusammenhangs 32
2.2 Das Tier als Exemplifizierung des Zusammenhangs
    von Mensch und Natur 49
2.3 Analogien im Umgang mit Mensch und Tier.
    Ethische Ideale des »Primitiven« und die »Götzen«
    des Weißen Mannes 69
2.4 Zur Spiritualität eines Naturvolkes 81

Zweiter Teil
Die Öko-Logik des Kosmos oder:
Das Universum als Haus des Seins 91

1. Universum – Naturgesetze – kosmische Grundkräfte –
   Leben und Mensch als hochkomplexer, engstens
   vernetzter, universeller Seins- und Funktions-
   Zusammenhang 93
2. Am Anfang war nicht das Chaos! Expansionsgeschwindigkeit und Ordnung des Universums 149
3. Die Zeit des Universums als Ermöglichungsgrund
   reflex-bewußter Existenz 153
4. Die Feinabstimmung der vier Grundkräfte der Natur –
   Grundlage der Entstehung von Leben 155
5. Eine Ökologie von wahrhaft kosmischem Ausmaß:
   Die Einbettung der Erde in die Energieströme des
   Universums 160

6. Die Erde als ökologisches System, als Organismus 169
7. Abschließende Bemerkungen über Zufall, Zweck und
   Ganzheit 179

Dritter Teil
Das Haus der Psyche 185
  1. Durch das Tor der Psychologie zum öko-kosmischen
     Bewußtsein 187
  2.1 Die psychoanalytische Religionskonzeption
      Sigmund Freuds 188
  2.2 Die Kritik am psychoanalytischen Religionskonzept
      Freuds im Rahmen einer kritischen Generalüberprüfung
      des kosmischen Erlebens überhaupt.
      Oder: Der Weg führt durch Freud über Freud hinaus .. 223
  3. Die Psychologie der nach-Freudschen Ära entdeckt die
     sprituelle Dimension im Mensch-Kosmos-Verhältnis.
     Der mehrdimensionale, ganzheitlich-universale Mensch
     gerät ins Blickfeld moderner Psychologie 245

Anmerkungen 353

Register 378

Einführung

In einer Zeit, da der technokratische Mensch im Begriff steht, die Erde total zu zerstören, und sich allenthalben – leider weitgehend begründet – Kulturpessimismus und Weltuntergangsstimmung breitmachen, sollte auch die andere Seite der Medaille ins Blickfeld gerückt werden, sollten all die positiven Regeln, Gesetze, Kräfte und Einflüsse nicht übersehen werden, die im Universum der Natur und der Psyche unser Leben und unser Bewußtsein hervorgebracht und entwickelt haben bzw. bis zum heutigen Tag aufrechterhalten. Selbst wenn in der Gegenwart oder nahen Zukunft die letzte, endgültige Entscheidung zwischen Gut und Böse, nämlich zwischen global-ökologischer Rettung oder totaler Vernichtung unseres Planeten, von den Verantwortlichen innerhalb der Menschheit getroffen werden sollte, wird sich auch noch diese Entscheidung der Tatsache verdanken, daß uns die grundlegende Ordnung und Gesetzmäßigkeit des Kosmos bis dahin am Leben erhalten hat, daß wir ohne seine Energien und fürsorgenden Einflüsse nicht einmal in der Lage wären, Hand auch noch an uns selbst und an den Organismus Erde zu legen und damit den planetarischen Selbstmord zu verüben.

Zahlreiche Ideologien der letzten Jahrhunderte haben trotz unterschiedlichster Ansätze und sogar inhaltlicher Gegensätze im Endeffekt gemeinsam darauf hingearbeitet, daß sich der Mensch ganz allein und auf sich selbst zurückgeworfen fühlte und vom Kosmos, dem »Haus des Universums«, abkapselte, das ihm trotz mancher kosmischen Katastrophe eben doch stets in diesem Hause zu wohnen erlaubte. All die großartigen Humanismen der Neuzeit, die alle zweifellos etwas zur individuellen oder gesellschaftlichen Befreiung des Menschen beigetragen haben, vernachlässigten doch stets das *Ganze* der Wirklichkeit, der Natur in ihren lebensnotwendigen, organischen Zusammenhängen mit dem Menschen, weil sie sich mehr oder minder anthropozentrisch auf den Menschen oder die Menschheit in ihrer »splendid isolation« von allen anderen Lebewesen und Wirkkräften der Erde und des Kosmos beschränkten. Der individualistische Existentialismus Sartres, der sozialistische Humanismus von Marx und Engels, der Sozialdarwinismus, die vielen psychotherapeutischen Schulen und Methoden im Gefolge der Psychoanalyse Freuds, um jetzt nur einige der einflußreichsten Strömungen zu nennen, sie und fast alle anderen Ideologien des 19. und 20. Jahrhunderts sowie die dominierende Grundtendenz unseres industrialistisch-technokratischen Zeitalters erzeugten gemeinsam trotz sonst auseinandergehender Motive, Tendenzen und Inhalte einen gewaltigen einheitlichen Druck, der das Denken und Fühlen der modernen Menschheit in eine einzige Richtung zwang, in die Richtung einer Überzeugung, die man wohl nicht deutlicher formulieren kann als mit den Worten des französischen Nobelpreisträgers Jacques Monod: »Der Mensch weiß endlich, daß er in der teilnahmslosen Unermeßlichkeit des Universums allein ist ... Nicht nur sein Los, auch seine Pflicht steht nirgendwo geschrieben.«

Der Menschheit wurde so Stück um Stück und immer radikaler das Vertrauen zum Sein, das Zutrauen zum Kosmos entzogen. Auch wenn philosophische und wissenschaftliche Erkenntnisse sonst recht lange brauchen, um in das Bewußtsein der Massen – dazu noch in trivialisierter Form – Eingang zu finden, so fühlt sich doch auch der Massenmensch unserer Tage ebenso wie der moderne Durchschnittsintellektuelle gleichermaßen als schutzloses

Zufallsprodukt in einem feindlichen Universum.

Das vorliegende Buch ist dazu geschrieben, diesen Irrtum zu korrigieren. Zwischen den beiden Extrem-Ansichten (»Der Kosmos gibt absoluten Halt und Schutz und vollkommene Geborgenheit« – »Der Kosmos ist uns absolut feindlich gesinnt bzw. kümmert sich überhaupt nicht um die Existenz des Menschen, um Leben und Intelligenz allgemein«) pendelt es die goldene Mitte aus, indem es zeigt, daß das Universum positive Faktoren, Kräfte, Energien, Gesetze, Regelhaftigkeiten bereitstellt, die Leben und Intelligenz grundlegend ermöglichen. Eine ungeheure Menge kosmischer Einflüsse und intelligenter Einrichtungen, Techniken und Taktiken, genaueste mathematische Werte, mit denen das Universum seine Naturkonstanten ausgestattet hat, Millionen von Elementen des Mikro- und des Makrokosmos wirkten und wirken weiterhin in ausgeklügelter Weise zusammen, um unser Leben, wie das der Tiere und Pflanzen auf unserer Erde, aber auch Leben im gesamten Kosmos zu gewährleisten. Denn in den zahlreichen Planetensystemen, die mit großer Wahrscheinlichkeit in den Millionen Galaxien des Kosmos realisiert sind, dürften auch Leben und Intelligenz in den verschiedensten Formen tausendfach, ja millionenfach zum Dasein gekommen sein. Der Kosmos ist eine einzigartige, letztlich trotz aller vordergründigen Dissonanzen und Katastrophen sinnvolle Gesamtkonstellation, die auch angesichts der astronomischen Entfernungen und des erhabenen Schweigens der gewaltigen Sternenmeere für den Forscher in sehr beredter, überzeugender Weise Leben immer wieder ermöglicht, aufsteigende Entwicklung in Gang setzt und intelligentes Bewußtsein hervorbringt. Gerade die ungeheure Zahl numerischer »Zufälle«, die nötig waren, die Struktur unseres Universums und sein Funktionieren zu ermöglichen und zu gewährleisten, kann wohl selbst kein Zufall sein. »Das allem Anschein nach wunderbare Zusammentreffen numerischer Werte, die die Natur ihren Grundkonstanten beigeordnet hat, muß der zwingendste Nachweis dafür bleiben, daß Planung in den Aufbau des Kosmos hineinspielt« (der englische Theoretische Physiker Paul Davies).

Daß damit nicht wieder durch eine Hintertür der Zweckgedanke in alter Form, das teleologische oder finale Prinzip hereingeschleust wird, zeigen entsprechende Ausführungen im kosmologischen Hauptteil des vorliegenden Buches (= Teil II).

Gerade auf naturwissenschaftliche Ergebnisse, Theorien und Argumente gestützt, zeigt der Autor des vorliegenden Buches, daß der Kosmos uns nicht feindlich, sondern in vieler Hinsicht freundlich gesinnt ist. Wir sind durch Tausende von Fäden mit ihm vernetzt. Jeder Mensch ist eine »kosmische Existenz«, und die Menschheit hat die Aufgabe, zum universalen Menschen emporzuwachsen. Der Kosmos ist unser erweiterter Leib, und wir sind Elemente, denkende Zellen des Kosmos. Die Rhythmik unseres Seins muß mit den großen kosmischen Gesetzmäßigkeiten und Rhythmen übereinstimmen. Es gibt eine großangelegte, umfassende kosmische Ökologie, in der alle und alles eins sind und sich in fließend-dynamischem Gleichgewicht zueinander verhalten.

Und deshalb gibt es auch in der Psyche als einem wichtigen Teilelement des Kosmos eine »Öko-Logik« der Lebens- und Entwicklungsgesetze, an die sich der Mensch weise zu halten hat, wenn er umfassende Gesundheit, echte Eigentlichkeit und Verwirklichung seines tiefsten Selbst erreichen will. »Im Innern ist ein Universum auch«, sagt Goethe, und Nietzsche hat selbst noch dem Körper, nicht bloß der Psyche, eine eigene Weisheit zuerkannt.

Jedenfalls: Auch die Psyche ist ein sinnvoller, soll zumindest ein sinnvoller Haushalt der eigenen Triebe, Tendenzen, Strebungen und Strömungen werden. Sie muß diese ökologisch ausgleichen. Die Psyche etabliert sich in dynamisch-grenzüberschreitender Weise auf einem immer höheren Niveau, auf dem sie, kaum angelangt, ein ökologisches Gleichgewicht herzustellen sucht, das durch eine Plus-Situation und Plus-Stimmung gekennzeichnet ist. Stillstand wäre auch bei ihr der allgemeine (entropische) Wärmetod des inneren Universums. Da also auch die Psyche, wenn wir ihrer aufsteigenden Gesetzlichkeit, ihrem ökologischen Haushalt folgen, ein Kosmos ist, stellen das Leben und die ökologischen Entwicklungsgesetze der menschlichen Psyche den Gegenstand der Ausführungen des dritten Hauptteils des Buches dar, der nahtlos an den kosmologischen anknüpft.

Der Mensch der Naturvölker steht dem Kosmos noch irgendwie näher. Auch er steht nicht mehr ganz unvermittelt zur Natur, weil eine Welt gesellschaftlicher Riten, Kulte und Tabus zwischengeschaltet wurde, um das Überleben des Stammes vermeintlich dadurch besser zu sichern. Aber die in viel fundamentalerer Weise ganz und gar unnatürliche Zwischenwelt der Medien, des Fernsehens, der Videokassetten, der Computerbilder usw., eine uns Stunde um Stunde, Sekunde um Sekunde mit ihren Reizen bombardierende Informationsgesellschaft, kennt er nicht oder bei weitem nicht in diesem gewaltigen modernen Ausmaß. Auch er hat natürlich die »Erbsünde« der Zerstörung der Umwelt in gewissem Maße begangen, zugleich aber finden wir bei ihm wegen seiner größeren Nähe zur Natur, und weil er noch die Stimme der Natur unverfälschter zu hören befähigt ist, viele ökologische Gesetzlichkeiten. Der moderne Forscher ist oft sprachlos und voller Staunen, wenn er mancher Verhaltensweise sogenannter Primitiver gegenübersteht, die von einer einzigartigen Symbiose dieser Menschen mit dem Kosmos und von einem unerhört feinfühligen Umgang mit den Kräften, Energien und Vorräten der Natur zeugt. Der durch unsere Industrielandschaft verödeten Psyche des Jetztmenschen soll daher in einem Vorspann zu den beiden oben kurz charakterisierten zwei Hauptteilen der bisweilen erstaunliche ökologische Reichtum der Psyche mancher Naturvölker gegenübergestellt werden.

In allen drei Teilen des Buches aber zeigt sich, daß der Geist kein frecher Eindringling in das Gebiet der Materie ist, sondern daß er auf all ihren Entwicklungsstufen gleichsam königliches Attribut dieser Materie ist, sie immer begleitend, mehr: sie stets durchdringend, selbstverständlich einmal in mehr rudimentärer bzw. elementarer, dann wieder in komplexerer Form. Den Dualismus, die Grenzen jedenfalls zwischen Materie und Geist, löst der Kosmos selbst auf. Das Universum denkt, es ist ein intelligentes Universum. Vernunft ist diesem Kosmos immanent. So wie unser Gehirn das Medium ist, durch das sich der menschliche Geist ausdrückt, so wäre der ganze Kosmos das Medium, durch das sich ein allumfassendes Geistesleben ausdrückt. Möglicherweise liegt in diesem Sachverhalt noch ein Fünkchen Hoffnung darauf, daß die Menschheit dem globalen Holocaust, auf den sie scheinbar rettungslos zusteuert, vielleicht doch noch im letzten Moment entgeht.

Erster Teil
Ökologische Elemente und Lebensregeln bei den Naturvölkern

(Ein Streifzug durch die bizarre Welt der vorgeschichtlichen und der Naturreligionen)

1. Mensch und Natur in der Sicht des prähistorischen Menschen

Für den prähistorischen Menschen wie für die Naturvölker überhaupt ist der innige Zusammenhang von Mensch und Natur eine unbezweifelbare, wohl kaum reflektierte Gegebenheit, ein zentraler Lebensbestandteil. Zwar überschreiten die Riesenzeiträume der menschlichen Vorgeschichte, jene Millionen Jahre der schriftlosen Geschichte und Kultur der Menschheit, selbst das Vorstellungsmaß heutiger Forscher und lassen deshalb für alle möglichen Interpretationen der Spiritualität des Frühmenschen Tür und Tor weit offen, da ja auch die Bodenfunde in bezug auf die psychisch-geistige Dimension der damaligen Menschen und Menschengruppen nur sehr schwer und unterschiedlich gedeutet werden können. Aber die festgestellten kultischen Praktiken prähistorischer Menschen weisen ziemlich eindeutig auf eine tiefe, freilich nicht nur religiöse, sondern auch magisch zu qualifizierende Verbundenheit mit der Natur hin.

Die Zahl der in den steinzeitlichen Höhlenmalereien dargestellten Tierbilder ist besonders groß. Der Zusammenhang mit ihnen ist ein magisch-sympathischer und die Voraussetzung dafür, daß die so dargestellten Tiere der zauberischen Einflußnahme des Menschen als Jäger gefügig sind. Viele prähistorische Funde scheinen die Ausübung einer solchen Einflußnahme zu beweisen. Es
»*kann kein Zweifel daran bestehen, daß schon damals derartige Zauberriten gebräuchlich und die Vorstellung von der geheimen Sympathie zwischen menschlichem Tun und Ge-*

schehen in der Außenwelt geläufig war... Der Zauber ist eine so wesentliche und lebensnotwendige, existenzberührende Übung, daß man ihm wohl religiösen Charakter zusprechen muß... Man könnte vielleicht von einem ›heiligen Mechanismus‹ sprechen, der das Ganze regiert, einer ›sakralen Gesetzlichkeit‹, einer ›numinosen Funktion‹, die das Weltbild dieser Urmenschen durchzieht und den Platz unseres Gottesbildes einnimmt... Es lag aber nahe, aus dem kultisch umworbenen Tier auch das heilige Objekt selbst zu machen.«[1]

Spätere Schichten der prähistorischen Kultur zeigen uns die Anfänge der Entstehung einer kosmischen Religiosität, in der die Kräfte des Himmels, der Sternenwelt, des Kosmos als Regulatoren, als beherrschende Mächte des menschlichen Lebens und Handelns empfunden und verehrt wurden. Die wuchtigen neolithischen Großsteinanlagen (bretonisch: Menhire = Langsteine bzw. Cromleche = Kreisstelle) zeigen am deutlichsten diese Verehrung der kosmischen Mächte, z. B. das berühmte Stonehenge bei Salisbury oder die gewaltigen Steinsetzungen in der Bretagne. Der kultisch-religiöse Zweck dieser monumentalen Steinheiligtümer läßt sich kaum bezweifeln. Sie waren *»offenbar für umfangreiche kultische Feiern vorgesehen. Sie gehören an sich mit der Hoch-Zeit des Fruchtbarkeitskultes und der weiblich-mütterlichen Symbole zusammen, verkörpern aber wohl eine etwas andere Richtung der Religiosität. Einzelne Merkmale der Orientierung in diesen Megalith-Anlagen sowie Zeichnungen auf den Steinen lassen ein Hervortreten des Interesses für die Himmelskörper und für die kosmisch-atmosphärischen Vorgänge erkennen. Wir sehen Sonne und Sterne (Rad, Kreis, Rosette, Asterisk) und den Axtträger, den Vorläufer des frühgeschichtlich-metallzeitlichen Wettergottes mit der Axt, vielleicht sogar auch den Sonnengott. Damit ist der Platz des Himmels im religiösen Vorstellungskreis endgültig gesichert.«*[2]

Ein kosmisch-ökologischer Mythos kann sich bilden.

Beweise gibt es auch für den Vegetationskult der prähistorischen Sammlerkulturen und für den Fruchtbarkeitskult des Steinzeitmenschen. Auf diesen Fruchtbarkeitskult weisen die vielen weiblichen Bildnisse und Statuetten der Steinzeit, die große Zahl phallischer Bildnisse, die zahlreichen Abbildungen von Paarungsszenen von Tieren hin. Man denke bei letzterem z. B. an die berühmte Höhle von Tuc d'Audoubert (Ariège), wo wir Begattungsszenen von Tieren (Bisons) unter Hervorhebung genitaler Merkmale an den abgebildeten Exemplaren besonders plastisch dargestellt finden. In den weiblichen Bildnissen und Statuetten der Steinzeit, insbesondere der Jungsteinzeit, dominieren deutlich die Geschlechtsmerkmale (Schenkel, Brüste, Gesäß, Bauch). Der moderne, aus einer anderen Perspektive heraus lebende Mensch ist geneigt, in all dem nur das derb Sexuelle zu sehen. Für den prähistorischen Menschen steht aber das sexuelle Element nicht isoliert für sich allein da, es befindet sich vielmehr in einem unlösbaren Zusammenhang mit dem Fruchtbarkeitsmotiv. Das Leben, die Natur in ihrer fruchtbar zeugenden und gebärenden Kraft, war Kultobjekt, Verehrungsgegenstand. Die naheliegenden Fruchtbarkeitssymbole dafür waren die den Zeugungstrieb des Mannes repräsentierenden phallischen Bildnisse, die die mütterliche Bestimmung der Frau veranschaulichenden weiblichen Darstellungen mit ihrer derben Betonung der Geschlechtsmerkmale und die die Fruchtbarkeit der Gesamtnatur vertretenden Paarungsszenen von Tieren. Natürlich spielten dabei praktische Beweggründe eine große Rolle. Die steinzeitlichen Jägerkulturen mußten brennend daran interessiert sein, daß das jagbare Wild fruchtbar blieb. Die Hirten- und Bauernkulturen waren nicht weniger daran interessiert, daß das von ihnen gezüchtete Tier Bestand hatte, also sich fortpflanzte. Ebenso wie vor allem die letzteren darum bemüht sein mußten, den Boden fruchtbar zu erhalten, um aus ihm die nötige Nahrung zu holen. Was also so lebenswichtig, ja -entscheidend war, mußte unter den Bedingungen des vorgeschichtlichen

Menschen, der in einem heute schwerlich nachvollziehbaren Fluidum göttlich-magischer Macht lebte, auch ganz vorrangig und zentral seinen religiösen Ausdruck finden. So nimmt es denn auch nicht wunder, daß die hier erörterten steinzeitlichen Bildnisse mindestens zu einem großen Teil als Kultbilder, als Idole anzusehen sind, als Objekte ritueller Behandlung, als Versuche der Vergegenwärtigung göttlicher oder heiliger Mächte mit Hilfe von Fruchtbarkeitsriten.

Wahrscheinlich ist aber auch, daß diese Kultobjekte des fruchtbaren Lebens zumindest manchmal und teilweise auch schon ein Element des Ahnenkultes enthielten, nämlich eine Verehrung der Stammesvorfahren, vor allem der Urmutter des Stammes oder der Familie. Es ist anzunehmen, daß in den Frauenstatuetten und weiblichen Symbolen beides zusammenfließt und sich – vor allem in den ruhigeren bäuerlichen Siedlungs- und Kulturverhältnissen der Jungsteinzeit – bereits zur Vorstellung einer göttlichen Mutter verdichtet, zu etwas Ähnlichem also wie der ›Mutter Erde‹, wie wir mit späterer Terminologie sagen würden. Daß der Wohnsitz dieser göttlichen Mutter

»in Verbindung mit dem Toten und dem aufkeimenden Vegetationsleben zumindest in der jüngeren Periode in der Erde gesucht wurde, ist wahrscheinlich, ebenso, daß man sie im Zusammenhang mit Gedeih und Verderb der Nahrungsmittel sah. Neben diese vorzugsweise abgebildeten ›Urmütter‹ treten in der Jungsteinzeit zunehmend männliche Fruchtbarkeitsdämonen mit entsprechenden, teilweise noch tierischen (Hörner!) Merkmalen.«[3]

Daß die anhebende Verehrung der göttlichen Mutter Erde in besonderer Weise die frühzeitliche enge und innige Verbindung von Mensch und Natur repräsentiert, macht der bekannte Religionswissenschaftler G. van der Leeuw deutlich:

»Die Erde ist eine Frau, und die Frau ist eine Erde. Sie nehmen das verwirrte Menschenleben auf, lassen es zu seinem

Ursprung zurückkehren und bringen es aufs neue wieder hervor. Darum hat sich der Mensch seit undenklichen Zeiten vornehmlich mit der Mutter beschäftigt. Das bezeugen die zahlreichen kleinen Bilder, die nackte, oft schwangere Frauen darstellen, deren Sexualorgane besonders ausgeprägt sind und deren Hände auf die Brüste oder die Schamteile weisen. Alle diese Arbeiten gehören der Vorgeschichte an und waren fast überall in der Welt unserer fernen Vorfahren verbreitet. Mögen es ›Idole‹ sein oder nicht, jedenfalls beweisen diese Bilder, daß das menschliche Denken sich zu allen Zeiten der Mutter zuwandte.«[4]

Aber der innige Zusammenhang zwischen Mensch und Natur wäre auch dann gewahrt, wenn die von manchen Ethnologen vorgebrachte Hypothese stimmen sollte, wonach der Steinzeitmensch gewisse Vorstellungen von einem göttlichen, androgynen, mann-weiblichen, irgendwie doppelgeschlechtlichen Zwitterwesen hatte, das Gegenstand der Verehrung gewesen sei, weil es die Fülle des gesamten fruchtbaren und geschlechtlichen Lebens der Natur in sich vereinigte.

Wie dem auch sei: Auch wenn die Quellen, die wir über den prähistorischen Menschen besitzen, keine eindeutigen und absolut sicheren Schlüsse über sein Innenleben und die Gesamtheit seines Weltbildes zulassen, so kann doch kaum ein Zweifel bestehen, daß die fruchtbare Natur, die Mutter Erde, der Kosmos (übrigens auch die Vorfahren und die Toten, mit denen er sich verbunden fühlte) für ihn numinos-religiöse Wirklichkeiten darstellten. Vielleicht kommt die sogleich folgende Charakterisierung der »unio magica« (C. H. Ratschow) dem Denken und Fühlen des Menschen der prähistorischen Zeit am nächsten.

»In allen Wesen und allen für ihn bedeutsamen Dingen wittert der Frühzeitmensch ein geheimes und eigentliches Leben, das mehr ist als das vitale Leben, ein Numinosum, das zu erhalten, zu gewinnen oder zu steigern das zentrale Anliegen aller Stammesangehörigen ist.«[5]

Sicherlich gibt es eine Verbindungslinie von diesem in der Natur gewitterten Numinosen des Frühzeitmenschen zu jener (mystischen) Ehrfurcht, mit der die großen Naturwissenschaftler aller Zeiten dem Kosmos, dem Leben, der Natur begegnet sind. Denn auch diese (distanziertere) Ehrfurcht beinhaltet im Hintergrund noch eine Verwandtschaftsbeziehung, das Bewußtsein eines Zusammenhangs, ja einer Einheit mit der Natur.

»In der Erfassung der Unio magica nämlich ist der historische Grund der Unio mystica zu erkennen. Die reichen Aussagen der ... Mystik weisen alle in eine Unio hinein, die – ob auf dem Wege nach innen oder auf dem Wege nach außen – sich auf die Hereinnahme von Gott, Welt, Zeit und Mensch in einer Weise beziehen, die dem Lebensgefühl des vor- und außergeschichtlichen Menschen ... überaus nahezustehen scheint.«[6]

2. Mensch und Natur in der Sicht der Naturvölker

Viel mehr, weil historisch feststellbar oder an unsere Gegenwart heranreichend bzw. noch direkt an den Rändern unserer Zivilisation auftretend, läßt sich über die Verhaltensweisen der Naturvölker, somit auch über die Arten ihres Verhältnisses zur Natur aussagen. Schon der Begriff »Naturvölker« könnte etwas über ihre Nähe zur Natur ausdrücken, doch darf er nicht dazu verführen, zu viel in ihn hineinzulegen.

»Die Bezeichnung ›Naturvölker‹ ist als eine Äußerung unseres Heimwehs nach einem Leben in Ruhe und Unschuld in Gebrauch gekommen, nach einer Einheit des Lebens, die bei uns verlorengegangen ist. Zwar ist diese Ruhe und Unschuld den Naturvölkern fremd wie uns, die Einheit des Lebens ist wohl bei ihnen aber stärker als bei uns intakt.«[7]

Auf diese größere Einheit des Lebens bei den Naturvölkern ist hier allein der Akzent zu legen, denn auch zu den »Kulturvölkern« darf man sie nicht in einen schroffen Gegensatz stellen. Es ist nicht wahr, daß sie keine Kultur haben; nicht einmal unbedingt, daß ihre Kultur eine niedrigere sei. Wer dies behauptet, setzt Kultur bewußt oder unbewußt mit der Perfektion der bei uns herrschenden Technik gleich. Technik ist aber höchstens eine bestimmte Richtung, in die sich eine bestimmte Kultur entwickeln oder auch verirren kann, wobei noch hinzugefügt werden müßte, daß kein Stamm, kein Volk, keine Kultur ohne Technik ist, mag diese Technik in unseren Augen auch primitiv erscheinen. Die wesentlichen Kriterien einer Kultur aber, nämlich die Betätigung logischer Denkfunktionen, die Entwicklung ethischer Vorstellungen, Regeln und Normen, sowie die Sprache, mit der eigentlich erst eine Kultur beginnt, fehlen bei keinem Naturvolk.

»Es dürfen den Vertretern einer frühen Kultur weder ein entwickelter Intellekt noch ein echtes sittliches Bewußtsein zugeschrieben werden, da beide das Endprodukt einer sehr langen Entwicklung sind. Dieses Bild vom frühen Menschen ist ausschließlich eine Konstruktion, die von jedem ernsthaften Bericht über die Naturvölker nicht nur nicht bestätigt, sondern eindeutig widerlegt wird.«[8]

Man kann die Kultur der Naturvölker auch nicht einfach als primitiver als unsere bezeichnen, obwohl dies schon dadurch nahegelegt wird, daß manche Ethnologen und Religionswissenschaftler immer noch lieber mit dem Ausdruck »Primitive« als mit dem Begriff »Naturvölker« operieren. Zwei Mißverständnisse enthält der Begriff »Primitive«. Das erste ist ein evolutionistisches. Vor allem im 19. Jahrhundert glaubte man, die noch lebenden oder gerade ausgestorbenen Naturvölker spiegelten die »primitive«, die ursprüngliche Form der Religion der Menschheit in Reinkultur oder zumindest in ziemlicher Annäherung wider.[9] Das hat sich als Irrtum erwiesen. Die Naturvölker des Altertums wie des Mittelalters und der Neuzeit haben eine lange Geschichte hinter sich. Die Begegnung mit ihnen bedeutet keine Annäherung an die Uranfänge der Menschheit.

Das zweite Mißverständnis setzt »primitiv« mit »einfältig«, »einfach«, ja »simpel« gleich. Auch das ist ein Irrtum. Oft ist die Kultur von Naturvölkern nicht einfacher, sondern komplizierter als unsere. Das gilt häufig für ihre wirtschaftlichen und ihre religiösen Beziehungen und Vorschriften, die Grammatik ihrer Sprache und ihre Verwandtschaftssysteme. Auch der Ausdruck »weniger differenzierte Kulturen« trifft daher für manche Naturvölker nicht zu.

Im Grunde bleibt vor dem Forum einer kritischen Betrachtung als Differenz zu den europäischen und asiatischen Kulturvölkern nur das bei fast allen Naturvölkern zu konstatierende Fehlen der Schrift übrig. Denn bei den letzteren handelt es sich, von ganz wenigen Ausnahmen abgesehen[10], um schriftlose Völker. Der Ausdruck »schriftlos« darf aber wiederum nicht zur evolutionistischen Annahme verführen, es handele sich dabei um ein »vor-schriftliches« Stadium, dem dann das vermeintlich höhere schriftliche Stadium der Menschheit folge. »Schriftlos« bedeutet hier einzig und allein »nicht-schriftlich«. »Evolutionistische Gedanken sind hier nicht im Spiel, der Ausdruck ist rein deskriptiv gebraucht, so etwa, wie man von Menschen mit und ohne Auto sprechen kann.«[11]

Geben wir eben nur noch in etwa das Verbreitungsgebiet der Naturvölker an, ehe wir uns ihren Vorstellungen vom Mensch-Natur-Zusammenhang zuwenden. Bei den Naturvölkern handelt es sich um die Völker des Pazifikgebiets (Australien, Neu-Guinea, Polynesien, Mikronesien, Melanesien), Indonesien (Ausnahme: Java, Bali), um einige Völker in den weniger zugänglichen Regionen Indiens und Südostasiens, sodann um die Völker Nordasiens, Afrikas südlich der Sahara und eine Reihe schriftloser Völker in Amerika. Lebenssicht und -weise dieser vielen Völker sind keineswegs einheitlich. In Wirklichkeit weisen die Naturvölker »eine solche Mannigfaltigkeit auf, daß es sogar sehr schwierig ist, einige für sie alle gemeinsame Züge zu finden.«[12]

Die Ganzheit und Einheit des Lebens, die oben schon angedeutet wurde, ist aber sicherlich ein gemeinsamer Grundzug im Denken und Fühlen der Naturvölker. So gut wie alle haben »die religiöse Vorstellung von der mystischen Zusammengehörigkeit von Mensch, Tier und Natur.«[13] Mensch, Tier, Pflanze und der ganze Kosmos stehen zueinander in der Beziehung der Wesensverwandtschaft, oft sogar einer keine Unterschiede zwischen ihnen machenden Gleichheit. Jeder Mensch innerhalb der Naturvölker »lebt aus einer Wesenseinheit heraus, die ihn hält und trägt«, und dazu gehört auch die Umwelt, der Raum der Natur: Er gehört

»mit in den Einheitsbezug hinein, der für das Leben konstitutiv ist. Der Raum ist ein Teil des Wesens, und man kann ihn nicht beliebig wechseln, ohne am Leben Schaden zu nehmen.« Diese »Welt ist in ihrer Erstreckung total. Wesensverbunden gehört ihr ihre Sonne zu, und jedes Tier kann mit hineingehören wie der Baum. Diese Welt ist unendlich viel tiefer als unsere Welt... das Menschsein zieht hier keine Grenze zum Tier... Der Raum selbst, also die Welt, und Tier, Baum, Sonne und Mensch in ihr, stehen in einer tiefen Verwobenheit zueinander... Die Beziehung zu den Tieren wie zur Welt überhaupt hat immer die direkte Bezogenheit auf das wahre Leben des Menschen...«[14]

Von unserer teilenden und zerteilenden, spezialisierenden und analysierenden, die entstandenen Teile und Teilchen dann aber höchstens »synthetisch« zusammenstükkelnden Naturforschung unterscheidet sich das »Weltbild« der Naturvölker durch seinen organischen, beseelten, partizipatorischen und ganzheitlichen Charakter. Alles in ihm ist belebt, organisch, alles ist auf die eine oder andere Weise kraftvoll wirkend und hat »Seele«. Menschen, Tiere, Pflanzen, aber auch Steine haben eine Seele. Der Unterschied zwischen beseelt und seelenlos, lebend und leblos, organisch und anorganisch, geistig oder immateriell und materiell besteht nicht. Der Leib der Menschen, aber auch der der Tiere und Pflanzen ist ja – um es biblisch zu sagen – mit »Lebensodem« erfüllt, daher eine »lebendige Seele« (1. Mose, 2,7). Jeder die Ganzheit aufhebende Dualismus ist hier ausgeschlossen. Auch für die alten Israeliten mit ihrem dem der Naturvölker durchaus analogen Weltbild, war selbst der Geist Gottes ein feiner Stoff (hebr. ruah = Wind, Luft, Geist), allerdings stärker, mächtiger als das »Fleisch« des Menschen; alles Leben war zugleich etwas

Stoffliches; »das Leben, die Seele, ist im Blut«, war ihre Überzeugung.

Es gibt auch einige moderne Naturforscher, die von dem psychischen Innencharakter aller Wirklichkeit sprechen und die sog. tote Materie als protopsychisch bezeichnen bzw. ihre »asymptotische Annäherung« an das Lebendige hervorheben. Insofern gibt es auch heute Versuche, wieder zu einer ganzheitlicheren Sicht der Natur und der Wirklichkeit zu gelangen. Man denke da z. B. an Teilhard de Chardin, den Zoologen Bernhard Rensch oder neuerdings an F. Capra, an die panpsychistische Sicht des Naturphilosophen Alois Wenzel u. ä. Aber von diesen mühsamen Versuchen, von den so unterschiedlichen Dimensionen und Ergebnissen der einzelnen Teildisziplinen der Naturwissenschaften her wieder zu einer Ganzheit zurückzufinden, unterscheiden sich die Naturvölker durch die durchgehende Entschiedenheit und Natürlichkeit ihres ganzheitlichen Weltbildes.

»Das, was wir das ›Ganze‹ und den ›Teil‹ nennen, sind für den Primitiven zwei Seiten ein und derselben Realität. Er unterscheidet z. B. nicht zwischen dem Volk oder Stamm und dem Einzelnen. Im Einzelnen erscheint gerade das Ganze, in den Nachkommen lebt der Stammvater.«[15]

Daher gibt es für ihn auch die sog. »mystische Partizipation«:

»Alle Teile des Ganzen ›nehmen teil‹ an dem vollen Wesen des Ganzen, oder richtiger: Diese Wesensfülle ist im gleichen Maße sowohl im Ganzen als auch in allen seinen Teilen gegenwärtig. Eines Mannes ›Leben‹, ›Seele‹ oder ›Macht‹ ist zu gleicher Zeit gegenwärtig in ihm selbst und in allem, was zu ihm gehört«. Das »›Ganze‹ ist das Eigentliche, was sich mehr oder weniger vollständig in den Einzelnen offenbart ... Die Aufgabe des Einzelnen ist, dieses Wesen (des Ganzen, meine Hinzufügung), den ... Typus zu verwirklichen. Wir können uns eine Vorstellung davon machen ... wenn wir an Platons Lehre von der ›Idee‹ als dem Wirklichen denken –

eine Lehre, deren Zusammenhang mit ›primitivem‹ oder ›mythischem‹ Weltbild klar genug ist.«[16]

Natürlich soll mit diesen Ausführungen zur Mentalität der Naturvölker nicht die Höherwertigkeit ihrer Natur- und Weltsicht als ganze im Vergleich zu unserem Weltbild dargetan werden. Beide, die »primitive« wie die moderne Sicht, haben Vor- und Nachteile. Aber ein unleugbarer Vorteil der Wirklichkeitsauffassung der Naturvölker ist wohl doch das ihr zugrunde liegende tiefe Bewußtsein und Überzeugtsein von der organischen Ganzheit Mensch-Natur. Das Auseinanderreißen dieses Zusammenhangs – vor allem im Prozeß der Säkularisierung des neuzeitlichen Menschen – ist eine der Hauptursachen der heutigen Radikalkrise von Mensch, Umwelt und Gesellschaft. Die Verödung der menschlichen Psyche entspricht genau der Verödung der Landschaft, der Natur, weil beide, Psyche und Natur, nur noch allein auf sich gestellte, isolierte Derivate geworden sind, deren einstmals organische Aufeinanderbezogenheit sich in ein feindliches Nebeneinander (von seiten des Menschen: der Ausbeutung, Verwüstung, Vergiftung, Mißhandlung, Ausrottung usw.) verwandelt hat. Die oft so sinnlos erscheinenden menschlichen Aggressionen, wie z. B. auch die Verwüstungsorgien jugendlicher Fußballfans, sind z. T. ebenfalls ursächlich auf diese verlorengegangene Einheit zurückzuführen.

Die enge Verwobenheit von Mensch und Natur in Leben und Wirklichkeitsauffassung des »Primitiven« darf uns aber nicht zu der Meinung verleiten, er sei nicht fähig, ursächliche Verhältnisse, Kausalzusammenhänge zwischen den einzelnen Realitäten seiner Welt herzustellen. Gerade weil das Dasein für ihn nicht zusammenhanglos ist, ist es auch nicht chaotisch.

»Im Gegenteil, es bestehen ein mystisch realer Zusammenhang und eine Wechselwirkung zwischen allem, was es gibt. Auch der Primitive kann seine Beobachtungen machen und über Ursache und Wirkung Schlüsse ziehen. Aber da er es

nicht vom physisch-chemischen Blickpunkt aus sieht, kann z. B. ein regelmäßiges zeitliches Zusammentreffen sich ihm als ein ursächlicher Zusammenhang darstellen. Sein ›Kausalitätsgesetz‹ wirkt sozusagen in beide Richtungen; was für uns Wirkung ist, kann für ihn auch Ursache werden. Vor dem Hintergrund seiner Beobachtungen und Erfahrungen kann er ebenso streng ›logisch‹ denken wie wir; aber seine Deutung der Ausgangspunkte und Zusammenhänge ist eine andere als die unsere. Wir scheiden zwischen ›Technik‹ und ›Magie‹; aber das tut er nicht, denn er kennt andere Zusammenhänge als die physisch-chemischen (mechanischen); er weiß z. B., daß das ›Seelische‹ und ›Geistige‹ Realitäten sind. Wir werfen ihm vor, er denke und handele ›magisch‹; aber das ist für ihn ebenso ›natürlich‹ und ebenso ›technisch‹, wie es die Technik und die ›Naturgesetze‹ für uns sind. Seine anscheinend sinnlosen und ›irrationalen‹ magischen Handlungen sind für ihn logische und rationale Konsequenzen seiner Auffassung von der Wirklichkeit und vom Wesen und Zusammenhang der Dinge.«[17]

Besonders »magisch« erscheint uns, daß der »Primitive« in den Erscheinungen der Natur wie in denen der Seele Mächte am Werk sieht. Alles im Dasein in ihm und um ihn herum sei von geheimnisvollen Kräften durchdrungen und bestimmt, die sich in den Dingen und durch sie äußern. Das Mana der Melanesier, das Orenda, Wakanda oder Manitu der Indianer, das Hamingja der Nordgermanen, das Hasina auf Madagaskar usw. meinen alle ziemlich gleichbedeutend eine Kraft, richtiger: viele Arten von Kräften und Fähigkeiten, die in allem, was existiert, stecken. Das ist nicht so abstrus, wie es auf den ersten Blick erscheint. Wir haben uns angewöhnt, über vieles hinwegzusehen. Sonst könnten auch wir erleben, wie Bedürfnisse, Triebe – eben Kräfte – in uns aufsteigen und wieder verschwinden, wie durch Reize aus der Außenwelt Impulse in uns entstehen, wie durch ethische Handlungen ein Zugewinn an geistiger Energie fühlbar wird. Ebenso haben wir uns daran gewöhnt, in der Außenwelt nur physisch-chemische Kausalitäten am Werk zu sehen. Das ist jedoch gar nicht so unendlich weit entfernt von den (ursächlichen) »Kräften« der Naturvölker, nur daß diese solche Kräfte ganzheitlicher fassen, indem für sie auch das Geistige und Seelische Kausalitäten sind. Das Gesamt wirkender Einflüsse ist für sie viel umfassender. Die Natur ist für sie ein Gewebeteppich, ein Netz miteinander verwobener Kräfte ebenso wie die Seele auch, und ebenfalls sind noch einmal die Kräfte der Seele und der Natur vielfältig und innigst miteinander vernetzt. Heute, da sich der »Stoff«, die harte »Masse« der mechanistischen Physik in Energie, in Wellenbewegung und Kraftfeld aufgelöst hat, da die moderne Physik von elektromagnetischen Wirkungen, Gravitationsfeldern u. ä. spricht, kann uns eigentlich der Glaube der Naturvölker an die Natur als ein Gesamt wirkender Kräfte, an ihr »Fluidum« gar nicht mehr so fremdartig anmuten. Vielleicht sind auch die manchmal benutzten Redewendungen der Ökologen: »Die Natur wird kräftig zurückschlagen«; »Sie wird sich für die ihr angetanen Schädigungen rächen« u. ä. mehr als nur anthropomorphe Rhetorik, vielleicht sind sie ein leises Erahnen der Wirklichkeitsüberzeugung des »Primitiven«, daß die Natur so eingerichtet, strukturiert ist, daß alles auf alles – die Natur auf uns und wir auf sie – gleichermaßen einwirkt. Wenn er darüber hinaus die wirkende Wirklichkeit der Natur um sich herum in Analogie zu sich selbst sieht und überzeugt ist, daß sie nach denselben Gesetzen »funktioniert«, die für ihn selbst und seine Psyche gelten, so liegt er damit möglicherweise gar nicht so falsch. Die Subjekt-Objekt-Bedingtheit beim Erkennen der subatomaren Partikel und ihrer Verhältnisse in der Mikrophysik könnte in eine ähnliche Richtung weisen.

Die enge Verwobenheit, der organisch-ganzheitliche Zusammenhang von Mensch und Natur bei den Naturvölkern ist Wesensbestandteil ihres Weltbildes, das für sie ebenso natürlich ist wie für uns das unsrige. Dasselbe gilt von den Wirkkräften, die ihre ganze Welt durchwalten, vom Mana, Orenda, Wakanda usw. Trotzdem ist dieses Weltbild nicht einfach neutral-indifferent, es ist zugleich immer mehr oder weniger religiös. Die wirkenden Wirklichkeiten sind bekannt, oder man hat sich an sie gewöhnt, was ja immer mit einem gewissen Bekanntheitsgrad einhergeht. Aber sie bleiben zugleich auch geheimnisvolle Kräfte, sie erstrekken sich in eine tiefere und weitere Dimension hinein. Oft sind sie aber auch ganz und gar rätselhaft. Es ist nicht nur so, daß die Naturvölker viele Zusammenhänge in der Natur noch nicht erforscht haben. Auch das in ihrem Sinn Erkannte, aber Mächtige, bleibt als Macht ein Geheimnis. Auch darüber können wir zunächst einmal überlegen lächeln. Aber wir vergessen dabei, daß wir uns durch die Selbstbeschränkung der modernen Naturwissenschaft auf die Erforschung der Ebene der immanenten, innerweltlichen Kausalitäten lediglich daran gewöhnt haben, die geheimnisvolle Frage nach dem »Warum« des Ganzen und nach den letzten Ursachen der immanenten Bewirkungskette auszuklammern. Wir werden im II. Teil dieses Buches noch einige Naturwissenschaftler und Philosophen zu Wort kommen lassen, die diese Ausklammerung aufdecken. Auch wir können ja das Kausalgesetz als so und nicht anders funktionierende Wirkmacht nicht einfach erklären. Selbst ein so überzeugter Neodarwinist wie Bernhard Rensch bekennt:

»*Das Kausalgesetz selbst können wir niemals ›erklären‹, ebensowenig wie die Tatsache, daß die Welt so beschaffen ist, daß sie eine Differenzierung kausaler Spezialgesetzlichkeiten gestattet, zu denen auf einer besonderen Stufe auch die biologischen Gesetzlichkeiten rechnen.*«[18]

Hier, im Erhabenheits- und Geheimnischarakter der ihm begegnenden Mächte und Kräfte ist also der Punkt, wo die organisch-ganzheitliche Natursicht des sog. Primitiven in das Religiöse einmündet. Das heißt,

»*daß die Begegnung mit dem Mächtigen dadurch zur Religion wird, daß sie ein Verhältnis schafft, bei dem die ›Frömmigkeit‹ das Ganze durchstrahlt. Die Frömmigkeit ist nicht nur eine gefühlsmäßige Begleiterscheinung; sie ist eine aktive seelische Gesamthaltung gegenüber etwas Erhabenem, das man als wirklich erlebt, von dem man abhängig ist und zu dem man in wechselseitigem Verhältnis steht. Der Ausdruck der alten Römer hierfür war pietas, Verpflichtung, Ehrfurcht und Liebe all den realen Umständen und Verhältnissen gegenüber, in die der Mensch gesetzt war.*«[19]

Aus all dem darf man nicht folgern, daß das Religiöse aus magisch empfundener Macht entsprungen sei.

»*Numinose Macht ableiten wollen aus magischer Macht, heißt die Dinge auf den Kopf stellen, denn ehe der Magier sie sich aneignen kann und ehe er mit ihr manipulieren kann, ward sie längst in Pflanze und Tier, in Naturvorgang und Naturding, im Grauen des Totengebeins und auch unabhängig von dem allen ›numinos apperzipiert‹.*«[20]

Aber das Heilige ist immer zugleich

»*mächtig, voller Macht. In der Tat tritt eben das Mächtige – man möchte sagen eo ipso – als ›heilig‹ in das Bewußtsein. Das Mächtige ist fremdartig, andersartig, gefährlich und lebensbefördernd, furchterregend-abstoßend und zugleich anziehend, fern und nahe, geheimnisvoll. Indem es als solches erlebt wird, wird es auch als ›heilig‹ erlebt und empfunden. Darum stehen die Begriffe ›Mana‹ und ›heilig‹ einander so nahe, daß dasselbe Wort beide Momente enthält... Die ›Macht‹ und die ›Mächte‹ haben überall in der Religionsgeschichte eine Tendenz, als ›heilig‹ und ›abgesondert‹ aufgefaßt zu werden, ›umzäumt‹ mit allen möglichen Vorsichtsmaßregeln und ›Tabus‹.*«[21]

Sie sind »von sakraler Würde erfüllt«, sie werden »mit Scheu betrachtet«.[22]

Uns geht es hier um die numinose, pietätvolle, ehrfürchtige usw. Haltung zur Natur als erhaben empfundener Macht bei den Naturvölkern. Die Haltung zu gesellschaftlicher Macht und die Anpassung an religiös sanktionierte gesellschaftliche Verhältnisse würden eine gesonderte Untersuchung notwendig machen. Schlüsse und Bewertungen bezüglich des Verhältnisses von Religion und (Natur-) Macht dürfen also nicht einfach auf den eben erwähnten gesellschaftlichen Machtbereich übertragen werden.

Nach Ausräumung dieses hier möglichen Mißverständnisses können wir dann aber ohne weiteres sagen, daß viele Naturvölker in jener Naturmacht, die das Leben schafft, die Fruchtbarkeit und Gesundheit fördert, etwas Numinoses, Heiliges, Religiöses sahen. Das persische spenta z. B. heißt zugleich »heilig«, aber auch »segenbringend«, »gut und nützlich«. Auch im Wort »heilig« selbst schwingt ja der Begriff des Heilen und Heilens mit.[23]

In der Tat tritt dem Angehörigen der Naturvölker die heilige Macht besonders oft in der Gestalt tierischen oder pflanzlichen Lebens entgegen. Was den Sammler-, Jäger-, Viehzüchterkulturen und später auch den ackerbauenden Naturvölkern

»Nahrung und damit Leben gab, bot ihnen zugleich das Bild des Heiligen. Es stand zu ihnen auch in anderer Beziehung als zum heutigen Menschen, da für den Primitiven offenbar nicht unsere moderne Subjekt-Objekt-Beziehung zwischen Individuum und Umwelt, Mensch und Nicht-Mensch gilt.«[24]

Die Naturvölker fühlen noch, daß »der Strom machtvoll eigentlichen Lebens durch Menschen und Tiere, durch die organische und anorganische Welt geht«, daß der Mensch mit der Welt und »ihrer immanenten Machtfülle verbunden«[25] ist.

2.1 Der Baum als herausragendes Beispiel des Mensch-Natur-Zusammenhangs

Im Bereich des vegetativen, nicht-tierischen Lebens, im Gesamtrahmen der Erde mit ihrer erstaunlichen Fruchtbarkeit, kommt bei vielen Naturvölkern dem *Baum* eine besondere Bedeutung zu. Uns »Modernen« kommt seine Bedeutung erst heute im Zusammenhang mit dem furchtbaren Phänomen des Waldsterbens wieder intensiver zu Bewußtsein. Den Naturvölkern, aber auch den meisten Religionen ist der Baum ein großes religiöses Ursymbol, das Ursymbol des Lebens und seiner numinosen Geheimnistiefe und Mächtigkeit. Er repräsentiert die Lebensmacht der Gesamtheit der Wirklichkeit, er symbolisiert auch das Wachsen des Menschen, der Menschheit, ja der Welt überhaupt, wobei mit Symbolisieren bei den Naturvölkern weit mehr gemeint ist als der schwache, schattenhafte Hinweis auf die signalisierte Wirklichkeit.[26] Der Baum mit seinen in der dunklen Tiefe des Erdreichs ruhenden Wurzeln vermittelte das Bewußtsein der Festigkeit, der Verankerung aller sichtbaren, bewegten Wirklichkeit in einer letzten, tragenden, unerschütterlichen Schicht. Der Baum, der über seine Wurzeln aus dieser Schicht Kräfte und Säfte emporholt, vermittelte aber auch das Bewußtsein einer steten Erneuerung des Lebens aus seiner geheimnisvollen Tiefe. Mochten die Laubbäume auch jedes Jahr absterben, sie erwachten zum Erstaunen des Naturmenschen jedes Frühjahr wieder zu neuem Leben. Und in den Nadelbäumen erschien ihm die Kontinuität, die unwandelbare Gegenwärtigkeit des Lebens, das keinen Untergang kennt. Da aber der Baum nur ein besonders signifikantes Phänomen der stetigen Erneuerung des Lebens der Biosphäre überhaupt darstellte, da er – noch weitergehend – sozusagen den gesamten, vom »Primitiven« für lebendig gehaltenen Kosmos in seiner ständigen Erneuerung repräsentierte, wurde er in vielen Religionen (Naturreligionen wie antiken Kulturreligionen) zum Mikrokosmos, zum Repräsentanten des makrokosmischen Urgeschehens, zum Weltenbaum. Vor allem in Verbindung mit Steinen oder Felsen stellt der Baum in vielen Mythologien der Völker das Abbild des Ganzen, die Wiederholung der kosmischen Landschaft dar.

»*Durch seine einfache Gegenwart (›die Macht‹) und durch das Gesetz seiner Entwicklung (›die Regeneration‹) wiederholt der Baum das, was für archaische Erfahrung Kosmos als Ganzes ist. Ohne Zweifel kann der Baum zu einem Symbol des Alls werden, wie wir es bei den entwickelteren Kulturen antreffen; aber für das religiöse Bewußtsein des archaischen Menschen ist der Baum das Universum, weil er es symbolisiert und wiederholt in einem... Ein Baum wird heilig – ohne aufzuhören, ein Baum zu sein – kraft der Macht, die er kundtut, und* kosmischer Baum *wird er, weil er in jeder Hinsicht dasselbe kundtut wie der Kosmos... Der Begriff des ›Zentrums‹, der absoluten Realität – absolut, weil Sammelplatz des Heiligen – ist selbst in den elementarsten Vorstellungen vom ›heiligen Ort‹ enthalten, bei denen ja... der heilige Baum nie fehlt. Der Stein konnte die Realität par excellence darstellen, die Unzerstörbarkeit und die Dauer; der Baum mit seiner periodischen Regeneration offenbarte die heilige Macht im Bereich des Lebendigen. Wo noch die Wasser dazukamen und diese Landschaft vervollständigten, da bezeichneten sie die geheimen Kräfte, die Keime, die Reinigung... Im Laufe der Zeit reduzierte sich die ›mikrokosmische Landschaft‹ auf ein einziges ihrer wesentlichen Elemente, und zwar auf das wichtigste: den Baum oder den heiligen Pfeiler. Zum Schluß drückt der Baum ganz allein den Kosmos aus, indem er – in einer scheinbar statischen Form – dessen ›Kraft‹ verkörpert, sein Leben und seine Fähigkeit zu periodischer Erneuerung.*«[27]

Heute kommt langsam wieder ein Verständnis dafür auf, daß mit den Wäldern, den Bäumen, auch der Mensch abstirbt, stirbt. Der »Miteinanderwuchs« von Baum und Mensch ist aber bei vielen Naturvölkern eine tief verwurzelte Überzeugung. Noch fast bis in unsere Zeit wurde bei der Geburt eines europäischen Erbprinzen eine Linde oder Eiche gepflanzt, im Bismarck-Archipel bei der Geburt eines Knaben eine Kokospalme. Sobald sie ihre ersten Früchte trug, wurde er in die Reihen der Erwachsenen aufgenommen. »Als der Lebensbaum des großen Ngau-Häuptlings Tamate-wka-Nene wuchs, wurde auch sein mana sehr groß.«[28] Fast überall wird so eine Parallele zwischen Baum und Mensch gezogen, die sich »initiatorisch« darin äußert, daß bei der Geburt eines Menschen ein Baum gepflanzt wird.

Diese Parallele bezieht sich auch auf die Gesamtgemeinschaft der Menschheit. Der Baum repräsentiert die Lebensmacht dieser Gesamtheit. Er ist Lebensträger, Heilbringer. Die fast überall in der Welt verbreiteten Frühlingsfeste mit Osterzweigen und Maibäumen zeigen deutlich den Zusammenhang zwischen regenierierendem Leben von Baum und Gemeinschaft, wobei der Baum auch noch als Repräsentant der Gesamtnatur fungiert. Revolution als Regeneration, als Wiedererneuerung des Lebens, demonstrierte die Französische Revolution, als sie ihren Freiheitsbaum aufrichtete und das menschliches Bewußtsein vom Leben so stark prägende Baumsymbol wieder aufnahm. Nicht Revolution, nicht Bruch mit der Vergangenheit, sondern Kontinuität und Verbundenheit mit ihr waren es, als sie den uralten Tanz der Menschheit um den Maibaum einfach fortsetzte.[29]

Der Zusammenhang Mensch-Natur, Mensch-Pflanze zeigt sich auch im Märchen, das ja den Mythen der Naturvölker oft sehr verwandt ist. Oft ist in ihnen das Leben eines Kindes an das eines Baumes geknüpft. Oder das Blühen bzw. Welken eines Baumes signalisiert Glück und Gedeihen bzw. Gefahr und Schaden für den Helden. Auch ganz realistisch veranschaulicht man die Identität von

Pflanze und Kind, von Pflanze und Mensch, wenn man z. B. in Indonesien einen Baum an die Stelle pflanzt, wo man die Placenta begraben hat, oder wenn man in Mecklenburg die Nachgeburt eines Neugeborenen am Fuße eines jungen Baumes begrub. Der Glaube an diese Identität bei den Naturvölkern macht es auch, daß ihrer Meinung nach die Bäume bluten oder sprechen, wenn sie gefällt werden. Die Toradja auf Celebes z. B. glauben, daß ein Baum, der gefällt werden soll, ruft: »Schlagt nicht, denn ihr schlagt mein Haupt.« Und sie identifizieren diesen Baum mit einem Mädchen.

Hiervon erstreckt sich eine kontinuierliche Linie bis zu den großen Weltreligionen. Man denke beispielsweise an den buddhistischen Spruch: »Brich nicht den Stengel einer Blume, sonst brichst du dein eigenes Bein.«

Vielleicht gewinnt der in so vielen Mythen eine große Rolle spielende »Baum des Lebens« heute angesichts der katastrophalen Dezimierung der Wälder und der damit einhergehenden Schwächung der Lebenskraft der Natur wieder neue Symbolkraft. Der »Baum des Lebens« – das ist vielleicht in diesen Mythen viel wörtlicher gemeint, als wir das lange – zu lange – Zeit wahrhaben wollten. Der Blick der Naturvölker und antiken Kulturreligionen war da offenbar viel realistischer und wirklichkeitsnäher als unsere Vorstellungen von der Realität, auf die wir uns doch so viel eingebildet haben. Denn wo die Bäume sterben, ihr Leben aufgeben, dort ist wirklich auf die massivste Weise dargetan, daß die Gesamtnatur in Gefahr steht, ihr Leben auszuhauchen. Dabei fällt auf, daß der Baum des Lebens, der ja langes, ewiges Leben, Unsterblichkeit verheißt, in den Mythen der Völker immer nur mit großer Anstrengung zu erreichen ist: der Baum des Lebens befindet sich weit entfernt am Ende der Welt, auf dem Gipfel eines sehr hohen Berges oder auf dem Grund des Ozeans, im Land der Finsternis oder in einem schwer zugänglichen »Zentrum«. Herakles – in der griechischen Mythologie –

findet den Baum des Lebens im Göttergarten am Ende der Welt, Adam an deren Anfang im Paradies. Die Ägypter suchten im Osten des Himmels das »Lebensholz«, von dem die Götter leben. Ähnliche Vorstellungen finden sich bei den Babyloniern. Und fast überall ist der Lebensbaum von einem Untier, einer Schlange o. ä. umgeben, bewacht, das bzw. die nach vielerlei Kraftproben erst zu besiegen ist. Ins Heutige übersetzt: Wir müssen größte ökologische Anstrengungen unternehmen, um die Schlange der Ichsucht, des schlauen und raffinierten Profitstrebens, des vordergründigen und wirtschaftlichen Augenblickserfolgs zu besiegen, um so das Leben der Bäume (und der Natur) und damit auch unser eigenes Leben zu retten. Man muß – symbolisch-mythisch gesprochen – heute geradezu ein »Heros« werden, um jene Zivilcourage aufzubringen, jene Kraftproben zu bestehen, die nötig sind, um die Macht der uneinsichtigen, ja verstockten wirtschaftlichen Großkonzerne zu brechen, die die Wälder sterben lassen, die Luft verpesten, die Flüsse, die Meere und den Boden vergiften.

Vielleicht hat in diesem Zusammenhang auch der mythische »Baum der Erkenntnis« seine symbolisch-tiefe Bedeutung. Nach Gen. 2,9 befinden sich in der Mitte des Paradieses der »Baum des Lebens« und »der Baum der Erkenntnis des Guten und des Bösen«. Auch andere archaische Traditionen kennen diese beiden Bäume, z. B. die Babylonier: Am östlichen Eingang ihres Himmels standen der Baum des Lebens und der Baum der Wahrheit. Vielleicht hat die moderne Menschheit die Erkenntnis des Bösen und all seine negativen (technisch-wirtschaftlich-militärischen) Möglichkeiten derart genossen, ausgekostet und ins Monströs-Ungeheuerliche entfaltet, daß sie nun nicht mehr oder nur sehr schwer zurückfindet zum Baum des Lebens, zur Rettung der Natur.

Eine symbolische Bedeutung mag in diesem Zusammenhang für uns auch der Weltenbaum der germanischen Mythologie, die Weltesche Yggdrasil in der Edda haben. Auch dieser Weltenbaum ist zugleich Lebensbaum, er breitet seine gewaltigen Zweige über das Universum aus, umfaßt, groß und mächtig dastehend, die drei Welten (Unterwelt, Erde, Himmel), und dennoch ist auch er bedroht, da er oben und unten angefressen wird. Schutz, Geborgenheit, Verankerung gewährt er allen Lebewesen, sinnbildlich: der Ziege Heidrun, dem Adler, dem Hirsch und dem Eichkätzchen, aber an seinen Wurzeln liegt der Drache Nidhögg, um ihn zu fällen. Mit ihm kämpft jeden Tag aufs neue der Adler.[30] Man könnte versucht sein zu sagen, daß wir heute die Weitsicht, die (ideale) Weite und Großzügigkeit des Adlers haben müßten, um die erdhaft-egoistisch-triebmäßige Schwere des aggressiv auf seinen Augenblicksvorteil bedachten Drachen zu überwinden. Hoffnung gibt aber der mythische Hinweis, daß Yggdrasil, der mythische Baum, zwar »ein Symbol der im Numinosen verankerten, aber vom Unheil des Unterganges bedrohten Welt ist«[31], daß er und damit der Kosmos im Endeffekt aber nie untergehen werden.

»Wenn einst das Weltall in seinen Fugen erzittern wird, in der Wasserflut, welche die Völospá prophezeit und welche der Welt ein Ende machen wird, um eine neue, paradiesische Periode herbeizuführen, wird Yggdrasil zwar heftig erschüttert, aber nicht zu Fall gebracht werden (Völospá, 45. Strophe). Jener apokalyptische Brand, den die Seherin voraussagt, wird nicht zur Vernichtung des Kosmos führen.«[32]

Diese Gleichsetzung von (Welten-)Baum und Kosmos ist deshalb möglich, weil ersterer von vielen Völkern als so lebenswichtig angesehen wird, daß man ihn im Zentrum der Welt – Himmel, Erde und Unterwelt miteinander verbindend – lokalisiert denkt. Die altaischen Völker z. B. glauben, daß »im Nabel der Erde der höchste Baum wächst, eine Riesentanne, deren Zweige sich bis zur Wohnung Bai-Ulgäns strecken«, d. h. bis zum Himmel.[33] Dieser Baum ist der kosmische Pfahl, Weltträger und Mitte des

Universums zugleich. Für die indischen Religionen ist die Weltachse ebenfalls identisch mit dem Lebensbaum oder einem Pfeiler im Zentrum des Weltalls. Auch die chinesische Mythologie plaziert den Wunderbaum im Mittelpunkt des Universums, in der utopischen »vollkommenen Hauptstadt«. Die Sachsen nannten diese Weltsäule Irminsul und glaubten, sie halte, erhalte und trage alles, was wirklich ist. Der Schamane vollzieht seine mystische Auffahrt zum Himmel, seinen »spirituell magischen Aufstieg«, indem er einen Baum mit sieben Sprossen besteigt. Meistens identifiziert er ihn mit einem heiligen Pfahl, der ebenfalls sieben Sprossen aufweist und im Mittelpunkt der Welt stehend geglaubt wird.[34] Der kosmische Baum gleicht hier also überall

»dem Pfeiler, der die Welt trägt, der ›Achse des Universums‹ (axis mundi) ... Nach diesen Mythen drückt der Baum die absolute Realität aus, indem er als Norm erscheint, als fester Punkt und Träger des Kosmos. Er ist der Stützpunkt par excellence. Infolgedessen ist die Verbindung mit dem Himmel nicht möglich außer in seiner Nähe oder gar durch seine Vermittlung.«[35]

So vital bedeutsam, so lebenswichtig ist der Baum, daß auch die ethisch und reflexionsmäßig am höchsten stehenden Weltreligionen ihm – manchmal gegen ihre ursprüngliche Absicht – ihren Tribut zollen müssen. Der Baum, unter dem Buddha seine entscheidende Erleuchtung (bodhi) gewann, wird später selbst zum Symbol der Erleuchtung, zum Gegenstand der Anbetung als heiliger Bodhi-Baum (so in der buddhistischen Ikonographie). Das unterscheidet sich nicht von der archaischen Vorstellung und Verehrung des heiligen Baumes, wie wir sie schon kennengelernt haben.

Und auch der Marterpfahl der Schande, der menschlichen Bosheit, des Todes, der Vernichtung heiligen Lebens, das Kreuz Christi, wurde – wenigstens teilweise – wieder zum Lebensbaum umfunktioniert. Schon Helena, die Mutter Kaiser Konstantins, läßt das »wahre Kreuz« suchen, weil sie überzeugt ist, daß es aus dem Baum des Lebens gemacht ist, der im Paradies stand, und seine Berührung deshalb Gesundheit und Leben zu verleihen vermag. Apokryphen wie die »Apokalypse des Moses«, das »Leben Adams und Evas«, das »Evangelium des Nikodemus«, zahlreiche Legenden, der christliche Volksglaube usw. – sie alle stellen auf die eine oder andere Weise eine Verbindung zwischen Kreuz Christi und Lebensbaum her. In der christlichen Kunst wird ebenfalls häufig das Kreuz als Lebensbaum dargestellt. Geglaubt wird den Apokryphen und Legenden zufolge, daß man Jesus auf dem Mittelpunkt der Erde, dort, wo Adam geschaffen und begraben wurde, gekreuzigt hat, daß sein Blut auf den »Schädel Adams« gefallen ist und ihn so getauft, d. h. von seinen Sünden losgekauft hat, ihn, den Vater der Menschheit, und damit also auch die ganze Menschheit erlösend. Selbst das archaische Motiv des Baum- oder Pfahlaufstiegs zum Himmel oder das des kosmischen Baumes mit den sieben Sprossen, die die sieben Himmel darstellen, findet sich im Zusammenhang mit dem Kreuz wieder, denn in manchen Darstellungen der christlichen Kunst hat dieses sieben Sprossen und in vielen, vor allem orientalischen Legenden wirkt das Kreuz als die Brücke oder die Leiter, auf der die menschlichen Seelen zu Gott emporsteigen. Hier verbinden sich also »verschiedene Symbolmotive miteinander: nämlich die Repräsentation der durch das Todesleiden Christi am Kreuz gewonnenen Lebenswirklichkeit und die Lebensidee der Vegetationssymbolik in Erinnerung an den ›Baum des Lebens‹ im Paradies, von dem die Menschen indes nicht essen durften. Hier nun ist der wahre Baum des Lebens das Kreuz, das der vital sterblichen Menschheit das ewige Leben schenkt.«[36] In »utopischer Perspektive« zeigt die Apokalypse des Johannes (XXII, 1-2), das letzte Buch des Neuen Testaments, die Lebensbedeutung des Baums und des Wassers:

»Und er (der Engel) zeigte mir einen Strom des Wassers des Lebens, klar wie Kristall, der vom Throne Gottes und des Lammes ausging. Inmitten ihrer Straße (der Stadt) und auf beiden Seiten des Stromes stand das Holz des Lebens, das zwölf Früchte trug, indem es jeden Monat Frucht bringt; und die Blätter des Holzes dienen zur Heilung der Völker.«

Es gibt in der Religionsgeschichte noch eine Unmenge bedeutsamer Symbole, die den Zusammenhang Mensch-Baum betreffen. Selbst ihre schlichte Aufzählung würde den Rahmen der vorliegenden Ausführungen sprengen. Das Ziel all dieser Symbolismen aber scheint zu sein, das Wissen um den lebensentscheidenden Regelkreis, um das fundamentale Ökosystem Mensch-Pflanze aufrechtzuerhalten, zu stärken, zu vertiefen und religiös zu sanktionieren. Die Naturvölker halten an der engen Verbindung, der Symbiose von Mensch und Baum so hartnäckig fest, weil sie ihnen den stetigen Kreislauf zwischen menschlicher und pflanzlicher Ebene auf die realistischste Weise darstellt. Keine Unterbrechung darf dieser Kreislauf erfahren, weil er so lebenswichtig ist, weshalb viele ihrer Sagen den jähen, zu frühen Tod einer Pflanze oder eines Menschen zum Gegenstand haben und diesen dadurch »überwinden«, daß sie die Fortsetzung des abrupt unterbrochenen Lebens behaupten: Das plötzlich oder mit Gewalt beendete Leben eines Menschen setze sich in einer Pflanze fort; die totgetrampelte, abgeschnittene oder verbrannte Pflanze bringe trotzdem noch eine weitere Pflanze oder ein Tier hervor und führe auf diesem Wege am Ende wieder zum Menschen zurück. Die volle Entfaltung und Selbstverwirklichung von Pflanze und Mensch steht als »Ideal« im Hintergrund dieser Sagen. Wird dieses Ideal nicht erreicht, weil z. B. der zu frühe Tod eines Menschen eintritt, dann muß es eben in anderer Form angesteuert werden, z. B. als Pflanze, Frucht oder Blüte. Man darf in diesen Vorstellungen ruhig eine der wichtigsten Quellen für die Entstehung des Reinkarnations-, des Wiederverkörperungsglaubens sehen, der auch, ja gerade in vielen höchstentwickelten Religionen eine Rolle spielt.

Der mittels des Baumes so massiv in seiner lebensentscheidenden Bedeutung symbolisierte Regelkreis Pflanze-Mensch, Natur-Mensch wird sozusagen noch dadurch aufgewertet, daß manche Naturvölker direkt ihre Abstammung von einer bestimmten Pflanzenart behaupten. Die mythische Herkunft von einer Pflanze[37] äußert sich bei den verschiedenen Völkern oft auf sehr unterschiedliche Weise. Die Warramunga in Nordaustralien beispielsweise glauben, daß der »Geist der Kinder« in der Größe von Sandkörnern sich im Inneren bestimmter Bäume befinde, von wo er sich dann loslöse, um durch den Nabel in den Bauch der Mutter zu gelangen. Viele Naturvölker glauben, die Seelen der Ahnen befänden sich in bestimmten Bäumen, um von dort als Embryo in den Leib der Frauen einzudringen. Im alten China war man überzeugt, daß jeder Frau ein Baum zugeordnet sei. Die Zahl seiner Blüten sollte die Zahl ihrer Kinder ankündigen. Unfruchtbare Frauen adoptierten ein Kind, um Blüten auf ihrem Baum zu bewirken, der dann wiederum sie fruchtbar machen sollte.[38]

All die Mythen von der pflanzlichen Abstammung des Menschen wollen ausdrücken, daß die Quelle des Lebens im pflanzlichen Bereich konzentriert vorhanden ist,

»daß sich dort schon die menschliche Modalität in virtuellem Zustand befindet, in der Gestalt von Keimen und Samen... Die Quelle der Realität und des Lebens, die in einen Baum verlegt ist... erschafft unaufhörlich einen jeden Menschen im einzelnen. Das ist eine konkrete und rationalistische Interpretation des Mythos von der Abstammung des Menschengeschlechts aus der Quelle des Lebens selbst, die sich in den Pflanzenarten manifestiert. Aber die theoretischen Inhalte bleiben auch bei diesen rationalistischen Varianten die gleichen: Die letzte Realität und ihre Schöpfungskräfte sind konzentriert (oder manifestiert) in einem Baum... Das Wichtigste

an diesen Bräuchen ist die Vorstellung von dem andauernden Kreislauf zwischen Menschen und Pflanzenleben – dieser als unversiegliche Lebensquelle betrachtet; die Menschen sind nichts weiter als Kraftentladungen der pflanzlichen Gebärmutter, ephemere Gestalten, die unaufhörlich aus der Überfülle des Vegetabilen hervortreten. ›Realität‹ und ›Macht‹ haben ihre Grundlage und ihre Quelle nicht im Menschen, sondern in den Pflanzen. Der Mensch ist nur die Eintagserscheinung einer neuen, pflanzlichen Modalität. Wenn er stirbt, also den menschlichen Zustand aufgibt, kehrt er – im Zustand des ›Samens‹ oder des ›Geistes‹ – in den Baum zurück. Eigentlich drücken diese konkreten Formeln nur einen Wechsel der Ebene aus. Die Menschen reintegrieren sich in dem allgemeinen Mutterschoß, erwerben von neuem den Zustand des Samens, werden wieder Keime. Der Tod ist ein Wiederaufnehmen des Kontaktes mit der allgemeinen Lebensquelle ... Der Tod ist nichts als ein Wechsel der Modalität, ein Übergang auf eine andere Ebene, eine Reintegrierung in den allgemeinen Mutterschoß. Wenn Realität und Leben in vegetativen Termini ausgedrückt werden, dann vollzieht sich die Reintegration durch eine einfache Abänderung der Gestalt; statt menschengestaltig wird der Tote baumgestaltig.«

Alle Baum-Mythen der Naturvölker wollen im Grunde bloß eines aussagen:

»Der Baum ist... nur eine neue Formel für die Realität und das unerschöpfliche Leben, das auch die Erde repräsentiert. Auf dem Grunde allen Glaubens, der sich auf Abstammung von der Erde oder einer Pflanze oder auf die Obhut der Erde, des Baumes über die Neugeborenen bezieht, findet man ein Erlebnis und eine ›Theorie‹ von der letzten Realität, der Quelle des Lebens, vom Mutterschoß aller Gebilde. Die Erde oder die Vegetation, die aus ihr entsteht, manifestiert sich als das, was ist, auf eine lebendige Weise ist, unaufhörlich hervorbringend und selbst in ständiger Wiedergeburt.«[39]

Weil wir im Baum konzentrierter, machtvoller Lebenswirklichkeit beggnen, deshalb empfinden selbst wir Modernen bisweilen noch die meditative Konzentration auf einen Baum, seine Berührung durch uns oder die Annäherung an ihn als Kraftzufuhr, als Stärkung unseres Körpers und Geistes.

Der Baum, die Pflanze, die Erde, ebenso wie andere von den Naturvölkern hochgeschätzte Erscheinungsformen der Gesamtnatur, die wir hier nicht behandelt haben, sind Teil-Offenbarungen des *biokosmischen Heiligen* als Ganzem,

»das sich auf allen Lebensebenen kundtut, das wächst, sich erschöpft und sich in periodischen Abständen regeneriert. Die Verkörperungen dieser biokosmischen Heiligkeit sind vielgestaltig«, aber stets fungieren sie stellvertretend für die Gesamtvegetation als Hierophanien, *d. h. als Inkarnationen und Offenbarungen des Heiligen, und zwar in dem Maße, »als sie etwas anderes als sich selbst bedeuten. Ein Baum oder eine Pflanze ist niemals heilig als Baum oder Pflanze; sie werden es durch ihre* Teilhabe *an einer transzendierenden Realität, sie werden es, weil sie diese Realität* bedeuten. *Durch ihre Weihung wird die konkrete ›profane‹ Pflanzenart transsubstantiiert; nach der Dialektik des Sakralen gilt ein Stück (ein Baum, eine Pflanze) so viel wie das Ganze (der Kosmos, das Leben), wird ein profaner Gegenstand zur Hierophanie.«*[40]

Das, was man vereinfachend »Vegetationskulte« nennt, ist also ein recht komplexes Phänomen.

»Das ganze Leben, die Natur ist es, was sich durch den Bereich der Vegetation hindurch in vielfältigen Rhythmen regeneriert, was ›geehrt‹, befördert, angetrieben wird. In dem Maß, als der Mensch in dieser Natur integriert ist, als er dieses Leben für seine eigenen Zwecke benutzen zu können glaubt, handhabt er die pflanzlichen Zeichen ... oder er verehrt sie (die ›heiligen Bäume‹ usw.). Doch nie hat es eine ›Vegetationsreligion‹ gegeben, einen Kult, der sich ausschließlich auf Pflanzen und Bäume konzentrierte. Gleichzeitig mit der Ehrung des vegetativen Lebens und seiner rituellen Handhabung hat es, auch in den am meisten ›spezialisierten‹ Religionen (z. B.

den Fruchtbarkeitsreligionen), immer auch die Ehrung und rituelle Handhabung anderer kosmischer Kräfte gegeben. Was man ›Vegetationskulte‹ nennt, sind viel eher jahreszeitliche Rituale, die sich in keinem Fall durch eine einfache Wachstumshierophanie erklären, sondern in den Rahmen ungleich komplexerer, die Ganzheit des biokosmischen Lebens einbeziehender Szenarios gehören.«[41]

Aber auch bei der im eben zitierten Text erwähnten Handhabung oder Benutzung der Natur für die eigenen Zwecke darf man bei den Naturvölkern nicht an das »technische Machen« in unserem Sinne denken, das ja meist, wenn nicht immer, mit einer Entwertung, einer Degradierung der Natur, ihrer »Entlebendigung«, d. h. Mechanisierung einhergeht. Dem »Primitiven« fehlt der Begriff »Natur«, ganz besonders der »moderne« Begriff der Natur als eines vorhandenen und zuhandenen, zur Benutzung und Ausbeutung vorliegenden Rohmaterials und Rohstoffes. Voraussetzung all seines Tuns an dem, was wir Natur nennen, ist ja seine tiefe Überzeugung von der Wesensverwandtschaft, sogar Gleichheit des Menschen und der Pflanze (sowie auch des Tieres).

»Sogar wo die Pflanzenwelt dem Menschen dient als Kulturmaterial, wird sie also nie zu einem Dinge. Der Mensch bearbeitet überhaupt kein Material, sondern er ruft die Macht in der Umwelt wie in sich selbst. Das bedeutet wiederum, daß es eigentlich noch keine ›Umwelt‹ im strikten Sinne dieses Wortes gibt.«[42]

An dieser Stelle erhebt sich womöglich ein Einwand. Er könnte etwa so formuliert werden: Wozu das alles? Wozu diese ganze Aufzählung und Beschreibung von Mythen und Symbolen der Naturvölker bezüglich ihres Verhältnisses zu den Bäumen, zur Natur? Wir wissen auch ohne diese ganze Bilder- und Symbolwelt um die fundamentale ökologische Bedeutung der Bäume, der Pflanzen, der Tiere, der Natur. Auf den ersten Blick stimmt natürlich dieser Einwand in seinem ganzen Ausmaß. Aber beim zweiten Blick beginnen die Zweifel. Es erhebt sich die Frage: Genügt das bloße, noch so umfängliche, »wissenschaftliche« Wissen von der Bedeutung der Natur, um sie zu retten? Müßten nicht ein ganz feines, sensibles Fühlen und Hören auf die Natur, ja eine äußerst engagierte Liebe zu ihr hinzukommen, ohne die sich ja eigentlich nie etwas bewegt? Wer kann aber so fühlen, hören und die Natur lieben, ohne ihr Bild in sich zu tragen? Die Natur als ganze und in ihren unendlich vielen, mannigfaltigen Erscheinungsformen ist ja *das* Bild, jenes ungeheure Reservoir an Bildern, das die Künstler angeregt, inspiriert, befruchtet, zu unerschöpflicher Kreativität motiviert hat; das auch jeder von uns in seiner Psyche und seinem Unbewußten als jederzeit abrufbaren Schatz in sich trägt. Bilderlosigkeit bedeutet Naturlosigkeit, kalte Leere und Emotionslosigkeit, den psychischen Tod. Mit Recht hat man gesagt:

»Die allgemeine und rasch um sich greifende Entfremdung von der lebenden Natur trägt einen großen Teil der Schuld an der ästhetischen und ethischen Verrohung der Zivilisationsmenschen.« (Konrad Lorenz)

Wer allen Ernstes behauptet, man käme ohne die symbolische Bilderwelt der Natur, ohne jede Symbolik ihrer Erscheinungsformen aus und könne trotzdem das, was von ihr noch übrig ist, in vollem Umfang bewahren, der hätte mit dieser Behauptung möglicherweise schon bewiesen, wie sehr er sich selbst bereits von der Natur entfernt, ihr entfremdet, wie stark er sich schon denaturiert, entnatürlicht, hat. Unser durch die »Apparatur« unserer Sinnesorgane vermittelter Zusammenhang mit der Natur in uns und außerhalb von uns drückt sich ja in psychischen Bildern aus, ohne die wir nicht einmal die ersten tastenden Orientierungsschritte in die Wirklichkeit unternehmen könnten. Auch die im dritten Teil des vorliegenden Buches ausführlicher dargestellte Archetypen- und Symboltheorie C. G. Jungs bestätigt die eben gegebene Antwort auf den erwähnten Einwand.

Im jetzigen Zusammenhang der speziellen Bezogenheit auf den Baum seien aber noch eben einige moderne Dichter und Denker zitiert, die ganz wie die Naturvölker die mythisch-mystisch-symbolische Bedeutung der Bäume, des Waldes erkennen und anerkennen. Bertolt Brecht: »Unsere eigentümliche Gesellschaftsordnung läßt uns auch die Menschen zu Gebrauchsgegenständen zählen, und da haben Bäume, wenigstens für mich, der ich kein Schreiner bin, etwas beruhigend Selbständiges, und ich hoffe sogar, sie haben selbst für Schreiner einiges an sich, was nicht verwertet werden kann.« Erich Kästner: »Mit Bäumen kann man wie mit Brüdern reden.« Reiner Kunze: »Wie viele Bäume werden gefällt, wie viele Wurzeln gerodet in uns.« In den Wipfeln der Bäume hörte Hermann Hesse »das Rauschen der Welt«, ihre Wurzeln sah er »im Unendlichen ruhen«. »Bäume sind Heiligtümer, wer mit ihnen zu sprechen, wer ihnen zuzuhören weiß, der erfährt die Wahrheit.« Theodor Heuss: »Holz ist ein einsilbiges Wort, aber dahinter verbergen sich viele Märchen und Wunder.« Ernst Jünger: »Noch heute fühlen wir uns im Holz recht eigentlich im Gehäuse, dort erst geht uns das wahre Leben des Holzes auf, sein Wald- und Baumgeist, den auch die Axt nicht zerstört.« Der Wald »ist das große Muster, nach dem das Stirb und Werde geschaut« wird.

Diese und ähnliche Aussagen stehen in der Gefolgschaft unserer großen Dichter: eines Goethe, der mit »Wanderers Nachtlied« die symbolische und allegorische Bedeutung des Baumes, des Waldes, in der deutschen Literatur gewissermaßen grundgelegt, der in dieser Hinsicht die Romantik wesentlich beeinflußt hat, der schon den vielen Fäden nachgeht, die Bäume und Wald mit der menschlichen »Seelenlandschaft« verbinden: »Sie wachsen wie aus meinem Herzen«, nämlich die Bäume...; eines Hölderlin, der über »Die Eichbäume« dichtet:

»Aber ihr, ihr Herrlichen! steht wie ein Volk von Titanen
Und ihr drängt euch fröhlich und frei aus kräftiger Wurzel

*Und gegen die Wolken ist euch heiter und
groß die sonnige Krone gerichtet«;*
eines Joseph von Eichendorff (»O Thäler weit, o Höhen!
O schöner grüner Wald...«); eines Ernst Moritz Arndt;
Ludwig Uhland; Mathias Claudius usw. usw.

Aber natürlich gibt es auch die relativierenden Stimmen, die vermeiden wollen, daß das »Waldes-Pathos« die rauhe Wirklichkeit unseres tatsächlichen Umgangs mit Bäumen und Wäldern verschleiert. Angesichts dieser »grünen Tarnung der Untaten«, die wir dem Wald zufügen, fragt Erich Fried: »Was ist uns Deutschen der Wald?« Seine Antwort:

»Eine Gelegenheit/Weg und Holzweg in ihm zu bahnen/Ihn kurz und klein zu schlagen/Ihn äußerlich zu vernichten/Und innerlich neu aufzurichten.«

Und Horst Stern mahnt: »*Der Müll zuhauf dokumentiert die »Waldgesinnung der Wegwerfgesellschaft.«*

Günter Eich beklagt die Säkularisierung, Technisierung und Vermeßbarkeit des Waldes:

»Wald, Bestand an Bäumen, zählbar, Schonungen, Abholzungen, Holz- und Papierindustrie, Schädlinge, Vogelschutz, Wildbestand, Jagdgesetz, Waldboden, Zvilisationslandschaft.«

Saurer Regen und seine am Waldsterben meßbaren Konsequenzen müßten da noch hinzugefügt werden.

Langsam schwant auch den Politikern, die in den zuständigen Ministerien noch vor ein paar Jahren auf einen Wink aus Brüssel den Bauern zehn Mark für jeden umgehauenen Obstbaum am Straßenrand offerierten und zahlten, ebenso wie den Straßenbauern, die die Abholzung der Chausseebäume bewerkstelligten, daß ihr Tun Explosivstoff für einen Volksaufstand enthält: »Wenn's um die Bäume geht, kriegen wir eine Volksbewegung« (Hans-Jochen Vogel). Im Baum, im Wald liegt eben ein gewaltiges emotionales Potential, eine mythisch-mystisch-symbolische »Seelenenergie«, und der noch nicht völlig Entwurzelte spürt das!

Aber natürlich geht es nicht bloß um den Zusammenhang von Mensch und Baum zum »Heil der Seele«; nicht bloß um die Verwüstung der »Seelenlandschaft«. Wie eng mit dem Waldraubbau auch der Vormarsch der Wüsten auf unserer Erde gekoppelt ist, charakterisiert markant der SPD-Entwicklungspolitiker Erhard Eppler:

Weil immer mehr Menschen Brennholz brauchen, um ihren Hirsebrei zu kochen, müssen immer mehr Bäume sterben. Und weil immer mehr Bäume sterben, wird das Land, auf dem man Hirse anbauen kann, immer weniger. Weil das Land weniger wird, weil die Wüste vordringt, drängen sich immer mehr Menschen da, wo die Wüste noch nicht angekommen ist, und sorgen dafür, daß sie noch etwas früher dort ankommt.«[43]

Im Rahmen unserer Darstellung des Zusammenhangs von Mensch und Natur bei den Naturvölkern müßten wir jetzt eigentlich noch weitere »Gegenstände« der natürlichen Wirklichkeit in ihrer Bedeutung für diesen Zusammenhang abhandeln. Wir haben ja in dieser Hinsicht bisher »nur« den Baum als allerdings besonders qualifizierte Erscheinungsform der Gesamtvegetation, der Natur, des Kosmos behandelt. Die intim-innige, intensiv vitale, religiös-sprituelle, mythisch-mystische Symbiose des »Primitiven« mit dem Leben, mit der Natur käme selbstverständlich viel anschaulicher, konkreter, überzeugender zu unserem »modernen« Bewußtsein, wenn wir hier noch die *Erde* in ihrer Bedeutung, ihrer Fruchtbarkeit und Mutterschaft für alles, was auf ihr existiert; den *Mond* (Mondkulte, -symbole, -mystik, -riten, -epiphanien usw.); die *Sonne* (Sonnenhierophanien, -kulte, -abstammung, -helden usw.); den *Himmel* (Himmelssymbolismen, Himmelsheiligkeit, Himmelsgötter, Begattungsriten der Erde durch den Himmel, Himmelauffahrsriten und -mythen usw.); das *Wasser* (Wasserkosmogonie, Wassersymbolik der geistigen, seelischen und körperlichen Reinigung und Klärung, des Neuanfangs, der Keimtruhe allen Lebens, Lebenswasser, Lebensquelle, Wasserepiphanien usw.); das *Feuer* (Licht- und Erleuchtungssymbolik und -mystik; Verbindungsmythen zu Holz und Stein, aus denen es hervorgeholt werden kann usw.); die *Steine* (Steinepiphanien und -kratophanien; heilige Steine und Steinsymbolismen; der Stein als Mitte der Welt, Steinzeichen, befruchtende Steine, Blitzsteine, Toten-Megalithe usw.) und die *Berge* (heilige Berge, Bergkulte, Symbolismen des Bergaufstiegs usw.) ausführlich besprechen könnten. Aus Raumgründen müssen wir uns das jedoch versagen. Trotzdem wollen wir hier wenigstens noch ein wesentliches Element im Mensch-Natur-Zusammenhang der sog. Primitiven stärker ins Licht rücken, nämlich das Verhältnis zum *Tier*.

2.2 Das Tier als Exemplifizierung des Zusammenhangs von Mensch und Natur

Wir sagten schon gelegentlich, daß die Naturvölker keine Grenze zum Tier ziehen. Sie nehmen es absolut ernst, weil es für sie Träger eines Wesens ist, genauso wie der Mensch. Bisweilen sogar mehr als der Mensch, wenn sie ein Tier wegen seiner Kraft, Größe oder Geschicklichkeit höher achten als sich selbst. Mindestens zum Teil beruht ja darauf der Totemismus vieler Naturvölker, jener Glaube an die Verwandtschaft zu einer Tierart, die man verehrt, die man im Tier-Ritual nachahmt. Die »Totemgemeinschaften basierten geradezu auf der Ehre, ein bestimmtes Tier als seinen Ahnherrn zu verehren.«[44] Der Totemismus ist ein über die ganze Erde verstreutes Phänomen. Überall gab oder gibt es zum Teil noch Gruppen, die sich mit irgendeiner Tierart identifizieren, deren Namen tragen, sich als ihre Abkömmlinge bezeichnen. »Totem« ist an sich ein indianisches Wort, aber das damit Gemeinte: die Darstellung einer Tier- oder auch Pflanzenart, die besonders geehrt oder geachtet wird, weil sich eine Gruppe, ein Stamm, ein Clan oder auch ein einzelnes menschliches Individuum mit ihr verbunden fühlt, diesem Phänomen begegnet man bei vielen Naturvölkern. Die Einheit, in der Mensch und Tier im Totemismus zueinander stehen, verbietet es im allgemeinen, das verehrte Totemtier zu verletzen, zu töten, zu essen. Man erlebt diese Einheit in der Initiation durch eine kultische Mahlzeit oder durch eine Vision, einen Traum o. ä.

»Diese Wesensnähe zum Tier findet immer wieder ihren hervorstechendsten Ausdruck darin, daß man an die Spitze seiner Genealogie ein Tier setzt. Im Urvater reicht das Wesen des Menschen mit seinen Wurzeln hinab in die Bereiche der wesensnahen Tierheit. Ein Wesen trägt beide, und sie stehen miteinander in der Unio magica.«[45]

Eine »allgemein mythische Auffassung des Zusammenhangs von Mensch und Kosmos« liegt dem Totemismus zugrunde. »Totemismus«, schrieb schon 1905 der Ethnologe C. Hill Tout,

»ist für mich dem Wesen nach ein religiöses Phänomen, das direkte Resultat und die Folge der geistigen Haltung des Wilden gegenüber der Natur. Die sozialen Aspekte des Totemismus betrachte ich als etwas sehr Sekundäres und Zufälliges.«[46]

Über den Totemismus der Naturvöker Australiens sagt A. P. Elkin:

»Die eingeborene totemistische Philosophie verbindet den Menschen mit der Natur zu einem lebenden Ganzen, das durch den Komplex von Mythen, Riten und heiligen Stätten symbolisiert und unterhalten wird.«[47]

Das Totemtier als Gruppe ist gleichsam ein kollektiver Kraftträger für den Stamm oder den Clan, sein Machtreservoir, und wird als solcher bzw. solches verehrt. Es besteht eine geheimnisvolle, mystische, innere Beziehung zwischen der Kraft und Stärke des Stammes und der helfenden, beschützenden Funktion des Totemtieres für ihn. Deshalb gilt zwar im allgemeinen das Verbot, das Totem zu töten und zu essen, wenn jedoch der Kontakt zwischen dem Stamm und dem Totem verbessert oder verstärkt werden soll, wird bei speziellen Anlässen dieses Verbot aufgehoben. In einer Zeremonie wird ein Totemtier rituell gefangen und gegessen, um die totemistische Gemeinschaft der Natur nach zu erneuern oder um die Aktivität und Vermehrung des Totems anzuregen. Andere gesellschaftliche Phänomene des Totemismus, wie z. B. die sog. Exogamie, das Verbot der Heirat innerhalb derselben Totemgruppe, können wir in dem uns angehenden Zusammenhang vernachlässigen.

Man hat von einem »für unser Verständnis schwer zugänglichem mystischen Empfinden«[48] gesprochen, das der Einheit, ja Identifizierung von Mensch und Tier bei den Naturvölkern zugrunde liege und sie ständig begleite. In der Tat ist der »soziale Tierkult«[49], der offenbar am Anfang des gesamten Totemismus-Komplexes steht, gerade für uns Heutige ein befremdliches Phänomen. Der soziale Tierkult der »Primitiven« gründet auf ihrem Glauben an die Offenbarung heiliger Macht, heiliger Energie durch das Tier. Der Kosmos, die Natur in der schrankenlosen Fülle ihrer Kraft, ihrer Erhabenheit und Größe offenbart sich durch das Tier ebenso wie durch den Menschen, manchmal sogar stärker als durch ihn. Und beide – Tier und Mensch – sind abstammungsmäßig miteinander verbunden, wie viele Mythen der Naturvölker erzählen, entweder dadurch, daß die Menschen von Tieren abstammen oder daß Menschen und Tiere einen gemeinsamen Vater oder eine gemeinsame Mutter haben. Manchmal besteht die Verbundenheit zwischen Mensch und Tier darin, daß man glaubt, die Seele des Menschen lebe im Tier oder könne in dieses zeitweilig eintreten oder sie lebe nach dem Tod als Tier fort. Wilhelm Wundt, der Begründer der Völkerpsychologie, sprach in diesem Zusammenhang von »Seelentieren«. Die Wesensverbundenheit von Mensch und Tier spiegelt sich auch in der mimischen Verkörperung von Tierwesenheiten, einem »Kernritual der archaischen Kultur«.[50] Die dabei oft verwendete Maske hat eine zweifache Funktion, sie stellt dar, bildet ab, bewirkt aber auch die Verwandlung in das Tier.

»Es ist für das Empfinden dieser Kulturen kein Unding, daß ein Mensch sich in ein Tier verwandelt..., dieses Bewußtsein tendiert nicht auf zauberisch realistische Verwandlungen, sondern es entspringt der Ansicht vom Tier als dem Träger eines Wesens, das auch der Mensch an sich haben kann.«[51]

Plastisch und direkt wird die Verkörperung im Tier mittels mimischen Rituals z. B. vollzogen, »wenn ein Murngin (Südaustralien) sogar auf dem Totenlager versucht, die Bewegungen seines Totemtieres nachzuahmen – so greifbar nahe ist ihm schon das Weiterleben im Tiere.«[52] »Diejenigen Männer, welche das Totem darstellen und zu diesem Zweck mit Federn und Farben aufgeputzt werden, vollziehen wirklich religiöse Riten«[53], d. h. – der Bedeutung von Riten bei den Naturvölkern gemäß – sie verwandeln wirklich menschliche in tierhafte Realität.

Natürlich sind an diesem Bild, das wir eben gezeichnet haben, auch Differenzierungen anzubringen, die aber in keiner Weise den engen Zusammenhang von Mensch und Tier – und durch dieses hindurch von Mensch und Natur – wesentlich vermindern. Es ist z. B. nicht durchgängig so, daß die Naturvölker überhaupt keinen Unterschied zwischen Mensch und Tier sehen. Manche betonen sogar ausdrücklich die Sondermerkmale des Menschen wie Sprache, Intelligenz und Willen.[54] Zugleich wird aber dabei bisweilen hinzugefügt, daß jedoch Kind und Tier diese Unterschiede noch nicht aufweisen. Auch ist die Überzeugung der Naturvölker von der gemeinsamen Abstammung von Mensch und Tier ein religiöser Glaube, keine Auffassung nach Art unserer zoologischen Bestimmungen dieses Verhältnisses. So erzählt z. B. eine Mythe der Kamia in Kalifornien, der Gott Chiyi habe zwar erst die verschiedenen Tierarten ins Leben gerufen, sie jedoch zunächst in menschlicher Gestalt geschaffen, erst später hätten sie ihre Tiergestalt bekommen. Danach seien von einem anderen

Gott die Menschen geschaffen worden, und zwar so, wie sie jetzt noch existieren.[55] Der religiöse Charakter der Einheit von Mensch und Tier drückt sich auch dadurch aus, daß manche Stämme die Wesensgleichheit von Mensch und Tier nur für die von der realen Zeit abgesonderte mythische Urzeit behaupten. Gerade viele Indianerstämme behaupten zwar die wesentliche Verwandtschaft zwischen Mensch und Tier, sehen sie aber als eine geistige, mystische. »Es ist wohl klar, daß die Indianer nicht an eine Abstammung von den heutigen Tierarten glauben«, sagt der Wiener Völkerkundler J. Haekel.[56] Die Omaha-Indianer z. B. betonen den engen Zusammenhang von Mensch und Tier, die Elch- oder Büffel- oder Truthahn-Totemgruppe bei ihnen glaubt aber keineswegs, daß die Urahnen Elch, Büffel oder Truthahn waren. Wohl aber glauben sie, daß die Ahnen Elchleute, Elchgeister, Elchgötter waren. Das heißt, daß die erwähnten Tiere hier nur das Bildmaterial liefern. Nicht um Tiere im eigentlichen, realen Sinn handelt es sich, sondern um Geister oder Götter in Tiergestalt. Aber auch das erweist die Liebe dieser Menschen zu den Tieren. Sodann weist auch der Umstand, daß Kontakt, Vereinigung von Mensch und Tier, dessen Verehrung wie der Glaube an die Übernahme seines Wesens und seiner Lebenskraft nur auf der rituellen Ebene, d. h. nach rituellen Begehungen, zustande kommen, darauf hin, daß Wesenseinheit und -gleichheit mit dem Tier auf dem religiösen Wege gesucht werden und nicht realistisch-zoologisch einfach vorhanden sind. Hier zeigt sich auch die Unrichtigkeit der evolutionistischen Hypothese, die Urvölker hätten zuerst Tiere verehrt und wären auf diesem Weg zum Götterkult gekommen. Zumindest was die Naturvölker betrifft, ist es doch offenbar so, daß diese Völker ihre vorher schon vorhandene (»apperzipierte«) Idee des Geistes, der Kraft, der Macht, des Göttlichen wegen ihrer engen, vitalen Verbundenheit mit dem Tier in dieses hineinverlegten. Zur evolutionistischen Hypothese würde z. B. nicht passen, daß manche Stämme menschliche Ahnen als Totem-»Tiere« haben. Der mythische Ahne als Mensch, ohne Tiergestalt! Beispielsweise der Clan der Wik-Munkan in Australien, der menschliche Ahnen als sein »pulwaya«, als sein Totem hat.[57] Ebensowenig paßt zu dieser Hypothese, wenn ein australischer Stamm überzeugt ist, daß in der mythischen Urzeit alle Tiere Menschen gewesen seien. Alle ihre Totemtiere mit Ausnahme zweier Pflanzen seien damals menschliche Wesen gewesen. Aufgrund einer Krise, eines Streits, seien sie später in die Tiergestalten verwandelt worden, die sie heute noch an sich hätten.[58]

Schließlich darf man die »Lust am Fabulieren« bei den Naturvölkern nicht zu gering veranschlagen. Die ungeheure Zahl ihrer Mythen, Erzählungen, Sagen und Legenden beweist diese Lust. So manches Bizarre darin ist dem Spaß des »Primitiven« an phantastischen Geschichten entflossen. Wenn z. B. eine Mythe auf Borneo erzählt, daß die Frau des ersten Menschen erst einmal alle Haustiere und danach drei Söhne zur Welt gebracht habe[59], so darf man daraus nun wirklich nicht schließen, daß hier auf diese bildhafte Weise die unterschiedslose zoologische Gleichheit von Mensch und Tier dargetan werden sollte. Auch in unseren Märchen ist ja bekanntlich alles möglich, einschließlich der Verwandlung des Menschen in ein Tier. Es gibt genügend Beispiele dafür, daß auch der »Primitive« zwischen seinen Mythen und Märchen auf der einen und den Realitäten seines täglichen Lebens auf der anderen Seite zu unterscheiden weiß. Wichtig für unseren hier behandelten Zusammenhang ist doch nur die Erkenntnis, daß uns die unübersehbare Zahl der Mythen der Naturvölker mit der ebenso unübersehbaren Zahl der in ihnen auftretenden Tiergestalten und Tier-Mensch-Kommunikationen die unerhörte Verbundenheit von Mensch und Tier, von Mensch und Natur auf dieser Stufe der Menschheitsentwicklung plastisch veranschaulicht und verdeutlicht.

Der Kulturanthropologe A. Gehlen hat eine interessante

Hypothese aufgestellt, die diese Wesensverbundenheit von Mensch und Tier bei den vor- und außergeschichtlichen Menschen noch in einer ganz bestimmten Richtung konkretisiert und spezifiziert. Dieser Bund habe auch der Konstituierung und Stabilisierung des menschlichen Selbstbewußtseins und seiner (totemistischen) Gemeinschaftsbildung und Ethisierung gedient. An sich nächstverwandte Gruppen hätten ja voneinander unterschiedene Tierarten kultisch verehrt, hätten sich besondere Tierkulte angeeignet, weil sie sich auf diese Weise selbst voneinander unterscheiden, »ja ihre ›Identität‹ ins Bewußtsein heben« konnten.

»Der objektive Begriff ›unsere Blutsgruppe‹ ist viel früher in einem mimischen Vollzug ins Bewußtsein gehoben als abstrakt gedacht worden. Bei prähistorisch sicher gering entwickelter abstraktiver Rationalität, bei einem von außen her erst provozierbaren Selbstbewußtsein kann ein so schwieriger Sachverhalt wie der der lebenslänglichen Zugehörigkeit zu einer nichtlokalisierten Gruppe von gemeinsamer Deszendenz nur mit so anschaulicher ›Verhaltensunterstützung‹ realisiert worden sein. Denn das sich erst entwickelnde Selbstbewußtsein kann sich nur über die Außenwelt hinweg fassen, nur über das Sichidentifizieren mit einem Äußeren. Das Sichidentifizieren mit einem Linien- oder Sippengenossen in dieser ja hoch abstrakten Eigenschaft kann gar nicht in einem begrifflichen Sichverständigen bestanden haben, es mußte über ein Drittes gehen, mit dem jeder sich identifizierte. Das handgreifliche Sichverkleiden oder anschauliche Sichgleichsetzen mit einem Tier, aus dem Kernritual längst mit Verpflichtungen besetzt, war im prähistorischen Stadium des sich erst entwickelnden Selbstbewußtseins die einzige Möglichkeit, das Bewußtsein einer scharf definierten, vereinseitigten Gruppenzugehörigkeit zu erzeugen – und festzuhalten. Indem sich also die einzelnen mit demselben Tier identifizieren, seine Darstellung *gegeneinander festhaltend, kann sich die einseitig-kontinuierliche Blutslinie überhaupt erst herausheben, d.h. der*

Totemismus hatte eine Funktion, er war das Hilfsmittel, an dem festhaltend man die unilineale Folge herausgearbeitet hat. Eine bloße Symbiose, wie die Kernfamilie, braucht dieses dramatische Verfahren gar nicht, weil sie ihre Einheit und Konkretheit vor Augen hat. Im Totemismus wurde also die zeitüberdauernde Kontinuität einer Linie und von blutsmäßig unterscheidbaren Linien von der physischen Seite der Fortpflanzung her institutionalisiert: der Zweck der Natur zum eigenen Zweck.«[60]

Gehlen ist überdies der Meinung, daß der mit der Instinktreduktion beim Ur- und Frühmenschen, also dem Wegfall zahlreicher tierisch-instinktiver Hemmungen, einhergehende Kannibalismus, der ja durch viele Funde belegt scheint, im Rahmen des Totemismus aufgefangen werden konnte.

»Wenn die einzelnen Mitglieder der Gruppe sich je mit demselben Totemtier identifizierten, wenn sie darin einen gemeinsamen Konvergenzpunkt ihrer Gruppeneinheit finden, und wenn nun die gemeinsame Verpflichtung des Nichttötens und Nichtessens dieses Tieres die Form darstellt, wie dieses Bewußtsein sich in eine Verpflichtung, in ein asketisches Handeln übersetzen kann, dann hat dieses Tötungsverbot zugleich den Mord und das Fressen des Gemordeten in der eigenen Gruppe verhindert, weil ja jeder einzelne sich gegenüber jedem anderen mit dem Totem identifiziert hat. Das heißt: die so vorstellbar gewordene Gruppeneinheit stellt sich tatsächlich her, in einem ganz physischen Sinne, der Totemismus ist daher als eine der Verhaltensformen aufzufassen, in denen die Menschheit die Anthropophagie überwand, und auch daraus erklärt sich sein ungeheures Gewicht.«[61]

Nun haben wir uns aber noch mit dem Tatbestand auseinanderzusetzen, daß auch bei den Naturvölkern Tiere trotz aller Verbundenheit mit ihnen gejagt und getötet werden. Man muß hier zur Erklärung zunächst die pure Lebensnotwendigkeit heranziehen. Viele Naturvölker waren oder sind den Umständen entsprechend auf Jagd, Fischfang oder Viehzucht angewiesen, um ihren Lebensunterhalt zu gewährleisten. Man kann aufgrund des Kriteriums der Jagd geradezu verschiedene Jägerkulturen der Naturvölker ausmachen. Da gibt es die »primitivere«, nur noch in Resten vorhandene Mischkultur der *Sammler und Jäger*; da gibt es die »höhere« Kultur der *Großwildnahjäger*, zu denen etwa die Feuerländer, die afrikanischen Pygmäen und einige ostbrasilianische Stämme gehören; und da gibt es schließlich die noch »höhere« Stufe einer Jägerkultur in Gestalt der *Fernjäger*, die wie die afrikanischen Buschmänner, die Ostsibirier, die australischen Stämme oder gewisse arktische Völker das Wild mit Pfeil und Bogen, der Schleuder oder dem Speer erlegen. Sie alle fühlen sich dem Tier innerlich, organisch verbunden, meist verehren sie einen »Herrn der Tiere«, einen Jagdgott, einen Heilbringer in Tiergestalt oder/und Tier- und Waldgeister. Auch in dieser Art von Verehrung kommt die tiefe Verbundenheit mit dem Tier zum Ausdruck. Der Herr der Tiere wird z. B. oft als der mythische Urvater der Tiere und der Menschen gleichermaßen aufgefaßt und als Bär, Elefant o. ä. vorgestellt. Schon damit deutet sich an, daß die Jagd bei den Naturvölkern nicht denselben Stellenwert wie bei uns hat, daß sie jedenfalls bei ihnen kein Indiz für die Entfernung und Entfremdung von Tier und Natur darstellt, wie das leider meistenteils beim »modernen Jäger«, insbesondere Großwildjäger, der Fall ist.

Natürlich soll auf diese Weise nicht die Jagd als solche frei- und heiliggesprochen werden. Sicherlich ist sie eine Form der Aggression, und möglicherweise kann man an der »Höherentwicklung« der Jagdkulturen die Zunahme kriegerischer Intelligenz und Raffinesse in der Menschheit besonders deutlich ablesen. Aber die Jagdkulturen der Naturvölker bedeuten zugleich die Zähmung und das In-Schranken-Halten der menschlichen Aggression. Der Jäger eines Naturvolks tötet im allgemeinen nie mehr Tiere, als dies zur Erhaltung seiner Existenz notwendig ist. Willkürliches oder mutwilliges Töten gilt als schwerer Frevel.

So erzählt man sich bei den Montagnais (Labrador), der Herr der Rentiere habe als Ursache für die Mißlichkeiten, in die ein Stamm geraten sei, angegeben, daß dieser Stamm die Rentiere bedenkenlos getötet habe. Die nordamerikanischen Indianer baten den Bären, bevor sie ihn töteten, um Entschuldigung. Sie versuchten, ihn mit seinem Tod zu versöhnen und ihm klarzumachen, daß sie ihn nur wegen ihres Hungers und ihrer Not töten. Weil sie mit ihm reden wollten, hielten sie sich meistens auch an die Regel, den Bären nicht zu töten, wenn er schlief. Sie weckten ihn und warteten dann, bis er aus seiner Höhle kam, ehe sie ihn angriffen. Bei einigen Stämmen bestand sogar das Verbot, bei der Tötung des Bären moderne Feuerwaffen zu verwenden, auch wenn man schon über sie verfügte.[62] Hier dürfte die Vorstellung eine Rolle gespielt haben, daß die neuen, von den Weißen eingeführten Waffen grausamer seien als die traditionellen Waffen der Indianer. Geradezu ergreifend ist die Rede, die ein Jäger der Ojibwa-Indianer einem erlegten Hirschen hält:

»*Ich war bedürftig./Ich habe dir Schönheit, Anmut und Leben genommen./ Ich habe deine Seele von ihrem weltlichen Leib gesondert./Nie mehr wirst du in Freiheit laufen,/weil ich bedürftig war./Ich war bedürftig./Im Leben hast du deinesgleichen in Güte gedient./Mit deinem Leben will ich meinen Brüdern dienen./Ohne dich muß ich hungern und werde schwach./Ohne dich bin ich hilflos, nichts./Ich war bedürftig./ Gib mir Kraft durch dein Fleisch./Gib mir deine Hülle als Schutz./Gib mir deine Knochen für meine Arbeit,/Und mir wird es an nichts fehlen.*«[63]

Um dem »Herrn der Tiere« zu beweisen, daß man das Tier nicht unnötig, sondern nur nach Maßgabe der Lebensnotwendigkeiten tötete, gab es bei einigen Indianerstämmen auch die Regel, daß man vom getöteten Tier alles aufessen mußte, daß von dem Mahl nichts übrigbleiben durfte. Bei manchen Naturvölkern geht diese Regel so weit, daß man von den getöteten Tieren auch alles nicht

Eßbare, z. B. Knochen, Fell, Haut, Geweih usw., nützlich verwenden muß. Die Südwesteskimos hatten eine Vorschrift, nach der ein Jäger pro Saison nicht mehr als 15 Nerze fangen durfte. Die Tereno (Brasilien) glaubten, daß sie vom Herrn der Tiere bestraft würden, wenn sie mehr wilde Schweine töteten, als sie wirklich brauchten. Ihre Vorschrift lautete: »Richte keinen unnötigen Schaden an! Mehr als du mit den Menschen, die zu dir gehören, essen kannst, sollst du nicht töten.«[64] Ebenso bedeutete es für die nordamerikanischen Naskapi-Indianer der Subarktis eine Beleidigung des Herrn der Fische, wenn man die von diesem herrührenden Nahrungsmittel verschwendete. Jede Tierart stand nach ihrer Vorstellung unter dem Schutz des Herrn der Tiere, der jede sinnlose Tiertötung ahndete.

Ganz eindeutig beweisen auch die mit dem Jagen und Töten verbundenen Schuldgefühle der Naturvölker ihre Verbundenheit mit dem Tier und der Natur. Diese Schuldgefühle haben ebenfalls eine positive Funktion im Sinne einer Einschränkung der Aggressionslust. Manche Stämme unterziehen sich nach der Tötung eines Tieres einer Reinigung wegen Entheiligung. Andere entschuldigen sich, wie wir schon sahen, bereits vor der Tötung des Tieres bei diesem. Das Vorhandensein tatsächlich bestehender Schuldgefühle dokumentiert auf bisweilen amüsante, bisweilen groteske Weise der Umstand, daß sich manche Naturvölker verschiedene Mittel und Wege ausdenken, um ihre Schuld an der Tötung von Tieren zu verringern, zu löschen oder zu verdrängen. Man konstruiert gleichsam gewisse Hypothesen, durch die die eigene Schuldlosigkeit an der Tiertötung gestützt werden soll. Beispielsweise behauptet man, daß die nahe Verwandtschaft von Mensch und Tier ja auch eine gegenseitige Verpflichtung einschließe, derzufolge das Tier verpflichtet sei, sich freiwillig töten zu lassen. Die Waito, ein Jägerstamm aus Abessinien, bitten demgemäß das Nilpferd, sich freiwillig fressen zu lassen: »Lieber Vater Nilpferd, lieber kleiner Vater, laß dich von deinen Kindern fressen.«⁶⁵ Manchmal »beweist« man sich die Freiwilligkeit, mit der die Tiere in den Tod gehen sollen, dadurch, daß man – wie bei den Fulani in Afrika – ein Tier erst dann opfert, nachdem es die Nacht auf einem ihm bereiteten Bett von Blättern oder mit einem auf seinen Rücken gelegten Zweig ruhig verbracht hat. Das wird dann für seine Zustimmung gehalten.⁶⁶ Andere Stämme wenden das Lohn-Strafe-Schema an. Reiches Wildvorkommen wird als Belohnung der Jäger durch die Geister angesehen, die Tötung der Tiere sei das Resultat des Ungehorsams derselben gegenüber den Geistern. Viele Stämme sind ohnehin tief und von vornherein überzeugt, daß ihnen kein Wild begegnen und schon gar nicht erlegt werden könnte, wenn dies nicht dem Willen des Gottes oder Geistes, des Herrn oder der Herrin der Tiere oder der Jagd entspräche. Wie sie das Tier als Gabe der Gottheit betrachten, so glauben sie auch, daß kein Tier gegen seinen Willen getötet werden kann. Kein Jäger könne ein Tier töten, wenn nicht der Geist, der Schutzgeist dieser Tierart, dem seine Zustimmung gebe. Für die Stlatlum-Indianer z. B. war alle Nahrung ein Geschenk des Geistes des Tieres oder der Pflanze.⁶⁷ Die Tschuktschen im hohen Norden wiederum identifizieren den Herrn der Tiere mit dem Polarstern und haben die Vorstellung, oben in seinem Reich gebe es große Kästen, von denen jeder mit einer bestimmten Sorte von Jagdtieren gefüllt sei. Aus diesen Kästen teile dann der Herr der Tiere den Menschen die »Wildkontingente« zu.⁶⁸

Viele Belege gibt es auch dafür, daß man nicht nur den Göttern, Geistern, dem Herrn der Tiere usw., sondern auch dem Tier selbst dankbar ist. Zahlreiche Mythen der Naturvölker haben zum Hauptthema diese Dankbarkeit gegenüber den helfenden oder sich opfernden Tieren. So haben z. B. die Baluba eine Erzählung, deren Hauptgegenstand die dankbaren Tiere sind und deren ständig wiederkehrender Refrain lautet: »Sei großmütig mir gegenüber, und ich werde großmütig dir gegenüber sein.«[69]

Schuldbewußtsein gerade wegen des Wissens um die intensive Verbundenheit mit dem Tier bekundet sich bei den tiertötenden Gesellschaften auch in den Lügen, die man in diesem Zusammenhang erfindet, und in den lügenhaften Schuldzuweisungen. Man behauptet beispielsweise, der Tod eines Tieres sei keine Absicht, sondern nur ein Unglück oder ein Zufall gewesen oder man habe das tote Tier zufällig gefunden.[70] Gerade die sibirischen Stämme schieben gern den Russen, bisweilen auch einem Nachbarstamm, die von ihnen selbst getätigte Tötung von Tieren in die Schuhe. Dabei entfalten sie mitunter eine echte Kunst des Lügens und Sichverstellens. Die Jakuten behaupten in dem Zusammenhang, daß sie selbst überhaupt nicht fähig gewesen wären, Kugeln herzustellen. Beim Verzehren des erlegten Tieres spricht man oder versucht man russisch zu sprechen, um in der Konstanz und Kontinuität der (fingierten) Behauptung zu bleiben.[71]

Die meisten Naturvölker halten auch den Glauben aufrecht oder trösten sich damit, daß ja die getöteten Tiere wieder ins Leben zurückkehren. Insofern sei der Akt ihrer Tötung kein so furchtbares Vergehen. Allerdings gibt es gewisse Voraussetzungen und Erfordernisse, die eingehalten werden müssen, wenn diese Rückkehr ins Leben wirklich erfolgen soll. Die Kwakiutl (British Columbia) z. B. glauben, der Lachs werde wieder lebendig, wenn man seine Eingeweide ins Wasser werfe.[72] Die Tschuktschen veranstalten nach erfolgreicher Walfischjagd eine Mahlzeit und eine Tanzpantomime und werfen dann die Walfischknochen ins Meer, »um die Tiere zurückzuschicken.«[73] Überhaupt findet sich bei vielen vom Fischfang lebenden Naturvölkern der Brauch, Köpfe und Gräten der Fische zu opfern. Natürlich spielt dabei auch der Wunsch eine Rolle, die Fanggründe auch in Zukunft ergiebig zu halten. Überall scheint in den diesbezüglichen Mythen der Gedanke des sich ständig erneuernden Kreislaufs der Natur durch. Menschen, Tiere und Geister der Tiere bilden eine Symbiose, eine Lebensgemeinschaft: Der Mensch lebt vom Tier, indem es (zusammen mit den Pflanzen) seine Nahrung darstellt, das Tier regeneriert sich beständig, weil der Mensch Teile von ihm den Göttern oder Geistern opfert bzw. sie der Natur wieder zurückgibt. Deshalb gibt es ziemlich verbreitet die sog. Kopf-, Schädel- und Langknochenopfer, die Rückgabe besonders von Knochen und Schädeln an den Herrn der Tiere nach erfolgter Jagd oder nach dem Mahl. Gerade den Knochen kommt bei vielen Opfern eine besondere Bedeutung zu. Sie repräsentieren die bleibenden Bestandteile des tierischen Leichnams und gelten deshalb als Sitz der Seele.

»Immer werden also einige unversehrte Elemente für die Gottheit bewahrt, die für die Fruchtbarkeit des Wildes Sorge trägt. Es handelt sich also nicht um ein Opfer im üblichen Sinn einer Gabe, sondern um ein Restitutionsritual, das natürlich zugleich eine Form des Dankes für das erbeutete Wild ist.«[74]

Die Idee der Wiederbelebung des erlegten Tieres wird zwar auch dadurch massiv veranschaulicht, daß gelegentlich die Geschlechtsteile eines erlegten Tieres rituell behandelt werden. Dennoch spielen die Knochen die zentrale Rolle im Sinnglauben des »Primitiven« an die ständige Erneuerung des Lebens.

»Die ›Reduktion auf das Skelett‹ bildet für die Jägervölker einen symbolisch-rituellen Komplex, dessen Mittelpunkt die Idee des Lebens in ständiger Erneuerung ist... Der Knochen symbolisiert in der Tat für die Jägervölker die letzte Wurzel des Tierlebens, die Mutter, aus der das Fleisch fortwährend entsteht.«[75]

Es gibt Belege dafür, daß manche Naturvölker diesen symbolisch-rituellen Komplex, von dem Mircea Eliade hier spricht, noch tiefer, sozusagen noch metaphysischer fassen: Das Tieropfer ist Gottesopfer! Die (Rück-)Gabe des Tieres bzw. der von ihm übriggebliebenen und es repräsentierenden Bestandteile ist nicht nur ein Akt der Dankbarkeit an die Natur und ihre Götter (den »Herrn der Tiere« usw.), sondern eine echte Opferhandlung im Sinne der Gottestötung. Beispielsweise sahen die ostjakischen Wogulen im Bären den Sohn des Himmelsgottes Torem, der aus Gehorsam gegen den Willen seines Vaters den Tod auf sich nimmt. Sein Tod sei aber die Voraussetzung und der Beginn seiner Auferstehung und Himmelfahrt. Aus den Krallen seiner am Flußufer beigesetzten Tatzen erhebe sich die Gestalt des geopferten Tieres im Sternbild des Großen Bären am Nachthimmel stets von neuem. Die Wogulen sahen darin modellhaften Charakter: Nach dem Vorbild der Bären empfanden sie sich selbst als Bären, die ebenfalls sterben müssen, die aber durch das Essen des Fleisches des geopferten Tiergottes selber schon jetzt an dem Leben und der Auferstehung des göttlichen Tieres und somit an seiner Unsterblichkeit teilhaben.[76] Auch die Naskapi-Indianer der Subarktis sowie einige andere nordamerikanische Indianerstämme haben neben dem Verbot jedweder sinnlosen Tiertötung jeweils auch Riten des Mahles und Begräbnisses des getöteten Bären sowie Zeremonien der Hochachtung, Dankbarkeit und Versöhnung des Geistes des getöteten Bären.[77] Ganz besonders deutlich zeigt sich das Motiv der Opferhandlung als Tier-Gott-Tötung beim Bärenopfer der Ainu im Norden Japans. A. Jensen hat dieses Opfer folgendermaßen kommentiert:

»Alle Tiere sind Götter, die in menschlicher Gestalt in einer anderen Welt leben, in der es ähnlich zugeht wie in der unseren. Die Götter kommen gelegentlich in diese Welt, um zu spielen. Sie erscheinen dann in der Gestalt und in dem Gewand der Tiere. Der Bär ist der oberste Gott. Sein Name bedeutet schlechthin Gott. Ein Tier, das nicht von den Ainu gefangen, getötet und gegessen wird, hat ein trauriges Los; denn es wandert vergeblich über diese Erde. Die Tötung der Tiere ist eine heilige Handlung, weil damit der Gott selbst als Geist ins Haus kommt; sein Fleisch und sein Fell sind die

Geschenke, die er mitbringt. Die zeremoniellen Handlungen sind die gleichen, die man einem Gast des Hauses widmet. Das göttliche Tier aber ist ebenfalls zufrieden, weil es nun in seine heimatliche Welt zurückkehrt.«[78]

Der katholische Theologe E. Drewermann sieht in diesen Opferhandlungen vor- und außergeschichtlicher Völker den bis in das christliche Opfermahl reichenden Versuch, die menschliche, gegen das Tier, die Natur und den Mitmenschen gerichtete Aggression zu zügeln.

»So wie der Gestorbene im Akt des Essens in ein neues Leben eingeht und in gewisser Weise dadurch im Leben der Kultgemeinde unsterblich wird, so macht auch umgekehrt der unsterblich Gewordene selbst die Essenden eines ewigen Lebens teilhaftig. Ohne Zweifel bilden diese rituellen Mahlzeiten der eiszeitlichen Jägervölker das früheste noch greifbare Vorstadium auch des christlichen Abendmahles, und bereits rein historisch gibt sich die christliche Eucharistie damit als ein wahres Ursakrament zu erkennen... Derart urtümlich und ursprünglich ist der Versuch des Christentums, nach dem Vorbild uralter Menschheitstradition die menschliche Aggression rituell zu integrieren und dem Leben dienstbar zu machen.«[79]

In der Tat stand ja der vor- und außergeschichtliche Mensch immer vor dem Dilemma, töten zu müssen, was er am meisten liebte und verehrte. Die Tatsache, daß z. B. die Ainu, wie oben beschrieben, den Bären als göttlich und seine Tötung als notwendige Voraussetzung seiner Rückkehr in seine göttliche Heimat ansahen, hinderte ihre Frauen nicht daran, den jetzt an einen Pfahl gebundenen und getöteten göttlichen Bären, den sie als Jungtier großgezogen hatten, zu beweinen und zu beklagen. So gut wie alle Naturvölker legen in ihren Mythen, Sagen und Erzählungen Zeugnis davon ab, daß ihnen die Ambivalenz der Tiertötung (das Tötenmüssen aus Lebensnotwendigkeit einerseits – die Verbundenheit mit dem Tier als Bruder andererseits) stets bewußt war. Da wird nicht, wie so oft bei uns, verdrängt und beiseite geschoben, sondern die Tötung von Tieren wird ernst und tief empfunden, ja bisweilen steigert sich diese Empfindung der nach ihrem Glauben mit einer Seele ausgestatteten bzw. göttlich verehrten Tiere zu einem echten Syndrom von Abscheu und Schauder, so daß man von einem richtigen »Tiertöterskrupulantismus«[80] bei den meisten Jägervölkern gesprochen hat. »Die größte Gefahr des Lebens«, klagt ein Igluik-Eskimo, »liegt darin, daß die Nahrung der Menschen gänzlich aus Seelen besteht. Alle Tiere, die wir töten und essen, haben Seelen, die nicht mit dem Körper vergehen und die versöhnt werden müssen, damit sie sich nicht rächen, weil wir ihre Körper genommen haben.«[81] Auch die Ojibwa-Indianer sprechen beim Tod eines Tieres Gebete des Kummers, der Hochachtung und der Bitte um Vergebung, weil sie die Tiere als ältere Brüder des Menschen verehren. Eines dieser Gebete vernahmen wir oben.

Nicht nur die Tötung von Tieren, selbst das Ausreißen, Zerstückeln und Zermahlen der Feldfrüchte ist für die sensible Seele des »Primitiven« ein – leider lebensnotwendiger – Frevel, der als »das höchst widersprüchliche Töten eines Gottes« religiös aufgearbeitet wird, eines Gottes,

»der trotz aller menschlichen Schuld in das Vergehen einwilligte und sich den Menschen in seinem Tod zur Speise gab. Man mußte unablässig töten, um zu leben, und diese Notwendigkeit des Tötenmüssens... war sowohl Fluch wie Segen, Verbrechen wie Sakrament, Urschuld und Ursühne.«[82]

Der vor- und außergeschichtliche Mensch sah gerade im Geheimnis der Pflanze, in der Erkenntnis, daß die Früchte der Erde beim Ernten zwar getötet werden müßten, ihr Tod aber bald durch das neue Leben überwunden werde, das Modell, das es erlaubte, auch das Wesen und Werden des Menschen zu verstehen, ein Wesen und Werden, das er mit der Pflanze, dem Tier und dem Mond zu teilen hatte und das unter dem Motto stand: Man muß töten und auch selbst getötet werden, um dem Leben zu dienen.[83] Leider haben manche Kulturen – zweifelsohne auch – aus diesem Motiv selbst Menschenopfer und Kopfjagd abgeleitet.

Daß aber die Verbundenheit mit dem Tier bei den Naturvölkern nicht geheuchelt und vorgetäuscht ist, daß auch ihre religiösen Begründungen der Notwendigkeit einer Tiertötung in bestimmten, maßvollen Grenzen keineswegs einem Verschleierungsmechanismus im Sinne eines nachträglich rechtfertigenden »Überbaus« entspringen, wird an vielen Dingen deutlich. Immerhin spricht z. B. vieles dafür, daß Ritus, Kult, Religion, ein geistiges Verhältnis zum Tier u. ä. der Aggressionslust im Menschen von Anfang an Schranken gesetzt haben. Mit Recht weisen manche Ethnologen darauf hin, daß der Mensch als Glied der Naturvölker weit weniger wild, weit weniger »losgebrochen« und aggressiv erscheint als der moderne.[84] Gehlen weist im Anschluß an A. R. Evans[85] auf die Mordgier hin, mit der manche Eskimostämme besinnungslos über die Rentiere herfallen und begründet das so:

»Gerade sie sind kultarm und in ihrer Enthemmtheit und Unberechenbarkeit gute Beispiele für das, was aus dem Menschen wird, wenn die ärgste Daseinsnot die Herausforderung jeglicher höherer Institutionen verhindert.«[86]

Der religiöse Tier- und Jagdkult hat es offenbar fertiggebracht, den Daseinswert und den Daseinsselbstwert alles Belebten ins Bewußtsein zu heben und festzuhalten.

»Wenn das ursprüngliche Ritual den ›Selbstwert im Dasein‹ des Tieres artikuliert und sich ihm zu verpflichten jederzeit bereit ist, indem Opfer, Versöhnungs- und Dankeskulte anwachsen, dann ist schließlich das, was im Jagdritual dargestellt wird, das Bewußtsein des Zusammenhangs von Mensch und Tier im Dasein, also der übergreifende Zusammenhang des Daseins selbst, der keiner Zweckfrage mehr untersteht. In der gesteigerten Gegenwärtigkeit des Rituals dringt ein unbestimmtes Bewußtsein dieses übergreifenden Zusammenhangs des Daseins an die Oberfläche, wo es sich sofort in einem einzelnen Gegenstand niederschlagen und verdichten

muß – der Wesenheit des Kulttieres ... nur in dem gesteigerten Zustand des Ritus selbst, im Vollzug, ist der sympathetische Zusammenhang voll erlebbar.«[87]

Der religiöse Ritus hält sozusagen die Ambivalenz des Doppelbefundes, daß das Tier teils Nahrung, teils über ein eigenes Wesen und einen eigenen Wert verfügendes Daseiendes ist, im Gleichgewicht. Der Jagdkult tritt neben die Jagdpraxis. Er hebt diese nicht auf, aber er neutralisiert ihre »Wirklichkeit in gewissem Grade, indem er deren Affektbesetzung vorweg verarbeitet«. Auf diese Weise konnte die Jagd nicht »als bloße Faktizität und Stofflichkeit den beliebigen Zwecksetzungen« ausgeliefert werden. Schon die so lebensnahe Darstellungskunst der Eiszeitjäger ist mit ihrer religiös-magischen Empfindungsart und deren Riten wesenhaft verbunden. Ihre »moralische Leistung« liegt in der »Hingabe an das Eigendasein der Dinge«, in der »Entscheidung zu ihnen«, eben dem, »dessen Fehlen die abstrakte Kunst heutzutage so subjektsüchtig und arbiträr macht«.[88]

Es gibt auch gute Gründe für die Annahme, daß die kultische Tierhege, also die kultische Haltung, Bewahrung und Pflege der Tiere bis zu dem Zeitpunkt, da sie rituell geopfert und verzehrt wurden, den Boden für die Zähmung von Wildtieren, für die Tierzucht überhaupt bereitet hat. Die Entwicklungslinie verläuft von der kultischen Verehrung der Tiere (die auf der Ambivalenz basiert, daß die Tiere teils als Nahrung, teils als Daseiendes in ihrem Selbstwert erlebt werden) über die kultische Tierhege zur Tierzüchtung. Die ganze Tierzucht hat »kultische Ursprünge«: »Wenn das Eigenleben der Tiere zum Thema des Handelns wurde, so konnte die Kultur von der Jagd zur Hegung, von der Hegung zur Züchtung vorschreiten.«[89] Auch G. van der Leeuw, der berühmte Religionsphänomenologe, ist, wie der eben zitierte Kulturanthropologe Gehlen, überzeugt: »Das Zähmen ist eine religiöse Handlung.« Und er fügt sogleich hinzu:

»Aber ebensowenig wie die Zähmung ist die Jagd eine Ausbeutung oder nützliche Einrichtung, sie ist eher ein Aufeinanderstoßen von Mächten oder auch ein Zusammenwirken, ein Miteinander-Leiden von Mensch und Tier, das entweder die Hausgenossenschaft oder ein heiliges Mahl zum Ziel hat.«

In Melanesien verläßt man sich z. B., wie der eben Zitierte anführt, auf den guten Willen der Ochsen für die Landwirtschaft. »Sie wollen nicht ziehen, also warten wir, bis sie sich erweichen lassen«, denkt der Eingeborene und beläßt dem Tier seinen Eigenwillen. Dasselbe gilt auch für die Jagd und Fischfang: »Ein Haifisch starrt mit seinem roten Auge den Fischer an; dieser läßt sein Beil fallen.«[90]

Wie sehr sich die moderne Tierzähmung von jener der Naturvölker unterscheidet, zeigt sich vielleicht am deutlichsten an der Art, wie im 19. Jahrhundert in Nordamerika die Weißen und die Indianer ihre Pferde zu zähmen versuchten. Für die Weißen waren die Pferde Feinde, wilde Bestien, und man behandelte sie ebenso, wie man feindliche oder als Konkurrenten empfundene Menschen traktierte, indem man die Waffen der Verängstigung und Einschüchterung, der Gewalt und der psychischen Zerbrechung anwandte, um sie in die Knie zu zwingen. Das Resultat waren abgerichtete Pferde, gehorsam allein aus dem Reflex der Angst, ihren eigenen angeborenen Instinkten entfremdet. Da man ihre natürlichen Regungen abgetötet, »wegdressiert« hatte, verfügten diese Pferde über kein eigenes Orientierungs- und Ahnungsvermögen mehr; da man sie psychisch gebrochen hatte, waren sie ohne Temperament und Leidenschaft, dementsprechend aber auch ohne innere Anhänglichkeit und Treue zum Reiter. Anders die Indianer: Sie näherten sich liebevoll den Tieren, indem sie sich selber wie Pferde benahmen und bewegten, sie nach Pferdeart beschnupperten oder sie z. B. in einen gefährlichen Sumpf trieben, aus dem sie sie dann aber »erretteten«. Weil also die Indianer die Pferde als ihre Verwandten und Brüder betrachteten und behandelten, waren das Resultat ihrer Art von Zähmung Tiere mit außerordentlichen »Tugenden« und Fähigkeiten: unwahrscheinlich treu und aufopferungsbereit für ihren als Freund und Retter empfundenen Reiter; Tiere mit phantastisch geschärften Sinnes- und Wahrnehmungsorganen, auf die der von uns im Grunde nur noch für intelligentes menschliches Denken benutzte Begriff »scharfsinnig« durchaus anwendbar war.[91]

2.3 Analogien im Umgang mit Mensch und Tier. Ethische Ideale des »Primitiven« und die »Götzen« des Weißen Mannes

Wie tief die Analogie zwischen dem Umgang mit dem Menschen und dem mit dem Tier geht, zeigen auch die Gedanken des im 4. Jahrhundert v. Chr. lebenden chinesischen Philosophen Dschuang Dsi (auch: Chuang Tzu). Das falsche Regieren von Menschen über Menschen ist der falschen Herrschaft über Tiere durchaus verwandt.

»Eines Tages erschien Poh Loh und sagte: ›Ich verstehe mit Pferden umzugehen.‹ Also brandmarkte er sie, stutzte ihre Mähne und beschlug sie; er gab ihnen Zaumzeug, band sie fest, fesselte ihr Füße und stellte sie in Ställe, mit dem Ergebnis, daß zwei oder drei von zehn starben. Dann ließ er sie hungern und dursten, traben und galoppieren; er striegelte sie und prügelte sie, und sie vegetierten zwischen der Schande des geschmückten Zaumzeuges und der Angst vor der knotigen Peitsche, bis mehr als die Hälfte von ihnen starben... Jene, die das Reich regieren, machen denselben Fehler.«[92] Positiv lautet derselbe Gedanke bei Dschuang Dsi so:

»Die Regierung der Welt unterscheidet sich in nichts vom Pferdehüten. Man muß einfach fernhalten, was den Pferden schaden kann. Nichts weiter.«[93]

In der Tat ist ja auch der weiße Mann, der neuzeitliche weiße Eroberer Nord- und Südamerikas mit den Indianern, den »Rothäuten«, wie mit wilden Tieren umgegangen. Was wir oben über die Art der Zähmung von Wildpferden durch die weißen Nordamerikaner im vergangenen Jahrhundert ausführten, wurde in fast unvorstellbarer, noch schrecklicherer Weise an den Indianern vollzogen. Kein Mittel war den »neuen Herren« zu unmoralisch, zu schlecht, daß man es nicht gegen die »Wilden« in Anwendung gebracht hätte. Nachweislich und mit klarer Absicht hat man sogar schon damals einen bakteriologischen Krieg gegen die Indianer Nordamerikas geführt. So befahl 1752 General Sir J. Amherst seinen Truppen,

»die Indianer mit Tüchern zu infizieren, auf denen Blattern-Patienten gelegen haben, oder mit anderen Mitteln, die geeignet sind, diese verfluchte Rasse auszurotten.« Auch schämte er sich nicht, zu erklären:

»Ich würde sehr zufrieden sein, wenn sich der Plan, sie mit Bluthunden niederzurennen, als praktikabel erweisen würde.«[94]

Sicher ist, daß z. B. die Chippewas und die Ottawas während des englisch-französischen Krieges tatsächlich mit Blattern infiziert worden sind, so daß ganze Landstriche an der Küste entvölkert wurden. Es ist auch insgesamt keineswegs so, daß der Untergang des Roten Mannes in Nordamerika ein unglücklicher Zufall war. Dahinter steckte System! Dieser Untergang war in Wirklichkeit die systematische Ausrottung der etwa 1,5 Millionen nordamerikanischen Indianer durch die aus Europa eingewanderten weißen Herren und deren Nachfahren.[95]

Nicht anders, ja noch grausamer erging es den Indianern Mittelamerikas, den mexikanischen Azteken, den peruanischen Inkas usw. »Unterm Zeichen des Kreuzes mordeten und raubten die von der spanischen Krone eingesetzten Statthalter in unvorstellbarer Weise.«[96] Der Bischof Bartolomé de Las Casas (1474–1566) schreibt 1552 in seinem »Kurzgefaßten Bericht von der Verwüstung der Westindischen Länder« über diese Grausamkeiten der Spanier, die er vier Jahrzehnte lang mitansehen mußte, ohne trotz von ihm unternommener größter Anstrengungen wirklich effektiv etwas zum Besseren wenden zu können:

»*Seit vierzig Jahren haben sie unter ihnen nichts anderes getan, und noch bis auf den heutigen Tag tun sie nichts anderes, als daß sie dieselben* (d. h. die Indianer, meine Hinzufügung) *zerfleischen, erwürgen, peinigen, martern, foltern und sie durch tausenderlei ebenso neue als seltsame Qualen, wovon man vorher nie etwas Ähnliches sah, hörte oder las, auf die grausamste Art aus der Welt vertilgen. Hierdurch brachten sie es dahin, daß gegenwärtig von mehr als drei Millionen Menschen, die ich ehedem auf der Insel Hispaniola mit eigenen Augen sah, nur noch zweihundert Eingeborene vorhanden sind... Wir können hier als gewisse und wahrhafte Tatsache anführen, daß in obgedachten vierzig Jahren durch das erwähnte tyrannische und teuflische Verfahren der Christen mehr als zwölf Millionen Männer, Weiber und Kinder auf die ruchloseste und grausamste Art zur Schlachtbank geführt wurden... Sie wetteten miteinander, wer unter ihnen einen Menschen auf einen Schwertstreich mitten voneinander hauen, ihm mit einer Pike den Kopf spalten oder das Eingeweide aus dem Leibe reißen könne. Neugeborene Geschöpfchen rissen sie bei den Füßen von den Brüsten ihrer Mütter und schleuderten sie mit den Köpfen wider die Felsen... Sie machten auch breite Galgen... hingen zu Ehren und zur Verherrlichung des Erlösers und der Zwölf Apostel je dreizehn und dreizehn Indianer an jeden derselben, legten dann Holz und Feuer darunter und verbrannten sie alle lebendig... Es begab sich, daß verschiedene Christen, entweder aus Mitleid oder bloß aus Trieb, den Beschützer zu spielen, einige Kinder nicht töteten, sondern sie hinter sich auf die Pferde setzten. Da kamen andere Spanier von hinten zu und durchbohrten sie mit ihren Lanzen, oder rissen sie auf die Erde und hieben ihnen die Beine mit Schwertern ab... Einst kamen uns die Indianer zum Empfang entgegen und brachten uns Lebensmittel und andere Geschenke... Aber plötzlich fuhr der Teufel in die Christen, so daß sie in meinem Beisein, ohne die mindeste Veranlassung oder Ursache, mehr als 3000 Menschen, Männer, Weiber und Kinder, darnieder hieben, die rings um uns her auf der Erde saßen...«*[97]

Es gibt angesehene Geschichtsforscher, die die von Las Casas angegebenen Zahlen noch für untertrieben halten. Vieles spricht nämlich dafür, daß in der Zeit der Conquista etwa 15 bis 19 Millionen Indianer im wahrsten Sinne des Wortes vernichtet wurden. Ausrottung im Zeichen des Kreuzes, in Wirklichkeit aber im Zeichen des Mammons! Denn *»nur ein einziger Trieb stand hinter diesem größten Massenmord der menschlichen Geschichte: die Gier nach Gold. Sie wurde von Spanien aus gelenkt und gefördert, denn die Krone war hoffnungslos verschuldet.«*[98]

Tragisch und makaber zugleich hört sich die Geschichte jenes verfolgten Kazike (Häuptlings), namens Hatuey an, der diese Identifikation von Gold und Gott bei den weißen Eroberern klar durchschaut hatte:

»Als er wußte, daß er kaum noch entkommen konnte, versammelte er den Rest seiner Leute um sich und fragte sie, warum wohl die Spanier so grausam seien. Sie seien es, sagte er, nicht nur, weil sie von Natur boshaft und grausam sind, sondern sie haben einen Gott, welchen sie anbeten und den auch wir mit aller Gewalt anbeten sollen... ›Seht‹, sagte er – indem er auf ein Körbchen voll Gold und Edelgesteine wies, das neben ihm stand –, dies ist der Christen Gott! Dünkt's euch gut, so wollen wir ihm zu Ehren Areytos (eine Art von Ballett oder Tanz, meine Hinzufügung) *anstellen. Vielleicht ist er uns gnädig und befiehlt den Christen, daß sie uns nichts zuleide tun.‹ Freudig schrien sie alle: Recht gut! Recht gut! und sogleich tanzten sie vor ihm, bis sie sämtlich müde waren. Nun sagte Hatuey: ›Seht, wenn wir ihn bei uns behalten, so nehmen sie ihn uns doch, wir mögen es machen, wie wir wollen, und schlagen uns nachher tot. Werfen wir ihn lieber in jenen Fluß!‹ Und so begruben sie den christlichen Gott, das Gold, im Strome! Unnötig zu sagen, daß*

Hatuey ermordet wurde.«[99]

War es in Süd-, genauer Mittelamerika das Gold, dem der weiße Eroberer nachjagte und das ihn zum unvorstellbar grausamen Massenmörder an den Indianern werden ließ, so waren es in Nordamerika vor allem das fruchtbare Weideland und die alle möglichen Bodenschätze verheißende Erde, derentwegen man die Indianer ausrottete oder in Reservaten zusammentrieb. Auch hier also der Gott Mammon als eigentlicher Gott der Christen. Und so schließt sich der Kreis. Denn unsere in ökologischer Hinsicht so katastrophale Gegenwartssituation, unsere Zerstörung der Natur und natürlichen Umwelt, der Böden, Flüsse, Meere und der Luft, unser makabres System der Tierversuche (mit der Beschießung, Bestrahlung, Vergiftung von Tieren[100]) und der Massentierhaltung – all das ist ja auch die geradlinige Konsequenz der Anbetung des Gottes Mammon, genauso wie die Ausrottung der Indianer u. a. der Entfremdung, Entbindung von der Natur und der Anbindung an diesen Gott zu »verdanken« ist. Die utilitaristisch-pragmatischen Werte, also die ökonomischen oder wirtschaftlichen Nutzwerte, haben in der Neuzeit des weißen Mannes in einem einzigartigen Siegeslauf die absolute Herrschaft über ihn gewonnen. Der Kosmos der den ökonomischen Gütern übergeordneten ethischen, ästhetischen, logischen, religiösen usw. Werte wurde sträflich vernachlässigt zugunsten dieser einen Wertklasse. Diese Überbewertung der wirtschaftlichen Werte hat in der Geschichte der letzten Jahrhunderte zum praktischen Materialismus und zum Kapitalismus geführt. Auf diese Weise haben sich die Wirtschaftswerte aus ihrer berechtigten Stellung im Wertekosmos, nämlich als nützliche Mittel zum Zweck, in die Rolle eines intoleranten und übergeordneten Selbstzweckes des gesamten menschlichen und menschheitlichen Lebens hinaufgesteigert. Ein grenzenloser Erwerbstrieb, ein Streben ohne Ende nach ständigem wirtschaftlichem Wachstum, nach Geld und Gut ist innerster Kern des Kapitalismus, gleichgültig, ob es sich um Privat- oder Staatskapitalismus handelt. Alle, selbst die höchsten geistigen Werte werden allein unter dem Gesichtspunkt ihrer Nützlichkeit und Verwendbarkeit für die eigene Bereicherung und Machterweiterung betrachtet und behandelt. Geld als handfestes Symbol allen wirtschaftlichen Besitzes ist der allmächtige Götze des neuzeitlichen Bürgertums. Denn Geld verleiht Einfluß und Macht über Menschen, läßt sie bestechlich werden. Es verleiht auch dann noch Ansehen, wenn man es selbst gar nicht erworben hat, weder durch Fleiß noch durch Klugheit, sondern durch die Zufälligkeiten einer Geburt, einer Erbschaft, einer Schenkung, eines Glücksspiels ans Geld gekommen ist. »Geld stinkt eben nicht«, weiß der Volksmund treffend zu formulieren.

Für die »Macher« der modernen Industriekultur spielen nur die Begriffe »Geld«, »Tausch«, »Produktion«, »Konsum«, »Gewinn« und »Erfolg« eine wesentliche Rolle. Alle anderen Werte, die für das Funktionieren der bürgerlichen Tauschgesellschaft nicht unbedingt notwendig sind, drängen sie in den Bereich des Privaten, Beliebigen und Unverbindlichen zurück. Der Mensch ist ihnen nur noch unter ökonomischen Gesichtspunkten wichtig, er wird als Mittel behandelt, das nach seiner Arbeitskraft, seiner Kapital- und Kaufkraft bewertet wird. Geblendet von der wirtschaftlichen Macht, unterwerfen sich die modernen Industrieunternehmer immer weitere Teile unseres Planeten; selbst klimatisch so notwendige Urwaldgebiete wie am Amazonas lassen sie aus wirtschaftlichen Interessen heute abholzen. Kein noch so notwendiges und wertvolles Naturschutzgebiet kann vor ihnen dauerhaft sicher sein. Die letzten Rohstoffquellen der Erde werden von ihnen beschleunigt ausgebeutet. Teile großer Ernteerträge werden vernichtet, nur um die Preise zu halten. Schon vor mehr als einem halben Jahrhundert sagte der Psychologe der Lebensformen, Eduard Spranger:

»Das Nützliche ist in der Regel geradezu ein Feind des

Schönen. Aus wirtschaftlichen Motiven werden Landschaftsbilder zerstört, Kunstwerke vernichtet, glückliche Stimmungen verdorben. Beides scheint nicht Raum nebeneinander auf derselben Erde zu haben. Und auch nicht in derselben Seele.«[101]

Wenn Ludwig Feuerbach recht gehabt haben sollte mit der Behauptung, daß nicht Gott den Menschen, sondern der Mensch Gott nach seinem Bild geschaffen habe, dann wird der »Gottesglaube« vieler Wirtschaftsmenschen verständlich. Gott ist ihnen der Superreiche, der Gaben spendende Oberboß; jener Spielart des Wirtschaftsmenschen, wie sie der Börsenmakler mit seinen religiös-abergläubischen Vorstellungen verkörpert, erscheint Gott als die »Macht, die er sich an der Spitze der großen Weltlotterie stehend denkt«.[102]

Mit dem ungezügelten Erwerbs- und Besitzstreben ist eine große Zahl ethischer Fehlformen verbunden, auf deren unsystematische Aufzählung ohne nähere Charakterisierung wir uns hier beschränken müssen: Habgier, Diebstahl, Hochstapelei, Hehlerei, Betrug, dessen schlimmste, jedoch am wenigsten gerichtlich verfolgte und bestrafte Formen heute der Wirtschaftsbetrug und die Umgehung umweltfreundlicher Bestimmungen durch industrielle Betriebe sind, z. B. Verseuchung der Flüsse durch Industrieabwässer, unerlaubte Lagerung von Giftfässern und Atommüll. Ferner Kriegsgewinnlertum (Verkauf von Waffen in militärische Krisenherde), Geiz, Verschwendung, Neid; brutale Vernichtung wirtschaftlich schwächerer Betriebe in erbittert geführtem Konkurrenzkampf; Preistreiberei durch Disziplinlosigkeit sowohl in der Erhöhung der Preise durch die Verkäufer als auch in dem unbeherrschten Erwerb um jeden Preis durch den Käufer; unlauterer Wirtschaftswettbewerb und in seinem Gefolge Einschüchterung, Verleumdung, Wirtschaftsspionage, Erpressung, Korruption; Beeinflussung der Menschen durch raffinierte, auf den Erwerb auch minderwertiger oder entbehrlicher

Güter um jeden Preis ausgerichtete Suggestivreklame; rücksichtslose Einbeziehung der empfänglichen Psyche von Kindern und Jugendlichen in den Sog und die Zwecke dieser Reklame usw. usw.

Deshalb, eben weil das ökonomische Prinzip zum höchsten Wert hinaufgesteigert wurde, haben wir auch nur noch – alle regierenden Politiker demonstrieren es – eine *Wettbewerbsdemokratie* nach den Gesetzen des Marktes vor uns:

»Ein Spiel von Leistungen und Gegenleistungen, bei dem alle Werbetricks angewandt werden. Die Politik ist zu einem orientalischen Basar heruntergekommen, auf dem alle Mittel der Taktik und des psychologischen Falschspiels gebräuchlich sind. Die Handhabung kann auch dazu führen, daß Probleme, die allen Seiten unangenehm sind, in schönster Übereinstimmung aus dem Verkehr gezogen werden, wie das oft vor Wahlen geschieht. Man spricht nur über das, was populär ist und was Meinungsumfragen als augenblicklich aktuell ermittelt haben.«[103]

Es sind diese Mechanismen der Politik, genauer der Wettbewerbsdemokratie,

»die es uns bisher unmöglich gemacht haben, auf jene existentiellen Herausforderungen zu reagieren, die wahrzunehmen wir nicht länger umhin können... Der Wettbewerbsmechanismus begrenzt den Handlungsspielraum der Politik. In Demokratien werden Problemlösungen nur innerhalb ganz bestimmter Grenzen gesucht und erprobt, und es ist der ununterbrochene Konkurrenzkampf um Zustimmung, der diese Grenzen festhält.«[104]

Gier, Habsucht, Luxus, Neid, Mißgunst, Prestigebedürfnis, Stolz und alle weiteren oben aufgezählten Untugenden des Kapitalismus – die Wirtschaft, der Gott Wirtschaftswachstum braucht diese »Todsünden« und macht sie zu notwendigen Tugenden, ohne die das kapitalistische Wirtschaftssystem nicht bestehen kann. Der Mann, auf den sich fast alle Wirtschaftswissenschaftler berufen, das Idol der Ökonomie des 20. Jahrhunderts, Maynard Keynes, hat darauf bereits 1930 hingewiesen. Er betonte, daß wir uns die mächtigsten Antriebskräfte der menschlichen Selbstsucht zu eigen machen, die abstoßendsten Eigenschaften zur größten Tugend erheben müßten, weil sonst das auf Wachstum und Profit aufgebaute Wirtschaftssystem nicht bestehen könne. Zwar sei dies eine

»widerliche Krankhaftigkeit, eine jener halbkriminellen, halbpathologischen Neigungen, die man mit einem Schauder dem Spezialisten für Geisteskrankheiten zur Behandlung übergibt. Aber Vorsicht! Die Zeit hierfür ist noch nicht gekommen. Noch mindestens weitere hundert Jahre müssen wir uns und allen anderen vorspiegeln, daß ehrlich unehrlich und unehrlich ehrlich ist; denn unehrlich ist nützlich und ehrlich nicht. Neid und Wucher und Vorsicht müssen noch kurze Zeit unsere Götter sein.«[105]

Kein Wunder, daß die heutigen Politiker all ihren Entscheidungen den Begriff des Menschen als des stets auf seinen wirtschaftlichen Vorteil ausgerichteten Wesens zugrundelegen.

Stellen wir diesem »kapitalistischen Menschenbild« mit seinen unsittlichen Fehlformen, seinen »Untugenden«, jetzt einmal das Porträt des »edlen Wilden« entgegen. Auch wenn es ihn so in Reinkultur nicht gab und nicht gibt, ist dieses Porträt doch auch keine völlige Abstraktion oder gar Fiktion, wie das ja zahlreiche Hinweise innerhalb der schon gemachten Ausführungen über das Naturverhältnis der sog. Primitiven zu verdeutlichen vermögen. Der Mensch als Glied der Naturvölker ist »von Natur« nicht besser als jede andere Menschenart oder die »Spezies« moderner Mensch. Aber die nichtkapitalistischen Verhältnisse bei einem Stamm oder Volk können einen günstigeren Boden für die Entwicklung und Entfaltung positiverer ethischer Verhaltensnormen bilden. Gerade für die Jägervölker unter den Naturvölkern gilt: »Grundsätzlich aber gehört die Erde in der Anschauung der meisten Jägervölker allen Menschen.«[106] Die Erde als ganze gehört allen

Menschen. Das schafft schon eine günstige Grundlage für eine der wichtigsten sittlichen Einstellungen, nämlich für *Wohlwollen* und *Liebe*, und zwar zur Erde und zu allem, was auf ihr lebt. Folgender Gesang der Kágaba-Indianer beweist diese ganzheitlich-wohlwollende Einstellung:

»*Die Mutter Sibalaneuman, die Mutter unseres ganzen Samens, gebar uns im Anfang. Sie ist die Mutter aller Arten von Menschen und ist die Mutter von allen Stämmen. Sie ist die Mutter der Donner, die Mutter der Flüsse, die Mutter der Bäume und aller Arten von Dingen. Sie ist die Mutter der Gesänge und Tänze. Sie ist die Mutter der Welt und der älteren Brüder Steine. Sie ist die Mutter der Feldfrüchte und die Mutter aller Dinge. Sie ist die Mutter der jüngeren Brüder Franzosen und der Fremden. Sie ist die Mutter der Tanzgeräte und aller Tempel und ist die einzige Mutter, die wir haben. Sie ist die Mutter der Tiere, die einzige, die wir haben. Sie allein ist die Mutter des Feuers, die Mutter der Sonne und der Milchstraße... Sie ist die Mutter des Regens, die einzige, die wir haben. Die Mutter Sibalaneuman allein ist die Mutter der Dinge, sie allein... Zusammen mit ihren Söhnen... hinterließ sie als Andenken Gesänge und Tänze. So haben es die Priester, Väter und älteren Brüder berichtet.*«[107]

Ähnlich dachten viele Jägervölker, vor allem alle Stämme der Indianer. Von den Ojibwa-Indianern im Gebiet der Großen Seen beispielsweise berichtet B. Johnston:

»*Eine Mutter gebärt ein Kind. Sie nährt es, hält es in den Armen. Sie gibt ihm einen Platz auf ihrer Decke nahe ihrer Brust... Alle haben ein Anrecht auf einen Platz nahe bei ihrer Brust in ihrer Hütte. – So freigebig ist auch die Erde. Ihr Mantel ist weit, ihre Schüsseln sind immer voll und werden ständig gefüllt. Auf der Decke von Mutter Erde ist Platz zum Jagen, Fischen, Schlafen und Leben. Alle, Junge und Alte, Starke und Schwache, Gesunde und Kranke, sollen sich in die Großmut und Freigebigkeit von Mutter Erde teilen. Der Grundsatz des gleichen Anrechts aller schließt privaten Besitz aus. Kein Mensch kann seine Mutter besitzen. Dieser Grund-*

satz erstreckt sich auch auf die Zukunft. Die Ungeborenen haben nicht weniger Anspruch auf den Reichtum der Erde als die Lebenden... Beim Tode lassen die Sterbenden ihren Umhang zurück und nehmen nichts mit sich als die Erinnerung und einen Platz für andere, die noch kommen werden. Das ist das Erbe des Menschen: zu kommen, zu leben und zu gehen, zu empfangen, um weiterzugeben. Kein Mensch kann seine Mutter besitzen; kein Mensch kann die Erde zum Eigentum haben.«[108]

Aus diesen Besitz-, genauer (Nicht-)Besitz-Verhältnissen, d. h. aus der Grundüberzeugung und Grundeinstellung, daß kein Mensch die Erde zu seinem ausschließlichen Eigentum machen könne – eine Überzeugung, die alle Indianerstämme Nordamerikas teilten –, resultierte tatsächlich eine ganze Reihe hoher ethischer Werte bei den Indianern. Im letzten fußte diese Grundüberzeugung und -einstellung auf einer noch tieferen, noch fundamentaleren Auffassung, nämlich dem »Pan-Sakramentalismus« der Allverbundenheit mit der Natur, mit allem Lebenden und Wirkenden.

»Alles Lebende und Seiende ist ein Teil vom Ganzen Gottes, ist Seine Emanation und eine Seiner vielen Erscheinungsformen, alles ist einander verwandt und durch geheimnisvolle Bande schicksalsmäßig miteinander verbunden. Alles Tun, gutes und böses, löst oder festigt diese Bande, oder es schafft unentwirrbare Knoten, die den Handelnden in ihre Maschen hineinziehen.«[109]

Angesichts dieser Allverwandtschaft und -verbundenheit ist das eigensüchtige Manipulieren mit den Dingen, jedes egoistische Sich-ihrer-Bemächtigen ein Frevel.

W. Lindenberg hat die ethischen Konsequenzen aus diesem Pan-Sakramentalismus und der aus ihm resultierenden Überzeugung, daß die Erde keinem allein gehören könne, bei den Sioux-Indianern beschrieben. Des Sioux-Indianers

»größter Stolz ist Besitzlosigkeit, ist Besitz nur der notwen-

digsten Dinge und völlige Freiheit von allen Dingen des Begehrens. Er macht sich nicht nur frei von Besitz, auch frei von Begierden, Lüsten und Trieben. Keuschheit ist ihm oberstes Gebot. Er ißt, um sich zu erhalten, er liebt, um seine Sippe zu mehren, er liebt auch mit Leidenschaft, aber alles wird getragen von dem Bewußtsein des Inneseins Gottes, des ›Großen Geheimnisses‹. Wenn er seinen Feind tötet, trägt er dreißig Tage Trauer um den Getöteten und denkt an die Lieben, die ihn betrauern. Liebe zu Besitz gilt als Schwäche. Wenn Kinder zu sehr an ihren Spielsachen hängen oder von Dingen Besitz ergreifen wollen, erzählt die Mutter ihnen abschreckende Geschichten von solchen Menschen und von den schlechten Eigenschaften, die sie durch diese Sucht bekommen. Gegen die Zivilisation der Weißen sind sie darum immun, weil ihnen Luxus, Bequemlichkeit, Fortschritte der Technik nichts bedeuten. Sie verachten den Menschen, der glaubt, daß das Leben erst in der Umgebung von Wohn- und Gebrauchsgegenständen beginnt. Für den Indianer endet das wirkliche Leben dort, wo es für den Weißen erst lebenswert wird.«[110]

Dementsprechend stiehlt der Sioux-Indianer nicht, weil er es nicht für wert hält, etwas wegzunehmen und sich anzueignen. Ehrfurcht vor allem Seienden bedeutet für ihn konsequenterweise auch Ehrfurcht vor fremdem Besitz. Eine weitere ethische Konsequenz ist seine Anspruchslosigkeit. Nur durch die von Kindheit an einsetzende Erziehung zu ihr sowie zum Mut, zum Ertragen von Hunger und Durst, Kälte und Hitze, Schwierigkeiten und Not kann er ja auch dem Ideal der Besitzlosigkeit, der Freiheit von den Maßlosigkeiten des egoistischen Ergreifenwollens der Dinge entsprechen. Mit acht Jahren wird der junge Sioux aus der Obhut der Mutter genommen und dem Vater übergeben, der ihn die Ehrfurcht vor allem Leben und vor dem in allem wirkenden Großen Geist lehrt und ihm Beispiele für ein rücksichtsvolles, demütiges, zartes, freundliches und gütiges Verhalten, für ein tiefes Verständnis und eine kindliche Liebe zu allen Kreaturen nahebringt: Beispiele der Brüderlichkeit mit den Menschen, mit allen Menschen, mit allen Tieren und Pflanzen, mit dem Himmel und der Erde.

2.4 Zur Spiritualität eines Naturvolkes

Die Spiritualität des Sioux-Indianers läßt sich insgesamt folgendermaßen umschreiben: Der »Große Geist« oder »Das Große Geheimnis« ist unsichtbar, aber alles sehend und alles durchdringend. Es ist nicht der persönliche Gott der Christen, sondern das geheimnisvolle All mit der Sonne als schöpferischem, männlichem Prinzip und der Erde, dem Plastischen, Mütterlichen in diesem All.

»Himmel, Wind, Regen, Donner, Blitz, Gebirge, Pflanzen und Tiere sind durchgeistigte, wirkende und bewirkte Seinsformen. Aus der Verbindung der Sonne mit der Erde ist alle Form und alles Lebende entstanden.« [111]

Der Große Geist, das in der ganzen Natur wirkende »Große Geheimnis«, begleitet nun den Sioux-Indianer ohne Unterbrechung sein Leben lang. Immer steht er nach seiner Überzeugung vor Seinem Antlitz, lebt er in Seinem Licht und mit Seiner Kraft. Da das »Große Geheimnis« alles sieht und hört, kann man es nicht hintergehen. Deshalb ist das Lügen bei den Sioux so verpönt. Aufrichtigkeit, Wahrhaftigkeit, Ehrlichkeit gelten als Grundtugenden. Berühmt wurde in den achtziger Jahren des vorigen Jahrhunderts die Geschichte des Indianers Crow Dog (Krähenhund), der 1881 den Sioux-Häuptling Spotted Tail (gefleckter Schweif) tötete, weil dieser ein notorischer Bösewicht war. Nach der Tat stellte sich Crow Dog freiwillig und seelenruhig dem Sheriff und ließ sich widerstandslos verhaften. Er wurde dann zum Tode verurteilt. Kurz vor der Vollstreckung bat er die Behörden, ihm noch einen letzten Besuch bei seiner Frau und seiner Sippe in seinem 200

Meilen entfernten Dorf zu gewähren. Der Bitte wurde stattgegeben, nachdem er versprochen hatte, zum festgesetzten Termin zurückzukehren. Tatsächlich stellte sich Crow Dog im Gefängnis wieder ein, um das Todesurteil an sich vollstrecken zu lassen. Aber die Öffentlichkeit war von diesem Vorfall so beeindruckt, daß das Verfahren wieder aufgenommen und Crow Dog freigesprochen wurde.[112] Dies ist nur eines von vielen Beispielen für die einstmalige unerschütterliche Ehrlichkeit der Sioux-Indianer.

Ihr Gebet war stets zugleich Meditation. Im allgemeinen stand am Anfang des Tages ein reinigendes und auflockerndes Dampfbad, danach eine kalte Waschung im Fluß, am Quell und dann die Begegnung mit der aufgehenden Sonne. Mit dem Gesicht zu ihr stand der Indianer mit erhobenen Händen reglos da und betete, das heißt: Er meditierte ohne Worte, versenkte sich voll Dankbarkeit in die erhabene Natur. Sein Dank an den Großen Geist war seine Wunschlosigkeit. »Alles, was das ›Große Geheimnis‹ ihm geben kann, ist in ihm selbst, ist die Anteiligkeit an dem großen Gott und dem großen Geschehen der Schöpfung.«[113] Diese meditative Haltung begleitete ihn dann den ganzen Tag, im Umgang mit seinen Stammesbrüdern wie in seiner Arbeit. Deshalb dominierten auch den Tag über Stille und Schweigen in ihm. Schweigen, Verschwiegenheit galt als höchstes Ideal. Fragte man ihn, was Schweigen denn sei, so gab er zur Antwort: »Es ist das große Geheimnis! Das heilige Schweigen ist Seine Stimme.« Fragte man ihn weiter, welches die Früchte des Schweigens seien, so antwortete er: »Selbstbeherrschung, aufrechter Mut, Ausdauer, Geduld, Würde und Ehrfurcht. Schweigen aber ist der Grundpfeiler des Charakters.«[114]

Wenn er schon in Worten betete, dann so:

»*Großer Geist, dessen Stimme ich in den Winden vernehme und dessen Atem der ganzen Welt Leben spendet, erhöre mich! Ich trete vor Dein Angesicht als eines Deiner vielen Kinder. Siehe, ich bin klein und schwach; ich brauche Deine*

Kraft und Weisheit. Laß mich in Schönheit wandeln und meine Augen immer den purpurroten Sonnenuntergang schauen. Mögen meine Hände die Dinge achten, die Du geschaffen hast, und meine Ohren Deine Stimme hören! Mache mich weise, damit ich die Dinge erkennen kann, die Du mein Volk gelehrt hast, die Lehre, die Du in jedem Blatt und jedem Felsen verborgen hast. Ich sehne mich nach Kraft, nicht um meinen Brüdern überlegen zu sein, sondern um meinen größten Feind – mich selbst – bekämpfen zu können. Mache mich stets bereit, mit reinen Händen und aufrichtigen Augen zu Dir zu kommen, damit mein Geist, wenn das Leben wie die untergehende Sonne entschwindet, zu Dir gelangen kann, ohne sich schämen zu müssen.«[115]

Wer sich in die Atmosphäre, das »Fluidum«, und die heimliche Poesie dieses Gebetes hineinzuversenken vermag, dem wird sich die naturnahe, feinfühlige Sinnlichkeit, die darin schwingt, wohltuend von den üblichen abstrakten und sterilen Gebeten in den christlichen Kirchen abheben. Meist sprach der Sioux-Indianer aber nicht so lange Gebete, doch pflegte er vor jeder Handlung zu flüstern: »Geist, nimm Teil!« und war dann sicher, daß das »Große Geheimnis« helfend und schützend zugegen war.

Die Naturnähe, das meditative Stehen in der Mitte des Daseins, das noch nicht Abgetrenntsein von den »heilenden, heiligen, vitalen Kräften des Kosmos«[116] bewirkten auch die viel größere Instinktsicherheit und Sinnesschärfe der Indianer. Nietzsches Satz, der Körper habe seine Weisheit auch, ließe sich mit besonderem Recht auf sie anwenden. Sie wußten viel deutlicher als wir um die heilenden und bedrohenden Kräfte in sich selbst und der Natur um sie herum: Eine »innere Organschau«, ein Wissen um die eigene Körperlichkeit eignete ihnen, das wir nur noch ganz selten und in Rudimenten im Bereich der modernen Zivilisation vorfinden. Bis zur Gabe der Erfühlung von Ereignissen, die sich an entfernten Orten abspielten, reichte dieses aus der tiefen Naturverbundenheit herrührende

Wissen.

Man wird an diesem Idealbild der Sioux-Indianer manche Abstriche vornehmen dürfen. Die Indianer selbst haben nicht selten betont, daß sie sich den oben beschriebene Tugenden, Lebensformen und Verhaltensweisen verpflichtet fühlen, aber ihnen natürlich nicht immer entsprochen haben. Was z. B. der Häuptling der Duwamish (oder Suquamish), Seattle (oder auch Seathl) (etwa 1786-1865), in seiner so berühmt gewordenen Rede vor den versammelten Stammesmitgliedern und wahrscheinlich in Gegenwart des Gouverneurs Isaac I. Stevens, der ihm im Auftrag des amerikanischen Präsidenten Franklin Pierce das Land des Stammes abkaufen wollte, über die Jugendlichen seines Stammes ausgeführt hat, trifft sicherlich auch auf die jungen Sioux-Indianer zu:

»*Die Jugend ist impulsiv. Wenn unsere jungen Männer über einige wirkliche oder eingebildete Ungerechtigkeiten zornig werden und ihre Gesichter mit schwarzer Farbe verunstalten, dann sind ihre Herzen ebenfalls verunstaltet und werden schwarz, und dann sind sie oft grausam und ohne Gnade und kennen keine Grenzen, und unsere alten Männer vermögen sie nicht zurückzuhalten... Es ist wahr, daß die Vergeltung von unseren jungen Kriegern als Gewinn betrachtet wird, sogar auf Kosten ihrer eigenen Leben, aber alte Männer... und Mütter, die ihre Söhne zu verlieren haben, wissen das besser.*«[117]

Ja, selbst die Möglichkeit eigener Schuld gibt Häuptling Seattle zu:

»*Ich will nicht bei unserem vorzeitigen Niedergang verweilen, weder darüber trauern noch meinen bleichgesichtigen Brüdern vorwerfen, daß sie ihn beschleunigten, denn auch wir mögen einige Schuld gehabt haben.*«[118]

Gerade weil die Indianer so naturverbunden waren, weil sie das Wachstum, Reifen und Altern von Pflanzen und Tieren viel unmittelbarer erlebten, wußten sie um die Fehltritte der Jugend und schätzten die Weisheit des Reifungsprozesses und des Alters. Die (christliche) Ethik des Abendlandes hat ja meistenteils den Körper und auch die Psyche des Menschen mit ihren Bedürfnissen ungefähr so behandelt, wie die oben erwähnten weißen Nordamerikaner im 19. Jahrhundert die Pferde dressiert haben: Dem »Tier« im Menschen mußte das Rückgrat gebrochen, es mußte entkräftet und ausgezehrt werden, so daß es dann gar keine Kraft mehr zum Bösen (allerdings auch nicht mehr zum Guten) hatte. Wie liebevoll die Indianer mit den Wildpferden umgingen, haben wir oben gesehen. Ebenso liebevoll gingen sie mit den ungestümen Leidenschaften ihrer Jugendlichen – bei aller Härte ihrer Initiationsriten – um. Sie wußten oder ahnten mindestens, was erst wieder modernere Pädagik zu bedenken gibt:

»Auch in der Auseinandersetzung mit den aggressiven Triebstrebungen wird man nicht durch Verdrängung, sondern nur durch ein gewisses Gewährenlassen und eine allmählich reifende Vergeistigung die gefährlichen Leidenschaften als etwas Ungefährliches, Selbstverständliches und Bereicherndes erfahren.«[119]

Ähnlich hört sich das bei den Indianern an. So schildert z. B. R. B. Hill die Läuterung eines jungen Indianerkriegers zum friedliebenden Priester. Sie gibt die Rede des Schamanen Wanapin an den heranwachsenden Ahbleza wieder:

»Friede«, sagt Wanapin, *»bedeutet Treue zu sich selbst. Jeder Friede, ob zwischen zwei Personen oder zwei Stämmen, spiegelt die Treue wider, die man sich selbst gegenüber einhält. Und Treue zu sich selbst bedeutet Einheit von Gedanke, Rede und Tat... Es gibt Frieden, aber nur in der Seele des einzelnen. Frieden bedeutet Friede mit sich selbst und nichts anderes. – Der Mensch kommt auf die Erde mit einem sichtbaren Körper und einem wetteifernden Geist – denk an das Kind, den Jugendlichen –, und so sucht er diesem Geist in seinen frühen Jahreszeiten gerecht zu werden; das Volk erkennt in dessen Eifer bei Wettbewerben, Kämpfen, Überfällen und kriegeri-*

schen Unternehmen den Versuch, sich selbst, seinem kriegerischen Geist treu zu sein. – Aber der langsam wachsende Geist sucht dann nach Ruhe. Und so nimmt eben dieser stets sich selbst treue Krieger die Forderungen eines sich erweiternden Geistes hin. Das Volk nennt dies Wachstum, Reife, Weisheit; ein weiser Mann, sagen sie, ist einer, der seinem geistigen Wachstum die Treue hält, ist ein standfest in sich ruhender Mann.«[120]

Alles in allem und trotz aller von den Lebens- und Reifungsphasen her bedingten Abstriche wird man also von der Spiritualität der nordamerikanischen Indianer bzw. besonders der Sioux mit ausreichender Berechtigung behaupten dürfen:

»*Eines der schönsten und erhabensten Menschenbilder leuchtet uns aus dem Antlitz des nordamerikanischen Indianers, aus der Zeit, ehe der weiße Mann mit seinen Eroberungsgelüsten kam... Auf unermeßlichem Land waren es wenige Menschen, die in voller Freiheit die Herren dieser Welt waren und doch brüderlich, als ältere Brüder, mit den Tieren, den Pflanzen, dem Himmel und der Erde verbunden waren. Wenn auch ihr Lebensstil ein primitiver war, zeichnete er sich durch eine hohe sittliche und geistige Kultur aus... Diese Seelenhaltung mag vergangenen Zeiten angehören. Es leben nur noch wenige Indianer in Reservaten. Doch halten sie noch streng an ihren Bräuchen fest und sind stolz auf ihre Rasse und ihre geschichtslose Geschichte. Sie haben keine Technik entdeckt und keine Wolkenkratzer gebaut, sie haben nicht einmal eine Kirche errichtet und keine Gesetze geschrieben. Aber sie haben dem durch die Zivilisation degenerierten und verderbt gewordenen Menschen gezeigt, was ein Mensch ist, wie er ist als Bruder der Tiere und Pflanzen, als ein Gegenüber von Natur und Gott, gehorchend wenigen ins Herz geschriebenen Gesetzen, das Tier und den Gott in sich mit heiliger Würde tragend – milde, freundlich, zart, aufrecht, gerecht, mutig, ehrlich, ehrfurchtsvoll. ›Laßt uns Verwandte von allen Kreaturen und allen Dingen sein‹, bittet der Sioux-Indianer den*

›Großen Geist‹.«[121]

Würde und Stolz der Indianer als gleichberechtigte Menschen, wenn auch mit einem anderen Lebensstil als der der weißen Eroberer ihres Landes! Auch der eifrigste Apostel der Gewaltlosigkeit wird jene »letzte Schlacht« nicht ganz verdammen können, die ein Teil der Indianer Nordamerikas aus Selbstachtung und in der Absicht geführt hat, das vom weißen Mann so furchtbar mit Füßen getretene Selbstwertgefühl des eigenen Volkes wiederherzustellen. Über diese Schlacht, in der die Armee von General Custer am 27. Juni 1876 am Little Big Horn von 3000 Arapahoes, Cheyennes und Dakota-Sioux überfallen und bis zum letzten Mann niedergemacht wurde, könnte als Motto der Ausspruch Crazy Horse's stehen: *»Es ist nur eine Frage, ob man wie ein Hund leben oder wie ein freier Mensch sterben möchte. Wir werden kämpfen und sterben.«*[122]

Auch die Indianer, vor allem die leitenden Häuptlinge um Sitting Bull, wußten natürlich, daß dieser Sieg den Untergang ihres Volkes nicht verhindern würde.

»Das Gemetzel sollte nur ein letztes Mal gezeigt haben, daß Indianer kein Freiwild sind und daß man sie nicht einfach abschießen kann, wie man zuvor die 30 Millionen Büffel auf den Plains abgeknallt hatte.«[123]

Leider hat ja der weiße Mensch aus diesen tragischen Ereignissen nichts gelernt: Die Reste der Indios im Amazonasbecken (nur noch etwa 200 000), deren Rechte höhnisch mißachtet werden und denen nicht die geringste Chance gewährt wird, ihre Identität zu behalten, beweisen das ebenso wie die letzten Ureinwohner Australiens, die in Verelendung und Alkoholismus dahinvegetieren und verkommen.

Auch hier wieder die Analogie zwischen der Behandlung der »schwachen« Natur, der Tiere und Pflanzen, die sich nicht wehren können, durch den nur noch »ökonomisch«, d. h. hier: anti-ökologisch eingestellten (fast möchte man schon sagen: anti-ökologisch strukturierten) weißen Mann und seinem Umgang mit »schwachen«, naturnahen, in seinen Augen »naturhaften« Minderheiten.

Langsam aber bricht sich die Erkenntnis Bahn, daß man die Tier- und Naturverbundenheit, die ganzheitliche Wirklichkeitssicht überhaupt, wie sie bei vielen Naturvölkern vorherrscht, nicht mehr verachten darf, ja daß man einiges von ihr lernen und übernehmen kann und muß, wenn wir die restlichen Tier- und Pflanzenarten auf dem Planeten Erde und uns selbst retten wollen. Heute lacht niemand mehr, wenn die Sensibleren unter uns – ähnlich wie die diesbezüglich hier einige Male geschilderten Indianer – das Tier um Vergebung bitten: »Ich möchte mich bei den Tieren für die Menschen entschuldigen«, bekennt die Schauspielerin Vera Gräfin Lehndorff; »Ich bin nicht deswegen Vegetarier geworden, um was für meine Gesundheit zu tun. Ich tat es für die Gesundheit der Hühner«, erklärt der Schriftsteller und Nobelpreisträger Isaac B. Singer. Als »sichtbaren Ausdruck« ihrer »ganz persönlichen Verweigerung tier- und menschenfeindlicher Produkte« färbt die Schauspielerin und Tierschützerin Barbara Rütting ihr Haar nicht mehr. Solche Beispiele[124] für das wachsende Bewußtsein, daß Mensch und Natur zusammengehören, daß Mensch, Tier und Pflanze an einem und demselben Schicksalsstrang ziehen und hängen, lassen sich fast beliebig fortsetzen.

Was der »Primitive« schon immer wußte, beginnt dem so aufgeklärten Menschen der modernen Zivilisation langsam zu dämmern: Der Mensch kann im Grunde nur aus einer Ganzheit leben, die aufgrund seiner Natur-, Leibes- und Wirklichkeitserfahrungen organisch gewachsen, »geworden« ist. Er braucht eine der Summe seiner Entwicklungen, seiner Lebenserfahrungen korrespondierende »Natur-Philosophie« im ursprünglichen Sinne der Liebe zur Weisheit der Natur. Von dieser Weisheit der Natur weiß oder spürt aber der Mensch als Glied der Naturvölker sehr viel mehr, während unsere »Naturphilosophie« im Laufe der letzten Jahrhunderte immer mehr auf das Meßbare, Zählbare, Wägbare, Kontrollierbare, eben Quantifizierbare reduziert wurde, was mit der Reduktion unseres natürlichen Menschseins Hand in Hand ging. Die Vernachlässigung des kosmischen Ganzheitsprinzips, das den Menschen, das Tier, die Pflanze, den Stein als Gesamtnatur innerhalb kosmischer Gesetzmäßigkeiten um- und zusammenschließt, ist die tiefste Wurzel der ökologischen Krise, der uns bevorstehenden ökologischen Katastrophe unseres Planeten, die tiefste Wurzel auch all unserer psychosomatischen Krankheiten. Einseitige Teilinteressen und die Verunendlichung dieser (wirtschaftlichen und technischen) Einseitigkeiten sowie das daraus resultierende Defizit an ganzheitlichem Menschentum sind der tiefste Grund für das größenwahnsinnige Machtstreben des weißen Mannes, wie es sich nicht bloß in Territorialraub und Krieg, sondern auch in den technischen Großunternehmen der internationalen Konzerne ausdrückt. Die Ausführungen über die spirituellen, religiösen, ethischen usw. Aspekte des Mensch-Natur-Verhältnisses der »Primitiven« sollten uns anschaulich an jene »Quellen der Kraft« heranführen, aus denen jene lebten und auf die auch wir – wenn auch in abgewandelter, modifizierter, auf unsere moderne Situation hin aktualisierter Form – niemals ganz verzichten können.

Eine neue Ganzheitssicht wird selbst unsere Vorstellung des Jenseits anders zu konzipieren haben. Wir haben ja nicht nur das Diesseits, das Leben der Natur auf unserer Mutter Erde immer mehr entsinnlicht, vereinseitigt, abstrakter gemacht, sondern ganz entsprechend auch das Jenseits inhaltlich entleert. Die ganzheitliche Sicht und Verbindung mit der Vor- und Nachwelt blieb dabei irgendwo auf der Strecke. Nichts ist so bezeichnend für die Einseitigkeit, Kurzsichtigkeit und fehlende Ganzheitlichkeit der Entscheidungen der Politiker wie die Tatsache, daß sie bei der Genehmigung von Kernkraftwerken und den Anlagen zu ihrer »Entsorgung« das Schicksal zahlloser künftiger Generationen von Menschen, Tieren und Pflanzen mitvermarkten, mitdeterminieren, mitbesiegeln.

Mit der unserer Sicht gegenübergestellten Jenseitsauffassung der Indianer mögen daher die vorliegenden Ausführungen über die Naturvölker ausklingen:

»Eure Toten hören auf«, sagt Häuptling Seattle in seiner oben teilweise bereits zitierten Rede, *»euch und das Land ihrer Herkunft zu lieben, sobald sie die Pforten der Grabstätte passieren – sie wandern weit hinweg jenseits der Sterne, sind bald vergessen und kehren nie zurück. Unsere Toten vergessen diese schöne Welt, die ihnen das Leben schenkte, nie. – Sie lieben immer noch ihre gewundenen Flüsse, ihre großen Berge und ihre einsamen Täler, und sie sehnen sich in zärtlichster Zuneigung hinüber zu den vereinsamten Lebenden und kehren oft zurück, um sie zu besuchen, zu geleiten und zu trösten.«*[125]

Obwohl durch die jetzt zum Abschluß kommenden Bemerkungen über das Naturvolk der Indianer kein Idealbild gezeichnet werden sollte und obwohl wir uns bei jeder Darstellung dieses Volkes auch der Negativa, z. B. der Grausamkeit in ihren Stammeskämpfen, bewußt sein sollten, bleibt doch als unauslöschbare Größe dieser Menschen ihre ökologische Haltung zur Natur erhaben über alle Kritik.

»Über mehr als 20 000 Jahre hinweg war das Bewußtsein der amerikanischen Ureinwohner von einem tiefen ökologischen Verständnis für die geheimnisvollen Kräfte, die Mensch und Natur verbinden, geprägt. Ihr Leben war von dem Bedürfnis nach Ausgewogenheit und von Ehrfurcht gegenüber Mutter Erde gezeichnet. Politik ist für sie ... von geistigen Werten nicht zu trennen.«[126]

Selbst das Bundessystem der Irokesen diente den Gründungsvätern der amerikanischen Nation noch als Vor- und Leitbild für die Einrichtung einer föderalistischen Demokratie.

Zweiter Teil
Die Öko-Logik des Kosmos oder: Das Universum als Haus des Seins

1. Universum – Naturgesetze – kosmische Grundkräfte – Leben und Mensch als hochkomplexer, engstens vernetzter, universaler Seins- und Funktions-Zusammenhang

Natürlich sind das Universum und die Naturgesetze viel älter als der Mensch. Trotzdem scheinen diese drei Größen eine fundamental aufeinander abgestimmte und aufeinander ausgerichtete innige Verflechtung und Vernetzung aufzuweisen. Schon der kosmische Urknall vor circa 15 bis 20 Milliarden Jahren scheint so beschaffen gewesen zu sein, daß er die Entstehung von Lebewesen und inmitten derselben von intelligenten, das Universum erkennenden Daseinsformen möglich, ja zur Notwendigkeit gemacht hat. Wollte das Universum von vornherein auf eine gigantische, sich selbst reflektierende Ganzheit, auf ein »erkennendes Universum« hinaus? Gehen wir zunächst von den sicheren, unbestreitbaren Tatsachen aus. Die fundamentalste Tatsache in diesem Zusammenhang ist wohl die:

»*Die Naturgesetze in unserer Welt müssen so sein, daß in ihr Leben entstehen und über Zeiten hinweg bestehen kann, sonst wären wir nicht da.*«[1]

Eine andere Tatsache ist folgende: Dieses unser Universum weist eine tiefe Besonderheit auf, es hat intelligente Beobachter hervorgebracht, eine intelligente Lebensform, die den Kosmos in allen Richtungen seiner zeitlichen und räumlichen Ausdehnung betrachten und erforschen kann. Zahlreiche Erkenntnisse aus verschiedenen Bereichen der Naturwissenschaft belegen und erhärten nun, daß das Auftauchen von Leben und intelligenten Daseinsformen im Universum keineswegs ein nebensächliches Zufallsprodukt des kosmischen Entwicklungsprozesses gewesen zu sein scheint. Alles deutet vielmehr darauf hin, daß grundlegend, durchgehend und von Anfang an die maßgeblichen Bedingungen, Voraussetzungen und Faktoren im All so gestaltet und charakterisiert waren, daß sie den günstigsten Rahmen und Boden für eine Bio- und Noosphäre (von griech. Noûs = Geist) bildeten.

»Fast scheint es, als ob die Naturgesetze unseretwegen geschaffen worden sind... Überall scheint es, als habe die Natur seit eh und je auf uns gezielt, als habe sie auf unser Kommen hingearbeitet.«[2]

Es zeigt sich,

»daß Mikrokosmos und Makrokosmos durch eine Fülle zufälliger Querbeziehungen zusammenwirken mußten, um irdisches Leben zu ermöglichen... Die Naturgesetze, die Entstehung der Materie, kosmische Expansion und biologische Evolution wirkten offenbar mit so vielfältiger und subtiler Präzision zusammen, daß intelligentes Leben nur durch das Funktionieren der gesamten ›Maschinerie der Natur‹ entstehen konnte.«[3]

In den eben zitierten Worten deutet sich schon das Ziel der augenblicklichen Ausführungen an: Es soll die naturwissenschaftliche, kosmologische Basis für jene Überzeugung hergestellt werden, die da lautet: *Das gesamte Universum, die ganze Natur ist elementar und radikal, ganz eng und intensiv mit dem Menschen verbunden und vernetzt.* Der Mensch ist im Grunde größenmäßig nur durch den ganzen Kosmos definierbar, durch das Gesamt seiner Kräfte, Gesetze, Stoffe, Strahlungen und Einflüsse. Das ganze Universum – nicht nur die Erde, nicht nur unser Sonnen- und Planetensystem, nicht einmal nur unser gewaltiges Milchstraßensystem – ist die wesensgemäße »Umwelt« des Menschen, sein erweiterter, aber integraler, absolut notwendiger Leib! Auch das fernste Universum, d. h. seine entferntesten Teile, hat auf unser terrestrisches Leben erhebliche Einflüsse, die für unser Dasein und Sosein lebensnotwendig sind. Daraus muß so etwas wie ein Gefühl der Dankbarkeit und engen Verbundenheit mit der Gesamtnatur, mit dem Kosmos resultieren, auch mit seiner kosmischen Vergangenheit, die uns hervorgebracht hat. Weil der Mensch fundamental durch das Gesamt kosmischer Einflüsse, durch das Universum als ganzes in seinen Strukturen, Gesetzmäßigkeiten, Konstanten, Kräften und Elementen bewirkt und bedingt ist, deshalb muß er sich auch auf nichts weniger als auf das Ganze des Kosmos hin entwerfen und ausrichten; kann er sich in vollem Maße nur selbstfinden, wenn er – seiner weltoffenen, anthropologischen Struktur gemäß – dieses universale Ganze zu erkennen, zu verehren, zu lieben und – soweit möglich – zu verantworten und zu pflegen versucht. Kein Zweifel kann daran bestehen, daß die Menschen schon dadurch ein Stück besser würden, daß sie die Weiten des Universums zum Gegenstand ihrer Betrachtung erhöben. Denn die Weite des Blicks hat Einfluß auf die Weite und Großzügigkeit des Menschseins.[4]

Jedenfalls gelangt heute in den Blick der Naturwissenschaftler die

»»Einheit der Natur«, in der fast jede lokale Bedingung (z. B. auf der Erde) eng mit dem gesamten kosmischen Geschehen verknüpft ist und von ihm abhängt... Sowohl die naturgesetzliche Struktur des Kosmos als auch der besondere Evolutionsablauf wirkten innerhalb des Netzwerkes relativer Kräfteverhältnisse in fast einmaliger Weise zusammen, um eine intelligente Zivilisation hervorzubringen... So erscheint die Natur, deren integraler Bestandteil der Mensch ist, als die einfachste und vielleicht auch die einzig mögliche Natur, die sich vom Urknall zum intelligenten Leben entwickeln kann.«[5]

Natürlich kann man fast immer mit der oft einem kleinen, störrischen Nein-Sager-Teufelchen ähnelnden Denkmöglichkeit des Zufalls kommen und behaupten, daß Struktur und Naturgesetze des Universums eben zufällig so seien, daß sie intelligentes Leben ermöglichen. Aber dem tatsächlichen Geschehen im Kosmos entspricht doch weit mehr die These einer nicht zufälligen wesensmäßigen Zuordnung dieser Größen.

Es »ist unübersehbar, daß das Universum aus dem Urknall mit Eigenschaften hervorging, die es ›als maßgeschneidert‹ für die Entstehung von Leben erscheinen lassen«.[6]

Kosmologen aus dem englischsprachigen Raum haben in den siebziger Jahren für diese »Maßarbeit« das Stichwort »anthropic principle« (»anthropisches Prinzip«, von Anthropos = Mensch) geprägt.[7] Sie wollen damit ausdrücken, daß das Weltall, seine Gesetze, seine Entwicklung »lebens-« und »menschengemäß« sind, daß zwischen ihnen und den Tatsachen des Lebens und der Intelligenz eine wesentliche, nicht zufällige Verbindung besteht, ja daß die Hervorbringung eines intelligenten Beobachters und Erforschers des Universums vielleicht sogar die wichtigste Leistung dieses Weltalls ist. Die Existenz eines solchen Beobachters wird daher für manche Kosmologen geradezu zu einem heuristischen Prinzip, zu einem Erkenntnisinstrument, indem sie die Rolle der Menschheit bzw. überhaupt intelligenter Wesen im Kosmos zum Schlüsselpunkt machen, von dem aus sie nach noch unbekannten Parametern, nach weiteren Konstanten in Aufbau und Entwicklung des Universums fragen, eines Universums, das so und so beschaffen sein müßte, damit Leben und Intelligenz entstehen können.

Damit kommt es zu einer

»historischen Wende in der Bewertung der Rolle der Menschheit. Sie rückt die Beziehung von Beobachter und beobachteter Natur zurecht und begründet das Wesen der Einheit zwischen der Natur und den von ihr hervorgebrachten Beobachtern.«[8]

Damit ist nun keineswegs der teleologischen oder finalen Betrachtungsweise, die in den letzten Jahrhunderten aus dem Bereich der empirischen Naturwissenschaften verbannt worden war, Tür und Tor geöffnet. *»Der Kosmos ist ge-*

wiß nicht entstanden,› um den Menschen hervorzubringen‹.«[9]

Der Kosmos hat kein Ziel (telos, finis) vor Augen, wie intelligente, mit Selbstbewußtsein ausgestattete Lebewesen es ausdrücklich und deutlich vor sich sehen, wenn sie eine wichtige Handlung in Gang setzen.

»Das anthropic principle läßt dieses Weltall aber ungeachtet seiner Kälte und Leere als den Mutterboden erkennen, der die erste entscheidende Voraussetzung der Möglichkeit zur Entstehung von Leben bildet. Von den für unsere Vorstellung unendlich vielen Möglichkeiten, die es für seine Struktur gegeben hätte, ist just eine (die einzige?) verwirklicht, die Leben möglich und damit, rückblickend, unausbleiblich macht.«[10]

Berücksichtigt man den engen Zusammenhang zwischen dem Bau des Universums und dem nach Jahrmilliarden kosmischer Evolution erfolgten Entstehen lebender Organismen, dann kann man gleichwohl von einer »Tendenz« dieser Evolution sprechen. Aber diese Tendenz sagt nur den tatsächlichen »Zusammenhang zwischen dem Anfang« der Entwicklung und einem ihrer späteren Resultate« aus[11], einen Zusammenhang,

»der von der Entfaltung eines von Anfang an gegebenen Keims (also dem Prinzip einer angeblichen ›Entelechie‹) ebensoweit entfernt ist wie von der zielgerichteten Ansteuerung eines vorgegebenen Resultats (im Sinne einer teleologischen oder finalistischen Hypothese). Der Kosmos – oder die Evolution: beides ist aus dieser Perspektive dasselbe – hat die Tendenz, Leben entstehen zu lassen. Das ist es, was die Kosmologen herausgefunden haben. Leben ist in diesem Kosmos nicht lediglich ein absonderlicher Zufall, wie Monod geglaubt hat. Leben ist für diesen Kosmos typisch. Seine Entstehung ist ein im Ablauf der Geschichte dieses Kosmos unausbleibliches Ereignis.«[12]

Selbst wem der Ausdruck »Tendenz« schon anstößig erscheint, der wird doch angesichts dessen, was wir heute über den Bau der Materie und die Beziehungen zwischen den nachher noch zu besprechenden Grundkräften der

Natur wissen, zugeben müssen: Das Universum, die Natur läßt keine chaotischen, beliebigen Verhältnisse und Zustände zu, sie muß einen ziemlich eindeutigen, bestimmten Aufbau haben, wenn sie uns hervorgebracht hat. Anderenfalls hätte sie nämlich überhaupt kein intelligentes Lebewesen erzeugen können.

»Wenn man fordert, daß die Natur intelligentes Leben hervorbringen soll, dann sind die Naturgesetze, der Aufbau des Universums sowie die Struktur des menschlichen Lebens fast eindeutig bestimmt. Dieser Kosmos hat im wesentlichen die Eigenschaften, wie wir sie bisher in der Natur vorgefunden haben. Jedes anders veranlagte Universum würde unbelebt bleiben und könnte niemals den Zustand kosmischer ›Selbsterkenntnis‹ erlangen.«[13]

Wir wollen aber keineswegs den Bogen überspannen und dem Leser die Möglichkeit der freien Wahl zwischen dem schwachen und dem starken anthropischen Prinzip lassen. Das schwache anthropische Prinzip, von Robert H. Dicke (Princeton, US-Staat New Jersey) 1961 vorgeschlagen, sagt nur: Weil es in diesem Universum Beobachter gibt, muß das Universum Eigenschaften besitzen, die die Existenz dieser Beobachter *zulassen.*[14] Das starke anthropische Prinzip formulierte der britische Physiker Brandon Carter vom Observatorium in Meudon bei Paris 1973 auf einer Astronomentagung in Krakau. Man kann es etwa folgendermaßen wiedergeben: Aufbau und Gesetze des Universums müssen so beschaffen sein, daß es zu irgendeinem Zeitpunkt *unweigerlich* einen Beobachter *hervorbringt.*[15] Zwischen dem »Zulassen« des schwachen und dem »unweigerlichen Hervorbringen« des starken anthropischen Prinzips liegt also der Spielraum für unsere Entscheidung. Von unserem heutigen Wissensstand aus gesehen, ist natürlich das starke anthropische Prinzip das metaphysischere, weil die Naturwissenschaften die »Unweigerlichkeit«, die Unausweichlichkeit der Entstehung eines Beobachters noch nicht lückenlos demonstrieren können

und weil nicht alles, was sie über die Natur in Erf
bringen,

»*geradeso ist, wie es ist, nur weil wir existieren und es n...
beobachten... Vielmehr stehen wir mit dem anthropischen
Prinzip eher erst am Anfang denn am Ende einer erweiterten
Naturbetrachtung.*«[16]

Sicher aber ist die Existenz eines imposanten, hochkomplexen, engstens verfächerten Netzwerkes zwischen dem Universum in seiner dynamischen Entwicklungsganzheit, seinem Aufbau, seinen Gesetzen und dem Menschen als intelligentem Lebewesen.

»*Wenn wir ins Universum hinausblicken*«, sagt Freeman J. Dyson, »*und erkennen, wie viele Zufälle in Physik und Astronomie zu unserem Wohle zusammengewirkt haben, dann scheint es fast, als habe das Universum in gewissem Sinne gewußt, daß wir kommen.*«

Dyson ist von der Tragfähigkeit sowie vom heuristischen und diagnostisch-prognostischen Wert des Anthropischen Prinzips fest überzeugt:

»*Es wäre nicht überraschend, wenn es sich herausstellte, daß der Ursprung und das Schicksal der Energie im Universum nicht isoliert von den Phänomenen des Lebens und des Bewußtseins vollständig verstanden werden könnten.*«[17]

Das Anthropische Prinzip bedeutet auch nicht die Wiedereinführung des Anthropozentrismus [18] in die Naturwissenschaften, seine Einschleusung sozusagen durch die Hintertür, nachdem in der Kopernikanischen Revolution die Erde und damit der Mensch aus seiner Zentralstellung im All vertrieben worden war. Mit anthropomorpher Arroganz und Selbstüberschätzung hat dieses Prinzip nichts zu tun.[19] Zumindest in seiner schwachen Form ist es ohnehin von jeder Anthropozentrik frei. Aber die unumstößliche, unbezweifelbare Tatsache, daß es in diesem Universum Intelligenzen gibt, die es beobachten, erkennen, erforschen, denkend und fühlend umfassen können, diese Bewußtseinstatsache macht nun einmal eine Besonderheit dieses Universums aus, zeichnet es in singulärer Weise aus und kann auch nicht ohne Folgen für es bleiben. Dieses Universum hat Bewußtsein hervorgebracht, und dieses Bewußtsein ist das einzige Mittel, das Universum zu begreifen![20] Das ist der fundamentalste Zusammenhang zwischen Universum und Bewußtsein, und aus ihm folgen alle weiteren so überaus zahlreichen und mannigfaltigen Verbindungen und Vernetzungen zwischen ihnen.[21] H. von Ditfurth spricht von geradezu »fast verzweifelt wirkenden« Spekulationen mancher Naturwissenschaftler und Kosmologen, die »einzig und allein« die Funktion haben, dem anthropischen Prinzip, »dem Nachweis der Lebensträchtigkeit unseres Universums seine Bedeutsamkeit zu nehmen«, weil den Naturwissenschaftlern im allgemeinen die Anerkennung eines »so singulären Tatbestandes«, wie ihn ein Leben und Intelligenz hervorbringendes Universum darstellt, widerstrebt.

»Um so bemerkenswerter ist es, daß sie sich trotzdem gezwungen sahen, das Prinzip anzuerkennen, wie sich daraus ergibt, daß sie es durch die Prägung des Begriffs anthropic principle offiziell in das Vokabular ihrer Fachsprache aufgenommen haben.«[22]

Die Einführung eines neues Prinzips in das Begriffsgerüst der modernen Physik entspringt nicht einem anthropozentrischen Narzißmus, nicht der Selbstverliebtheit einiger schrulliger Naturforscher, sondern u. a. der Tatsache, daß aufgrund des anthropischen Erkenntnisschlüssels gewisse Merkmale der Natur und Naturgestze erst verständlich werden.

»Das anthropische Prinzip erlaubt zum erstenmal, das naturwissenschaftliche Weltbild auf seine innere Konsistenz hin zu untersuchen und die engen Verflechtungen zwischen drei Bereichen aufzudecken – den fundamentalen Gesetzen der Natur; den besonderen Begebenheiten und der Evolution in diesem Kosmos, und der Existenz eines intelligenten Beobachters... Es zeigt sich eben, daß viele Eigenschaften der Natur

erst dann verständlich werden, wenn von der Tatsache der Existenz intelligenter Primaten, speziell der Menschen, als biologisch-geologische Erfahrung Gebrauch gemacht wird. Das Gebäude der Einheit von Natur und Mensch auf seine inneren Verstrebungen und Verankerungen abzuklopfen, ist eines der spannendsten Abenteuer der modernen Wissenschaft.«[23]

Wir werden in den folgenden Unterpunkten einige dieser durch das Anthropische Prinzip verständlich werdenden Eigenschaften der Natur, des Universums, noch ausdrücklich behandeln. Im Augenblick wollen wir das in diesem Abschnitt Gesagte lediglich zusammenfassen und in einigen Hinsichten erweitern: Alle Teile und Elemente des Universums stehen miteinander in mehr oder weniger direkten ursächlichen Zusammenhängen und üben Einflüsse verschiedenster Art aufeinander aus. Das Anthropische Prinzip nährt die Hoffnung, daß wir das Universum immer mehr und umso besser begreifen werden, je mehr wir einen Teil desselben, freilich einen hervorgehobenen, den Menschen, erkannt haben. Auf jeden Fall mehren sich – auch unabhängig von der Zustimmung zum Anthropischen Prinzip – in den Naturwissenschaften jene Stimmen, die dem Faktor Bewußtsein eine maßgebliche Rolle im Universum zuordnen.

»Einige Physiker sind der Ansicht, Bewußtsein könne ein essentieller Aspekt des Universums sein und wir würden unser weiteres Verständnis der Naturerscheinungen selbst blockieren, wenn wir es weiterhin beharrlich ausklammern.«[24]

Faktisch kommt ja auch die moderne Physik in ihrem Wirklichkeitsbegriff nicht mehr ohne Bewußtsein aus. Spätestens seit Beginn der sog. Quantenmechanik muß sie im Zusammenhang mit dem Problem von Beobachtung und Messung stets die Beziehung zwischen Bewußtsein und Natur, zwischen erkennendem, forschendem Subjekt und beobachtetem Objekt berücksichtigen. Insofern besteht der Satz des amerikanischen Physikers J. A. Wheeler zu Recht:

»*Ein Phänomen ist erst dann ein Phänomen, wenn es auch ein beobachtetes Phänomen ist.*«[25]

Der Geltungsbereich dieses Satzes geht aber möglicherweise über das Gebiet der Mikrophysik weit hinaus. Verschiedene Indizien, die hier später teilweise auch noch zur Sprache kommen werden, deuten darauf hin, daß

»*die Existenz einer intelligenten Lebensform, eines Beobachters im Kosmos, auch die Realität dieses Universums möglicherweise beeinflußt.*«[26]

Wenn wir darüber hinaus von der Richtigkeit des Prinzips ausgehen, das E. R. Harrison formuliert hat und das immer mehr Anhänger unter den Naturwissenschaftlern zu gewinnen scheint, dann erhellt auch daraus die Bedeutung des Faktors Bewußtsein im Universum und für das Universum. Das Prinzip lautet:

»*Die Eigenschaften jedes Dings sind nicht beliebig, sondern hängen eng von den Eigenschaften aller anderen Dinge ab.*«[27]

Dieses Prinzip spielt eine große Rolle in der sog. »bootstrap«-Theorie, die der amerikanische Physiker G. F. Chew[28] als erster formuliert und die inzwischen eine Reihe bedeutender Anhänger aus dem Bereich der Naturwissenschaften und der Naturphilosophie gefunden hat. Sehr einleuchtend kommentiert der Heisenberg-Schüler F. Capra die Bedeutung der »bootstrap«-Theorie für die uns hier interessierenden Probleme des Weltalls als universalem Netzwerk und des Zusammenhangs Kosmos – Bewußtsein:

»*Nach dieser ›Schnürsenkel-Philosophie‹ läßt sich die Natur nicht auf fundamentale Einheiten reduzieren... sondern muß ganz und gar durch die Forderung nach folgerichtiger Gesamtübereinstimmung verstanden werden. Für die gesamte Physik gilt allein der Grundsatz, daß ihre Bestandteile untereinander und mit sich selbst übereinstimmen müssen... Das Universum wird als ein dynamisches Gewebe untereinander verbundener Geschehnisse betrachtet. Keine der Eigenschaften irgendeines Teiles dieses Gewebes ist fundamental; alle ergeben sich aus den Eigenschaften der anderen Teile; und die folgerichtige Gesamtübereinstimmung ihrer Wechselbeziehungen determiniert die Struktur des gesamten Gewebes... Im Rahmen der S-Matrix-Theorie versucht die bootstrap-Methode alle Eigenschaften der Teilchen und ihre Wechselwirkungen ausschließlich aus der Notwendigkeit der Gesamtübereinstimmung abzuleiten... Der Tatbestand, daß alle Eigenschaften der Teilchen von Prinzipien bestimmt werden, die eng von den Beobachtungsmethoden abhängen, würde bedeuten, daß die grundlegenden Strukturen der materiellen Welt letztlich durch die Art und Weise bestimmt werden, wie wir diese Welt sehen; die beobachteten Strukturen der Materie wären somit Spiegelungen der Strukturen unseres Bewußtseins.«*[29]

In Chews »bootstrap«- und S-Matrix-Theorie spielt der Begriff der Ordnung eine wichtige Rolle. Er spielt aber auch eine wachsende zentrale Rolle in der Teilchenphysik insgesamt. Überhaupt muß gesagt werden, daß der Wissenschaftler die Wirklichkeit erkennt, wenn er sie als Ordnungsgefüge ausgemacht hat. Die Ordnungskategorie ist ein entscheidender Aspekt aller wissenschaftlichen Beobachtungsmethoden. Zwar spricht die Wissenschaft lieber von Strukturen als von Ordnungen. Aber was sind Strukturen in der Natur, im Kosmos denn anderes als erkannte, von unserem Bewußtsein wahrgenommene Ordnungen? Das bedeutet für die Physik:

»Die Klärung der Vorstellung von Ordnung in einem Forschungsbereich, in dem Strukturen von Materie und Strukturen von Bewußtsein mehr und mehr als Spiegelungen voneinander erkannt werden, verspricht ein faszinierendes Neuland der Erkenntnis zu eröffnen... Dazu mag unsere Vorstellung von der makroskopischen Raum-Zeit gehören und vielleicht sogar unsere Vorstellung vom menschlichen Bewußtsein. Die zunehmende Anwendung der bootstrap-Methode eröffnet die noch nie dagewesene Möglichkeit, das Studium des menschlichen Bewußtseins ausdrücklich in künftige Theorien von der Materie einbeziehen zu können.«[30]

Auf diese Weise nähert sich die »bootstrap«-Methode in ihren allgemeinsten Schlußfolgerungen dem starken Anthropischen Prinzip. Ja, sie geht teilweise noch darüber hinaus, so, wenn z. B. Chew, ihr Begründer, ganz generell behauptet, daß

»die Natur so ist, wie sie ist, weil sie die einzige Natur ist, die mit sich selbst in Übereinstimmung (konsistent) ist.«[31]

In Übereinstimmung mit sich selbst aber kann sie letztlich nur dadurch sein – das müßte vom Anthropischen Prinzip her ausdrücklich hinzugefügt werden –, daß das Bewußtsein in ihr eine wesentliche, fundamentale Rolle spielt. Nur das Bewußtsein gibt und bedeutet Übereinstimmung mit sich selbst oder der Natur als beobachtetem, erkanntem Gegenstand, jede andere Übereinstimmung läuft lediglich auf eine tote, mechanische Verdoppelung hinaus.

Der Leser, der die hier vor ihm ausgebreiteten Erkenntnisse und Überlegungen der Naturwissenschaft und Kosmologie durch- und weiterdenkt, gelangt unweigerlich zu dem Schluß, daß auf dieser Grundlage auch neue Brücken zwischen Naturwissenschaft, Philosophie und Theologie bzw. Religion gebaut werden müssen:

»Physiker und Astronomen beschäftigen sich hauptsächlich mit dem physikalischen Universum, von Atomen bis zu Galaxien, und ignorieren gewöhnlich die Existenz des Menschen. Philosophen und Theologen befassen sich vor allem mit Mensch und Gott und zeigen wenig Interesse am materiellen Kosmos. Der Mensch ist aber ein integraler Bestandteil des physikalischen Universums, deshalb müssen wir bei dem Versuch, die gesamte Schöpfung zu begreifen, aufhören, Mensch und Natur als zwei getrennte, fast beziehungslose Objekte zu betrachten, und nach dem wahren Platz des Menschen im Rahmen des physikalischen Universums suchen.«[32]

Die eigentliche Brücke zwischen Naturwissenschaft, Philosophie und Theologie könnte eine kosmologisch-ökologische Religion bauen, weil sie den in diesem Abschnitt ausgebreiteten Erkenntnissen der Atomphysik, der Astrophysik, der Kosmologie usw. über die universale, ganzheitliche Vernetzung aller Prozesse, Faktoren und Lebewesen im Kosmos und über die fundamentalen Zusammenhänge zwischen kosmischem Sein, Leben und Bewußtsein die *Sinn-Dimension* hinzufügt. Diese Religion ginge also noch über das Anthropische Prinzip der Naturwissenschaftler, und zwar auch in seiner starken Form, hinaus. Die Naturwissenschaften können ja nur und höchstens das *Faktum,* die *Tatsächlichkeit* des Kosmos als eines universalen Netzwerkes von Beziehungen und als des radikalen Zusammenhangs von Natur und Bewußtsein behaupten, aufweisen, belegen. Die in dieser Hinsicht letzte Sinnfrage, die Frage, warum das kosmische Ganze diese zwei fundamentalen Ganzheitseigenschaften besitzt, stellen sie nicht mehr, dürfen sie auch im Rahmen des bisher noch in Geltung befindlichen Wissenschaftsverständnisses wohl gar nicht stellen. Rein formal ist es daher auch kein logischer Denkfehler, wenn ein Philosoph oder ein Theoretiker der Naturwissenschaften, der über diese zwei hier zur Debatte stehenden fundamentalen Attribute des Universums nachdenkt, behauptet, das sei eben Zufall, der Kosmos sei zufällig unter unendlich vielen möglichen Universen ein mit Bewußtsein ausgestatteter; ein Kosmos, in dem der hierarchische und vielfältig vernetzte Aufbau von Materie, Leben, Psyche und Geist ein zwar bewunderungswürdiges, aber zufälliges Ereignis sei. In diesem Sinne etwa hatte ja der französische Nobelpreisträger des Jahres 1965 für Physiologie und Medizin, Jacques Monod, in seinem »Essay über die Naturphilosophie der modernen Biologie« behauptet, Leben sei in diesem Universum ein merkwürdiger Zufall:

»*Der alte Bund ist zerbrochen; der Mensch weiß endlich, daß er in der teilnahmslosen Unermeßlichkeit des Universums allein ist, aus dem er zufällig hervortrat.*«[33]

Monod wertete auch die Rolle des menschlichen Bewußtseins, überhaupt wohl jeden Bewußtseins, im Univer-

sum zu einer Randerscheinung ab:
»*Er (der Mensch) weiß nun, daß er seinen Platz wie ein Zigeuner am Rande des Universums hat, das für seine Musik taub ist und gleichgültig gegen seine Hoffnungen, Leiden oder Verbrechen.*«[34]

Alle Erkenntnisse und Ergebnisse der Naturwissenschaften, von denen wir bisher einige vorstellten, einige noch darlegen werden, sprechen zwar gegen die Zufallshypothese Monods und für eine fundamental-essentielle Zuordnung von Universum und Bewußtsein. Aber auf der naturwissenschaftlichen Ebene ist diese Hypothese natürlich nicht eigentlich strikt widerlegbar. Sie ist ja auch gar nicht eine vom Naturwissenschaftler Monod aufgestellte Hypothese, sondern eine solche des (atheistischen) Philosophen Monod. Und als solche (natur-)philosophische These hat sie eine gewisse Berechtigung. Wenn einer jede Form des Theismus und des Pantheismus ablehnt, weder einen persönlichen Gott als Weltschöpfer noch eine Göttlichkeit des Naturganzen, des Kosmos, anerkennt, dann muß er alle sinnvoll erscheinenden Eigenschaften dieses Kosmos mit Einschluß des sie wahrnehmenden Bewußtseins konsequent als Zufall, als merkwürdige, aber eben hinzunehmende, nicht weiter zu hinterfragende Zufälligkeit einstufen. Die Welt ist dann insgesamt, auch wenn sie sich im Rahmen eines Lotteriespiels aus dem Chaos zum Kosmos entwickelt hat, in ihren ursprünglichsten Anfangsbedingungen, -zuständen, -gesetzen, -strukturen reine, zufällige, gewissermaßen brutale Faktizität, die ohne jede weitere Möglichkeit einer Erklärung, eines Zurückgehens hinter sie einfach hingenommen werden muß, einfach und doch rätselhaft da ist; für die Vernunft, die an alles die Warum-Frage stellt, ein dunkles, undurchdringliches Rätsel, eben der Ur-Zufall. Für den jegliche Art von theistischer oder pantheistischer Problemlösung Ablehnenden ist also ein in vielen Hinsichten so zweckmäßig und hochorganisiertes Universum wie das unsrige, ist dieser hierarchisch geordnete und abgestufte Kosmos mit Materie, Leben, Psyche, Bewußtsein (Geist) zufällig, insofern er nicht gewollt, bezweckt, nicht angesteuert, auf keine höhere (Bewußt-Seins-)Ordnung ausgerichtet war, wenn er auch aufgrund der nun mal gegebenen Gesamtkonstellation aller Wirkungsursachen und Anfangsbedingungen des Alls so werden mußte, wie er ist.

Daß es ein Universum gibt, daß dieses Universum so beschaffen ist, daß es Grundlage und Anlage für durchaus bestimmte Arten und Richtungen von Entwicklungen war, deren Ergebnisse wir heute vor uns sehen, daß es Kausalität, also vernünftigen, nie unterbrochenen, keine Ausnahmen duldenden Zusammenhang zwischen Ursache und Wirkung gibt (was durchaus keine Selbstverständlichkeit ist, wenn die Welt einfach grundlos da ist, also ein schlechthin irrationales Faktum darstellt), daß es hochkomplizierte Kausalzusammenhänge, komplexe kausale (z. B. biologische) Spezialgesetzlichkeiten gibt, das alles wird einfach vorausgesetzt, wird als unerklärbare Voraussetzung zur System-Grundlage gemacht. Diese System-Grundlage ist irrational, weil im Rahmen des eigenen Systems nicht mehr erklärbar. Aber der Atheist tröstet sich damit, daß mit Ausnahme dieser irrationalen Basis alles Weitere dann streng rational mit Hilfe der nun einmal gegebenen, zufälligen, aber konstanten Gesetzmäßigkeiten bzw. Regelhaftigkeiten in diesem Universum und der zumindest statistisch berechenbaren Größen wie Mutation, Selektionsdruck usw. erklärt werden kann.

Man muß die Existenz eines so gearteten Universums wie des unsrigen als »unerklärlich«, unerklärbar, rätselhaft, »mysteriös« oder »mystisch« ansehen, wenn man die Seins- und Sinngebung durch einen (theistisch aufgefaßten) Weltschöpfer oder durch einen (pantheistisch aufgefaßten) Weltgrund (»Weltseele«, »Weltsubstanz« u. ä.) ablehnt oder sie ausklammert, indem man sich auf einen agnostischen Standpunkt zurückzieht.

»Es ist nicht mysteriös, daß sich auf dieser Erdoberfläche nach vielen vergeblichen Versuchen in Milliarden von Jahren Lebewesen mit der Organisationshöhe des Menschen entwickelt haben, es ist aber sehr mysteriös, daß diese Erdoberfläche und dieses ganze physikalische System existiert.«[35]

Nicht wie die Welt ist, ist das Mystische, sondern daß sie ist.«[36]

Der führende amerikanische Paläontologe und Morphologe G. G. Simpson betont zunächst forsch:

»Der Mensch ist das Ergebnis eines nicht zweckbestimmten, materialistischen Prozesses, der ihn nicht beabsichtigt hat. Der Mensch war nicht geplant.« »Der Mensch war gewiß nicht das Ziel der Evolution, die offensichtlich kein Ziel hatte. In eine vollkommen planlose Unternehmung war er nicht eingeplant worden.« »Er verkörpert zufällig die höchste jemals aufgetretene Organisationsform von Materie und Energie.«[37]

Die doch naheliegende Frage nach dem Warum des Ganzen, der kosmischen und biologischen Entwicklungsprozesse, der auch von Simpson anerkannten »Einmaligkeit«[38] des Menschen macht dann aber auch ihn nachdenklich, aber er verbannt sie nach einigem Zögern aus dem Bereich der Wissenschaft und Wissenschaftlichkeit:

»Anpassung ist eine Tatsache, und sie verläuft im Rahmen eines im Sinn des Fortschritts und nach gewissen Richtlinien ablaufenden Vorgangs. Dieser Vorgang stellt ein Naturereignis dar, das in seinem Verlauf völlig mechanistisch abläuft. Dieser natürliche Vorgang ruft den Eindruck eines Vorsatzes hervor, ohne daß jemand eingriffe, der diesen Vorsatz verfolgte, und er hat einen ausgedehnten Plan geschaffen, ohne gleichzeitige Handlung eines Planenden. Es kann sein, daß das Ingangbringen des Vorgangs und die physikalischen Gesetze, nach denen er abläuft, durch jemanden einmal zu einem Zwecke bestimmt wurden und daß diese mechanistische Art und Weise, einen entsprechenden Plan durchzuführen, als Werkzeug eines Planenden anzusehen ist – aber es ist nicht Aufgabe des Wissenschaftlers, über diese außerhalb des Bereiches der Wissen-

schaft liegenden Probleme zu sprechen.«[39]

Auch der führende deutsche neodarwinistische Biologe B. Rensch hebt zunächst das Unerklärliche der Existenz der Naturgesetze hervor:

»Das Kausalgesetz selbst können wir niemals ›erklären‹, ebensowenig wie die Tatsache, daß die Welt so beschaffen ist, daß sie eine Differenzierung kausaler Spezialgesetzlichkeiten gestattet, zu denen auf einer besonderen Stufe auch die biologischen Gesetzlichkeiten rechnen.«[40]

Aber diese unerklärlichen Naturgesetze bekommen dann für ihn doch einen (tieferen) Sinn, indem er sie in den Rahmen einer panentheistischen oder dem Panentheismus angenäherten Weltanschauung stellt.

»Steht nun das von mir dargestellte evolutionäre und identistische Weltbild in völligem Gegensatz zu religiösen Vorstellungen? Ich glaube nicht, daß dies der Fall ist... Soweit ein christlicher oder theosophischer Panentheismus vertreten wurde oder auch heute noch vertreten wird, ein Panentheismus, demzufolge Gottes Existenz in allem Geschehen vorausgesetzt wird, ist eine Konvergenz unverkennbar. Von einer derartigen panentheistischen Auffassung trennt das evolutionäre Weltbild nur ein Wort. Man kann den Begriff ›Weltgesetzlichkeit‹ auch durch ›Gott‹ ersetzen, denn so wie Gott ist auch die nicht weiter erklärbare und insofern irrationale Weltgesetzlichkeit ›unerschaffen‹, ›selbst schaffend‹, ›allmächtig‹, ›allgegenwärtig‹, und sie führt auf Grund der universalen logischen Gesetzlichkeit zu Erkenntnis und ›Wahrheit‹. Zudem werden die Beziehungen des evolutionären Weltbildes durch den von mir vertretenen panpsychistischen Identismus, demzufolge alles sogenannte Materielle protopsychisch ist, noch enger.«[41]

Durch die Hinzufügung der Sinndimension zu seinen naturwissenschaftlichen Erkenntnissen nähert sich Rensch geradezu einer ökologisch-kosmologischen Religion:

»Und schließlich vermag das Wissen um das unentrinnbare Eingefügtsein in eine universale Gesetzlichkeit allen Geschehens ein Gefühl der Erhabenheit, aber auch einer Geborgen-

heit unseres Daseins in ähnlicher Weise zu erzeugen wie ein religiöser Glaube.«[42]

Halten wir fest: Nicht nur die von vornherein erfolgende Behauptung der Zufälligkeit alles Weltgeschehens, auch die sich rationaler gebende Annahme bloßer Wirkursachen und bloßer Kausalgesetzlichkeiten als letzterklärende Instanz der kosmischen und biologischen Evolution und überhaupt des Universums in seiner Prozeßgestalt beruht letztlich auf irrationalen Grundlagen, auch wenn man eine noch so aufgeklärte atheistische Grundhaltung zur Schau trägt. Denn die offenbar seit oder sehr bald nach dem Urknall wirkenden bzw. vorhandenen Gesetze und Eigenschaften der Materie, der Natur sind ja dieser Annahme zufolge nicht »gesetzt«, sind – im Rahmen eines atheistischen Weltbildes – von niemandem, von keiner intelligenten Instanz bestimmt und definiert. Sie sind zufällig da und so, wie sie sind. Sie traten in oder bald nach der Stunde Null unseres Weltbeginns rätselhafterweise auf, und man frage nicht nach ihrer Herkunft. Man muß es als Rätsel oder als Zufall bzw. als einfach hinzunehmende Faktizität betrachten, daß etwas (ein Universum) da ist und nicht nicht ist, daß dieses Universum so und nicht anders beschaffen ist, daß die Materie solche und nicht andere Grundeigenschaften hat, solchen und nicht anderen physikalischen Gesetzen gehorcht, daß es Wirkursachen und komplexe Kausalgesetzlichkeiten gibt. Sollte es sogar möglich sein, die komplizierteren und ganzheitlicheren Kausalzusammenhänge, wie z. B. die biologischen Organisationsgesetze[43], auf ursprünglich einfachere Kausalgesetzlichkeiten zurückzuführen, so wären doch diese letzteren ohne die Möglichkeit weiterer Erklärungen als irrationaler Tatbestand einfach hinzunehmen. Eine Welt steht solcherart vor uns, in der Rationales und Irrationales, (scheinbarer) Sinn und Sinnlosigkeit seltsam verkettet sind, so jedoch, daß die letzte »tragende« Grundlage von allem irrational, sinnlos, vernunftlos ist, so daß auch das scheinbar Rationale, Sinnvolle, Vernünftige in der kosmischen und biologischen Evolution, wie z. B. die Entwicklung auf komplexere Nerven- und Gehirnstrukturen und damit auf höheres Bewußtsein hin, letztlich als zufällig, als grundlos, im letzten als sinnlos zu gelten hat.

Wer dieses Rationale, Vernünftige, Sinnvolle erst sozusagen in der bisher letzten Etappe der kosmischen und biologischen Evolutionsprozesse ansetzt, der setzt es zu spät an. Zwar gilt folgendes noch immer als die aufgeklärte Grundhaltung vieler Intellektueller: Die geistlose, vernunftlose, gehirnlose Natur hat im Rahmen der Entwicklungsprozesse des Kosmos und des Lebens ein Gehirn und damit ein Bewußtsein produziert, das sich im Spiegel seiner selbst erkennen und das auch das Universum erforschen kann. Reflexes Bewußtsein, Rationalität, Sinnsetzung gibt es danach also erst im bisher letzten Stadium der Weltentwicklung. Aber das ist ein – zugegeben weitverbreitetes – Vorurteil:

»Die unbestreitbare Hirnlosigkeit der Natur wird so für uns durch eine vorschnelle Schlußfolgerung gleichbedeutend mit der Nicht-Existenz von Intelligenz, Phantasie, Lernfähigkeit und all den anderen kreativen Potenzen, die bei uns selbst an das Vorhandensein eines intakten Zentralnervensystems gebunden sind. Weil wir allzu lange nur den eigenen Fall zur Grundlage unseres Urteils gemacht haben, sind wir längst davon überzeugt, daß es unser Gehirn ist, das all diese Fähigkeiten und Potenzen überhaupt erst erzeugt, daß es sie ohne unser Gehirn in der Welt folglich nicht gäbe ... Als ob der ganze Kosmos, jahrmilliardenlang, ohne alle die genannten Fähigkeiten hätte auskommen müssen, weil es uns noch nicht gab. Als ob Kreativität und Lernfähigkeit erst mit uns in dieser Welt erschienen wären (was natürlich die Frage aufwirft, wie es die Natur in all den Äonen davor bis zu diesem Punkt überhaupt hat bringen können).«

In Wirklichkeit führt gerade die nähere Beschäftigung mit dem Evolutionsablauf zur Anerkennung der Wirksamkeit eines »Verstandes ohne Gehirn.«[44]

Zur Anerkennung, zum Staunen und zur Bewunderung! Denn so sehr wir auch das menschliche Gehirn als höchstentwickeltes Organ der gesamten Biosphäre auf unserer Erde bewundern mögen, noch bewunderungswürdiger ist die Gesamtnatur des Kosmos, die mit höchster Intelligenz und unter Aufbietung eines gewaltigen Kollektivs verschiedenster Leistungen darauf hingearbeitet hat, dieses Wunderwerk des Gehirns zu erzeugen.

»Unser Gehirn ist nicht die Quelle aller dieser Leistungen, es integriert sie lediglich im Individuum. Wir müssen lernen, das Gehirn als das Organ zu verstehen, mit dessen Hilfe es der Evolution gelungen ist, die Fähigkeiten und Potenzen, die ihr selbst von allem Anfang an innewohnten, dem Einzelorganismus als Verhaltensstrategien zur Verfügung zu stellen. Aber beileibe nicht in vollem Umfange. Bisher ist die Gabe trotz allen Zeitaufwands noch höchst unvollkommen entwickelt. Kein Mensch wäre in der Lage, auch nur eine Leber zu steuern. Oder eine einzige Zelle zu bauen. Es ist ein triviale Feststellung, daß weitaus das meiste von dem, was die Evolution – ohne Bewußtsein und ohne Gehirn! – hervorzubringen in der Lage war, von uns trotz aller Anstrengungen erst zu einem winzigen Teil verstanden, geschweige denn nachgeahmt werden kann. Wir sind nicht... der einzige und im Ablauf der Geschichte erst erstaunlich spät aufgetretene Hort des ›Geistes‹ innerhalb der irdischen Natur oder gar im ganzen Kosmos. Wir sind, als ein Ergebnis dieser Geschichte, mit unseren psychischen Fähigkeiten nichts als ein erster, matter Abglanz der Prinzipien, die alles hervorgebracht haben, was wir unsere ›Welt‹ nennen.«[45]

Das Prinzip »*Geist*« und das Prinzip »*transzendentale Ordnungskategorien*« stellen also jene Sinndimension dar, von der wir bereits sagten, daß durch sie die naturwissenschaftlichen Ergebnisse der Erforschung des Universums tiefer, voller, umfassender beurteilt, gewürdigt und verstanden werden können. Mit Recht kritisiert der hier schon einige Male zitierte Professor der Psychiatrie und Neurologie, H. v. Ditfurth, die »wahrhaft aberwitzige Vorstellung«, es sei »das Phänomen des Geistes erst mit uns selbst in dieser Welt erschienen«, es habe »das Universum ohne Geist auskommen müssen, bevor es uns gab«. Es verhält sich aber genau umgekehrt:

»Geist gibt es in der Welt nicht deshalb, weil wir ein Gehirn haben. Die Evolution hat vielmehr unser Gehirn und unser Bewußtsein allein deshalb hervorbringen können, weil ihr die reale Existenz dessen, was wir mit dem Wort Geist meinen, die Möglichkeit gegeben hat, in unserem Kopf ein Organ entstehen zu lassen, das über die Fähigkeit verfügt, die materielle mit dieser geistigen Dimension zu verknüpfen... Das Gehirn hat das Denken nicht erfunden... Deshalb dürfen wir auch vermuten, daß unser Geist ein Beweis ist für die reale Existenz einer von der materiellen Ebene unabhängigen Dimension des Geistes.«[46]

So erschließt die Evolution ihren Geschöpfen »immer weitere Bereiche der Transzendenz«[47], denn der Geist selbst ist Transzendenz, ist Grenzüberschreitung, grenzüberschreitende Ganzheitssicht immer tieferer oder höherer Schichten der Wirklichkeit. Aber das Gehirn erzeugt diese Transzendenz,

»den Geist nicht, der vermittels dieses Organs in unserem Bewußtsein aufgetaucht ist. Das Psychische, der Tatbestand des Seelischen... könnte dadurch zustande kommen, daß die Evolution es fertiggebracht hat, unser Gehirn auf einen Entwicklungsstand zu bringen, der in ihm einen ersten Reflex des Geistes einer jenseitigen Wirklichkeit entstehen läßt.«[48]

Die »unleugbare Ordnung«, die wir um uns vorfinden, ist nach von Dithfurth »aus unserer Welt selbst nicht begründbar«, sondern ist »die gleichsam durchscheinende Struktur einer unsere Welt umschließenden transzendentalen Ordnung«. Naturgesetze, Naturkonstanten und andere festliegende Grundfaktoren unseres Universums sind »Widerschein jener transzendentalen Ordnung..., ohne die es in unserer Welt keine geordneten Strukturen gäbe.«[49]

Von Ditfurth ist überzeugt, daß man zu diesen Erkenntnissen auf rein naturwissenschaftlicher Basis »ohne alle Metaphysik«[50] gelangen kann. Das alles dürfe »auf gar keinen Fall als ein Rückschluß auf die Aktivität einer übernatürlichen Wesenheit welcher Art auch immer mißverstanden werden«; es sei vielmehr einzig und »allein als Hinweis auf eine unserer gewohnten Vorstellungsweise zwar nur schwer eingängige, aber nichtsdestoweniger sehr reale Gegebenheit anzusehen«.[51] Von Ditfurth verwendet zwar die Begriffe »Transzendenz«, »jenseitige Wirklichkeit« u. ä., wie wir sahen, aber er versteht sie nicht im theologischen Sinn, sondern als evolutive Grenzüberschreitung des Bereichs der »bislang gezogenen ontologischen Grenzen«. Das Vorhandensein »ontologischer Ebenen grundsätzlich unterschiedlichen Ranges« sei nun mal anzuerkennen. Allein die Existenz des Bewußtseins, das Phänomen, daß wir der Welt und unserer selbst bewußt geworden seien, bedeute schon eine Transzendenz, eine Grenzüberschreitung, ein »Jenseits« gegenüber der »dreidimensionalen Welt unserer Alltagserfahrung«. Aber auch die damit erreichte ontologische Ebene, die nun von uns selbst repräsentiert werde, könne noch »nicht die letzte, nicht die oberste von allen sein«.

»Die Grenzen, die uns von der nächsthöheren Ebene trennen, sind nicht gänzlich undurchlässig… In der Gestalt von Gravitationskräften etwa oder auch in dem für uns paradoxen Phänomen des Korpuskel-Welle-Dualismus der materiellen Bausteine unserer Welt entdeckten wir Erscheinungen, hinter denen Ursachen verborgen sind, die außerhalb der von unserem Erkenntnishorizont definierten Welt liegen müssen.«

So kann es nach diesem Denker letztlich kaum einem Zweifel unterliegen, daß die Evolution, daß die Menschheit im Begriff ist, den Übergang auf die nächsthöhere ontologische Ebene oder Stufe zu vollziehen. Überhaupt sei es die Tatsache der Evolution, die uns erst die Augen dafür geöffnet habe,

»*daß die Realität dort nicht enden kann, wo die von uns erlebte Wirklichkeit zu Ende ist. Nicht die Philosophie, nicht die klassische Erkenntnistheorie, die Evolution erst zwingt uns zur Anerkennung einer den Erkenntnishorizont unserer Entwicklungsstufe unermeßlich übersteigenden ›weltimmanenten Transzendenz‹.*«

Diese »weltimmanente Transzendenz« ist nach von Ditfurth »keineswegs etwa schon identisch mit dem Jenseits der Theologen«. Aber es kann ihm natürlich nicht ganz verborgen bleiben, daß »Geist« und »transzendentale Ordnung«, die man ihm zufolge auch schon unter rein naturwissenschaftlichem Blickwinkel im Universum und seinen Entwicklungsprozessen erkennen kann, noch nicht die volle Erklärung unseres Weltalls und Bewußtseins liefern können, wenn sie nicht auf den *absoluten Geist* oder auch einen *Weltgrund* zurückgeführt werden, aus dem relativer Geist und transzendentale Ordnung hergeleitet werden können. Es ist nicht viel mehr als eine Andeutung, aber sie geht in Richtung des eben Gesagten, wenn von Ditfurth am Schluß seines Buches »Wir sind nicht nur von dieser Welt« von einer »ontologischen Stufenleiter« immer vollendeter entwickelter Erkenntnisebenen« spricht,

»*als deren letzte wir uns dann, ohne daß uns jemand widersprechen könnte, auch jenen ›Himmel‹ denken dürfen, in dem nach religiösem Verständnis der Schlüssel liegt zum Sinn unserer unvollkommenen Welt.*«[52]

Zentrum und Ermöglichungsgrund des »Himmels« aller Erlösten, von dem von Ditfurth spricht, ist der absolute Geist. Er ist auch der letzte Ermöglichungsgrund der kosmischen und biologischen Evolution, das Prinzip vollkommenen Bewußtseins, von dem her alle kosmischen und biologischen Strukturen und Prozesse ihren letzten Sinn erhalten. Der große, wiewohl heute in vielem überholte Verhaltensforscher Ernst Haeckel (1834-1919), der in der zweiten Hälfte des vorigen Jahrhunderts den Begriff »Ökologie« als erster geprägt hat, der ein überzeugter Darwinist war und sich größte Verdienste um die Ausarbeitung und wissenschaftliche Durchsetzung der Entwicklungslehre erwarb[53], betonte dennoch stets zugleich die absolute Notwendigkeit der Existenz des Geistes, des Geistprinzips im Kosmos.

»Unser reiner Monismus ist weder mit dem theoretischen Materialismus *identisch, welcher den Geist leugnet und die Welt in eine Summe von toten Atomen auflöst, noch mit dem theoretischen* Spiritualismus . . ., *welcher die Materie leugnet und die Welt nur als eine räumlich geordnete Gruppe von Energien oder immateriellen Naturkräften betrachtet. Vielmehr sind wir mit* Goethe *der festen Überzeugung, daß ›die Materie nie ohne Geist, der Geist nie ohne Materie existiert und wirksam sein kann‹. Wir halten fest an dem reinen und unzweideutigen Monismus von* Spinoza: *Die* Materie, *als die unendlich ausgedehnte Substanz, und der* Geist... *als die empfindende oder denkende Substanz, sind die beiden fundamentalen* Attribute *oder Grundeigenschaften des allumfassenden göttlichen Weltwesens, der universalen Substanz.«*[54]

Haeckels Monismus ist ein Pantheismus (von griech.: pan und theos: Allgöttlichkeit; die religiöse Auffassung vom Göttlichen in allem Sein, in den Dingen der Welt; vom Universum als vom Göttlichen durchdrungener einziger und alleiniger Gesamtwirklichkeit). Haeckel selbst zieht auch die Verbindungslinie zwischen diesen beiden Systemen: Der Pantheismus »ist eng verknüpft mit der monistischen oder rationellen . . . Weltanschauung«. »Daher ist notwendigerweise *der Pantheismus die Weltanschauung unserer modernen Naturwissenschaft.«*[55] Der berühmte Jenaer Zoologe versteht unter Pantheismus eine »All-Eins-Lehre«:

»Gott und Welt sind ein einziges Wesen. Der Begriff Gott fällt mit demjenigen der Natur *oder der* Substanz *zusammen.«* »*Im Pantheismus ist Gott als* intramundanes (= *innerweltliches) Wesen allenthalben die Natur selbst und* im Inne-

ren *der Substanz als ›Kraft oder Energie‹ tätig.*«⁵⁶

Immer wieder beruft sich Haeckel auf Spinoza und Goethe. Man müsse »die Klarheit, Sicherheit und Folgerichtigkeit des monistischen Systems von Spinoza ... bewundern«, der »das System des Pantheismus in reinster Form ausgebildet«, der »für die Gesamtheit der Dinge den reinen *Substanzbegriff*« aufgestellt habe, »in welchem ›Gott und Welt‹ untrennbar vereinigt sind«. Von Goethe sagt Haeckel:

*»Seine herrlichen Dichtungen ›Gott und Welt‹, ›Prometheus‹, ›Faust‹ usw. hüllen den Grundgedanken des Pantheismus in die vollkommenste und schönste dichterische Form: ›Gott und Natur sind eins‹.«*⁵⁷

Halten wir im Anschluß an Haeckel, Spinoza und Goethe fest: In der Natur ist immer schon – als nie von ihr Getrenntes, stets mit ihr innigst Verbundenes – Bewußtsein, Geist, Göttliches. Die Natur als uns entgegentretendes Phänomen ist die sinnliche Erscheinungsweise des Geistes, des Göttlichen. Die Natur in ihrer Erscheinungsweise für uns ist die sinnliche Immanentisierung, sozusagen die Sinnlich-Werdung (der Transzendenz) des Geistes. Die verschwenderische Pracht und Fülle der Natur, ihre mathematischen, proportionalen und symmetrischen Strukturen und Gesetze, ihre Lebendigkeit, ihr Farbenglanz, ihre gewaltige Kraft und Energie usw. sind diverse Formen der Verleiblichung des Geistes, des Göttlichen, des unendlichen Bewußtseins. Natur ist Geist vom Geist, Abglanz, Spiegelung des Geistes, ist durchgängig geistinformiert, von den mathematischen Informationsgesetzen des Geistes ge- und durchformt (man denke dabei auch an den genetischen Code!), Natur ist Spiritualität. Nur deswegen, nur wegen ihres Geistadels hat Natur eine gewisse Autonomie, hat sie ein Selbstzweck-Sein und ein Anrecht auf unsere Achtung, unsere Liebe, hat jedes Lebewesen, hat jeder Baum, jede Pflanze sogar Anspruch nicht nur auf unser Wohlgefallen, sondern auch auf unseren Respekt.

Nur weil diese Zusammenhänge existieren, weil die intimstinnigste unio mystica von Kosmos und (universalem) Geist, Universum und (absoluter) Intelligenz, Natur und (unendlichem) Bewußtsein wesensmäßig besteht, deshalb ist auch für unser unvollkommenes, noch so enges Bewußtsein die *ökologisch-kosmische Meditation* so wichtig und hilfreich. Sie

»verhilft dem Selbst zu einem natürlichen, ungehinderten Wachstum, zu einer Entfaltung, die seiner persönlichen Eigenart und seinem Tempo entspricht«[58], *sie »führt in die Weite, in unsere eigene Tiefe, und das ist die Tiefe des Kosmos. Sie vermag den Zugang zu einem ganzheitlichen, unmittelbaren Begreifen zu eröffnen, daß die Welt ein Organismus ist, der in Verbundenheit (religio) lebt, und daß Unverbundenheit und Fragmentierung Entfremdung, Krankheit und Zerstörung bedeuten. Wenn sich der Mensch als integraler Teil seiner Lebenswelt zu verstehen beginnt – existentiell, erlebnisnah und konkret –, dann ordnet sich das Ver-rückte, und er wird heil. Das gilt für den einzelnen wie für Gruppen und Gesellschaften.«*[59]

Nur das Beschreiten des Weges in die (ökologisch-kosmische Meditations-) Tiefe kann auch zu einem eigentlichen nachhaltigen und fruchtbaren Wandel in der Gesellschaft führen. F. Capra unterscheidet deshalb mit einigen Naturwissenschaftlern und Philosophen zwei Arten von Umweltdenken:

»Das oberflächliche Umweltdenken sorgt sich um eine wirksamere Kontrolle und besseres Management der natürlichen Umwelt zum Nutzen der Menschheit, während die tiefe Ökologiebewegung erkennt, daß das ökologische Gleichgewicht tiefgreifende Wandlungen in unserer Auffassung von der Rolle des Menschen im planetaren Ökosystem erforderlich macht. Wird der Begriff des transzendenten menschlichen Geistes in diesem Sinne verstanden, als Bewußtseinsform, in der sich das Individuum mit dem Kosmos als Ganzem verbunden fühlt, dann wird deutlich, daß ökologisches Bewußtsein im wahrsten Sinne des Wortes spirituell ist. In der Tat kommt ja

der Gedanke, daß das Individuum mit dem Kosmos verbunden ist, in der lateinischen Wurzel des Wortes Religion (religare = ›stark binden‹) zum Ausdruck, wie übrigens auch im Sanskritwort yoga, das Vereinigung bedeutet.«[60]

Capra zitiert in diesem Zusammenhang ein Wort von Huai Nan Tzu, das die tiefe ökologische Weisheit des Taoismus mit seiner Überzeugung vom fundamentalen Einssein und der dynamischen Natur aller natürlichen und gesellschaftlichen Phänomene zum Ausdruck bringt:

»*Diejenigen, die der natürlichen Ordnung folgen, fließen im Strom des Tao.*«[61]

Ein anderer großer Naturwissenschaftler, ein noch größerer und modernerer als Haeckel, hat sich ebenfalls unter Berufung auf den Pantheismus Spinozas zu einer kosmischen Religion der Verehrung einer »überlegenen Vernunft«, einer »höheren Denkkraft«, eines »unendlichen geistigen Wesens höherer Natur« im Universum bekannt: Albert Einstein, der Schöpfer der Speziellen und der Allgemeinen Relativitätstheorie und einer der Hauptbegründer der modernen Physik, Nobelpreisträger für Physik 1921. Er ist nicht nur als tief religiöser Geist anzusprechen, sondern er hält auch die Religiosität für die wichtigste Grundlage von Wissenschaft und Humanität. Freilich gilt das nicht von jeder Religion und Religiosität. Er unterscheidet vielmehr grundsätzlich zwischen drei Religionsarten: der Furcht-Religion, der Moral-Religion und der kosmischen Religion. Die Moral-Religion ist Einstein zufolge noch eine Furcht-Religion, wenn auch höheren Grades. »Es ist der Gott der Vorsehung, der beschützt, bestimmt, belohnt und bestraft.« Den beiden ersten Religionsarten »gemeinsam ist der anthropomorphe (durch menschliche Vorstellungen geprägte) Charakter der Gottesidee«. Aber im Gegensatz zu diesen beiden Religionsarten wußte der Begründer der Relativitätstheorie um eine Form höherer Religiosität, die er als »kosmische« bezeichnete und für die wahre hielt. Sie läßt sich ihm zufolge »demjenigen, der nichts davon besitzt, nur schwer deutlich machen, zumal ihr kein menschenartiger Gottesbegriff entspricht«. Charakteristisch für sie ist das Bewußtsein von der »Nichtigkeit menschlicher Wünsche und Ziele« und das Ergriffensein von der »Erhabenheit und wunderbaren Ordnung, welche sich in der Natur sowie in der Welt des Gedankens offenbart«. Die kosmische Religiosität will über das individuelle Dasein als »eine Art Gefängnis« hinaus, »will die Gesamtheit des Seienden als ein Einheitliches und Sinnvolles erleben«. Auch wenn sie »zu keinem geformten Gottesbegriff und zu keiner Theologie führen kann«, waren doch

»die religiösen Genies aller Zeiten... durch diese kosmische Religiosität ausgezeichnet, die keine Dogmen und keinen Gott kennt, der nach dem Bild des Menschen gedacht wäre. Es kann daher auch keine Kirche geben, deren hauptsächlicher Lehrinhalt sich auf die kosmische Religiosität gründet. So kommt es, daß wir gerade unter den Häretikern (d. h. Ketzern) aller Zeiten Menschen finden, die von dieser höchsten Religiosität erfüllt waren und ihren Zeitgenossen oft als Atheisten erschienen, manchmal auch als Heilige. Von diesem Gesichtspunkt aus betrachtet, stehen Männer wie Demokrit, Franziskus von Assisi und Spinoza einander nahe.«

Nach Einstein besteht nur zwischen den beiden ersten Religionsarten und der Wissenschaft ein unversöhnlicher Gegensatz.

»Wer von der kausalen Gesetzmäßigkeit allen Geschehens durchdrungen ist, für den ist die Idee eines Wesens, welches in den Gang des Weltgeschehens eingreift, ganz unmöglich... Die Furcht-Religion hat bei ihm keinen Platz, aber ebensowenig die soziale bzw. moralische Religion. Ein Gott, der belohnt und bestraft, ist für ihn schon darum undenkbar, weil der Mensch nach äußerer und innerer gesetzlicher Notwendigkeit handelt, vom Standpunkt Gottes aus also nicht verantwortlich wäre.«

Keinen Gegensatz sieht dagegen Einstein zwischen Vernunft und Wissenschaft auf der einen und kosmischer Religiosität auf der anderen Seite. Im Gegenteil: Die kosmische Religiosität ist »die stärkste und edelste Triebfeder wissenschaftlicher Forschung«. Sie verleiht die notwendige Kraft für die »ungeheuren Anstrengungen« und die »Hingabe«, ohne die bahnbrechende wissenschaftliche Gedankenschöpfungen nicht entstehen können.

»Nur wer sein Leben ähnlichen Zielen hingegeben hat, besitzt eine lebendige Vorstellung davon, was diese Menschen beseelt und ihnen die Kraft gegeben hat, trotz unzähliger Mißerfolge dem Ziel treu zu bleiben. Es ist die kosmische Religiosität, die solche Kräfte spendet.« Für Einstein steht fest, »*daß die ernsthaften Forscher in unserer im allgemeinen materialistisch eingestellten Zeit die einzigen tiefreligiösen Menschen*« sind, daß man »*schwerlich einen tiefer schürfenden wissenschaftlichen Geist finden kann, dem nicht eine eigentümliche Religiosität eigen ist*«. Kosmische Religiosität liege »*im verzückten Staunen über die Harmonie der Naturgesetzlichkeit, in der sich eine so überlegene Vernunft offenbart, daß alles Sinnvolle menschlichen Denkens und Anordnens dagegen ein gänzlich nichtiger Abglanz ist*«.

Die religiös schöpferischen Naturen aller Zeiten seien von diesem Gefühl des Staunens ebenso erfüllt gewesen wie die großen Naturforscher.[62]

Geradezu revolutionär wirkt es in Anbetracht der üblichen Entgegensetzungen von Religion und Wissenschaft, wenn der geniale Theoretiker der Physik recht verstandene kosmisch-mystische Religiosität zum eigentlichen Quellgrund echter Wissenschaft macht.

»Das tiefste und erhabenste Gefühl, dessen wir fähig sind, ist das Erlebnis des Mystischen. Aus ihm allein keimt wahre Wissenschaft. Wem dieses Gefühl fremd ist, wer sich nicht mehr wundern und in Ehrfurcht verlieren kann, der ist seelisch bereits tot. Das Wissen darum, daß das Unerforschliche wirklich existiert und daß es sich als höchste Wahrheit und strahlendste Schönheit offenbart, von denen wir nur eine dumpfe Ahnung haben können – dieses Wissen und diese Ahnung

sind der Kern aller wahren Religiosität... Meine Religion besteht in der demütigen Anbetung eines unendlichen geistigen Wesens höherer Natur... Diese tiefe gefühlsmäßige Überzeugung von der Existenz einer höheren Denkkraft, die sich im unerforschlichen Weltall manifestiert, bildet den Inhalt meiner Gottesvorstellung.«[63]

Ausdrücklich möchte Einstein seine Gottesvorstellung als pantheistisch im Sinne von Spinoza verstanden wissen.

»Es ist gewiß, daß eine mit religiösem Gefühl verwandte Überzeugung von der Vernunft bzw. Begreiflichkeit der Welt aller feineren wissenschaftlichen Arbeit zugrundeliegt. Jene mit tiefem Gefühl verbundene Überzeugung von einer überlegenen Vernunft, die sich in der erfahrbaren Welt offenbart, bildet meinen Gottesbegriff; man kann ihn also in der üblichen Ausdrucksweise als ›pantheistisch‹ (Spinoza) bezeichnen.«[64]

Vertreter des Christentums halten dem »vermeintlichen« Pantheismus und Spinozismus Einsteins sein Bekenntnis zu einem persönlichen Gott entgegen, das er in einem amerikanischen Zeitungsinterview vom Jahr 1950 abgelegt habe:

»Ich glaube an einen persönlichen Gott, und ich kann mit gutem Gewissen sagen, daß ich niemals in meinem Leben einer atheistischen Lebensanschauung gehuldigt habe.«[65]

Selbst wenn in diesem Interview Einstein korrekt zitiert sein sollte, so wäre das wohl die einzige eindeutige Option Einsteins für den Monotheismus, der aber eine große Zahl pantheistischer, spinozistischer Aussagen gegenübersteht. Mehr dem Pantheismus zugeneigt ist auch jenes herrliche Zeugnis kosmischer Religiosität, das Einstein in seinem Beitrag »Wie ich die Welt sehe« zum Ausdruck gebracht hat:

»Das Schönste, was wir erleben können, ist das Geheimnisvolle. Es ist das Grundgefühl, das an der Wiege von wahrer Kunst und Wissenschaft steht. Wer es nicht kennt und sich nicht mehr wundern, nicht mehr staunen kann, der ist sozusagen tot und sein Auge erloschen. Das Erlebnis des Geheimnis-

vollen – wenn auch mit Furcht gemischt – hat auch die Religion gezeugt. Das Wissen um die Existenz des für uns Undurchdringlichen, der Manifestationen tiefster Vernunft und leuchtendster Schönheit, die unserer Vernunft nur in ihren primitivsten Formen zugänglich sind, dies Wissen und Fühlen macht wahre Religiosität aus; in diesem Sinn, und nur in diesem, gehöre ich zu den tief religiösen Menschen. Einen Gott, der die Objekte seines Schaffens belohnt und bestraft, der überhaupt einen Willen hat nach Art desjenigen, den wir an uns selbst erleben, kann ich mir nicht einbilden. Auch ein Individuum, das seinen körperlichen Tod überdauert, mag und kann ich mir nicht denken; mögen schwache Seelen aus Angst oder lächerlichem Egoismus solche Gedanken nähren. Mir genügt das Mysterium der Ewigkeit des Lebens und das Bewußtsein und die Ahnung von dem wunderbaren Bau des Seienden sowie das ergebene Streben nach dem Begreifen eines noch so winzigen Teiles der in der Natur sich manifestierenden Vernunft.«[66]

Wir haben es hier aber gar nicht nötig, in das offene und oft gewetzte Messer des Streits zwischen Theismus und Pantheismus zu laufen oder blindlings hineinzutapsen. In Wirklichkeit besteht nämlich zwischen diesen beiden Auffassungen vom Verhältnis zwischen universalem Geist und Kosmos gar kein so großer Unterschied. Die Grenzen zwischen ihnen sind jedenfalls fließend, und die Streitigkeiten zwischen den Verfechtern der beiden Auffassungen rührten meist daher, daß der Theismus von den Pantheisten und der Pantheismus von den Theisten zu einseitig gesehen wurden. Die Pantheisten sahen am Theismus nur und ausschließlich die Betonung des radikal über- und außerweltlichen Charakters der Gottheit, die Theisten sahen im Pantheismus einzig und allein die Hervorhebung des ebenso radikal innerweltlichen Charakters des unendlichen Geistes. Auf diese Weise entstand eine unüberbrückbare Kluft zwischen Theismus und Pantheismus. Goethe hat der radikal einseitigen Sicht des Theismus den treffendsten dichterischen Ausdruck verliehen, damit aber auch der Fehleinschätzung desselben in geschichtsphilosophisch verhängnisvoller Weise Vorschub geleistet:

> »Was wär' ein Gott, der nur von außen stieße,
> Im Kreis das All am Finger laufen ließe?
> Ihm ziemt's, die Welt im Innern zu bewegen,
> Natur in Sich, Sich in Natur zu hegen,
> So daß, was in ihm lebt und webt und ist,
> Nie seine Kraft, nie seinen Geist vermißt.«

Die ersten zwei Zeilen sind Goethes Kritik am Theismus, die letzten vier Goethes Bekenntnis zum Pantheismus. Aber so einfach ist die Sache selbst nicht (nicht einmal bei Goethe, der auch sehr theistisch klingende Aussagen gemacht hat).[67] Die christliche Theologie vieler Jahrhunderte hat allerdings praktisch alles nur Mögliche getan, um das theistische Mißverständnis eines *nur* außerweltlichen Gottes am Leben zu erhalten. Selbst in unserem Jahrhundert noch wurde der größte Evolutionswissenschaftler unter den zeitgenössischen Theologen, Teilhard de Chardin, von seiner (katholischen) Kirche verfolgt, weil er Gottes Wirken im Innersten seiner Geschöpfe so betonte.[68] Aber inzwischen hat sich eine Wandlung in der theistisch-christlichen Theologie vollzogen, die zwar nicht ohne den Druck des Wahrheitsgehalts des Pantheismus, nicht ohne den Einfluß der Erkenntnisse der Naturwissenschaften über die immanente Intelligenz *in* den Gesetzen und Strukturen, *im* Aufbau und *in* den Prozessen des Kosmos und des Lebens, nicht ohne das Vorbild eines so weltzugewandten Theologen wie Teilhard de Chardin zustande gekommen wäre, die aber nichtsdestoweniger nicht im Widerspruch steht zu einem richtig gesehenen und tiefer verstandenen Theismus. Es würde hier zu weit führen, die Etappen dieser Wandlung in der Theologie Schritt für Schritt nachzuzeichnen oder auch die immer noch bestehenden Widerstände der den führenden Theologen nur zögernd nachhinkenden Amtskirchen zu beschreiben.

Wir beschränken uns hier darauf, eine kurze philosophische Betrachtung über das wahre Wesen des Absoluten vorzulegen und zu zeigen, wie die moderne Theologie, dieser philosophischen Einsicht folgend, nun ein tieferes Verständnis des transzendent-immanenten, überweltlich-innerweltlichen Charakters des göttlichen Seins an den Tag legt. Man kann natürlich Gott, den Absoluten oder das Absolute nicht beweisen. Theismus, Pantheismus und Atheismus sind im letzten und grundsätzlichsten nicht beweisbare, aber auch nicht logisch widerlegbare Grundoptionen weltanschaulicher Art. Die gesamten Ausführungen dieses Abschnitts über den universalen Zusammenhang aller Faktoren im Kosmos, insbesondere aber über den Zusammenhang von Materie, Leben, Psyche, Bewußtsein bzw. Geist, über das intelligente Zusammenwirken der Naturkonstanten im Universum usw., stellen zwar gewichtige Hinweise auf die Wahrheit des Theismus bzw. Pantheismus und nicht des Atheismus dar, aber diese Hinweise können wohl nie die Stringenz eines Beweises im eigentlichen und Vollsinn dieses Wortes erreichen. (Logisch zwingende Beweise auf dieser fundamentalsten weltanschaulichen Ebene wären auch eine wesentliche Beschränkung, wenn nicht Aufhebung der menschlichen Entscheidungsfreiheit. Gerade die Grundannahmen des menschlichen Daseins müssen der freien Entscheidung anheimgestellt bleiben.)

Also, Gott kann man nicht logisch-mathematisch zwingend beweisen. Nehmen wir aber nur einmal an, es gebe einen Gott im Sinne des Theismus, d. h. einen allmächtigen Schöpfer des Universums, dann muß eine geläuterte, dem Wesen des Absoluten und der absoluten Ursächlichkeit gerechtwerdende Auffassung des Verhältnisses von Schöpfer und Geschöpf schon a priori annehmen, daß der Absolute, da er die Welt ihrem ganzen Dasein und Sosein nach verursacht, das Universum (im Gegensatz zu Goethes oben zitierter Auffassung) nicht von außen her stoßend kausal bewirkt (etwa im Sinne eines räumlich aufgefaßten ersten Bewegers), sondern es von dessen Innerstem aus begründet, trägt, durchwirkt und durchdringt. Das absolute, schlechthin schöpferische Sein ist also weder räumlich noch zeitlich das erste Glied in der unermeßlich langen Kette der innerkosmischen Ursachen, es ist vielmehr das Intimst-Innerste, gleichsam die »Seele« aller innerweltlichen Ursachen und Faktoren; überweltlich und außerweltlich nur in dem Sinne, wie die Seele als unser innerstes Gestaltungsprinzip materiell-sinnlich unsichtbar und dem »rein« Materiellen qualitativ überlegen ist. Weil die schöpferische, absolute Ursache des Alls nicht innerhalb der Kette der innerweltlichen Kausalitäten zu finden ist, weil sie im Innersten jedes kosmischen Seienden, ihm qualitativ überlegen, wirkt und west, kann man sie als weltüberlegen bezeichnen. Mit einer räumlich aufgefaßten Unweltlichkeit, Außerweltlichkeit, Überweltlichkeit aber hat das alles nichts zu tun.

Eine räumliche Vorstellung des absoluten Bewußtseins, des unendlichen Geistes wäre ohnehin absurd, und gerade die moderne Physik mit ihrer Relativierung von Zeit und Raum, dem Korpuskel-Wellen-Charakter der subatomaren Teilchen und der Quantentheorie dürfte dafür höchstes Verständnis aufbringen.

»Die Entdeckung des Doppelaspekts der Materie und der fundamentalen Rolle der Wahrscheinlichkeit hat die klassische Vorstellung von festen Objekten zerstört. Auf subatomarer Ebene lösen sich die festen materiellen Objekte der klassischen Physik in wellenartige Wahrscheinlichkeitsstrukturen auf. Außerdem stellen diese Strukturen nicht Wahrscheinlichkeiten von Dingen, sondern vielmehr Wahrscheinlichkeiten von Verknüpfungen dar.«[69]

Subatomare Partikel sind im Grunde keine isolierten Raumeinheiten, sie können nur als Verknüpfungen zwischen verschiedenen Beobachtungsvorgängen oder Messungen verstanden werden.

»Das unteilbare Elementarteilchen der modernen Physik besitzt die Qualität der Raumerfüllung nicht in höherem Maße als die anderen Eigenschaften, wie etwa Farbe und Festigkeit. Es ist seinem Wesen nach nicht ein materielles Gebilde in Raum und Zeit, sondern gewissermaßen nur ein Symbol, bei dessen Einführung die Naturgesetze eine besonders einfache Gestalt annehmen.«

»Die Atome sind *»nicht mehr körperliche Gebilde im eigentlichen Sinn..., die Erfahrungen der neueren Physik lehren, daß es Atome als einfache körperliche Gegenstände nicht gibt, daß aber erst die Einführung des Atombegriffs eine einfache Formulierung der Zusammenhänge ermöglicht, die alle physikalischen und chemischen Vorgänge bestimmen«*,

sagt Werner Heisenberg, einer der Begründer der modernen Physik und Entdecker der sog. Unschärferelation.[70] Und sein berühmter Kollege Niels Bohr bestätigt:

»Isolierte Materie-Teilchen sind Abstraktionen, ihre Eigenschaften sind nur durch Zusammenwirken mit anderen Systemen definierbar und wahrnehmbar.«[71]

Angesichts dieses mit den mechanistisch vorgestellten, massiv-materiellen Bauklötzen der klassischen älteren Physik nicht mehr vereinbaren Charakters der subatomaren Teilchen kann man schon die Option für den Theismus seitens eines Mathematikers und Astronomen vom Range James Hopwood Jeans' verstehen, der als einer der ersten den Wissensstrom der modernen Physik »auf eine nichtmechanische Wirklichkeit zufließen« sah, dem »das Weltall ... allmählich mehr wie ein großer Gedanke als wie eine große Maschine« und »der Geist im Reich der Materie nicht mehr als ein zufälliger Eindringling« erschien. Jeans gibt deshalb der Ahnung Ausdruck, daß wir den Geist

»eher als den Schöpfer und Beherrscher des Reiches der Materie begrüßen sollten – natürlich nicht unseren individuellen Geist, sondern den Geist, in dem die Atome, aus denen

unser individueller Geist entstanden ist, als Gedanken existieren. Das neue Wissen zwingt uns, unsere flüchtigen ersten Eindrücke, daß wir in ein Weltall gestolpert seien, das sich entweder um Leben nicht kümmere oder dem Leben direkt feindlich sei, zu revidieren. Der alte Dualismus von Geist und Materie, der für die angenommene Feindseligkeit hauptsächlich verantwortlich war, scheint zu verschwinden.« »Die Naturgesetze können wir uns als die Denkgesetze eines universalen Geistes vorstellen.« »Die moderne wissenschaftliche Theorie zwingt uns, uns den Schöpfer als außerhalb von Raum und Zeit tätig zu denken.«[72]

Wir haben soeben den dem Theismus nahestehenden Naturwissenschaftler Jeans etwas ausführlicher zitiert, um zu zeigen, daß die pantheistische Deutung naturwissenschaftlicher Ergebnisse und kosmologischer Einsichten, wie wir sie z. B. bei Haeckel und Einstein antreffen, nicht die einzig mögliche ist. In Wirklichkeit aber sind die theistische wie die pantheistische Interpretation des Verhältnisses von Gott und Welt nur zwei Seiten ein und derselben Medaille, weil das göttliche, absolute Prinzip sowohl *in* der Welt als auch (in einem nichträumlichen, nichtzeitlichen Sinn, also qualitativ) *über* der Welt ist, wobei dem Pantheismus das Verdienst nicht hoch genug angerechnet werden kann, die Größe und den Wert der Welt stets betont und nicht zugelassen zu haben, daß diese Welt – wie so oft im Theismus der christlichen Theologen – entwertet, verflüchtigt, zum Schatten eines unweltlichen Gottes degradiert wurde. Es gibt deshalb auch kaum einen größeren Theologen, der nicht irgendwann einmal mit dem Pantheismus sympathisiert hätte. Auch ist es keineswegs so, wie man oft dem Pantheismus vorwirft, daß er unterschiedslos allen Dingen der Welt das Attribut »göttlich« zukommen läßt. Jeder kritische Pantheismus – der naive braucht uns hier nicht zu interessieren – unterscheidet zwischen (göttlichem) Weltkern und (ungöttlicher) Welterscheinung. Die Phänomene dieser Welt werden jedenfalls nicht durch die Bank vergöttlicht. Jeder echt religiöse Pantheismus kennt natürlich die zwei Gesichter des (jedoch für ihn) einen Seins: eine wahre, wesentliche, eigentliche, transzendente Wirklichkeit und eine vordergründige, kontingente, zufällige, uneigentliche Realität. Ganz besonders deutlich ist diese Unterscheidung im indischen Pantheismus mit Händen zu greifen[73], wo die kontingente Realität als Scheinsein, als maya, als Illusion und Schleier über der wahren Wirklichkeit gedeutet wird. Allerdings steht diese indische Variante des Pantheismus schon wieder in der permanenten Gefahr, Wert und Wirklichkeit der Welt zu verflüchtigen, weshalb Rudolf Otto sie nicht als Pantheismus, sondern als Theopantismus bezeichnete. Danach wäre Gott alles, die Welt nichts; sie wäre lediglich sein scheinbares Gewand wie des Kaisers neue Kleider aus dem bekannten Andersen-Märchen.

Die ganzheitlich-umfassende, Theismus und Pantheismus integrierende und übergreifende Wahrheit vom Verhältnis zwischen Gott und Kosmos hat ein Naturkind, der Sioux-Indianer Schwarzer Hirsch wesentlich besser und einfacher wiedergegeben als viele Philosophen und Theologen des Abendlandes:

»*Wir sollten verstehen, daß alles das Werk des Großen Geistes ist. Wir sollten wissen, daß Er in allen Dingen ist: in den Bäumen, den Gräsern, den Flüssen, den Bergen und all den vierbeinigen Tieren und den geflügelten Völkern; und was noch wichtiger ist: Wir sollten verstehen, daß Er auch über all diesen Dingen und Wesen ist. Wenn wir all das tief in unsern Herzen erfassen, dann werden wir den Großen Geist fürchten, lieben und kennen; und dann werden wir uns bemühen, so zu sein, so zu handeln und so zu leben, wie Er es will.*« Wenn die anderen Völker, insbesondere die Weißen, »*mit dem Herzen und nicht mit dem Kopf allein zu verstehen*« versuchen, »*dann werden sie inne werden, daß wir Indianer den einen wahren Gott kennen und daß wir beständig zu ihm beten.«*[74]

Die wahre Gotteserkenntnis haben ja den Indianern gerade christliche Missionare immer wieder abgesprochen. Die Aussage von Schwarzer Hirsch gibt in kunstvoll-einfacher Weise eine tiefe Grundwahrheit der »Ewigen Philosophie«, der philosophia perennis, wieder. Von dieser Philosophie sagt Ken Wilber mit Recht, daß sie mit ihrer

»stark verfeinerten Sicht der Beziehungen zwischen der Menschheit und dem Göttlichen... von der großen Mehrheit der wirklich begabten Theologen, Philosophen, Weisen und sogar von Wissenschaftlern zu den verschiedensten Zeiten vertreten wurde und vertreten wird. Leibniz hat für sie den Ausdruck Philosophia perennis (Ewige Philosophie) geprägt. Sie bildet den esoterischen Kern von Hinduismus, Buddhismus, Taoismus, Sufismus und der christlichen Mystik. Sie wird aber auch ganz oder teilweise von individuellen Geistesgrößen – von Spinoza bis Albert Einstein, Schopenhauer bis C. G. Jung, William James bis Plato – verkündet. Außerdem ist sie in ihrer reinsten Form keineswegs antiwissenschaftlich, sondern in gewissem Sinne transwissenschaftlich oder sogar vorwissenschaftlich, so daß sie problemlos mit den harten Daten der reinen Wissenschaft koexistieren, sie auf jeden Fall ergänzen kann. Aus diesem Grunde haben... viele brillante Naturwissenschaftler mit der Ewigen Philosophie geliebäugelt oder sie sogar völlig in sich aufgenommen. Hierfür sind Einstein, Schrödinger, Eddington, David Bohm, Sir James Jeans und sogar Isaac Newton hervorragende Beispiele.«[75]

(Wilber hätte noch Naturwissenschaftler vom Range Max Plancks, Werner Heisenbergs, Max von Laues, Friedrich Dessauers, Jakob von Uexkülls nennen können, weil diese mit ihren Ansichten über Gott und Kosmos zum großen Denkstrom der philosophia perennis gehören).

Die Grundsubstanz der Auffassungen der philosophia perennis vom Absoluten und vom Verhältnis zwischen Göttlichem und Kosmos kann man mit Wilber wie folgt angeben:

»Es ist wahr, daß es irgendeine Art von Unendlichem, irgendeine Form von absoluter Gottheit gibt... Am besten stellt man sie sich metaphorisch als den Urgrund, das Sosein oder die Voraussetzung aller Dinge und Geschehnisse vor. Die Gottheit ist nicht ein von allen endlichen Dingen getrenntes Großes Ding, sondern eher die Realität, das Sosein oder der Urgrund aller Dinge... Nach der Ewigen Philosophie wäre es akzeptabel, vom Absoluten symbolisch als von der Natur aller Naturen *zu sprechen, der* Vorbedingung *aller Vorbedingungen (sagte nicht schon der heilige Thomas, Gott sei Natura naturans?)«.* Das Absolute *»ist... nicht etwas von allen Dingen und Ereignissen Getrenntes. Das Absolute ist nicht das Andere, sondern durchdringt gewissermaßen das Gewebe von allem, was ist. In diesem Sinne erklärt die ›Ewige Philosophie‹ das Absolute als das Eine, Ganze, Ungeteilte... als nahtloses Ganzes, als integrales Einssein, das aller Vielfalt zugrunde liegt und alle Vielfalt umschließt. Das Absolute war schon vor dieser Welt da, so wie der Ozean vor seinen Wellen und nicht getrennt von ihnen da ist.«* Gott ist also das *»Wesen alles dessen, was ist,«* Gott ist die *»integrale Ganzheit«, »zugleich Teil und Gesamtheit von allem, was existiert«;* Gott ist *»die Ganzheit und das Sosein alles dessen, was ist«.*[76]

Einer der großen Denker im Strom der philosophia perennis war Nikolaus von Kues, genannt Cusanus (1401-1464), der das hier Gemeinte präzise folgendermaßen darlegte:

»Vor dem, was alles möglich ist, wie vor dem, was wirklich ist, muß man das Eine sehen, ohne das weder das Mögliche noch das Wirkliche gedacht werden kann. Dieses notwendige Eine nennen wir Gott.«[77] *»Alles also ist Gott, Theos, der da ist der Ursprung, von dem alles ausströmt, die Lebensmitte, in der wir uns bewegen, das Ziel, zu dem alles zurückflutet.«*[78]

Zu der einfachen Wahrheit des Indianers Schwarzer Hirsch und zu den nie ganz verlorengegangenen Einsichten der Ewigen Philosophie in das Verhältnis von Göttlichem und Universum hat im 20. Jahrhundert auch die christliche Theologie – wenigstens in ihren intelligentesten Vertretern

– endlich zurückgefunden. Der wichtigste Repräsentant der katholischen Gegenwartstheologie, Karl Rahner, drückt in allerdings viel komplizierterer Weise dieselbe letzte Einheit von Theismus und Pantheismus wie Schwarzer Hirsch aus, wenn er erklärt:

»*Das allgemeinste Verhältnis zwischen Gott und einer Werdewelt besteht darin, daß er als der Innerste und gerade so absolut Weltüberlegene dem endlichen Seienden selbst eine wahre aktive Selbsttranszendenz in seinem Werden einräumt, letztlich selbst die Zukunft, die Finalursache ist, die die wahre und eigentliche Wirkursache in allem Werden darstellt.*« Es kommt »*uns heute langsam in der Theologie die Einsicht zu, wie wirkliches, von unten erwirktes Werden des Höheren aus dem sich selbst überbietenden Niederen und dauernde Schöpfung von oben nur zwei Seiten, beide gleich wahr und wirklich, des einen Wunders des Werdens und der Geschichte sind*«. Dies sei »*nur höchster Fall der Einsicht, daß Gott in seinem freien Verhältnis zu seiner Schöpfung dennoch nicht kategoriale Ursache neben anderen in der Welt ist, sondern der lebendige dauernde transzendentale Grund der Eigenbewegung der Welt selbst*«.[79]

So spannt sich auch in der Frage »Pantheismus oder Theismus?« ein weiter, jedoch letztlich einheitlicher Bogen zwischen den im ersten Teil dieses Buches behandelten Naturreligionen mit ihrem unmittelbaren, kindlich-naiv-direkten Verhältnis zum Göttlichen in und über der Natur und der kühl-abstrakten, differenziert-diffizilen Theologie des 20. Jahrhunderts.

Trotzdem, trotz der hier eben dargestellten Möglichkeit einer widerspruchslosen Harmonisierung von Theismus und Pantheismus, ist es natürlich nicht unbedingt notwendig, die letzten philosophischen und weltanschaulichen Fragen nach Theismus, Pantheismus usw. zu stellen und ihnen nachzugehen. Man kann das selbstverständlich tun, und wir haben das ja eben auch getan, weil gerade der Kosmos in seiner Größe und Erhabenheit sowie in seinem wesenhaften Bezug auf Bewußtsein und Geist viele Menschen, zu denen auch der Autor dieses Buches gehört, zur Frage nach dem Absoluten und der Art seines Verhältnisses zur Welt animiert und geradezu provoziert. Von zentraler Bedeutung für jeden für das Schicksal der Erde sich verantwortlich fühlenden Menschen scheint aber zunächst nur der Bezug zur (Gesamt-)Natur, zum Universum als einer Sinnganzheit zu sein. Diese Natur, dieses Universum – das ist also die Bedingung – darf nicht als factum brutum, als sinnlose Faktizität gesehen werden, sondern es muß in seiner Würde, seiner Schönheit und Erhabenheit, seinem sinnvollen Eigensein, in seiner Geist- und Bewußtseinstransparenz und -bezogenheit wahrgenommen und anerkannt werden. Mit anderen Worten: Die Natur in ihrer Gesamtheit, das Universum muß einem als (auch) spritulle Größe erscheinen, als eine große Idee, als die Versinnlichung und Verleiblichung eines großen Planes oder Gedankens, als eine wunderbare Einheit und Ganzheit. In der Haltung zur Natur müßte etwas von dem mitschwingen, was Goethe auf folgenden Nenner gebracht hat:

»Wir können bei der Betrachtung des Weltgebäudes in seiner weitesten Ausdehnung, in seiner letzten Teilbarkeit, uns der Vorstellung nicht erwehren, daß dem Ganzen eine Idee zu Grund liegt...«[80] *»Was ist auch im Grunde aller Verkehr mit der Natur, wenn wir auf analytischem Wege bloß mit einzelnen materiellen Teilen uns zu schaffen machen und wir nicht das Atmen des Geistes empfinden, der jedem Teile die Richtung vorschreibt und jede Ausschweifung durch ein innewohnendes Gesetz bändigt oder sanktioniert!«*[81]

Der Geist muß nach Goethe »erforschen«, »erfahren«, »wie Natur im Schaffen lebt«, und wie

»Das ewig Eine... sich vielfach offenbart;
Klein das Große, groß das Kleine,
Alles nach der eig'nen Art.
Immer wechselnd, fest sich haltend,
Nah und fern, und fern und nah;

*So gestaltend, umgestaltend –
Zum Erstaunen bin ich da.«*

Dieses Staunen, von dem Goethe spricht, ist eben nicht nur der Anfang aller Philosophie, sondern auch einer heute so notwendigen ökologischen Naturphilosophie. Wem die Natur nur als Nutzwert und damit als zu vermessende und auszubeutende Sache erscheint, der allein ist vom Zugang dieser Art von Philosophie ausgeschlossen. Alle diejenigen aber, die – um es mit dem oben zitierten Albert Einstein zu sagen – sich noch »wundern und in Ehrfurcht verlieren können«, wenn sie sich die Sinnrichtung und die Großartigkeit der Natur und der kosmischen Prozesse vergegenwärtigen, haben immer schon den ersten Schritt hin zu einer ökologischen Naturphilosophie vollzogen.

Den Anfangspunkt einer solchen Bewußtseinshaltung kann also auch für den unmittelbar im Leben und Alltag Stehenden, der über die Wirklichkeit nicht eigentlich philosophisch reflektieren will, das Erlebnis des Universums darstellen, wie es Santayana beschrieben hat:

»Es gibt nur eine Welt, die natürliche Welt, und nur eine Wahrheit darüber, aber diese Welt birgt ein geistiges Leben, dessen Blick nicht einer jenseitigen Welt zugewandt ist, sondern der Schönheit und Vollkommenheit, auf die diese Welt hinweist und der sie zustrebt, ohne sie zu erreichen.«[82]

Man muß lediglich den Sinn für das Mysterium der Existenz, des Lebens, des Universums, des Menschen in sich lebendig erhalten haben. Die Grundvoraussetzung, gleichsam den Vorhof einer echt und umfassend ökologischen Bewußtseinshaltung bilden das Staunen und die Ehrfurcht vor dem Wunder, daß es Wirklichkeit, Leben, Bewußtsein und daß es das Universum als sinnvoll ineinandergreifendes Netzwerk gibt. Wer am Faden dieses Staunens über das Wunder der Wirklichkeit weiterschreitet, der wird auch immer tiefer in die Zusammenhänge von Kosmos und Selbst, von Universum und Bewußtsein eindringen und am Ende – auch ohne philosophische Anstrengung oder gar Hinzuziehung eines philosophischen Methoden- und Begriffsapparats – ahnen, spüren, bemerken, vielleicht sogar zur einzigartigen Gewißheit gelangen, daß sinnvolle Existenz, daß wirklich ganzheitliches, heiles, eben ökologisches Dasein nur im Gesamtbezug »Mensch – Kosmos/Natur – absoluter Geist« möglich ist.

Auch Goethe, dem wir doch eine Reihe herrlicher Aussagen über das weltimmanente Wunder der Natur verdanken, der oft eine spontan-konkrete Unmittelbarkeit zur Natur lebte und darlegte, wußte um diesen sich ihm immer wieder erschließenden und in Erinnerung bringenden Gesamtbezug, in dem das Absolute nicht fehlen durfte.

»Die Überzeugung, daß ein großes, hervorbringendes, ordnendes und leitendes Wesen sich gleichsam hinter der Natur verberge, um sich uns faßlich zu machen, eine solche Überzeugung drängt sich einem jeden auf; ja, wenn er auch den Faden derselben, der ihn durchs Leben führt, manchmal fahren ließe, so wird er ihn doch gleich und überall wieder aufnehmen können.«[83] Und an anderer Stelle: *»Der Forscher kann sich immer mehr überzeugen, wie wenig und Einfaches, von dem ewigen Urwesen in Bewegung gesetzt, das Allermannigfaltigste hervorzubringen fähig ist. Der aufmerksame Beobachter kann sogar durch den äußeren Sinn das Unmöglich-scheinende gewahr werden; ein Resultat, welches, man nenne es vorgesehenen Zweck oder notwendige Folge, entschieden gebietet, vor dem geheimnisvollen Urgrunde aller Dinge uns anbetend niederzuwerfen.«*[84]

An dieser Stelle sei noch eine Frage behandelt, die sich manchem Leser vielleicht aufdrängt. Es wurde in diesem Abschnitt zentral und vor allem über den Kosmos in seinen Beziehungen zum Menschen, zum Bewußtsein, zum absoluten Geist gesprochen, so daß die Frage zu Recht gestellt werden kann, ob die willentlich, gefühls- und tiefenschichtmäßig verinnerlichte Beziehung innerhalb des Dreiecks »Mensch – Kosmos/Natur – Absoluter Geist« nicht als *kosmische* oder *ökologisch-kosmologische Religion* bezeichnet werden sollte. Einstein und einige andere nannten ja ihre Art von Religiosität eine kosmische, wie wir sehen konnten, und auch ich selbst habe einige Male von kosmologisch-ökologischer Religion gesprochen.

Das Eigentliche dieser Religion oder besser Religiosität besteht in der Überzeugung, daß das Haus (Ökologie leitet sich ja ab von griechisch oikos = Haus) des Menschen, sein geistig-seelisch-körperlicher Haushalt nur *gesund, heil, ganz* wird durch das bewußte Sich-hin-Beziehen auf den Kosmos der Natur und auf den in ihrem Innersten wesenden und wirkenden Absoluten Geist. Das Tiefen-Selbst im Menschen (umgeben von all seinen physikalisch-chemischen, biologischen und psychischen Schichten und diese integrierend) als die eine umfassende Teil-Ganzheit und das Tiefen-Selbst des Kosmos (mit all seinen gewaltigen Massen, Strahlungen und Energien) als die andere umfassende Teil-Ganzheit – diese beiden Teil-Ganzheiten müssen zueinander kommen, sich durchdringen, sich vermählen und vereinigen, damit durch diese wahrhaft universale Versöhnung die Gesamtnatur wieder heil, »ökologisch« wird. Ökologische Religiosität lebt aus dem Bewußtsein, daß alles wieder ganz, gesund, heil werden kann durch die richtige, im Bewußtsein entdeckte, im Tiefen-Selbst verinnerlichte, in der Praxis realisierte »Welt-Mensch-«, »Kosmos-Mensch-«, »Natur-Mensch-Beziehung«, durch eine wahrhaft universale Spiritualität. Deswegen führte ich ja bereits oben[85] Texte an, die die Selbstentfaltung, das innere Wachstum und die Ganzwerdung des Menschen durch eine sich auf das Universum ausrichtende Meditation zum Ausdruck brachten. Der Mensch hat sich aus dem umfassendsten Öko-System »Mensch-Natur«, »Mensch-Kosmos« willkürlich, demiurgisch, faustisch herauskatapultiert und muß nun wieder existentiell, erlebnismäßig begreifen, daß

»die Welt ein Organismus ist, der in Verbundenheit (religio) lebt, und daß Unverbundenheit und Fragmentierung Entfrem-

dung, Krankheit und Zerstörung bedeuten«.[86]

Nur auf diese Weise wird das (der) Ver-rückte wieder zurechtgerückt. Nur eine wirklich universale Naturbeziehung und eine wirklich kosmisch weite Spiritualität sind im heute so fortgeschrittenen technisch-zivilisatorischen Entwicklungsstadium der Menschheit und an der Schwelle zu einem neuen Jahrtausend die geeigneten Instrumente, um eine im wahrsten Sinne des Wortes weltweite, überlegene, ganzheitliche Kultur aufzubauen, die gegenüber den negativ-destruktiven Kräften innerhalb der technischen Zivilisation ein gesundes, ökologisches Gegengewicht darstellen könnte.

Man sollte nicht übersehen, daß auch die an sich nichtreligiösen, rein ethischen Kräfte des Menschen, seine sittlichen Impulse zu einer ökologischen Wiederherstellung und Regenerierung unserer vergifteten Umwelt auf die Dauer geschwächt, ausgetrocknet, gelähmt werden, wenn sie nicht aus der (religiösen) Tiefe einer universalen Naturbeziehung leben und Energie schöpfen. Aus all diesen Gründen empfiehlt sich das Anstreben einer »Ökologischen Religiosität«. Sie bringt zum Ausdruck, daß vollkommener Sinn, ganzheitliche Verwirklichung nur in der umfassendsten und erlebten Gesamtbezogenheit von Mensch, Universum der Natur und Göttlichem gefunden werden kann. Ein begnadeter Schriftsteller, Hermann Hesse, hat das hier von mir Gemeinte, mühsam nach adäquatem Ausdruck Suchende, als persönliche, individuelle Erfahrung glänzend artikuliert:

»Ich glaube an nichts in der Welt so tief, keine andere Vorstellung ist mir so heilig wie die der Einheit, die Vorstellung, daß das Ganze der Welt eine göttliche Einheit ist und daß alles Leiden, alles Böse nur darin besteht, daß wir einzelne uns nicht mehr als unlösbare Teile des Ganzen empfinden, daß das Ich sich zu wichtig nimmt. Viel Leid hatte ich in meinem Leben erlitten, viel Unrecht getan, viel Dummes und Bitteres mir eingebrockt, aber immer wieder war es mir gelungen,

mich zu erlösen, mein Ich zu vergessen und hinzugeben, die Einheit zu fühlen, den Zwiespalt zwischen Innen und Außen, zwischen Ich und Welt als Illusion zu erkennen und mit geschlossenen Augen willig in die Einheit einzugehen. Leicht war es mir nie geworden, niemand konnte weniger Begabung zum Heiligen haben als ich; aber dennoch war mir immer wieder jenes Wunder begegnet, dem die christlichen Theologen den schönen Namen der ›Gnade‹ gegeben haben, jenes göttliche Erlebnis der Versöhnung, des Nichtmehrwiderstrebens, des willigen Einverstandenseins, das ja nichts anderes ist als die christliche Hingabe des Ich oder die indische Erkenntnis der Einheit.«

Den »Wissenden« sind nach Hesse »Einheit, Liebe, Harmonie ... Glück nur denkbar im Hingeben des Ich, im Erleben der Einheit«. Es ist auch keineswegs eine abstrakte Einheit und Ganzheit, die Hesse hier als zentrale Erfahrung seiner Existenz schildert.

»Die Einheit, die ich hinter der Vielheit verehre, ist keine langweilige, keine graue, gedankliche, theoretische Einheit. Sie ist ja das Leben selbst, voll Spiel, voll Schmerz... Du kannst jederzeit in sie eintreten, sie gehört dir in jedem Augenblick, wo du keine Zeit, keinen Raum, kein Wissen, kein Nichtwissen kennst, wo du aus der Konvention austrittst, wo du in Liebe und Hingabe allen Göttern, allen Menschen, allen Welten, allen Zeitaltern angehörst.«[87]

Die Entdeckung der universal-kosmischen Ganzheit, die Erfahrung dieser Ganzheit kann zwar von der »praktischen Durchschnittsreligion des modernen Menschen«, die in einem »Verherrlichen des Ich und seines Kampfes« besteht, als »fremd, töricht, schwächlich«[88], als Illusion und Halluzination hingestellt werden, aber das wäre im Grunde nur das Eingeständnis, daß man sich noch auf einer Ebene bewegt, auf der man die universale Ganzheit nicht oder noch nicht wahrnehmen kann.

»Denn wenn das Absolute wirklich eine integrale Ganzheit ist, wenn es zugleich Teil und Gesamtheit von allem ist, was

existiert, dann ist es auch in allen Menschen vollständig vorhanden. Und im Gegensatz zu Felsen, Pflanzen oder Tieren haben menschliche Wesen – weil sie bewußt leben – die Fähigkeit, diese Ganzheit zu entdecken. Sie können das Absolute erfahren. Sie glauben nicht daran, sie entdecken es. Es ist so, als werde sich eine Meereswelle plötzlich ihrer selbst bewußt und entdecke dadurch, daß sie eins ist mit dem Ozean und auch eins mit allen anderen Wellen, da sie alle aus Wasser bestehen. Das ist das Phänomen der Transzendenz – oder Erleuchtung oder Befreiung oder Moksha oder Wu oder Satori. Das meinte Plato, wenn er davon sprach, man steige aus der Höhle der Schatten nach oben und finde das Licht des Seins, oder wenn Einstein die Hoffnung äußerte, der Täuschung des Getrenntseins zu entkommen. Das auch ist das Ziel der buddhistischen Meditation, des hinduistischen Yoga und der christlichen mystischen Kontemplation. In dieser geradlinigen Anschauung gibt es nichts Spukhaftes, Okkultes oder Fremdartiges.«[89]

Freilich haben Hindus, Buddhisten und Christen, und zwar meist gerade die vergeistigsten unter ihnen, oft den »kosmischen Einschlag« ihrer Religion bzw. Mystik übersehen. Die Geschichte der christlichen Religion ist zum großen Teil zugleich die Geschichte der Zurückdrängung des Kosmos aus dem Verhältnis des Menschen zu Gott. Die Natur und der Kosmos, die die Christen doch als die herrliche Schöpfung ihres Gottes hätten preisen und verherrlichen müssen, wurden zunehmend als etwas Negatives, Heidnisches, ja Teuflisches empfunden und hingestellt. Die Natur in ihrer Vielfalt und Farbenpracht, in der Gewalt ihrer Äußerungen, in der Unermeßlichkeit ihrer Ausdehnung, in ihrem verschwenderisch-üppig-sinnlichen Glanz wurde oft zu einer widergöttlichen Instanz hochgeputscht, die den Menschen betöre, ihn durch die Verstrickung in ihre sinnlich-animalische Unmittelbarkeit an der Ausübung und Pflege des rechten Verhältnisses zu Gott hindere. Der berühmte Ausspruch des Heiligen Augustinus, des größten christlichen Platonikers (354-430): »Deum et animam scire cupio, nihil omnino« (Gott und die Seele begehre ich zu kennen, nichts sonst), hat, versehen mit der großen Autorität dieses Kirchenvaters, ganze Generationen von Christen in die falsche Richtung gelenkt, hat für Jahrhunderte auch viele große Geister des Christentums in einen a-kosmischen und anti-kosmischen Frömmigkeitsstrom hineingetrieben. Von den Folgen dieser Einstellung hat sich die christliche Religion bis heute nicht ganz freigemacht.[90]

Der Hinduismus stellt zwar im Gegensatz zum Christentum keine einheitliche Religion dar, sondern eher »eine unerschöpfliche Vielheit« von Religionen, ein »unübersehbares Bündel« disparater Glaubensformen, sozusagen eine »Enzyklopädie der gesamten Religionsgeschichte«[91], in der fast alles enthalten ist, das Niedrigste und Primitivste wie das Höchste und Erhabenste der menschlichen Seele. Dennoch neigt gerade die sublimste Form des Hinduismus, seine höchste religionsphilosophische Ausbildung zu einem, wie wir bereits sagten, *akosmistischen Theopantismus*, nicht so sehr zu einem den Kosmos voll bejahenden Pantheismus. Hier wird also Gott nicht so sehr mit der Welt, sondern eher die Welt mit Gott identifiziert, ja man läßt sie in ihm aufgehen. Das Absolute wird hier derart absolut, übermächtig und faszinierend göttlich gesehen, daß der Kosmos neben dieser Größe einfach seinen Bestand zu verlieren scheint.[92] Die Welt wird zur Maya, zur »unendlichen Unwirklichkeit«.[93] Atman und Brahman – das Tiefenselbst des Menschen und das absolute Selbst finden unter Ausklammerung des Kosmos selbstgenügsam-narzißtisch ihre Einheit und Identität. Zweifellos trifft diese Kritik beileibe nicht alle Richtungen hinduistischer Frömmigkeit. Aber oft wird doch Brahman als Weltseele darart sublim, vergeistigt, transzendent und weltüberlegen aufgefaßt, daß er fast nicht mehr als innerstes Prinzip *dieses* Kosmos zu erkennen ist.[94]

Auch der Buddhismus überspringt in vielen seiner Formen gern den Kosmos, will in oft titanischer Selbstanstrengung und unendlicher Sehnsucht aus dem kosmischen Rad der Wiedergeburten erlöst werden und das unweltlich-überweltliche Nirvana erreichen. Die Welt, der Kosmos schrumpft wert- und wirklichkeitsmäßig zu einer keine positiven Sinnbilder mehr liefernden »Summe aller Leiden« zusammen. Der Buddhismus bejaht »weder die Welt noch ein Ich oder Du«, behauptet kühl das berühmte evangelische Lexikon »Die Religion in Geschichte und Gegenwart« (RGG).[95] Die Behauptung ist in dieser generalisierenden Form wohl überzogen (vor allem, wenn man an viele theistisch anmutende Frömmigkeitsformen des Mahayana-Buddhismus denkt), trifft aber eine starke, unterschwellige Tendenz der »Lebensform Buddhismus«.

Ökologische Religiosität wird gegenüber diesen »a-kosmischen Verkürzungen« in Christentum, Buddhismus und Hinduismus auf die Natur, auf das gesamte Universum als das *notwendige, unüberspringbare Medium* jeder Gotteserfahrung, jedes Verhältnisses des Menschen zum Absoluten hinweisen und nachdrücklich aufmerksam machen müssen. Was ist es denn, wenn nicht der Kosmos, der den Christen und anderen die materialgebende Anschauung für die behauptete, geglaubte oder vorgestellte Unendlichkeit, Unermeßlichkeit, Größe, Allmacht, Allwissenheit usw. Gottes liefert? Ohne den Kosmos wüßten sie nicht einmal, wovon sie sprechen, wenn sie Gott diese Eigenschaften zuordnen. Die unsere Sinne ansprechende, unseren Verstand anregende und in Bewegung setzende logische, mathematische, ästhetische usw. Struktur des Universums ist in Verbindung mit dem biologisch-kosmischen Wunderwerk Mensch in seiner alle Schichten des Kosmos integrierenden Gestalt der einzige Zugang zum Göttlichen, der uns offensteht. Wer diese Offenbarung des Göttlichen im Kosmos, in der Natur und durch sie nicht anerkennt, der solle nur gleich jede Offenbarung leugnen, fordert Goethe und mit ihm der gesunde Menschenverstand. Das Göttliche im Kosmos ist direkt da und sichtbar, sozusagen fast ohne Interpretation (obwohl diese natürlich ein Element jeder menschlichen Erfahrung ist); eine von der Erfahrung des Kosmos abzusehen versuchende erkenntnismäßige oder existentielle Kontaktnahme mit dem Absoluten Prinzip endet in der Sackgasse abstrus-abstrakter Unanschaulichkeit und trostloser Weltverlorenheit, letztlich im totalen neurotisch-narzißtischen Wirklichkeitsverlust.

So sehr sind wir Kinder des Kosmos, »Kinder des Weltalls« (H. v. Ditfurth), daß wir nur mittels desselben mit der Gesamtwirklichkeit und dem Urgrund alles Seins erkenntnismäßig und ganzheitlich-existentiell kontaktieren können. Ob nun der Kosmos – mehr theistisch gesehen – Schöpfung Gottes oder – mehr pantheistisch aufgefaßt – selbst göttlich ist, er ist – im ersteren Falle – die erste Schöpfung Gottes, und wir sind so oder so Söhne und Töchter dieser Erstgeburt. Er, der Kosmos, ist in beiden Fällen auffaßbar als die Materialisation Gottes oder des Göttlichen, als seine universale Verleiblichung, seine Sichtbarwerdung, er ist die sinnliche Realisation des Absoluten. Der Kosmos ist das Absolute in der Erscheinung! Deswegen ist er die Grundnahrung unserer Erkenntnisorgane, das universalste, Inhalt und Leben spendende Bild, das Urbild, das Ursymbol aller Klarheit und Wahrheit, der Unendlichkeit und Grenzenlosigkeit, der grenzüberschreitenden Tendenz von Materie, Leben und Bewußtsein, der Vitalität, Schönheit und Machtfülle, der ökologischen Harmonie als fließendem Gleichgewicht. Das Universum als kosmischer Leib Gottes ist eine größere, in vielem eindeutigere Offenbarung als die Bibel und die anderen heiligen Bücher der Menschheit. Es ist die Basis aller Offenbarung, die Grundlage jeder anderen Offenbarung.

Galileo Galilei, der sich als treuer Sohn der katholischen Kirche verstand und dies auch bleiben wollte, hat nichtsdestoweniger stets die große Offenbarung des Göttlichen in der und durch die Natur neben der Offenbarung durch die Bibel betont, auch wenn er damit die damaligen Vertreter der Kirchenmacht herausfordern mußte. Ähnlich wie sein Zeitgenosse Johannes Kepler, der die Astronomie vor allem als »Anbetung Gottes im Medium der Mathematik« verstand[96], hat Galilei die »ausgezeichnete« Offenbarung des »Buches der Natur« immer wieder hervorgehoben:

»Nichts Physisches, das die Sinneserfahrung vor unsere Augen stellt oder das notwendige Beweisführungen uns deutlich machen, sollte daher in Frage gestellt – und viel weniger noch verboten – werden auf Grund des Zeugnisses von Textstellen aus der Bibel, hinter deren Worten ein ganz anderer Sinn verborgen sein kann, denn die Bibel ist nicht in jedem ihrer Ausdrücke an Bedingungen gebunden, die so strikte sind wie jene, die das Wirken der Natur beherrschen; noch offenbart sich Gott in der Natur in weniger ausgezeichneter Weise als in den geheiligten Sätzen der Bibel.«[97] *»In der Schrift war es zudem notwendig, damit sie dem allgemeinen Verständnis zugänglich ist, die Dinge in ihrer Erscheinung und in der Bedeutung der Worte sehr unterschieden von der absoluten Wahrheit zu formulieren; andererseits überschreitet die Natur, unerbittlich und unveränderlich und sich nicht darum kümmernd, ob die verborgenen Gründe ihrer Verfahrensweise der Fassungskraft des Menschen einsichtig sind, niemals die Grenzen der ihr gesetzten Ordnung... nicht alles in der Schrift unterliegt so strikten Notwendigkeiten wie jede physikalische Wirkung.«*[98]

Mit Recht hat man darauf aufmerksam gemacht, daß trotz der von Galilei noch betonten Ebenbürtigkeit der beiden Offenbarungsquellen – der Natur und der Bibel – emanzipatorischer Explosivstoff in seiner Auffassung der ersteren als einer stringenteren Wahrheit lag.

»Im historischen Kontext stellte sie eine dramatische Aufwertung der Natur gegenüber dem irdischen Jammertal der Theologie dar, und im Anspruch sicherer Naturerkenntnis durch

Berufung allein auf ›Sinneserfahrungen und notwendige Beweisführungen‹ etablierte sie eine Wahrheit unabhängig von jeder Offenbarung. Im Lichte dieser Wahrheit war nach Galileis Auffassung zum großen Ärgernis der Theologen die Bibel interpretationsbedürftig, während die Naturwissenschaft einer theologischen Begründung letztlich entraten konnte.«[99]

Die moderne Religionswissenschaft hat die von Galilei betonte Offenbarung des Göttlichen in der Natur, im Kosmos ins helle Licht gerückt. Schon Friedrich Max Müller (1823-1900), der Begründer der vergleichenden Religionswissenschaft auf der Grundlage der vergleichenden Sprachforschung, sah in der Natur als Erscheinung des Unendlichen die Offenbarungsgrundlage der Religionen. Für ihn war Religion Unendlichkeitsdienst, der sich an bzw. durch Repräsentationen des Unendlichen wie Himmel, Sonne, Berge, Wind und dergleichen entzündet und motiviert. Nach Müller wurde vor allem

»der Name des leuchtenden Himmels zu einem der frühesten Ausdrücke für den... noch nicht gefaßten Gegenstand der tief-menschlichen Sehnsucht nach dem Unendlichen.«[100]

Müller unterschied drei Sprachklassen (die turanische, arische und semitische) und ordnete ihnen entsprechende Religionstypen zu. Während er bei den Semiten eine Verehrung Gottes in der Geschichte unter weitgehender Ausklammerung der Natur feststellen zu müssen glaubte, fand er bei den Ariern die

»Verehrung Gottes in der Natur, eine Erkenntnis des Göttlichen, wie es hinter dem prächtigen Schleier der Natur waltet«.[101]

In der Tat hat das Alte Testament – in der semitischen Tradition stehend – trotz einiger schöner Naturschilderungen keinen eigentlichen Naturbegriff.

»Das Alte Testament, zu dessen Prämisse die Ablehnung von Philosophie gehört, kennt keine ›Natur‹; auch findet sich im Alten Testament keine Voraussetzung für Naturrecht. Grundlage der biblischen Religion ist Offenbarung, nicht die

Natur, und Quelle moralischen Verhaltens ist Halakah (das Gesetz oder ›der Weg‹).«[102]

Dagegen kennt griechisches Denken Natur als »genaue Ordnung der Dinge (physis)« und besitzt damit die Grundlage für ein Naturrecht, das »gesellschaftlicher Konvention oder positivem Recht (nomos) übergeordnet« ist.[103]

Abgesehen von dieser Ausnahmeerscheinung der israelischen Religion, die bei näherem Hinsehen allerdings auch viele kosmologische, naturhafte Vermittlungen des Göttlichen aufweist, darf man heute jedoch als sicheres Ergebnis von über hundert Jahren religionswissenschaftlicher Forschung festhalten, daß in den Religionen

»das Naturhafte als Inbegriff alles Hohen und Reinen seinen vornehmsten Ausdruck hat... Es ist nicht zu leugnen, daß alle Religion es in ihrer Verehrung immer auch mit naturgegebenen Gegenständen zu tun hat. Wenn die Religion den zentralen Vorgang von Welt- und Selbstbewältigung des Menschen darstellt, der sich aus der gottheitlichen Manifestation in der Welt als Natur und Geschichte verehrend erhoben hat... dann ist Religion in den Religionen immer auch im Blick auf Naturdinge da. Ursprungsmythen und Ätiologien zeigen deutlich, daß in den Religionen die Welt des Naturhaften – aus dem Manifestativen heraus gesehen – verehrt wird. Es kann auch nicht geleugnet werden, daß sich religiöses Bewegtsein und Wissen immer auch an besonders beeindruckenden Naturphänomenen ausgelegt hat, die so zu Trägern des numen werden konnten... Die naturhaften Phänomene können religiöse Eindrücke anregen, vermitteln und wachhalten. Sie sind darin räumliche und zeitliche Träger der Gottheit, manifestativer Sitz des ›Heiligen‹... Es ist auch keine Frage, daß die religiöse Sprache der Anrufung und Prädikation Gottes zu Charakterisierungen greift, die den Gott an Sonne oder Licht, am Stern... (usw.) metaphorisch auslegen.« Wie soll sie »die Gottheit und ihre hilfreiche wie kritische Majestät anders gestalten und bezeichnen als durch den Griff in die ›Natur‹ und ihre Erscheinungen? Dazu findet sich auch noch diejenige

Frömmigkeit bewogen, die Gott als ein totaliter aliter gegenüber der Welt statuiert.«[104]

Diese prägnante Zusammenfassung der Resultate der vergleichenden Religionswissenschaft bezüglich der kosmologischen Vermitteltheit (Mediatisation) aller religiösen Erfahrung und Erkenntnis stützt unsere oben durchgeführte Kritik an den akosmischen Tendenzen in den Weltreligionen. Kosmologisch-ökologische Religiosität ginge allerdings noch über diese Ergebnisse hinaus, indem sie eben den ökologischen, ganzheitlich-heilenden, ganzheitlich-wiederherstellenden, ganzheitlich-zurechtrückenden Charakter der »Mensch-Kosmos-Absoluter-Geist«-Beziehung erfährt und diese Beziehung als unbedingt notwendiges Dreiecksverhältnis erlebt, so daß der Kosmos, die Natur nicht nur als Mittel erscheint, das man, nachdem man durch diese Vermittlung das Absolute gefunden zu haben glaubt, als etwas nunmehr Überflüssiges abschütteln, abtun könnte. Vielmehr ist das oder der Absolute bleibend nur im Kosmischen zu »haben«, ja das Kosmische ist angesichts und aufgrund der sinnlich-geistigen Apparatur und Erkenntnisstruktur des Menschen *das* Absolute (in der Erscheinung, wie wir sagten). Somit ist der voll und ganz ins Öko-System Mensch-Kosmos sich Einfügende der ökologisch heile Mensch, der auch die Gesamtwirklichkeit zu ihrer ökologischen Vollendung bringt, zumindest in der geeignetsten Weise dazu beiträgt. Indem er dem Öko-System »Mensch-Kosmos« ganz gerecht wird, lebt er zugleich im absoluten Horizont des Dreiecks »Mensch-Natur/Kosmos-Göttliches«.

Ohne eine ökologische Religiosität scheint mir die Basis für eine das Individuum, die Gesellschaft und die Umwelt (im breitesten Umfang dieses Begriffs) einschließende Ethik davonzuschwimmen. Denn ohne sie gibt es auf die Dauer keine Ehrfurcht vor dem Kosmos, vor der Natur, vor der Schöpfung. Damit schwindet aber auch die in der Haltung ökologischer Religiosität enthaltene Überzeugung von einer gewissen Autonomie, einem gewissen erhabenen Selbstzweck-Sein der Natur. Fallen diese Dinge also fort, dann degeneriert Ethik zum puren Pragmatismus und Utilitarismus, zu einer Ethik der egoistischen Zwecke für ein Individuum oder ein Kollektiv, zu einem bloßen Nützlichkeitsprogramm.

Außerdem sollten nicht nur die Christen sich ganz ursprünglich-neu darauf besinnen, daß sie, um es salopp zu sagen, ihren Gott nicht ohne den Kosmos haben können. Vielmehr sollten auch alle anderen, wir alle, einsehen, daß die umfassende Basis, das fundamentale Medium, die gemeinsam-gemeinschaftliche Plattform für uns ohne Ausnahme der Kosmos, die Natur in ihrer Nähe und zugleich unbestechlichen Distanz, ihrem Ernst und ihrer Heiterkeit, ihrer Gelassenheit und Wahrhaftigkeit ist. Das ontisch-ontologische Netzwerk der Natur, wie wir es in diesem ganzen Abschnitt beschrieben haben, ist dann auch die seinsmäßige Grundlage für die umfassende Liebe aller Wesen zu allen Wesen! Wie die Natur in ihrem Wahrhaftigkeitscharakter auch als kritisches Korrektiv der menschlichen Beziehungen fungieren kann, soll abschließend mit den Worten des Naturforschers Goethe zum Ausdruck gebracht werden:

»Warum ich zuletzt am liebsten mit der Natur verkehre, ist, weil sie immer recht hat und der Irrtum bloß auf meiner Seite sein kann. Verhandle ich hingegen mit Menschen, so irren sie, dann ich, auch sie wieder, und immer so fort; da kommt nichts aufs Reine. Aber die Natur versteht gar keinen Spaß, sie hat immer recht, und die Fehler und Irrtümer sind immer des Menschen. Den Unzulänglichen verschmäht sie, und nur dem Zulänglichen, Wahren und Reinen ergibt sie sich und offenbart ihm ihre Geheimnisse. Der Verstand reicht zu ihr nicht hinauf, der Mensch muß fähig sein, sich zur höchsten Vernunft erheben zu können, um an die Gottheit zu rühren, die sich in Urphänomenen, physischen wie sittlichen, offenbart, hinter denen sie sich hält und die von ihr ausgehen. Die Gottheit

aber ist wirksam im Lebendigen, nicht im Toten; sie ist im Werdenden und sich Verwandelnden, aber nicht im Gewordenen und Erstarrten. Deshalb hat auch die Vernunft in ihrer Tendenz zum Göttlichen es nur mit dem Werdenden, Lebendigen zu tun; der Verstand mit dem Gewordenen, Erstarrten, daß er es nutze.«[105]

Ökologische Vernunft wider Instrumentelle Vernunft – das ist es, was Goethe in dem eben wiedergegebenen Text gegenüberstellt.

2. Am Anfang war nicht das Chaos! Expansionsgeschwindigkeit und Ordnung des Universums

Wer im gesamten Universum und in den Wechselbeziehungen aller seiner Teile untereinander sowie im Verhältnis des Menschen zum Ganzen der Wirklichkeit einen umgreifenden Sinn walten sieht, kann sich noch auf eine ganze Reihe weiterer naturwissenschaftlicher Basisargumente berufen. Ein fundamentales Argument stellt der Hinweis auf die *Urordnung* gleich oder ziemlich zu Beginn aller kosmischen Entwicklungen vor etwa 15 bis 20 Milliarden Jahren dar.

An sich gehen ja so gut wie alle religiösen Mythologien von einem Urchaos aus. Aber auch den Naturwissenschaftlern ist ein chaotischer, verhältnismäßig beliebiger, ungeordneter Urzustand des Universums angenehmer. Er ist für sie an sich wahrscheinlicher, plausibler, er wird bei den entsprechenden Theoriebildungen bevorzugt, weil sie dann entsprechend dem Denkmodell der stufenweisen Entwicklung »vom Chaos zum Kosmos«, »von der Unordnung zur Ordnung« Prinzipien, Fakten, Faktoren bereitstellen, konstruieren oder rekonstruieren können, die den Werdegang des Universums bis hin zu einem geordneten Geschehen bewerkstelligt haben bzw. haben könnten. Die Idee eines ursprünglich chaotischen Universums erscheint auch auf den ersten Blick deswegen plausibel, weil wir uns durchaus zunächst ein Universum wie das unsrige in seinem jetzigen hochentwickelten Zustand vorstellen können, das unter bestimmten, von uns zu benennenden Bedingungen aus einem unterschiedslos chaotischen Anfangsstadium zu seiner jetzigen Höhe aufgestiegen ist. Das spornt unsere gesamte Erfindungsgabe, unsere denkerischen Potenzen und Kreativitäten ungemein an. So mangelt es selbstverständlich nicht an Versuchen, auch an mathematischen nicht, den Weg des Universums vom absoluten Chaos des Anfangs zu immer größerer Ordnung zu rekonstruieren oder wenigstens wahrscheinlich zu machen. Besonders bekannt wurde in diesem Zusammenhang das sog. »Mixmaster-Universum« des Relativitätstheoretikers Charles W. Misner (Universität von Maryland). Dieses »Mixquirl-Universum«, das Misner 1967 präsentierte, war das mathematische Modell eines natürlichen Chaos am Uranfang der Geschichte des Kosmos. Das Urchaos sollte dann im Laufe der kosmischen Expansion dem mathematischen Modell Misners zufolge immer ordentlicher, d. h. ausgeglichener werden, so wie ein Mixer alle heterogenen Zutaten zu einem homogenen Brei zu verrühren vermag. Ein solches Universum, das aufgrund purer Zufallsvermischungen und eventueller, blind-automatischer Ausschaltung der weniger gelungenen Mischungsresultate vom Chaos zur Ordnung aufstiege, würde *das* naturwissenschaftliche Basis-Argument für alle die liefern, die jeden Sinn im Kosmos negieren bzw. diesen Sinn allein vom Menschen, von seiner primären Sinngebung, ableiten.

Aber die Tatsachen – sie sind nicht so! Die bisher vorliegenden Resultate der astronomischen Beobachtung der kosmischen Hintergrundstrahlung ergeben ein anderes Bild des frühen Universums. Danach war der Raum des frühen Kosmos

»in hohem Grade geordnet – also isotrop und homogen... sehr symmetrisch und regelmäßig... Die wohl endgültige Absage für die Idee des Urchaos kam im Jahr 1973. Die Cambridge-Physiker C. Barry Collins und Stephen Hawking konnten beweisen, daß jede Abweichung von einem geglätteten Anfangszustand auch nach anfänglichem Abklingen im Laufe der Zeit letztlich wachsen mußte. Dies würde gesche-

hen, ganz gleich welche ›Reibungsmechanismen‹ das Chaos zu beseitigen suchten. Und diese wären ohnehin nur im ersten Sekundenbruchteil wirksam gewesen. Unausweichliche Folgerung: Das Universum mußte sich aus einem extrem geglätteten Anfangszustand schon ab der 10^{-35} Sekunde PUN (= Post Universum Natum = nach der Geburt des Universums) entwickelt haben.«[106]

Das Chaos als Prinzip für die Ursituation des Alls widerspricht dem symmetrischen Universum, das wir vor uns haben. Eine »chaotische Kosmologie« hat im Rahmen dessen, was wir bisher wissen, keine Chance, die kosmischen Symmetrien zu erklären. Ein weniger geordneter Urknall – und Intelligenzen, die das All beobachten können, wären nie entstanden.

In diesem Zusammenhang ist auch Sinn, Ganzheitlichkeit, eine gewisse Planmäßigkeit in der *Expansionsgeschwindigkeit* des Universums zu sehen. Sie darf und durfte sich nur in engen Grenzen bewegen, wenn ein geordnetes Universum mit der Möglichkeit biologischer und kultureller Evolution herauskommen sollte. Wäre die Geschwindigkeit, mit der sich das Universum ausdehnt, größer, dann könnten keine Galaxien entstehen. Galaxien und Sterne sind aber die Grundvoraussetzung dafür, daß überhaupt Planeten mit der Möglichkeit biologischer Evolution entstehen. Eine zu rasche Expansion des Universums hätte aber größere Zusammenballungen von Materie und vor allem deren effektives Wachstum verhindert. Die zu rasche Ausdehnung hätte die Materie zu sehr auseinandergetrieben.

Wäre die Expansion dagegen langsamer als sie tatsächlich ist, dann hätte es das Universum nicht einmal bis zu seiner jetzigen Größe gebracht. Es wäre sehr bald wieder in sich zusammengefallen. Die Zeit für die Entstehung von Leben wäre zu kurz gewesen, sie hätte keinesfalls ausgereicht. Man hat durchgerechnet: Wäre die Geschwindigkeit der Ausdehnung des Universums am Ende der ersten Sekunde PUN, also eine Sekunde nach dem Urknall, nur ein wenig kleiner als tatsächlich gewesen, nämlich um ein Tausendmilliardstel (10^{-12}) geringer, dann wäre das Weltall schon fünfzig Millionen Jahre später wieder in sich zusammengesunken. Außerdem wären in diesem kurzlebigen Universum die Temperaturen nie unter 10 000 Grad Kelvin gesunken, zu heiß, um irgendeine Form von Leben entstehen zu lassen.

Wir sehen uns also mit einer faszinierenden Präzision der Expansionsgeschwindigkeit des Univerums,

»mit der Tatsache konfrontiert, daß unser Universum offenbar gerade so schnell expandierte, daß es nicht schon nach kurzer Zeit rekollabierte... Hawking folgert daher, daß ›die Isotropie des Universums und unsere Existenz beides Ergebnisse der Tatsache sind, daß das Universum gerade mit der kritischen Rate expandiert‹.«[107]

Sicherlich kann man auch hier wieder mit dem monotonen Refrain kommen, daß die Expansionsgeschwindigkeit des Universums als diese bestimmte Größe ein Zufall sei, weil ja – rein formal gesehen – die Naturwissenschaften tatsächlich nur feststellen können, daß etwas *so ist*, nicht daß es auch unbedingt *so sein muß*. Aber angesichts der vielen, dem Zusammenhang des Universums mit dem Leben und dem Bewußtsein ganz präzis dienenden »Zufälle«, wie wir sie besprochen haben, wirkt der stereotype Hinweis auf den »Mixmaster Zufall« mit der Zeit doch recht ermüdend, zur Sache nichts beitragend und im Endeffekt fast schon lächerlich. Der Zufallsbekenner muß sich jedenfalls mit dem ihm von den Naturwissenschaften präsentierten Faktum verantwortlich auseinandersetzen, daß bereits ein Universum, das ein wenig unordentlicher, chaotischer, irregulärer wäre als das unsrige, mit großer Wahrscheinlichkeit kein Leben, auf jeden Fall nicht den Menschen als reflex-bewußtes Lebewesen hervorgebracht hätte.

3. Die Zeit des Universums als Ermöglichungsgrund reflex-bewußter Existenz

Ein seriöses Plädoyer für den Zufall darf sodann nicht die Augen vor der tatsächlichen Größe und der (bisherigen) Zeitdauer des Universums verschließen. Denn auch diese stehen in einem unübersehbaren, engen Funktionszusammenhang mit der Existenz eines reflex-bewußten Lebewesens von der Art des Menschen. Bewußtsein setzt ja Leben voraus, höheres Bewußtsein ist an hochorganisiertes, mit einem hochentwickelten, sehr differenzierten, zentralen Gehirn und Nervensystem ausgestattetes Leben gebunden, erfordert also eine über beträchtliche Zeiträume sich erstreckende biologische Evolution. Darüber hinaus hat das Leben aber auch eine chemische Grundlage. Es kann ohne chemische Elemente nicht entstehen. Es ist vor allem auch auf jene chemischen Elemente angewiesen, die schwerer als Wasserstoff und Helium sind. Diese schweren Elemente verdanken aber ihre Entstehung der Atomkernverschmelzung, sie entstehen durch thermonukleare Verbrennung der leichten Elemente. Die »Küche«, das »Labor«, in dem die Atomkernverschmelzungen stattfinden, ist das Innere der Sterne, und diese müssen schon eine ganze Weile, nämlich mindestens einige Milliarden Jahre, vorhanden sein, um eine größere Menge schwerer Elemente erzeugen zu können. Das Universum selbst muß aber mindestens wiederum einige Milliarden Jahre alt und einige Milliarden Lichtjahre ausgedehnt sein, wenn es zur Entstehung von Sternen kommen soll. (Die ersten Galaxien bildeten sich nach etwa ein bis zwei Milliarden Jahren.) Wäre das Universum andererseits wesentlich älter, als es ist, dann könnte eine biologische Evolution auf irgendeinem Planeten nicht mehr mit ausreichender Sonnenenergie versorgt werden, da kaum mehr sonnenähnliche Sterne vorhanden wären, sondern vornehmlich nur noch energieschwache Weiße Zwerge.

»Daher kann die Antwort auf die Frage, warum das heute von uns beobachtete Universum so alt und so groß ist, nur lauten: Weil sonst die Menschheit gar nicht hier wäre.«[108]

Ebenfalls hier bewundert ökologische Vernunft die Feinabstimmung zwischen der Zeit des Universums und dem Aufstieg zu reflex-bewußtem Leben. Auch was die zeitliche Dimension betrifft, sieht sie sich also in ihrer universalen Sinn- und Ganzheitssicht bestätigt. Alles, der ganze Kosmos und seine Zeit, die chemischen Elemente, die Sterne und Galaxien, hat zusammengearbeitet und zusammenwirken müssen, um die Lebensform Mensch hervorzubringen. Es bedarf keines großen »Glaubenssprunges«, um hierin alles durchwaltenden, alles durchdringenden Sinn zu erblicken. Eine Vernetzung aller Dinge, verbunden mit einer gewissen Sinnrichtung, ist kaum zu übersehen.

4. Die Feinabstimmung der vier Grundkräfte der Natur – Grundlage der Entstehung von Leben

Dieses Netzwerk des Universums mit der Sinnrichtung auf die Entstehung von Leben und Intelligenz läßt sich auch an den Zahlenverhältnissen und dem präzisen Zusammenwirken der vier Grundkräfte der Natur ablesen und demonstrieren. Die atemberaubende Vielfalt des Alls, seine Galaxien und Galaxienhaufen, seine Sterne, Planeten und Kometen, die fast unübersehbare Mannigfaltigkeit chemischer und biologischer Prozesse – all das hat zur Grundlage die Existenz von Materie und Strahlung, die von nur vier Arten von Grundkräften, von fundamentalen Kräften oder Wechselwirkungen, zusammengekoppelt werden. Diese vier Kräfte steuern alles, was im Kosmos geschieht, führen letztlich zur Entstehung einer so komplizierten Welt wie der unsrigen. Die Rede ist von der *Gravitation*, der *elektromagnetischen Kraft*, der *starken* und der *schwachen Kernkraft*.

Die *Gravitationskraft* ist zwar die schwächste dieser vier Fundamentalkräfte, trotzdem ist sie es, die den Makrokosmos beherrscht. Die Einflüsse der Himmelskörper aufeinander, die Bewegungen der Galaxien, Sterne, Planeten, des gesamten Kosmos, werden von der Schwerkraft geregelt. Sie steuert alles im Makrokosmos. Die Masse der Körper ist ihre »Gravitationsladung«, sie – die Schwerkraft – wächst mit der Menge der Materie an; sie wirkt, ohne durch irgend etwas behindert werden zu können, über alle Entfernungen des Kosmos hinweg, sie reicht, im Prinzip, bis ins Unendliche.

Das letztere tut – prinzipiell – die *elektromagnetische Kraft* auch, doch sie praktiziert, sie realisiert das faktisch fast nie. Sie, die die Wirkung beschreibt, die elektrische Ladungen aufeinander ausüben, agiert meist nur über kurze Entfernungen, weil sie gleich wieder abgeschirmt wird. Denn die großen Körper im Makrokosmos enthalten alle etwa ebenso viele positive wie negative Ladungen, so daß sich Protonen mit ihrer positiven Ladung und Elektronen mit ihrer negativen Ladung in diesen größeren makroskopischen Gebilden stets gegeneinander abschirmen. Diese Gebilde sind also fast durchgehend elektrisch neutral. Aufs große und ganze gesehen, wirkt daher die elektromagnetische Kraft fast ausschließlich im Mikrokosmos, wo sie u. a. bestimmt, wie die Atome und Moleküle miteinander reagieren. Umgekehrt hat die Gravitationskraft wegen ihrer Schwäche im Mikrokosmos, im Spiel der Elementarteilchen, nichts zu bestellen.

Die *starke Kernkraft* wirkt ausschließlich im Mikrokosmos. Sie hält mit ungeheurer Energie die Kernteilchen oder Nukleonen zusammen. Zu ihnen gehören die Protonen und Neutronen, aber auch die sog. Mesonen. Alle die Teilchen, die über die starke Kernkraft miteinander reagieren, werden in der Atomphysik unter dem Namen »Hadronen« zusammengefaßt. Zu den Hadronen gehören zwei Gruppen von Elementarteilchen, die schweren Teilchen oder »Baryonen« und die Mesonen, insgesamt also Protonen, Neutronen und Mesonen.

Die *schwache Kernkraft* beherrscht die leichteren Teilchen der Mikrowelt, die Leptonen, also vor allem Elektronen, Neutrinos, das Müon. Diese reagieren nicht auf die starke Kernkraft. Die schwache Kernkraft wirkt beispielsweise bei der Radioaktivität, beim atomaren Betazerfall, bei dem sich ein Neutron in einem Atomkern in ein Proton, ein Elektron und ein (Anti-)Neutrino zerlegt. Bei diesem Vorgang wird das Proton unter dem Einfluß der starken Kernkraft der anderen Kernteilchen im Atomkern festgehalten, während die Leptonen, also Elektron und Neutrino, auf die starke Kernkraft nicht reagierend, unbehelligt den Kern verlassen können. Durch die eine Protonladung mehr im Atomkern ist dabei ein neues chemisches Element entstanden.

Es ist nun so, daß die vier Fundamentalkräfte, die wir eben kurz beschrieben haben, unterschiedlich stark sind, wie ebenfalls schon angedeutet wurde. Gerade diese unterschiedliche Stärke aber ermöglicht und garantiert die Vielfalt der Natur! Die »Stärke-Differenzen« zwischen den vier Grundkräften der Natur sind in der Tat enorm. Die schwache Kernkraft übertrifft die Gravitationskraft um das 10^{28}-fache; die erstere wird aber von der elektromagnetischen Kraft um das 10^9-fache überboten, und die starke Kernkraft ist wiederum hundertmal stärker als die elektromagnetische Kraft. Die stärkste Kraft im Universum, die starke Kernkraft, und die schwächste, die Gravitation, liegen also um die gewaltige Größenordnung von knapp 10^{40} auseinander! Das heißt: Man müßte die Gravitationskraft mit einer Zahl, die mindestens 39 Nullen hat, multiplizieren, um die Stärke der starken Kernkraft zu erhalten.

Wenn also die Gravitationskraft im Konzert der vier Grundkräfte der Natur so winzig ist (weil auch die beiden restlichen Grundkräfte wesentlich stärker sind als sie), dann dürfte es doch keinerlei Rolle spielen, wenn man sie einmal im Rahmen des Durchspielens von Möglichkeiten größer oder kleiner ansetzte, ohne daß sich deshalb der Kosmos und die Prozesse in ihm wesentlich anders darstellten, als das tatsächlich der Fall ist.

Doch das Gegenteil tritt ein. Verzehnfacht man die Stärke der Gravitation, verstärkt man sie also um ein Winziges (da sie ja dann immer noch 10^{38}mal kleiner als die starke Kernkraft ist und ein Zwerg gegenüber den beiden restlichen Grundkräften bleibt), so wäre ein Universum unserer Bauart nie entstanden. Eine biologische Evolution hätte nicht stattfinden können, weil unsere Sonne und auch viele ähnliche Sterne bereits nach etwa einer Million Jahren verglüht wären, während andere Sterne unter der Übermacht der eigenen Masse sehr schnell zu einem Schwerekoloß, einem »schwarzen Loch« zusammengestürzt wären, schwarz, weil es unsichtbar ist, selbst Lichtwellen zurückhaltend ist, ein Loch, weil die ganze Materie und Energie der Umgebung auf Nimmerwiedersehen in es hineinstürzt. Eine zu große Schwerkraft könnte sodann das Zentrum der Sterne überhitzen und zu ihrer Explosion führen.

Würde man umgekehrt die Gravitationskraft nur zehnmal schwächer ansetzen, als sie tatsächlich ist, dann hätten die intergalaktischen Gas- und Staubwolken kaum Sterne und Planeten ausbilden können. Das Universum wäre ein gespenstischer, dünner, diffuser Nebel geworden. Selbst wenn in diesem Universum Sterne entstanden wären, hätten sie einen kleineren Umfang und einen so schwachen Schwerkraftdruck in ihrem Innern, daß die zu gering entwickelte Hitze keine Kernverschmelzungsreaktionen in Gang bringen könnte. Es wären »Sonnen«, die nicht scheinen. Wären in diesem Universum doch noch Planeten entstanden, sie wären tot wie der Mond, zu schwach, um eine Atmosphäre zu halten.

Man hat auch schon durchgespielt und durchgerechnet, was für »alternative« Universen entstehen würden, wenn man die drei anderen Grundkräfte der Natur, d. h. die starke und die schwache Kernkraft sowie die elektromagnetische Kraft, anders, d. h. stärker oder schwächer annähme, als sie in unserem Universum tatsächlich sind. Alle drei Fundamentalkräfte der Natur führen schon bei relativ geringfügiger Veränderung ihrer tatsächlichen, in unserem Universum so konstanten Werte zu chaotischen Universen, in denen kein Leben möglich wäre.

»Es ist unwahrscheinlich, daß irgendeine Form des Lebens entstehen kann, wenn die Fundamentalkonstanten wesentlich andere Werte haben als die, die wir in unserem Kosmos

vorfinden«,

erklärt der Astrophysiker R. Breuer.[109] Und E. R. Harrison von der Universität von Massachusetts/USA führt zum selben Punkt aus:

»Nehmen wir ein bestimmtes kosmologisches Modell als Grundlage einer Untersuchung, in der wir feststellen wollen, was passiert, wenn die Naturkonstanten in ihrem Wert verändert werden. Auf diese Weise erzeugen wir nicht nur eine neue Vielfalt von Modellen unseres Universums, sondern eine Vielfalt von Universen, entsprechend dem gegebenen Modelluniversum. Eine Menge von Universen, in denen die Naturkonstanten alle Werte durchlaufen, enthält offenbar nur eine sehr kleine Untermenge von Universen, in denen auch Sterne und Planetensysteme existieren. Das führt zu der Schlußfolgerung: Die Konstanten der Natur haben die Werte, die wir beobachten, weil unser Universum vielleicht das einzige Universum ist, in dem sie durch intelligentes Leben beobachtet werden können.«[110]

5. Eine Ökologie von wahrhaft kosmischem Ausmaß: Die Einbettung der Erde in die Energieströme des Universums

Obwohl bei vielen Menschen noch immer der Eindruck überwiegt, das Weltall stehe dem Schicksal der Erde und des Menschen absolut gleichgültig gegenüber, lassen sich doch viele wissenschaftlich begründete Argumente dafür anführen, daß der Kosmos zumindest ein universales Wohlverhalten an den Tag legt, ohne welches terrestrisches Leben gar nicht möglich wäre. Das bezieht sich z. B. auf die Strahleneinflüsse aus dem Kosmos. Die kosmische Strahlung, die Röntgen- und Gammastrahlen sowie die Gravitationswellen, die innerhalb der ersten Millisekunde nach dem Urknall aufgetreten sein müssen – sie alle dürfen in der Stärke, mit der sie auf die Erde treffen, gewisse Grenzwerte nicht überschreiten und tun dies im allgemeinen auch nicht. Wären beispielsweise die Gravitationswellen wesentlich stärker, wäre Leben auf der Erde nicht entstanden bzw. nur sehr schwierig und unter viel größeren Opfern als heute zu führen. Schwere Erdbeben würden unsere Erde ständig erschüttern, Häuser ließen sich nicht erbauen oder stünden permanent in Gefahr einzustürzen. Kein schwerer Körper bliebe an seinem Platz, aber auch seine Bewegungen wären nicht prognostizierbar. Die Menschen wären orientierungslos, Naturwissenschaft als Erforschung konstanter Naturgesetze wäre nicht möglich. Vorstellbar wären sogar Gravitationswellen von einer Stärke, die die Erde als solche auseinanderbrechen ließen. Die faktische Art und Stärke der Gravitationskräfte und die besonderen physikalischen Bedingungen im frühen Universum aber waren so, daß der Urknall mit seinen Gravitationswellen im kosmischen Hintergrund keine störenden Wirkungen ausüben kann. Überhaupt hat die Gravitationskraft insofern eine eminent ökologische Funktion, als sie der Erde eine konstante Kreisbahn um die Sonne gewährt und damit auch Leben ermöglicht. Darüber hinaus aber hält sie – als weiteres ökologisches Geschenk – den Biotop Erde aus dem interstellaren Spiel chaotischer Gravitationskräfte weitgehend heraus.

Was eben von den Gravitationswellen gesagt wurde, gilt in etwa auch von der kosmischen Strahlung. Eine tausendfach höhere Intensität der fast lichtschnellen Teilchen der kosmischen Strahlung – und die Ozonschicht der Lufthülle hörte auf zu existieren. Da die wenigen dann noch vorhandenen Ozonmoleküle die von der Sonne kommenden ultravioletten Wellen nicht mehr wegfiltern könnten, träfe das UV-Licht weit intensiver auf die nun ungeschützte Erde und würde hier die Mutationsrate erhöhen. Die im Zusammenhang mit der zerstörten Ozonschicht reichlich angesammelten Stickstoffoxide der oberen Atmosphäre würden das sichtbare Licht wesentlich stärker absorbieren. Es käme zu weniger Niederschlägen, großer Dürre, Temperaturstürzen... Während die jetzige Belastung 35 Milli-Röntgen pro Jahr beträgt, gäbe ein tausendfach erhöhter Strom kosmischer Strahlung eine Strahlungsdosis von 30 Röntgen pro Jahr ab. Das wäre zwar noch keine tödliche Dosis für Lebewesen, denn die liegt bei 200 bis 700 Röntgen, doch müßte man hierbei die Akkumulation der erhöhten Strahlungsdosis über Jahrzehnte berücksichtigen, die sehr wohl tödlich sein kann, vor allem im Verein mit den insgesamt verschlechterten Umweltbedingungen.

Auch die Erde selbst ist verantwortlich daran beteiligt, daß normalerweise nur ein gleichbleibender, unschädlicher Strom kosmischer Strahlung aus der Milchstraße auf die Erde gelangt. Aber darüber soll später im Zusammenhang mit der Gaia-Hypothese gesprochen werden.

Als »ökologische Wohltat« für das Leben auf der Erde muß auch erscheinen, daß das Weltall schon von vornherein mit verhältnismäßig wenig Strahlung geboren wurde. Der dunkle Nachthimmel, der ja für die Existenz des Lebens notwendig ist, verdankt sich u. a. den speziellen Bedingungen am Anfang des Universums. Als weitere Ursache dafür, daß es nachts dunkel wird, zeichnet die oben schon behandelte Expansion des Universums. In einem unendlichen Kosmos mit unendlich vielen Sternenschalen müßte es auf der Erde gleichbleibend, d. h. bei Tag wie bei Nacht, unendlich hell sein, weshalb auch für den großen Astronomen Kepler der dunkle Nachthimmel ein rätselhaftes Phänomen war. Kepler wußte eben noch nichts von einem expandierenden Kosmos, in dem uns das Licht ferner Galaxien und Sterne in ihrer Fortbewegung von uns rotverschoben schwächer und daher auch schwächer in seiner Energie erscheint. Außerdem müssen aber noch der endliche Anfang und die endliche Existenzspanne der Sterne berücksichtigt werden. Alle vier Faktoren tragen in einem »ökologischen Zusammenspiel« dazu bei, daß die Erde nachts nur wenig Strahlung erhält und uns der Himmel aus diesem Grund dunkel erscheint. Selbst ein langsamer expandierendes Universum wiese eine größere Helligkeit des Nachthimmels auf, ebenso eine höhere Temperatur der kosmischen Hintergrundstrahlung, die jetzt drei Grad Kelvin beträgt.

Aber warum ist denn ein dunkler Nachthimmel für die Existenz des terrestrischen Lebens notwendig? Weil sonst, so muß die Antwort lauten, die Erdoberfläche zu stark erhitzt würde. Ein Nachthimmel, der mit der Helligkeit der Sonne leuchten würde, brächte die Oberfläche der Erde mit der Zeit auf eine Temperatur von 6000 Grad Celsius, dieselbe Temperatur, die auf der Sonnenoberfläche herrscht. Als höchst ökologische Einrichtung muß also das Temperaturgefälle angesehen werden, innerhalb dessen unsere Erde steht und wodurch Leben auf ihr ermöglicht wird. Am oberen Ende dieses Gefälles befindet sich die Sonne, in der Mitte die Erde, am unteren Ende der dunkle Weltraum. Die Sonne gibt bei einer Temperatur von 6000 Grad an ihrer Oberfläche Strahlung an die Erde ab. Die Energie aus dieser Strahlung ermöglicht die Photosynthese der Pflanzen und trägt entscheidend zur Entstehung und Erhaltung allen Lebens auf der Erde bei. Während uns so die hochwertige Energie von der Sonne gespendet wird, strahlt die Erde die verbrauchte Restenergie, die Abfallwärme bei einer Temperatur zwischen 20 und 30 Grad Celsius als Infrarotlicht in den Weltraum zurück. Leben auf der Erde verdankt sich also u. a. einem »metastabilen Nichtgleichgewicht«, dem großen Temperaturgefälle zwischen Sonne und dem Rest des Alls, denn dieses Gefälle ist Vorbedingung und permanenter Motor für das Funktionieren der irdischen Biosphäre. In thermodynamischer Sicht »hängt« das Leben wortwörtlich »ab«, das heißt: es befindet sich auf einem Abhang, an dem freie Energie herabfließt, von der Erde verwertet und als minderwertige Energie, als unverwertbare Wärme dem Universum zurückgegeben wird. Tag- und Nachthimmel dienen als Auffanggrube für die Abfallwärme der Erde. Das expandierende Universum mit seinem zeitlichen Anfang und damit endlicher Vergangenheit ermöglicht also die Aufrechterhaltung jener notwendigen Mindestspanne im Temperaturunterschied zwischen Sonne und Rest des Universums, die für die Lebensvorgänge auf der Erde so wichtig ist.

Ökologisch im Sinne höchster Lebensdienlichkeit erscheint aber auch die Tatsache, daß die Temperatur an der Oberfläche der Sonne gerade 6000 Grad Celsius beträgt, denn ein Körper, der diese Temperatur aufweist, strahlt am meisten Energie bei der Wellenlänge von grünem Licht ab. Die Photosynthese der Pflanzen auf der Erde funktioniert aber bei grünem Licht am besten. Wir haben hier somit eine besonders effektive Form der chemischen Speicherung der Sonnenenergie durch die Pflanzen vor uns.

Schließlich muß aber auch noch die lebensdienliche Funktion des langsamen und gleichmäßigen Scheinens der Sonne beachtet werden. Warum ist die Sonne nicht eine gewaltige Wasserstoffbombe, sondern ein milder Dauerbrenner? Warum kann sie so gleichmäßig ihre lebensspendenden Strahlen zur Erde aussenden? Es ist eine unerhörte Präzision der Abstimmung, ein delikates Gleichgewicht zwischen den Kernreaktionen in der Sonne und der Strahlung, das die Energie davor bewahrt, zu schnell zur Erde zu fließen. Überhaupt kann geradezu als ein Spezifikum kosmischer Energiegewinnungsprozesse die Tatsache ihrer Langsamkeit gewertet werden. Trotzdem sind es ja noch immer 10 Millionen Hitzegrade der langsam vor sich hinschmorenden Wasserstoff-Fusion im Sonnenzentrum, vor der die Erde geschützt werden muß. Diesen Schutz gibt es tatsächlich, und zwar in Gestalt der undurchsichtigen Gashülle der Sonne, durch die sich die Strahlung erst langsam aus dem Sonnenzentrum zur Sonnenoberfläche durcharbeiten muß, so daß sie nicht einfach frei ins Weltall und damit zur Erde vordringen kann.

»Es ist, als hätte die Natur wie eine fürsorgliche Mutter ihren Kindern warme Schutzkleidung angezogen. Wenn die das heiße Zentrum umgebenden Schichten durchsichtig wären, würde die Sonne wie ein Körper mit 10 Millionen Grad strahlen anstatt bloß mit 6000 Grad, der gegenwärtigen Temperatur ihrer glühenden Oberfläche.« Wäre es anders, die Sonne würde *»all ihre Energie in weniger als einem Tag abstrahlen«*.[111]

Wir müssen in diesem Zusammenhang auch noch einmal auf die »ökologische Funktion« der schon behandelten vier Fundamental- oder Grundkräfte der Natur eingehen. Ohne das stabile Zusammenwirken dieser vier Kräfte ist nämlich das delikate Gleichgewicht zwischen Kernreaktionen und Strahlung, und damit die Langsamkeit des Energieflusses zu unserer Erde, nicht gewährleistet. Bekanntlich wird Energie in der Sonne wie in den Sternen überhaupt dadurch freigesetzt, daß Wasserstoff zu Helium in einem Kernverschmelzungsprozeß verbrannt wird. Je zwei Protonen und zwei Neutronen verschmelzen miteinander und führen auf diese Weise zur Herausbildung eines Atomkerns des Heliums. Zuvor aber müssen erst einmal Neutronen in ausreichendem Maß vorhanden sein, genauer: Die Hälfte aller Protonen muß in Neutronen umgewandelt werden. An diesem Schritt der Neutronenanreicherung ist die schwache Wechselwirkung beteiligt, denn sie bestimmt die Geschwindigkeit des Prozesses der Umwandlung von Protonen in Neutronen. Gerade ihre Schwäche und damit die Langsamkeit des Prozesses der Neutronenanreicherung sind weitgehend dafür verantwortlich, daß die Sonne nicht als ungeheure Wasserstoffbombe, sondern als milder Dauerbrenner fungiert. Denn den späteren Schritt, die Vereinigung von Proton-Neutron-Paaren, dem Deuterium, mit Tritium, also einem Proton und zwei Neutronen, bewerkstelligen ja dann im Eiltempo die starken Kernkräfte.

Es ist also so, daß »die Energieflüsse auf der Erde in die Energieflüsse im Universum eingebettet sind«[112] und daß eine »konzertierte Aktion« aller Naturkräfte vonnöten war, um irdisches Leben und eben auch den lebensspendenden und milden Sonnenschein zu ermöglichen.

»Wenn die elektrische Kraft, die die Elektronen an die Atomkerne bindet, andere Werte hätte, dann würde das Sonnenlicht zu schwach sein, um photochemische Reaktionen überhaupt in Gang zu setzen; oder sie wäre zu stark und würde damit den Molekülaufbau von Pflanzen zerstören bzw. ihre Evolution von vorneherein verhindert haben. Alle vier Fundamentalkräfte wirken also mit, um uns mit Sonnenenergie zu versorgen. Protonen überwinden ihre gegenseitige elektrische Abstoßung nur, wenn sie sehr schnell, etwa in einem

Gas, miteinander kollidieren; dann schmiedet sie die starke Kernkraft zusammen. Die schwache Wechselwirkung liefert die Neutronen, und die Gravitation erhitzt das Gas durch den Gravitationsdruck der Materie. Schließlich stoßen die Lichtteilchen aus der Kernfusion an die Atome der solaren Gashülle – ein elektromagnetischer Effekt –, so daß sie nur sehr langsam und bei niedrigerer Temperatur von der Sonnenoberfläche zur Erde gelangen, um dort die Photosynthese anzuregen.«[113]

Einige Aspekte der im eben angeführten Zitat behandelten Rolle der vier Grundkräfte der Natur sollen hier noch ein wenig ausführlicher dargelegt werden. In unserem Universum müssen sie jene konstanten Werte oder Stärken aufweisen, die sie tatsächlich haben, sonst könnte es kein Leben geben. Wären beispielsweise die elektrischen Bindungskräfte zwischen den Elektronen der Atomhülle und den im Atomkern befindlichen Protonen stärker, als dies tatsächlich der Fall ist, dann lägen die Elektronenschalen zu nahe am Atomkern oder könnten sogar in ihn hineinfallen. Konsequenz: eine Atomstruktur mit derart veränderten Bindungskräften an der Atomoberfläche, daß die Entstehung stabiler Molekülverbindungen und damit auch die von Biopolymeren, verhindert würde. Wäre das Verhältnis von Elektronen- und Protonenmasse auch nur um ein Prozent anders, hätte die Bildung komplexer Moleküle nie stattgefunden.

Nehmen wir einen anderen Aspekt. Wären die im Atomkern herrschenden Bindungskräfte nur ein wenig stärker, als dies tatsächlich der Fall ist, dann hätte sich die Herausbildung von Helium aus Wasserstoff durch Kernfusion derart schnell abgewickelt, daß der ganze Wasserstoffvorrat des Universums schon in der ersten Phase seiner Entstehung verbraucht gewesen wäre. Sterne hätten sich nicht mehr entwickeln können, der Stillstand des Universums in einer sehr frühen Phase seiner Entwicklung wäre komplett gewesen. Eine Änderung um mehr als zwei Prozent der Kernkräfte, die die Atomteilchen zusammenhalten, hätte die Bildung schwerer Elemente verhindert. Damit wäre diese wichtige Basis für Leben weggefallen.

Ein weiterer Aspekt: Eine wesentlich größere Hitze des Urknalls als die tatsächliche, und die kosmische Hintergrundstrahlung wäre noch heute so stark, daß der ganze Himmel so viel Strahlungsenergie abgeben würde wie die Sonnenoberfläche. Es gäbe dann Wasser in flüssigem Zustand auf keinem einzigen Planeten dieses Universums. Es gäbe kein Leben in der jetzigen Form – und Menschen auf keinen Fall.

Hätten sich des weiteren beim Urknall nicht etwas mehr Elektronen als Positronen gebildet, gäbe es unser Universum nicht. Denn Elektronen und Positronen (= Anti-Elektronen) löschen einander aus, wenn sie aufeinandertreffen. Es überlebten aber beim ersten Zusammenprall einige Elektronen. Ohne sie gäbe es keine Galaxien, Sterne, Planeten, nicht einmal Gase. Sie sind die Basis praktisch aller heutigen Materie im Universum.[114]

Es gibt außer den hier besprochenen noch eine Reihe weiterer

»Naturkonstanten, die von der Wissenschaft heute schon als unverzichtbare Grundlagen unserer Existenz erkannt worden sind. Auch sie können wir nur zur Kenntnis nehmen. Wir werden niemals erfahren, warum sie so und nicht anders sind. Gleichzeitig aber entdecken wir, daß wir selbst und auch sonst alles Leben aus dem Kosmos verschwänden, daß Leben niemals hätte entstehen können, wenn sie im Augenblick des Urknalls auch nur geringfügig anders ausgefallen wären... Es besteht folglich... ein unübersehbarer Zusammenhang zwischen bestimmten, die Struktur unseres Universums prägenden Konstanten und der Fähigkeit dieses Universums, Leben hervorzubringen... Die Kosmologen, jene unter den Astronomen, die sich auf die Erforschung des Baus und der Geschichte des Weltalls spezialisiert haben, sind seit einigen

Jahren bereit, diesen Zusammenhang zwischen dem Ganzen und seinen lebendigen Teilen einzuräumen... Von den für unsere Vorstellung unendlich vielen Möglichkeiten, die es für seine Struktur gegeben hätte, ist just eine (die einzige?) verwirklicht, die Leben möglich und damit, rückblickend, unausbleiblich macht.«[115]

6. Die Erde als ökologisches System, als Organismus

Das ganze Weltall hat also, wie wir in den Abschnitten eins bis fünf dargelegt haben, in entscheidender Weise dazu beigetragen und trägt noch immer dazu bei, daß Leben entstehen und sich entwickeln, daß Bewußtsein und reflexes Bewußtsein sich entfalten konnten und daß der Lebensprozeß auch weiter in Gang gehalten wird. Alles ist im Universum miteinander verflochten, verwoben, vernetzt, sowohl in vertikaler Hinsicht, d. h. zeitlich, in einer aufsteigenden evolutiven Linie seit dem Urknall, als auch in horizontaler, räumlicher Ausbreitung. Der ganze Kosmos ist somit das große, universale Haus des Menschen. Innerhalb dieses gewaltigen Gebäudekomplexes, als das man dieses Haus ja bezeichnen muß, spielt nun aber die Erde als unsere unmittelbare Wohnstatt eine ganz besondere Rolle für uns. Viele sind sich dessen gar nicht bewußt, anderen wurde es erst wieder eigentlich bewußt durch die Berichte bzw. Eindrücke der die Erde aus der Ferne betrachtenden Astronauten. Als Edgar Mitchell, der sechste Mensch auf dem Mond, die Erde als eine riesige Kugel, viermal so groß und fünfmal so hell wie der Mond, erblickte, erlebte er zugleich eine tiefe Verbundenheit mit dem Planeten:

»Ein wunderschöner, harmonisch und friedlich wirkender Himmelskörper, blau mit weißen Wolken, und er verlieh einem ein starkes Heimatgefühl... ein Gefühl des Seins und Einsseins. Etwas, das ich unmittelbares Weltbewußtsein nennen möchte.«

Den anderen Astronauten erging es nach Mitchell ähnlich: »Jeder kommt mit dem Gefühl zurück, nicht mehr US-Bürger zu sein – sondern Erdbürger.« Der Astronaut Russell Schweickart:

»Dir wird klar, auf jenem kleinen, blau-weißen Ding befindet sich all das, was dir etwas bedeutet... alles auf der winzigen Kugel dort in der Ferne... Du erkennst, daß Du ein Stück von diesem Gesamtleben bist, daß du dazugehörst... Und bist du wieder zurück, siehst du die Welt ganz anders. Ein solches Erlebnis ändert dein Verhältnis zur Erde und zu all den Formen von Leben auf ihr.«[116]

Auch manche, die die aus dem Weltraum mitgebrachten Fotos von unserem Planeten sahen, erlebten etwas Ähnliches. Mit Recht hat man gesagt:

»Die prächtigen Fotos von der Erde in ihrer Gesamtheit... sind zu einem mächtigen neuen Symbol der ökologischen Bewegung geworden; vielleicht sind sie das bedeutendste Ergebnis des ganzen Weltraumprogramms.«[117]

Das ist die subjektive (Erlebnis-)Seite der Medaille, wie steht es mit der objektiven Seite? Inwieweit ist die Erde aufgrund dessen, was wir heute wissenschaftlich an ihr entdecken können, ein derart vernetztes, einheitlich-ökologisches System, daß es vielleicht sogar erlaubt ist, sie als einen lebenden Gesamtorganismus anzusehen? Zwar besteht wissenschaftlicher Konsens darüber, daß es nicht bloß individuelle Organismen, nämlich Pflanzen, Tiere und Menschen auf der Erde gibt, sondern daß diese Organismen im Rahmen einer Lebenssphäre, einer Biosphäre, ein zusammenhängendes, durch durchgehende wechselseitige Abhängigkeiten ausgezeichnetes, in einem Fließgleichgewicht sich erhaltendes planetarisches Ökosystem bilden. Manche Forscher, wie z. B. die Begründer der berühmten »Gaia-Hypothese«, nämlich der Chemiker Jim E. Lovelock und die Mikrobiologin Lynn Margulis, gehen aber noch weiter, indem sie den ganzen Planeten Erde – zumindest hypothetisch – für einen einzigen lebenden Organismus halten. Die Biosphäre, also die Gesamtheit lebender Materie auf der Erde, stelle zusammen mit der Luft, den Meeren und dem festen Land ein gigantisches, sich selbst organisierendes System dar, das seine planetarische Umwelt ständig so reguliere, daß die Bedingungen für die Erhaltung und Entwicklung von Leben stets optimal bleiben. Insbesondere überwache und reguliere dieses System die Temperatur der Erdoberfläche, die Konzentration der Gase in der Erdatmosphäre, überhaupt die chemische Zusammensetzung der Luft, der Meere und der Böden, den Salzgehalt des Meeres, die Verteilung von Spurenelementen bei Pflanzen und Tieren usw. Durch Überwachung und Modifizierung zahlreicher Schlüsselkomponenten von Atmosphäre, Ozeanen und festem Land erhalte sich die Erde in einem chemisch, thermodynamisch, biologisch und ökologisch zwar unwahrscheinlichen, nichtsdestoweniger stabilen, sozusagen metastabilen Ungleichgewicht.

Welche Befunde stützen die »Gaia-Hypothese«, also die Vermutung, die Erde sei ein lebender Gesamtorganismus bzw. agiere und reagiere zumindest wie ein solcher? (Zur Erinnerung oder Auffrischung unseres Schulwissens: Gaia oder Ge ist die Erdmutter oder Göttin der Erde in der griechischen Mythologie). Ein erster, in gewisser Weise faszinierender Befund ist, daß »Gaia« es schafft, den Sauerstoffgehalt der Atmosphäre bei rund 21 Prozent stabil zu halten. Wäre die Erde ein toter, rein physikalisch-chemischer Körper, träfen also die Berechnungen der physikalischen Chemie auf sie zu, dann müßte der Sauerstoffgehalt in der Atmosphäre praktisch Null sein. Er beträgt aber tatsächlich etwa 21 Prozent, was um so erstaunlicher ist, als Sauerstoff ein hochreaktives, sich leicht mit vielen anderen chemischen Elementen verbindendes und rasch absorbierbares Gas ist. Insofern wirkt der stabile Dauerzustand eines Anteils von 21 Prozent Sauerstoff an der Zusammensetzung der Atmosphäre noch besonders überraschend. Nun zeigt sich aber, daß gerade eine Atmosphäre mit 21 Prozent Sauerstoffgehalt ein Optimum für die Erhaltung von Leben darstellt. Wäre der Anteil des Sauerstoffs an der Atmosphäre nur ein paar Prozent höher, bestünde die reale, stets akute Gefahr der Verbrennung der gesamten irdischen Vegetation. Selbst für Feuchtvegetation würde das gelten, und ein z. B. durch Blitzschlag hervorgerufener Waldbrand würde sich unentwegt ausbreiten und die ganze Vegetation der Erdoberfläche zerstören. Wäre aber der Sauerstoffanteil der Atmosphäre nur um ein paar Prozent geringer, dann wäre dies das »Aus« für alle größeren Tiere, aber auch z. B. für Fluginsekten. Ihre Lebenskraft würde unweigerlich verlöschen.

Ein zweiter Befund, der die aktiv-lebendige Rolle »Gaias« zu stützen scheint, ist der zwar geringfügige, nichtsdestoweniger bedeutsame Anteil von Ammoniak an der Atmosphäre. Auch er entspricht eigentlich nicht den Voraussagen der physikalischen Chemie bezüglich der Konzentration und der chemischen Zusammensetzung der Gase in der Erdatmosphäre. Jedenfalls ist Ammoniak ausgerechnet in dieser tatsächlichen Größenordnung notwendig, um die starken Schwefel- und Salpetersäuren zu neutralisieren, die sich beim natürlichen Zusammentreffen von Schwefel- und Stickstoffverbindungen mit Sauerstoff bilden. Man denke nur an die Tonnen von Salpetersäure produzierenden Gewitter. Über die Konstanterhaltung des Ammoniakanteils an der Atmosphäre sorgt also die Erde dafür, daß der Säuregehalt des Bodens und des Regens die kritischen Grenzwerte nicht erreicht bzw. nicht übersteigt. Vor allem Lovelock hat umfangreiches Material zusammengetragen, das zeigt, daß überhaupt die chemischen Zusammensetzungen der Atmosphäre, der Meere und der Böden auf unserem Planeten keineswegs dem Gleichgewicht entsprechen, das die physikalische Chemie voraussagt. Gerade die einigermaßen stabile Aufrechterhaltung des chemischen und thermodynamischen Ungleichgewichts dieser drei wesentlichen Bestandteile unseres Planeten legt die Annahme nahe, daß es sich bei ihm um ein lebendiges Globalsystem handeln müsse.

Ein weiteres Indiz dafür ist die Art, wie die Erde den Salzgehalt des Meeres reguliert. Die Meere enthalten relativ konstant 3 bis 4 Prozent Salz, und es ist auch hier wieder erstaunlich, wie es die Erde schafft, diese Konstanz zu erhalten, da ja ständig Süßwasser aus den Flüssen in die Meere hereingespült wird. Auf sechs Prozent dürfte der Salzgehalt der Meere nicht ansteigen, denn in einem solchen Fall ginge alles Leben in ihnen schon nach einigen Minuten zugrunde, weil keine lebende Zelle eine derart hohe Salzkonzentration verträgt. Die Meere hatten aber auch in ferner Erdvergangenheit nie einen über vier Prozent hinausgehenden Salzgehalt. Das wissen wir aus der Fossiliengeschichte, die ganz andere fossile Organismen zutage fördern müßte, wenn das der Fall gewesen wäre.

Ganz wesentlich war es sodann der Erde auch daran gelegen, die Temperatur ihrer Oberfläche konstant zu halten. Sie sicherte und hielt diese Konstanz über Hunderte von Jahrmillionen aufrecht, obwohl es ja in der Geschichte der Erde starke Veränderungen in der Zusammensetzung der Atmosphäre und eine Verstärkung der Sonnenstrahlung um rund 30 Prozent im Laufe der etwa vier Milliarden Jahre seit dem Auftreten der ersten Lebensformen gegeben hat. Leben, wie wir es kennen, kann sich aber am besten entwickeln und entfalten, wenn die Temperatur etwa 15 bis 35° Celsius beträgt. Diese mittlere Temperaturspanne hat die Erde seit unvordenklichen Zeiten auf dem größten Teil ihrer Oberfläche konstant aufrechterhalten. Das Klima auf der Erde scheint dem Leben niemals ganz ungünstig gewesen zu sein. Lebensfeindliche Bedingungen extremen Ausmaßes haben in den letzten dreieinhalb bis vier Milliarden Jahren auf unserer Erde nie geherrscht. Es gibt zumindest keine gegenteiligen geologischen Be- oder Hinweise. Unter der Voraussetzung, die Erde sei ein totes, rein physisch-chemisches Gebilde, ein unbelebtes Objekt, müßte auch angenommen werden, daß ihre Oberflächentemperatur der Ausstrahlung an Sonnenenergie folgen würde. Das würde bedeuten, daß die Erde über eine Milliarde Jahre lang ein Eisball, eine gefrorene Kugel gewesen sein müßte, was nicht der Fall war, wie die Geologiegeschichte zeigt. Die Erde wirkte also in höchstem Maße lebensdienlich, denn eine längere Unter- oder Überschreitung der erwähnten mittleren Temperaturspanne wäre das Ende des uns bekannten Lebens auf ihr gewesen. Die Erde verhielt sich demnach während der ganzen Stammesgeschichte des Lebens auf unserem Planeten durchaus wie ein lebender Körper, z. B. wie unser menschlicher Organismus, der ja auch bei größeren Schwankungen der Außenwärme und trotz unterschiedlicher Umweltverhältnisse eine konstante und optimale Innentemperatur aufrechterhält. Lovelock hat daher auch von Homöostaseprozessen im Organismus Erde analog zu denen gesprochen, die wir im menschlichen Organismus feststellen und von denen einer darin besteht, daß sich die Innentemperatur des menschlichen Körpers trotz bisweilen starker Temperaturunterschiede in der Außenwelt konstant bei etwa 37 Grad Celsius hält, mit Abweichungen um selten mehr als zwei Grad.

Auch die Ausbildung einer Ozonschicht in der Atmosphäre scheint sich der selbstorganisatorischen und selbstregulatorischen Kraft des Ökosystems Erde zu verdanken. Ohne diese Schicht gäbe es ebenfalls auf die Dauer kein Leben auf der Erde. Die Ultraviolettstrahlung aus dem Weltraum würde ungehindert zur Erde gelangen und alle für das Leben notwendigen Moleküle, insbesondere die in jeder lebenden Zelle enthaltenen DNS-Moleküle, zerstören. Mithilfe der Ozonschicht schirmt sich also die Erde von der lebensvernichtenden UV-Strahlung ab.

Übrigens fungiert auch das Erdmagnetfeld als Schutzschirm, den die Erde um sich errichtet hat. Die Magnetfeldlinien lenken die geladenen Teilchen der kosmischen

Strahlung zu den magnetischen Polen, wenn diese Teilchen schnell genug gewesen sind, um den Ozongürtel zu überwinden. So treffen sie erst oberhalb des 70. Grades nördlicher und südlicher Breite auf unsere Erde. Zwar funktioniert das Erdmagnetfeld nicht immer – in den letzten 2,5 Millionen Jahren geriet es zehnmal in größere Unordnung –, aber diese relative Unordnung war für das Leben auf der Erde stets ohne tödliche Konsequenzen. Im Gegenteil, die Evolution brachte etwa zu jener Zeit den Menschen hervor, als das Magnetfeld der Erde für die relativ lange Zeit von 10 bis 20 000 Jahren so gut wie ganz abgeschaltet war.[118]

Zusammenfassend ist zu sagen, daß unser irdischer Planet zumindest viele, wenn nicht alle Eigenschaften und Aufgaben selbstorganisierender Systeme erfüllt, daß er komplizierte kooperative Globalzusammenhänge herstellt und reguliert. Die Phänomene, die wir soeben besprochen haben, sind vielleicht nur dann total verständlich, wenn der Planet als ganzer tatsächlich ein einziger lebender Organismus ist.

»*Die Erde ist ... ein lebendes System*«, behauptet F. Capra direkt. »*Sie funktioniert nicht etwa* wie *ein Organismus, sondern scheint wirklich ein Organismus zu sein – Gaia, ein lebendes planetarisches Wesen. Seine Eigenschaften und Aktivitäten lassen sich nicht aus der Summe seiner Teile vorhersagen; jedes einzelne seiner Gewebe ist mit jedem anderen verbunden, und alle sind voneinander abhängig; seine vielen Pfade der Kommunikation sind höchst komplex und nichtlinear. Seine Form hat sich in Milliarden von Jahren ausgestaltet und entwickelt sich immer noch weiter. Diese Beobachtungen wurden zwar im Rahmen wissenschaftlicher Forschungen gemacht, reichen aber weit über die Naturwissenschaft hinaus. Wie bei vielen anderen Aspekten des neuen Paradigmas kommt darin eine tiefe ökologische Einsicht zum Ausdruck, die im letzten Sinne spiritueller Natur ist.*«[119]

Wie wir sehen, sind Teile der Moderne gar nicht mehr

so weit entfernt von dem oft mitleidig belächelten Mythos der Mutter Erde in Naturreligionen und antiken Volks- bzw. Kulturreligionen. Dieser Mythos weist möglicherweise mehr Wahrheitsgehalt und Lebenskraft auf, als eine sich ihrem Ende zuneigende, rein aufklärerisch-rationalistische Epoche ihm je zugestehen konnte. Aber selbst wenn wir der »Gaia-Hypothese« als solcher skeptisch gegenüberstehen sollten, wird man angesichts dessen, was hier über die globalen, regulatorischen Funktionen der Erde als Gesamtheit eben gesagt worden ist, doch zustimmen müssen, daß sie mehr ist als nur die Summe aller Lebewesen plus Land, Wasser und Luft, die diese Lebewesen bevölkern; daß es – auch wissenschaftlich – nicht abwegig (ja mitunter geradezu als heuristisches Prinzip anzuwenden) ist, die lebende Materie der Erde zusammen mit der Lufthülle, den Ozeanen und dem festen Land nicht nur als komplexes System, sondern wenigstens hypothetisch auch als einen einzigen lebenden Organismus zu betrachten und zu erforschen;[120] daß die chemische Zusammensetzung der Atmosphäre und der Ozeane biologisch kontrolliert ist; daß die Biosphäre

»eine sich selbst regulierende Wesenheit darstellt, dazu befähigt, unseren Planeten gesund zu erhalten, indem sie die chemische und physikalische Umwelt überwacht«; daß sich »die Gesamtheit der Lebensformen auf der Erde, von Walen bis zu Viren und von Eichen bis zu Algen, als eine einzige lebende Wesenheit betrachten läßt, die fähig ist, die Erdatmosphäre nach ihren allgemeinen Bedürfnissen auszurichten, und die mit Fähigkeiten und Kräften begabt ist, die weit über jene ihrer einzelnen Komponenten hinausgehen«; daß der physikalische und chemische Zustand der Erdoberfläche, der Atmosphäre und der Meere *»aktiv durch die Gegenwart des Lebens geregelt und ›lebenswert‹ erhalten wurde und wird«;* daß es also keineswegs so ist, daß sich das Leben an die gegebenen Bedingungen auf dem Planeten sklavisch angepaßt hat und diese Bedingungen sich nach eigenen

Gesetzen gewandelt haben; daß die Erde demnach mit Sicherheit ein »*universelles biokybernetisches System mit Tendenz zur Homöostase*«, ein »*rückgekoppeltes oder kybernetisches System*«[121] darstellt, das optimale Umweltbedingungen für das Leben auf unserem Planeten herzustellen und permanent bereitzustellen sucht.

Daß dies alles »bloß zufällig so sein sollte, ist ebenso unwahrscheinlich, wie eine blinde Autofahrt durch den Stoßverkehr unverletzt zu überstehen«, sagt mit Recht der Begründer der »Gaia-Hypothese«, J. E. Lovelock. Und er fügt hinzu:

»*Die Hypothese von Gaia ist für jene bestimmt, die ... über die Erde staunen und das Leben, das sie trägt, und die über die Folgen nachdenken, die unsere Existenz hier nach sich zieht. Sie bietet eine Alternative zu der pessimistischen Sicht, nach der die Natur nur eine primitive Kraft verkörpert, die es zu unterwerfen und zu erobern gilt. Sie ist ferner eine Alternative zu der ebenso bedrückenden Vorstellung, daß unser Planet ein geistloses Raumschiff sei, das ohne Führung und Zweck eine ewige Kreisbahn um die Sonne beschreibt ... sollte es Gaia geben, dann werden wir uns selbst und alle anderen lebenden Dinge als Teile und Teilhaber eines umfassenden Wesens begreifen, das in seiner Gesamtheit die Macht besitzt, unseren Planeten als eine geeignete und wohnliche Stätte des Lebens zu erhalten.*«[122]

Es spricht im Grunde genommen für die Richtigkeit der »Gaia-Hypothese«, daß auch das Gegenteil eintreffen kann und unsere Erde einer ökologischen Globalkatastrophe zum Opfer fällt. Auch der menschliche und jeder lebende Organismus stirbt, wenn die negativen, die Krankheitsfaktoren bleibend die Oberhand gewinnen. Und auch das ist ja dann kein Beweis dafür, daß dieser Organismus vorher nicht gelebt hat, nicht lebendig war. Wie es den negativen Lebensvorgang der Wucherung von Krebszellen als bedrohliche Möglichkeit für jeden lebenden Individualorganismus gibt, so könnte auch die moderne technologische Zivilisation ein bösartiger, immer stärker wuchernder Tumor sein, der das Leben der Mutter Erde, des planetarischen Globalorganismus, vernichtet, obwohl diese Erde es war, die den Menschen, der heute Wälder, Flüsse, Meere, den Boden und die Luft vergiftet und ausraubt, hervorgebracht hat.

»Die technologische Zivilisation hat unstreitig etwas von einem Schmarotzer, der in blinder Gier so lange an seinem altangestammten Wirt frißt, bis dieser lebensunfähig ist.«[123]

Und auch der schon erwähnte Astronaut Mitchell hatte neben der Empfindung des Einsseins mit dem Planeten das entgegengesetzte Gefühl,

»daß sich unter dieser blauen und weißen Atmosphäre ein Chaos ausbreitet, das die Bewohner des Planeten Erde unter sich züchten – ein Außer-Kontrolle-Geraten von Bevölkerungswachstum und Technologie. Die Mannschaft des ›Raumschiffs Erde‹ steht praktisch in Meuterei gegen die Ordnung des Universums.«[124]

Wir wollen nicht mit solch negativer Perspektive die Ausführungen dieses Abschnittes beschließen, vielmehr der Hoffnung Ausdruck verleihen, Gaia möge das Wunder des Überlebens durch die konzertierte Aktion aller ihrer positiven Lebenskräfte schaffen, zu denen ja auch der Teil der Menschheit gehört, der sozusagen als Kortex des Planeten, als Gehirnrinde der Erde, riesige mentale und praktische Anstrengungen zu ihrer Rettung unternimmt.

7. Abschließende Kurzbemerkungen über Zufall, Zweck und Ganzheit

Wir stehen am Ende des naturwissenschaftlich-kosmologischen Teils. Es hätten noch weitere Argumente aus dem Bereich der Naturwissenschaften dargelegt werden können, doch dürften die bereits angeführten eine ausreichende kosmologisch-biologische Basis für die Annahme einer ökologischen Vernunft des Universums darstellen. Es wurde bereits gesagt, daß die ökologische Vernunft auch noch über die höchsten Aussagen, die die Naturwissenschaft in ihren verschiedenen Zweigen machen kann, hinausgeht, wenn sie sich auch dankbar auf sie stützt. Vor allem kann die Naturwissenschaft, wie wir unter eins bis sechs gesehen haben, aufgrund ihrer methodischen Selbstbeschränkung keinen Sinn im Universum als Ganzem feststellen oder behaupten, obwohl die überwältigenden Einsichten, die sie in die Struktur, den Aufbau, die Gesetze, Naturkonstanten und Prozesse des Kosmos laufend gewinnt, den Sinn-Schluß sehr nahelegen (so daß ja, wie wir ebenfalls sehen konnten, viele Naturwissenschaftler sich genötigt sehen, diesbezüglich sehr weitreichende naturphilosophische und sogar religiöse Aussagen zu machen). Aber alles, was die Naturwissenschaft als Naturwissenschaft, der Naturwissenschaftler als Naturwissenschaftler in dieser Hinsicht gültig auszusagen vermag, gipfelt in dem Satz, daß ein so günstiges Eintreffen und Zusammentreffen, eine so unerhört umfassende und glückliche Konstellation so vieler Zufälle etwas extrem Unwahrscheinliches sei; daß wir zwar nicht sagen können, warum die Naturkonstanten gerade so und nicht anders sind, gerade diese und nicht andere Werte haben, daß sie aber fast genauso sein mußten, damit aus dem Urzustand unseres Universums Leben, Bewußtsein und Intelligenz im Kosmos entstehen und sich erhalten konnten.

Soviel kann die Naturwissenschaft gültig feststellen, daß die uns bekannten Naturkonstanten unverzichtbare Grundlagen unserer Existenz sind. Und wenn ihr auch Singularitäten nicht liegen, muß sie doch ihre Skepsis im Hinblick auf unser auch den nüchternsten Forscher überwältigendes Universum auf ein Mindestmaß reduzieren und die extreme Unwahrscheinlichkeit zugeben, mit der die generelle Zufallshypothese eines solchen Kosmos belastet ist.

»Diese ›Einheit der Natur‹, in der fast jede lokale Bedingung (z. B. auf der Erde) eng mit dem gesamten kosmischen Geschehen verknüpft ist und von ihm abhängt, mag einmalig sein. Sowohl die naturgesetzliche Struktur des Kosmos als auch der besondere Evolutionsablauf wirkten innerhalb des Netzwerkes relativer Kräfteverhältnisse in fast einmaliger Weise zusammen, um eine intelligente Zivilisation hervorzubringen. Ob es andere, gleichermaßen aufeinander abgestimmte Werte der Fundamentalkonstanten geben könnte, entzieht sich unserer Kenntnis. Doch gerade die subtile Mischung aus Einfachheit und Komplexität, aus kosmischen, anthropischen Zufällen *und evolutionären Zwangsläufigkeiten, macht es* reichlich unwahrscheinlich ... *So erscheint die Natur, deren integraler Bestandteil der Mensch ist, als die einfachste und* vielleicht auch die einzig mögliche *Natur, die sich vom Urknall zum intelligenten Leben entwickeln kann.«*[125]

Ich habe dieses Zitat hier noch einmal angeführt (siehe zweiter Teil, 1.), weil es am besten jenes Maximum und Optimum zum Ausdruck bringt, das die Naturwissenschaften in ihren höchsten generalisierenden, schon fast die Sinnsphäre tangierenden Aussagen gerade noch leisten können.

Die ökologische Vernunft geht trotzdem noch einen Schritt weiter, indem sie zu solchen Aussagen den *Sinnglauben* hinzusetzt, die Überzeugung nämlich, daß dieses in naturwissenschaftlicher Sicht »fast einmalige«, »vielleicht ... einzig mögliche« Universum, dessen Alternativen so »reichlich unwahrscheinlich« sind, ein universales Sinngefüge mit den drei Polen »Absolutes, göttliches Prinzip« (in seinem Innersten und zugleich das Universum umfassend), »Natur« und »Mensch« (bzw. reflexe, durch biologische Evolution entstandene »Intelligenz« überhaupt) ist. Ökologische Vernunft glaubt, daß im kosmobiologischen Gesamtgeschehen, seinen Prozessen, seinen universalen Vernetzungen und wechselseitigen Abhängigkeiten, seinem hierarchischen Aufbau letztlich ein über- und umgreifender Sinn waltet. Die Selbstorganisation des Kosmos ist Widerschein und Verkörperung, Aktualisierung und Praktischwerdung des unsichtbar organisierenden spirituellen Prinzips im Innersten, ist im Grunde damit identisch. Der Geist, der Ganzheiten, immer höhere Ganzheiten will und bezweckt, theologisch gesprochen: der Geist der universalen Liebe, drückt sich in der Selbstregulierung und Selbstorganisierung des Universums real aus, wobei schon alle Aktivitäten und Dynamiken aller Teile des Kosmos und des Kosmos als Ganzem – wiederum theologisch gesprochen – Resultat der Zueigengebung von Freiheit und Seinskraft durch das Absolute Prinzip an das »Andere Seiner Selbst« darstellen.

Ökologische Vernunft scheut sich daher auch nicht, nach dem Sinn, also dem *Zweck* des Ganzen zu fragen. Gerade der Zweck aber war ja wie kein anderes Prinzip in der anmaßendsten Weise aus dem Bereich der Naturwissenschaften herauskatapultiert worden. Langsam bahnt sich aber eine positivere Entwicklung in diesem Bereich an. Man beginnt zu der Einsicht des großen Naturforschers und -philosophen Aristoteles zurückzukehren, der behauptet, teilweise auch demonstriert hatte, daß kein Werden voll verstanden werden könne, wenn dabei nur das Aufgebot an Stoff und Kraft, und nicht auch dessen Auswahl durch Form und Zweck berücksichtigt werde. Die »Spaltung des Weltbildes«[126], behaupten einige führende Evolutionsforscher heute wieder[127], kann nur überwunden werden, wenn die Naturwissenschaften ihre eindimensionale, nur Wirkursachen berücksichtigende Sicht durch die Komponente der Zweckbetrachtung vor allem komplexer Vorgänge ergänzen. Alles, was entsteht, bildet sich ja im dynamischen Ineinanderwirken von Wirkursachen und Zwecken. Das Sein im kosmischen Prozeß drängt zu immer komplexerer Vernetzung aufwärts. Aus Teilen, die ihrerseits bereits eine Synthese von Teilen darstellen, wird das »Material« für ein hierarchisch jeweils höheres Ganzes, welches seinerseits wiederum nur Bauteilangebot für eine weitere und höhere Stufe ist, und so fort. Dieses evolutionäre Schichtenmodell ist nicht zu begreifen, ohne daß man zwar nicht nach seiner Vorbestimmung, wohl aber nach seiner Zweckbestimmung fragt. Insofern kann die Naturwissenschaft auch diesbezüglich weitere »Planken« für eine ökologische Vernunft liefern, wenn sie auf dem von einigen modernen Pionieren dieser Wissenschaft eingeschlagenen Weg der Einbeziehung der Zweckursachen, also der Annahme und Erforschung von Wechselkausalitäten, von mehrdimensionalen Ursächlichkeiten weiterschreitet, für die allerdings das linear veranlagte menschliche Denken keine vorbereitete Anschauungsform zu besitzen scheint. Oder ist es nur das rationalistisch geprägte westliche Denken, da ja in den Naturreligionen kausal mehrdimensionales Denken anzutreffen ist? Wenn das westliche Denken jedoch seine einseitige Sicht der Natur nicht überwindet, wird es zu immer größeren, globaleren Ökopannen kommen, weil der Ökologie des Naturganzen nur ein Organ entspricht, das mehrdimensional-kausal denken und auch den Zweck in seine Art der Erforschung der Dinge einzubeziehen vermag.[128]

Ökologische Vernunft jedenfalls sieht in der zunehmenden »Komplexifikation« des Universums, in seinem Aufstieg zu immer höheren, umfassenderen Ganzheiten vom Milchzahn bis zur Milchstraße und von der Milchstraße zu Metagalaxien und zum Kosmos als Ganzem, in der Vereinigung des »Parlaments der Teile« zu immer gewaltigeren Einheiten und Übereinstimmungen, ganz offen und konsequent den übergreifenden, aber auch alles durchdringenden Zweck der universalen Gemeinschaft alles Lebenden, alles Wirkenden, alles Seienden; von Mensch, Tier, Pflanze und Stein; von Geist, Psyche, Leben und Materie in einem zwar utopischen, aber doch stets anzupeilenden höchsten, gelösten und erlösten Zustand des Friedens, der Zuneigung und der Freude. Nur in der Ganzheit finden alle Teile des Universums ihr »Heil«.

»Ihr sucht ein Mittel, den Individualismus in Zucht und Ordnung zu bringen und die Niederträchtigkeit zu unterdrükken. Ihr werdet kein anderes finden, als vor den Menschen die Größe des Ganzen zu preisen, das sie verkennen und dessen Gelingen ihren Egoismus in Frage stellen würde... Enthüllt ihnen dagegen ohne Zögern die Majestät des Stromes, zu dem sie gehören. Laßt sie das unermeßliche Gewicht der aufs Spiel gesetzten Anstrengungen spüren, für die sie die Verantwortung tragen.« Nur »*in einer Vereinigung mit dem Ganzen*« findet jedes Element der Wirklichkeit »*nach und nach die Vollendung*«.[129]

Dritter Teil
Das Haus der Psyche

1. Durch das Tor der Psychologie zum öko-kosmischen Bewußtsein

Wir haben gesehen, daß zahlreiche Ergebnisse und Erkenntnisse aus dem Bereich der Naturwissenschaften Basisargumente für die Anerkennung einer Vernunft des Universums und damit auch eines dieser universalen Vernunft entsprechenden öko-kosmischen Bewußtseins des Menschen liefern bzw. Zugänge zu einem tiefgreifenden ökologischen Verstehen des Universums eröffnen. Im folgenden soll dieser Zugang noch erweitert werden, indem der Blick des Lesers auf bestimmte psychologische bzw. tiefenpsychologische Richtungen und Entwicklungen gelenkt wird. Wir gehen dabei so vor, daß wir uns zunächst mit einem schon als klassisch geltenden System, der Psychoanalyse Sigmund Freuds, und zwar vornehmlich unter religionspsychologischen Gesichtspunkten, auseinandersetzen. Die kritische Auswertung dieses Systems setzt uns dann in den Stand, jene positiven nach-Freudschen Entwicklungen im Bereich der Psychologie richtig zu würdigen und einzuordnen, die als echte Annäherungen an ein öko-kosmisches Bewußtsein gelten können bzw. Basis und Brücke zur Begründung und Rechtfertigung eines solchen Bewußtseins des Menschen darstellen.

2.1 Die psychoanalytische Religionskonzeption Sigmund Freuds

Wer zur Psychologie und Psychogenese von Religion, Mystik, ja auch nur des sogenannten kosmischen Bewußtseins etwas einigermaßen Angemessenes sagen will, kommt am »Vater der Psychoanalyse« nicht vorbei. Man kann und muß Freuds geniale Erforschung des menschlichen Seelenlebens in ihren Ergebnissen in mancherlei Hinsicht berichtigen. Aber sein bleibendes Verdienst ist es, den Elan der Aufklärung, die jede Wirklichkeit und alle menschlichen Erfahrungs- und Betätigungsfelder vor das Scheinwerferlicht der Vernunft zu bringen bestrebt war, in die tiefenpsychologische Dimension hinein fortgesetzt zu haben. Kein Wunder, daß Phänomene wie Religion, Mystik, ozeanisches Erleben usw. so zentral in das Blickfeld des Psychoanalytikers Freud gerieten, da sie ja ein Mensch und Menschheit in der Vergangenheit und mindestens teilweise auch noch in der Gegenwart so tief bewegender und fundamental bestimmender psychischer Faktor sind.

Es empfiehlt sich daher, den Einstieg in unser Thema bei Freud zu vollziehen, um dann allerdings auf dem Weg über eine Kritik seiner Resultate und unter Auswertung neuerer Methoden und Forschungsergebnisse verschiedener Wissenschaftszweige zu einer angemesseneren und möglichst wirklichkeitsnahen Würdigung der erwähnten Phänomene zu gelangen.

Freud ging beim Versuch der Erklärung dieser Phänomene zuerst einmal religionshistorisch und ethnologisch vor, indem er sich die Frage stellte: ›Wie ist Religion in der Menschheit entstanden?‹ Die Frage wurde in den ersten Jahrzehnten von Freuds Leben wieder besonders häufig und interessiert gestellt, weil man gerade damals Darwins Evolutionsschema der Herleitung des Menschen aus primitiven, tierischen Vorgegebenheiten auf die Erklärung aller bedeutsamen menschlichen Kulturphänomene anzuwenden und auszuweiten bemüht war. Parallel zum Vordringen der europäischen Kolonialmächte in Afrika und Asien war es auch zu einem enormen religiösen Bewußtseinserweiterungsprozeß der abendländischen Menschheit gekommen, denn die im Gefolge der Eroberer auftretenden Ethnologen stießen auf immer neue, fremdartig anmutende, mitunter primitiv erscheinende religiöse und magische Anschauungen und Kultpraktiken.

Wen wundert es da, daß auch Freud, im Anschluß vor allem an britische Anthropologen, den Versuch einer religionsgeschichtlichen (in Wirklichkeit subjektiv-psychologischen[130]) Erklärung des Ursprungs und der Entwicklung der Religion in der Menschheit unternahm. In »Totem und Tabu« (1912-1913) stellt er zum ersten Mal *Vatermord* und *Vatersehnsucht* als Quelle aller religiösen Vorstellungen und Entwicklungen dar, eine Ansicht, von der er sich trotz massiver und zum großen Teil berechtigter Kritik zeitlebens nicht mehr abbringen ließ. Noch über ein Vierteljahrhundert später zeichnet er in seiner Schrift »Der Mann Moses und die monotheistische Religion« Ursprung und Entwicklung der Religion im wesentlichen so wie in »Totem und Tabu«: Der Urmensch habe »*in Urzeiten... in kleinen Horden gelebt, jede unter der Herrschaft eines starken Männchens*«. Dieses starke Männchen »*war Herr und Vater der ganzen Horde, unbeschränkt in seiner Macht, die er gewalttätig gebrauchte. Alle weiblichen Wesen waren sein Eigentum, die Frauen und Töchter der eigenen Horde, wie vielleicht auch die aus anderen Horden geraubten. Das Schicksal der Söhne war ein hartes, wenn sie die Eifersucht des Vaters erregten, wurden sie erschlagen oder kastriert oder ausgetrieben.*«

Freud sah den nächsten entscheidenden Schritt zur Änderung dieser ersten Art von »sozialer« Organisation darin, »daß die vertriebenen, in Gemeinschaft lebenden Brüder sich zusammentaten, den Vater überwältigten und ihn nach der Sitte jener Zeiten roh verzehrten«. Der Vatertötung sei dann eine längere Epoche des Bruderkampfes um das Vatererbe gefolgt, das ein jeder gern für sich allein gewonnen hätte.

»*Die Einsicht in die Gefahren und die Erfolglosigkeit dieser Kämpfe, die Erinnerung an die gemeinsam vollbrachte Befreiungstat und die Gefühlsbindungen aneinander, die während der Zeiten der Vertreibung entstanden waren, führten endlich zu einer Einigung unter ihnen, einer Art von Gesellschaftsvertrag. Es entstand die erste Form einer sozialen Organisation mit* Triebverzicht, *Anerkennung von gegenseitigen* Verpflichtungen, *Einsetzung bestimmter, für unverbrüchlich (heilig) erklärter* Institutionen, *die Anfänge also von Moral und Recht. Jeder einzelne verzichtete auf das Ideal, die Vaterstellung für sich zu erwerben, auf den Besitz von Mutter und Schwestern. Damit war das Inzesttabu und das Gebot der Exogamie*[131] *gegeben.*«[132]

Nach Freud lebten aber das Andenken des Vaters und die Erinnerung an seine Ermordung fort. Daher schufen die Söhne, Mitglieder des Brüderbundes, einen Vaterersatz in Gestalt eines starken, zuerst wohl auch immer gefürchteten Tieres. Im Verhältnis zu diesem Totemtier war

»*die ursprüngliche Zwiespältigkeit (Ambivalenz) der Gefühlsbeziehung zum Vater voll erhalten. Das Totem galt einerseits als leiblicher Ahnherr und Schutzgeist des Clans, es mußte verehrt und geschont werden, andererseits wurde ein Festtag eingesetzt, an dem ihm das Schicksal bereitet wurde, das der Urvater gefunden hatte. Es wurde von allen Genossen gemeinsam getötet und verzehrt... Dieser große Festtag war in Wirklichkeit eine Triumphfeier des Sieges der verbündeten Söhne über den Vater.*«

Freud selbst stellte sich in diesem Zusammenhang die Frage, was diese ganze von ihm geschilderte Urgeschichte mit Religion zu tun habe. Seine Antwort:

»*Ich meine, wir haben ein volles Recht, im Totemismus mit seiner Verehrung eines Vaterersatzes, der durch die Totemmahlzeit bezeugten Ambivalenz, der Einsetzung von Gedenkfei-*

ern, von Verboten, deren Übertretung mit dem Tode bestraft wird – wir dürfen im Totemismus, sage ich, die erste Erscheinungsform der Religion in der menschlichen Geschichte erkennen und deren von Anfang an bestehende Verknüpfung mit sozialen Gestaltungen und moralischen Verpflichtungen bestätigen.«

Freuds großzügige, viele Einzelheiten kühn überspringende bzw. leichthin übersehende Theorie der geschichtlichen Entwicklung der Religion konzentriert sich nach dieser »Lösung« des Ursprungsproblems der Religion im Grunde nur noch auf zwei Fragen, nämlich auf die Fragen nach der Entstehung des Polytheismus und des Monotheismus. Der erstere ist nach Freud eine Folge der Vermenschlichung des verehrten Totemtieres.

»An die Stelle der Tiere treten menschliche Götter, deren Herkunft vom Totem nicht verhüllt ist. Entweder wird der Gott noch in Tiergestalt oder wenigstens mit dem Angesicht des Tieres gebildet, oder der Totem wird zum bevorzugten Begleiter des Gottes, von ihm unzertrennlich, oder die Sage läßt den Gott gerade dieses Tier erlegen, das doch nur seine Vorstufe war.«

Der Polytheismus führt nach Freud zunächst zur Herausbildung eines überlegenen Obergottes, weil die gegenseitige Beschränkung der vielen Götter zwangsläufig Rangverhältnisse der Über- und Unterordnung entstehen läßt. Den historisch datierbaren Ursprung des eigentlichen Monotheismus findet dann der Begründer der Psychoanalyse in Ägypten, in der pharaonischen Weltherrschaft, in ihrer Echnatonreligion. Von daher habe das Judentum die monotheistische Idee übernommen, die nun von ihm als kostbarster Besitz gehütet und anderen Völkern gegenüber verteidigt worden sei. Zweifelsfrei sei auch die hochentwickelte jüdische Religion als »die Religion des Urvaters« zu erkennen, eine Religion freilich, an die sich nachher »die Hoffnung auf Belohnung, Auszeichnung, endlich auf Weltherrschaft« geknüpft habe.

Auch das Christentum bezieht Freud in seine religionsgeschichtliche Universalschau ein. Es stellt seiner Ansicht nach innerhalb der um Ursprung und Charakter des Monotheismus kreisenden Fragen eine gewichtige Schwerpunktverlagerung im Vergleich zum Judentum dar. Aus dem Urvatermord am Anfang der Menschheitsgeschichte resultiert ja nach Freud nicht nur das positive Gefühl der Entlastung und Befreiung, sondern auch ein in dieser Geschichte weiterwirkendes, wenn auch immer wieder verdrängtes Bewußtsein der Schuld wegen dieser Vatertötung. Das Christentum sei nun in gewisser Hinsicht die Inkarnation, die Verkörperung dieses Schuldbewußtseins, dieser »Erbschuld« geworden.

»*Paulus, ein römischer Jude aus Tarsus, griff dieses Schuldbewußtsein auf und führte es richtig auf seine urgeschichtliche Quelle zurück. Er nannte diese die ›Erbsünde‹, es war ein Verbrechen gegen Gott, das nur durch den Tod gesühnt werden konnte. Mit der Erbsünde war der Tod in die Welt gekommen. In Wirklichkeit war dies todwürdige Verbrechen der Mord am später vergötterten Urvater gewesen. Aber es wurde nicht die Mordtat erinnert, sondern anstatt dessen ihre Sühnung phantasiert, und darum konnte diese Phantasie als Erlösungsbotschaft (Evangelium) begrüßt werden. Ein Sohn Gottes hatte sich als Unschuldiger töten lassen und damit die Schuld aller auf sich genommen. Es mußte ein Sohn sein, denn es war ja ein Mord am Vater gewesen... – Daß sich der Erlöser schuldlos geopfert hatte, war eine offenbar tendenziöse Entstellung... denn wie soll ein an der Mordtat Unschuldiger die Schuld der Mörder auf sich nehmen können, dadurch, daß er sich selbst töten läßt? In der historischen Wirklichkeit bestand ein solcher Widerspruch nicht. Der ›Erlöser‹ konnte kein anderer sein als der Hauptschuldige, der Anführer der Brüderbande, die den Vater überwältigt hatte.*«

So wurde das Christentum, entsprungen aus der jüdischen Vaterreligion, zu einer Sohnesreligion.

»*Der alte Gottvater trat hinter Christus zurück, Christus, der Sohn, kam an seine Stelle, ganz so, wie es in jener Urzeit jeder Sohn ersehnt hatte.«*

In der Sicht Freuds stellt das Christentum sowohl einen Rückschritt als auch einen Fortschritt in der geschichtlichen Entwicklung der Religion dar. Einen Rückschritt, weil es ihm zufolge die Höhe der Vergeistigung, die das Judentum erreicht hatte, nicht einhielt. Es war kein reiner Monotheismus mehr wie das Judentum, sondern ein inkonsequenter Polytheismus (Wiederaufnahme der großen Muttergottheit; Trinität; Übernahme vieler Göttergestalten aus der hellenistischen Umwelt, die als ›Heilige‹ getarnt wurden). Es verhielt sich meistenteils keineswegs selektiv gegenüber dem Andrang abergläubischer, mythischer, magischer und mystischer Elemente sowie der vielen symbolischen Riten der umgebenden Völker.

»Der Triumph des Christentums war (also) ein erneuerter Sieg der Ammonpriester über den Gott Echnatons nach anderthalbtausendjährigem Intervall und auf erweitertem Schauplatz.«[133]

Dennoch stelle das Christentum auch einen Fortschritt in der Religionsgeschichte dar, einen Fortschritt, der sich als geschichtlich wirksamer erweisen sollte, weil er die jüdische Religion gleichsam zu einem Fossil desavouiert habe. Dieser Fortschritt besteht nach Freud darin, daß das Christentum sich der »Wiederkehr des Verdrängten« gestellt hat.[134] Indem es das verdrängte Schuldbewußtsein der Menschheit wieder wachgerufen habe, habe es auch den Völkern den erlösenden Messias vorstellen können.

»Sehet, der Messias ist wirklich gekommen, er ist ja vor Euren Augen hingemordet worden. Dann ist auch an der Auferstehung Christi ein Stück historischer Wahrheit, denn er war der wiedergekehrte Urvater der primitiven Horde, verklärt und als Sohn an die Stelle des Vaters gerückt.«[135]

In etwas aktualisierender Terminologie hätte Freud unter diesem Gesichtspunkt schon das Christentum als eine »Religion ohne Gott«, nämlich ohne Vatergott, bezeichnen können. In der Tat haben sich ja auch ein paar Jahrzehnte nach Freuds Ableben einige amerikanische Theologen, wie Thomas Altizer, ausdrücklich auf ihn berufen, als sie ihre Tod-Gottes-Theorie verkündeten.

Freuds evolutionistische Theorie des Ursprungs und der Entwicklung des religiösen Faktors in der Menschheit ist eine interessante Erklärungsvariante der Religion, läßt sich jedoch nicht aufrechterhalten. Der Totemismus ist kein Ur- und Universalphänomen der Religion bzw. Religionsgeschichte. Er findet sich nicht in den uns bekannten ältesten Kulturen. Er ist auch kein notwendiges Durchgangsstadium religiöser Kollektiventwicklung, weil es Stämme gibt, die ihn gar nicht kennen. Das von Freud in den Mittelpunkt gerückte Totemmahl – Vorbild nach ihm auch noch der christlichen Kommunion[136] – sucht man selbst bei den meisten totemistischen Stämmen vergeblich. Der bedeutende Religionswissenschaftler Mircea Eliade bezeichnete die Annahme einer urgeschichtlichen Totemmahlzeit schlechthin als »Absurdität«.[137]

Freuds ethnologisch-religionsgeschichtliche Erklärungshypothese teilt das Schicksal aller anderen evolutionistischen Herleitungstheorien der Religion: die empirische und historische Unbeweisbarkeit des Uranfangs. Längst hat man nämlich herausgefunden, daß auch die uns bekannten schriftlosen Naturvölker keine Urvölker sind, sondern tiefgreifende gesellschaftliche und ideologisch-kultische Wandlungen durchgemacht haben. Freuds Theorie muß also ähnlich bewertet werden wie jene aus der zweiten Hälfte des 19. und dem ersten Viertel des 20. Jahrhunderts stammenden Hypothesen, die die Religion aus irgendeinem als zentral angesehenen Glaubens- oder Kultelement zeitgenössischer Naturvölker herleiteten: aus der Magie, dem Fetischismus, dem Mana-Glauben, den Tabu-Verboten[138], aus dem Animismus, Präanimismus, dem Hochgottglauben u. ä. Sie alle versagen vor der Tatsache, daß das Urvolk und damit die Urreligion, wenn es eine solche besaß, für keinen Wissenschaftszweig mehr erreichbar sind.

Noch etwas anderes hat Freuds Erklärungsversuch mit diesen entwicklungsgeschichtlichen Religionshypothesen gemein: die Tatsache, daß das *psychologische* Vorverständnis des Forschers an ihrer Entstehung maßgeblich beteiligt war. Nur ist dieser Tatbestand den meisten von ihnen selbst verborgen geblieben, während Freud ihn gelegentlich ganz offen zugibt.[139] Damit verlagert sich auch unsere Fragestellung von der religionsgeschichtlichen auf die religionspsychologische Ebene. Zu fragen ist nach der psychologischen und psychoanalytischen Wahrheit von Freuds geschichtlicher Entstehungserklärung der Religion. Auszugehen ist bei dem Versuch der Beantwortung dieser Frage von Freuds fundamentaler Überzeugung von einem durchgängigen Vorkommen des Ödipuskomplexes in allen Eltern-Sohn-Beziehungen. Jeder Sohn hasse den Vater und wünsche ihm als seinem Geschlechtsrivalen den Tod, während er die Zuneigung der Mutter und die positive geschlechtliche Bindung an sie suche. Die Kehrseite dieses Verhältnisses zum Vater sei die Angst vor ihm, die sich auch in Tierphobien äußere, weil diese eine Verschiebung der Angst vor dem Vater auf Tiere als Vatersymbole darstellten. Sie könne sich bis zur Angst vor Kastration durch den Vater steigern.

Freud wendet nun diesen von ihm in zahlreichen Patientenanalysen entdeckten Befund auf die religiöse Urgeschichte der Menschheit an.

»Wesentlich ist es aber, daß wir diesen Urmenschen die nämlichen Gefühlseinstellungen zuschreiben, wie wir sie bei den Primitiven der Gegenwart, unseren Kindern, durch analytische Erforschung feststellen können. Also daß sie den Vater nicht nur haßten und fürchteten, sondern auch ihn als Vorbild verehrten, und daß jeder sich in Wirklichkeit an seine Stelle setzen wollte. Der kannibalistische Akt wird dann verständlich als Versuch, sich durch Einverleibung eines Stücks von ihm

der Identifizierung mit ihm zu versichern.«[140]

In der mit dem Ödipuskomplex bzw. allgemeiner mit dem Vaterkomplex bezeichneten zwiespältigen Haltung der Furcht und Verehrung gegenüber dem Vater erblickt also Freud den konstitutiven psychischen Quell und Motor aller Religion. Schon 1910, also zwei Jahre vor Erscheinen von »Totem und Tabu«, in dem er seine psychoanalytischen Erkenntnisse zum ersten Mal auf die Urgeschichte der Menschheit ausdehnt, schreibt er in seinem Artikel über Leonardo da Vinci:

»Die Psychoanalyse hat uns den intimen Zusammenhang zwischen dem Vaterkomplex und der Gottesgläubigkeit kennen gelehrt, hat uns gezeigt, daß der persönliche Gott psychologisch nichts anderes ist als ein erhöhter Vater, und führt uns täglich vor Augen, wie jugendliche Personen den religiösen Glauben verlieren, sobald die Autorität des Vaters bei ihnen zusammenbricht. Im Elternkomplex erkennen wir so die Wurzel des religiösen Bedürfnisses.«[141]

Der Begründer der Psychoanalyse ist von dieser Ableitung jeglicher Religion aus dem Ödipus- bzw. Vaterkomplex nie mehr abgerückt. Er hat seine genetische Religionstheorie lediglich weiter ausgebaut, bereichert, vervollständigt, wiewohl nicht übersehen werden kann, daß so manche seiner Ergänzungen mit seinem zentralen Erklärungsfaktor »Ödipuskomplexe« bzw. »Vaterkomplexe« gar nicht so leicht in Einklang zu bringen ist. In welchem Zusammenhang mit dem Vaterkomplex des Kindes stehen z. B. Freuds Charakterisierungen auch der Religion des Erwachsenen und der Religionen der Gegenwart als *Wunschdenken*, als *Illusion,* als ein dem *Wahn* verwandtes Phänomen, als *allgemein menschliche Zwangsneurose*? Das Bindeglied zwischen der Religion des Kindes und der der Erwachsenen ist nach Freud die weiter andauernde menschliche Schutzlosigkeit.

»Aber die Hilflosigkeit der Menschen bleibt und damit ihre Vatersehnsucht und die Götter.«[142]

Schutz- und Hilflosigkeit wem gegenüber? Zunächst im Verhältnis zur Natur. Nach Freud besteht zwar die Hauptaufgabe der Kultur, »ihr eigentlicher Daseinsgrund«, darin, die Verteidigung der Menschen gegen die Natur zu organisieren. Und die Kultur habe es in diesem Unterfangen schon weit gebracht. Aber

»da sind die Elemente, die jedem menschlichen Zwang zu spotten scheinen, die Erde, die bebt, zerreißt, alles Menschliche und Menschenwerk begräbt, das Wasser, das im Aufruhr alles überflutet und ersäuft, der Sturm, der es wegbläst, da sind die Krankheiten, die wir erst seit kurzem als die Angriffe anderer Lebewesen erkennen, endlich das schmerzliche Rätsel des Todes, gegen den bisher kein Kräutlein gefunden wurde und wahrscheinlich keines gefunden werden wird.«[143]

Hinzuzufügen wäre heute die »ökologische Rache« der Natur als Antwort auf ihre gewissenlose Ausbeutung durch den Menschen.[144] So vergegenwärtigt diesem die großartige, grausame, unerbittliche, unbestechliche Natur seine von der Kultur nie ganz zu verdeckende Schwäche und Hilflosigkeit.

Noch schutz- und hilfloser fühlt sich der Mensch gegenüber den Grausamkeiten des Schicksals und den Schädigungen durch die menschliche Gesellschaft.[145]

Gegen diese drei die menschliche Hilflosigkeit auslösenden Mächte (Natur, Schicksal, Gesellschaft) hat die Menschheit in allen Jahrtausenden ihrer Existenz die Waffe der Religion eingesetzt, und diese Waffe war bisher immer »das vielleicht bedeutsamste Stück des psychischen Inventars einer Kultur«. Wie wurde die Abwehr gegen die drei Übermächte mit Hilfe der Religion organisiert? Nun, die Situation ist nach Freud eigentlich

»nichts Neues, sie hat ein infantiles Vorbild, ist eigentlich nur die Fortsetzung des früheren, denn in solcher Hilflosigkeit hatte man sich schon einmal befunden, als kleines Kind einem Elternpaar gegenüber, das man Grund hatte zu fürchten, zumal den Vater, dessen Schutzes man aber auch sicher war

gegen die Gefahren, die man damals kannte. So lag es nahe, die beiden Situationen einander anzugleichen.«

Der Ödipus- bzw. Vaterkomplex des Kindes und die Hilflosigkeit bzw. Schutzbedürftigkeit auch der Erwachsenen sind also nur auf den ersten Blick zwei verschiedene Motive der Religion, in Wirklichkeit ist ihr Verhältnis das einer Einheit zwischen »der tieferen und der manifesten Motivierung«.

»Die psychoanalytische Motivierung der Religionsbildung wird der infantile Beitrag zu ihrer manifesten Motivierung.«

Freud erklärt die Einheit der beiden Motive der Religionsentstehung noch einmal mit Hilfe des Libidobegriffs. Die Libido – vereinfacht gesagt: der auf Lust und Fortpflanzung ausgerichtete Lebenswille – folge ihren Bedürfnissen und hefte sich an jene Objekte, die die Befriedigung dieser Bedürfnisse zu gewährleisten scheinen. Das erste Liebesobjekt werde so die Mutter, weil sie den Hunger befriedige und den »ersten Angstschutz« gegen alle seitens der Außenwelt dem Kind drohenden Gefahren darstelle. Gerade in dieser Schutzfunktion aber werde die Mutter bald von dem stärkeren Vater ersetzt. Doch sei das Verhältnis zum Vater durch eine eigentümliche Zwiespältigkeit gekennzeichnet. Er gehörte ja nach Freud in der ersten Kindheitsphase, der innigen Mutter-Kind-Symbiose, im Bewußtsein des Kindes mit zu den Gefahren der Außenwelt. So entstehe im Kind dem Vater gegenüber das Kontrastgefühl der Furcht wie der Sehnsucht und Bewunderung.

»Die Anzeichen dieser Ambivalenz des Vaterverhältnisses sind allen Religionen tief eingeprägt... Wenn nun der Heranwachsende merkt, daß es ihm bestimmt ist, immer ein Kind zu bleiben, daß er des Schutzes gegen fremde Übermächte nie entbehren kann, verleiht er diesen die Züge der Vatergestalt, er schafft sich die Götter, vor denen er sich fürchtet, die er zu gewinnen sucht und denen er doch seinen Schutz überträgt. So ist das Motiv der Vatersehnsucht identisch mit dem

Bedürfnis nach Schutz gegen die Folgen der. menschlichen Ohnmacht; die Abwehr der kindlichen Hilflosigkeit verleiht der Reaktion auf die Hilflosigkeit, die der Ewachsene anerkennen muß, eben der Religionsbildung, ihre charakteristischen Züge.«[146]

Die vom Menschen geschaffenen Götter unterliegen nach Freud einem Funktionswandel. Zwar behielten die Götter auch in der Gegenwart ihre dreifache Aufgabe, die Schrecken der Natur zu bannen, die Grausamkeiten des Schicksals zu mildern und für die von der Gesellschaft auferlegten Einschränkungen, Leiden und Entbehrungen zu entschädigen. Aber innerhalb dieser drei Funktionen sei doch im Zusammenhang mit der neuzeitlichen Wissenschaftsentwicklung und Säkularisierung[147] eine Akzentverschiebung feststellbar. Auch für das Bewußtsein des naivreligiösen Menschen gelte die Natur heute als relativ selbständige, nach eigenen Gesetzlichkeiten oder Regelhaftigkeiten ablaufende Größe. Gott bzw. die Götter würden zwar weiterhin als erste Bewirker der Natur geglaubt, die sie aber jetzt weitgehend ihr selbst überlassen hätten. Was die Schicksalsbewältigung mit Hilfe Gottes oder der Götter betreffe, so bemerke selbst der tief Gläubige gewaltige Dissonanzen und Widersprüche zwischen dem, was ihm zustoße, und seinem Bild von einem weise planenden, gütigen und gerechten Gott. Je mehr also die Götter in ihren ersten zwei Funktionen versagen,

»*desto ernsthafter drängen alle Erwartungen auf die dritte Leistung, die ihnen zugewiesen ist, desto mehr wird das Moralische ihre eigentliche Domäne. Göttliche Aufgabe wird es nun, die Mängel und Schäden der Kultur auszugleichen, die Leiden in acht zu nehmen, die die Menschen im Zusammenleben einander zufügen, über die Ausführung der Kulturvorschriften zu wachen, die die Menschen so schlecht befolgen. Den Kulturvorschriften selbst wird göttlicher Ursprung zugesprochen, sie werden über die menschliche Gesellschaft hinausgehoben, auf Natur und Weltgeschehen ausgedehnt.*«

Vaterkomplex des Kindes und bleibende Schutzbedürftigkeit des Erwachsenen als Motive aller Religion lassen auch verstehen, warum Freud die Religion als »Wunschdenken«, als »Illusion«, als »dem Wahn verwandte« Haltung charakterisiert. Man habe ja keinerlei Beweise für die Existenz Gottes oder der Götter. Die religiösen Vorstellungen seien ihrem Wesen nach

»*Lehrsätze, Aussagen über Tatsachen und Verhältnisse der äußeren (oder inneren) Realität, die etwas mitteilen, was man selbst nicht gefunden hat, und die beanspruchen, daß man ihnen Glauben schenkt.*«

Die Gründe, warum man ihnen diesen Glauben schenken soll, sind nach Freud allesamt Scheingründe,

»*in Schriften niedergelegt, die selbst alle Charaktere der Unzuverlässigkeit an sich tragen. Sie sind widerspruchsvoll, überarbeitet, verfälscht; wo sie von tatsächlichen Beglaubigungen berichten, selbst unbeglaubigt. Es hilft nicht viel, wenn für ihren Wortlaut oder auch nur für ihren Inhalt die Herkunft von göttlicher Offenbarung behauptet wird, denn diese Behauptung ist bereits selbst ein Stück jener Lehren, die auf ihre Glaubwürdigkeit untersucht werden sollen, und kein Satz kann sich doch selbst beweisen.*«

Freud kommt so zu demselben paradoxen Ergebnis wie schon viele kritische Denker vor ihm, daß nämlich die von der jeweiligen religiösen Kultur bereitgestellten Antworten auf die bedeutsamsten Welt- und Lebensrätsel »gerade ... die allerschwächste Beglaubigung haben«.

Habe man aber auch keinerlei Beweise und Beglaubigungen für die Existenz einer göttlichen Überwelt, göttlicher Instanzen über oder hinter der Welt, so wünsche man sich doch mit intensiver affektiver Macht, daß es diese göttlichen Helfer geben möge. Ja, in gewisser Hinsicht müsse man sie sich geradezu zwangsläufig wünschen angesichts der eigenen Hilflosigkeit und Schutzbedürftigkeit. Handelt es sich doch bei den Gegenständen dieser Wünsche nicht um irgendwelche Banalitäten, sondern um das für unser Leben Wichtigste und Interessanteste, um das, was die größte Bedeutung für uns haben könnte. So ergibt sich folgerichtig für die psychische Genese der religiösen Vorstellungen, daß ihr Vater der Wunsch ist. Sie,

»*die sich als Lehrsätze ausgeben, sind nicht Niederschläge derErfahrung oder Endresultate des Denkens, es sind Illusionen, Erfüllungen der ältesten, stärksten, dringendsten Wünsche der Menschheit; das Geheimnis ihrer Stärke ist die Stärke dieser Wünsche.*«

So schließt sich der Kreis zwischen Vaterkomplex, Schutzbedürfnis und Wunschdenken als Motiven der Entstehung von Religion. Vaterkomplex und Schutzbedürfnis lösen das Wunschdenken im Menschen aus.

»*Der schreckende Eindruck der kindlichen Hilflosigkeit hat das Bedürfnis nach Schutz – Schutz durch Liebe – erweckt, dem der Vater abgeholfen hat, die Erkenntnis von der Fortdauer dieser Hilflosigkeit durchs ganze Leben hat das Festhalten an der Existenz eines – aber nun mächtigeren Vaters – verursacht. Durch das gütige Walten der göttlichen Vorsehung wird die Angst vor den Gefahren des Lebens beschwichtigt, die Einsetzung einer sittlichen Weltordnung versichert die Erfüllung der Gerechtigkeitsforderung, die innerhalb der menschlichen Kultur so oft unerfüllt geblieben ist, die Verlängerung der irdischen Existenz durch ein zukünftiges Leben stellt den örtlichen und zeitlichen Rahmen bei, in dem sich diese Wunscherfüllungen vollziehen sollen... es bedeutet eine großartige Erleichterung für die Einzelpsyche, wenn die nie ganz überwundenen Konflikte der Kinderzeit aus dem Vaterkomplex ihr abgenommen und einer von allen angenommenen Lösung zugeführt werden.*«

Religion ist also Illusion, religiöse Lehrsätze Illusionen. Bemerkenswerterweise differenziert der Psychoanalytiker Freud an dieser Stelle sehr stark. Er setzt Illusion und Irrtum, Illusion und Unwahrheit, Illusion und Irrealität, Illusion und Wahnidee keineswegs gleich, obwohl er persönlich Sympathie für eine solche Gleichsetzung empfindet. Wesentlich für eine Illusion ist nach Freud allein ihre Ableitbarkeit aus menschlichen Wünschen, der beherrschende Charakter des Wunsches in ihr. Sie ist zwar unbeweisbar, aber auch unwiderlegbar. Daher ist es nicht unmöglich und kann schon einmal geschehen, daß eine Illusion sich als wahr erweist oder realisiert. Eine Illusion ist »nicht notwendig ein Irrtum«. Wegen ihrer Ableitung aus menschlichen Wünschen nähert sie sich in dieser Hinsicht zwar der psychiatrischen Wahnidee, aber sie unterscheidet sich, abgesehen von dem komplizierteren Aufbau der Wahnidee, auch von dieser. An der Wahnidee heben wir als wesentlich den Widerspruch gegen die Wirklichkeit hervor, die Illusion muß nicht notwendig falsch, d. h. unrealisierbar oder im Widerspruch mit der Realität sein. Ein Bürgermädchen kann sich z. B. die Illusion machen, daß ein Prinz kommen wird, um sie heimzuholen. Es ist möglich, einige Fälle dieser Art haben sich ereignet.

Freilich erscheinen Freud gerade die fundamentalen religiösen Illusionen besonders unwahrscheinlich. Daß beispielsweise der Messias kommen und ein goldenes Zeitalter begründen wird, hält er für weit weniger wahrscheinlich als das eben erwähnte Märchen vom armen Mädchen und reichen Prinzen. Gerade bei den hauptsächlichen religiösen Lehren dränge sich die Analogie zur Wahnidee besonders stark auf.

»Einige von ihnen sind so unwahrscheinlich, so sehr im Widerspruch zu allem, was wir mühselig über die Realität der Welt erfahren haben, daß man sie – mit entsprechender Berücksichtigung der psychologischen Unterschiede – den Wahnideen vergleichen kann.«

Aber Freud will im Grunde auch gar nicht die logisch-philosophische Wahrheitsfrage an die Religion und die religiösen Urteile herantragen. Es genügt ihm, »sie in ihrer psychologischen Natur als Illusionen erkannt zu haben«. Es genügt ihm darüber hinaus, darauf hinzuweisen, daß religiöse Erkenntnismethoden kein gangbarer Weg zur

Realität sind. Religiöse Selbst- und Gruppenerfahrung, transzendentale Meditation, Yoga-Training und dadurch bedingte Erleuchtung, sexuell-religiöse Vereinigung, ozeanisches Erleben usw. – all dies würde der gleichen Verurteilung durch den Rationalisten Freud zum Opfer fallen:

»*Es ist wiederum nur Illusion, wenn man von der Intuition und der Selbstversenkung etwas erwartet; sie kann uns nichts geben als – schwer deutbare – Aufschlüsse über unser eigenes Seelenleben, niemals Auskunft über die Fragen, deren Beantwortung der religiösen Lehre so leicht wird.*«

Der einzige zur Realität führende Weg sei die Wissenschaft. Zwar lägen noch sehr viele Rätsel der Welt unentschleiert vor ihren Toren. Aber die Erfahrung der Geschichte zeige, daß die Lösung aller bisher schon enträtselten Welt- und Lebensprobleme auf das Wirken der Wissenschaft zurückzuführen sei. Die Wissenschaft sei es auch, die bereits so manche bisher sakrosankte religiöse Vorstellung als unhaltbar entlarvt habe.

»*Die Kritik hat die Beweiskraft der religiösen Dokumente angenagt, die Naturwissenschaft die in ihnen enthaltenen Irrtümer aufgezeigt, der vergleichenden Forschung ist die fatale Ähnlichkeit der von uns verehrten religiösen Vorstellungen mit den geistigen Produkten primitiver Völker und Zeiten aufgefallen.*«

Die historische Wissenschaft habe nachgewiesen, daß die Menschen zur Zeit der uneingeschränkten Herrschaft der Religion kaum glücklicher, mit Sicherheit aber nicht sittlicher gewesen seien.

»*Die Unsittlichkeit hat zu allen Zeiten an der Religion keine mindere Stütze gefunden als die Sittlichkeit.*«

Kultur- und Gesellschaftsanalyse hätten aufgedeckt, daß jede Gemeinschaft die fundamentalsten, ihr lebenswichtig erscheinenden Vorschriften und Einrichtungen durch den Hinweis auf einen vermeintlichen göttlichen Ursprung (ihre Offenbarung oder Einsetzung durch Gott, Götter, Geister, Ahnen etc.) zu rechtfertigen gesucht habe.

Das sei teilweise auch noch in unserer Kultur und Gesellschaft der Fall. Aber gerade daran zeige sich die Gefährlichkeit der Aufrechterhaltung eines solchen Zustandes. Denn in dem Prozeß der wissenschaftlichen Durchleuchtung aller Gebiete der Wirklichkeit

»gibt es keine Aufhaltung, je mehr Menschen die Schätze unseres Wissens zugänglich werden, desto mehr verbreitet sich der Abfall vom religiösen Glauben, zuerst nur von den veralteten, anstößigen Einkleidungen desselben, dann aber auch von seinen fundamentalen Voraussetzungen«.[148]

Daher sei es gefährlich, die lebensnotwendigen Forderungen unserer Gesellschaft und Kultur auf die Religion zu gründen, weil die Loslösung der Menschen von der Religion dann auch die Abwendung von diesen Forderungen zur Folge hätte.[149]

Auch wenn Freud kein endgültiges Urteil über die Religion fällen will, ja darauf besteht, daß die von ihm begründete Psychoanalyse eine streng neutrale »Forschungsmethode, ein parteiloses Instrument, wie etwa die Infinitesimalrechnung«[150] sei, ist er dennoch der tiefen Überzeugung, »daß der Wahrheitsgehalt der Religion überhaupt vernachlässigt werden darf«. Den Streit der einzelnen Religionen um die Frage, welche von ihnen im Besitz der Wahrheit sei, hält er für überflüssig, wenn nicht widerlich. Es lohne nicht, sich der Mühe der Verifikation der Religion zu unterziehen, weil man sich von vornherein klar sein müsse, daß dabei nichts herauskommen könne, was für die Zukunft der menschlichen Gesellschaft von Nutzen sei. Was wir über die Religion bereits erforscht haben, erlaubt nach Freud jedenfalls das folgende zusammenfassende Urteil der Wissenschaft über sie:

»Religion ist ein Versuch, die Sinneswelt, in die wir gestellt sind, mittels der Wunschwelt zu bewältigen, die wir infolge biologischer und psychologischer Notwendigkeiten in uns entwickelt haben. Aber sie kann es nicht leisten. Ihre Lehren tragen das Gepräge der Zeiten, in denen sie entstanden sind, der unwissenden Kinderzeiten der Menschheit. Ihre Tröstungen verdienen

kein Vertrauen. Die ethischen Forderungen, denen die Religion Nachdruck verleihen will, verlangen vielmehr eine andere Begründung, denn sie sind der menschlichen Gesellschaft unentbehrlich, und es ist gefährlich, ihre Befolgung an die religiöse Gläubigkeit zu knüpfen. Versucht man, die Religion in den Entwicklungsgang der Menschheit einzureihen, so erscheint sie nicht als ein Dauererwerb, sondern als ein Gegenstück der Neurose, die der einzelne Kulturmensch auf seinem Weg von der Kindheit zur Reife durchzumachen hat.«[151]

Freud sieht aber die Religion durchaus nicht bloß negativ. Nicht einmal in bezug auf die Wahrheitsfrage, wenigstens, wenn diese sich auf die Vergangenheit bezieht. In dieser Hinsicht sei die Religion dem Rationalismus sogar überlegen. Bewahre sie doch ein Wissen um den Urvatermord am Anfang der Menschheitsgeschichte.

»Die religiöse Lehre teilt uns also die historische Wahrheit mit, freilich in einer gewissen Umformung und Verkleidung, unsere rationelle Darstellung verleugnet sie. Wir bemerken jetzt, daß der Schatz der religiösen Vorstellungen nicht allein Wunscherfüllungen enthält, sondern auch bedeutsame historische Reminiszensen.«[152]

Was Freud des weiteren an der Religion geradezu bewundert, sind ihr »großartiges Wesen« in bezug auf ihre logische Konsistenz, ihre ästhetische Schönheit und ihre die Gefühle der Menschen begeisternde und mitreißende Kraft sowie ihre ethisch-soziale Autorität in der Vergangenheit. Weit mehr als Philosophie und Kunst sei die Religion jene »ungeheure Macht, die über die stärksten Emotionen der Menschen verfügt«. Sie habe

»eine Weltanschauung von unvergleichlicher Folgerichtigkeit und Geschlossenheit geschaffen... die, wiewohl erschüttert, heute noch fortbesteht«, eine Weltanschauung, die manche zu großen Leistungen angespornt habe, denn *»sie gibt ihnen Aufschluß über Herkunft und Entstehung der Welt, sie versichert ihnen Schutz und endliches Glück in den Wechselfällen des Lebens, und sie lenkt ihre Gesinnungen und Handlungen*

durch Vorschriften, die sie mit ihrer ganzen Autorität vertritt.«

Gerade aber wegen dieser in der Religion inventarisierten Werte sei sie »allein der ernsthafte Feind«[153] der Wissenschaft, die nach Freud der einzige legitime Weg zu Realität und Wahrheit bleibt. Die Hervorhebung der eben genannten Werte hat bei Freud lediglich die Funktion, die psychische Anziehungskraft der Religion zu erklären.

Mit den vorausgegangenen Ausführungen ist bereits die Brücke geschlagen zu Freuds bekannter Kennzeichnung der Religion als »allgemein menschliche Zwangsneurose«[154]. Diese Freudsche Charakterisierung der Religion ist mindestens ebenso berühmt geworden wie die Behauptung von K. Marx, Religion sei »das Opium des Volks«.[155] Schon im Jahr 1907 glaubte Freud auf eine »überraschende Ähnlichkeit«[156] zwischen neurotischen Zwangshandlungen und rituellen Religionsübungen gestoßen zu sein.[157] In seiner »Selbstdarstellung«, erschienen zum ersten Mal im Februar 1925, erinnert er sich:

»*Ohne noch die tieferen Zusammenhänge zu kennen, bezeichnete ich die Zwangsneurose als eine verzerrte Privatreligion, die Religion sozusagen als eine universelle Zwangsneurose.*«[158]

In »Totem und Tabu« (1912-1913) [159] verglich er dann in einem breiter angelegten Versuch die Inzestscheu, die Tabugebote, den Animismus und die Magie der Primitiven sowie den Totemismus mit den Zwangsneurosen seiner Patienten. Dabei zeigte sich ihm,

»*wie viel von den Voraussetzungen des primitiven Geisteslebens bei dieser merkwürdigen Affektion noch in Kraft ist.*«[160]
Mitarbeiter und Schüler, allen voran Otto Rank, arbeiteten die Analogien zwischen den Phantasien des einzelnen Neurotikers und den Phantasieschöpfungen der Massen und Völker (Mythen, Sagen, Märchen u. ä.) heraus.

»Die Zwangsneurose als pathologisches Gegenstück zur Religionsbildung, die Neurose als eine individuelle Religiosität, die Religion als eine universelle Zwangsneurose«[161] – wie kam Freud zu diesen Gleichsetzungen? Er hatte bemerkt, daß sowohl die Primitiven als auch seine zwangsneurotischen Patienten als auch die orthodox Gläubigen bei fast all ihren Tätigkeiten strenge Rituale befolgen, die sie wie unter einem Zwang oft wiederholen. Der tiefere Grund für dieses Tun scheint in der fundamentalen Lebensangst dieser drei Gruppen von Menschen zu liegen. Durch die rituelle Regelung ihres Lebens, an die sie sich skrupulös halten, glauben sie, ihrem Dasein einen Rahmen zu geben, der sie vor dem Ungewissen, Unheimlichen, Gefährlichen des Lebens und der Welt schützt. Die Ritualisierung der Wirklichkeit, wodurch ihre Besänftigung erreicht werden soll, fußt auf der magischen Überzeugung von der »Allmacht der Gedanken«[162], die, ständig und präzise wiederholt, imstande sein sollen, der Wirklichkeit vorzuschreiben, wie sie zu sein hat.

Aufgrund dieser Überzeugung und angesichts der krankhaft-egoistischen Selbstschutztendenz dieser Menschen gewinnt das konservative, um nicht zu sagen retardierende und reaktionäre Element in ihnen die Oberhand.

»Um nicht die schreckliche Erfahrung des Ausgeliefert- und Hilflosseins machen zu müssen, neigt der Zwangstyp dazu, alles Neuartige in alte Schablonen und Schematismen einzuordnen, die ihm das Vertrautheitsgefühl geben.«[163]

Daher kettet er sich freiwillig und geradezu mit Wollust an starre Grundsätze, totalitäre Autoritäten, antiquierte Traditionen, zähe Vorurteile, alte Gewohnheiten, ehrwürdige Rangordnungen, verstaubte Paragraphen, geheiligte Konventionen, vereinfachende Schlagworte, formelhafte Simplifizierungen, vor allem aber an unantastbare, nicht veränderbare Dogmen, religiöse Bräuche und Zeremonien der Reinigung von Sünde und Schlechtigkeit, der Schuldentsühnung (Reue, Buße), der Selbstbestrafung und des Opfers. Die rituellen Abwehrmanöver gegen alles Schlechte konzentrieren sich vor allem auf den »so bösen« sexuellen Sektor. Auf ihm lebt sich der verklemmte

Zwangstyp aus, indem er jede Regung der Sexualität bei anderen verteufelt, ausspionieren, tabuisieren, rigoros verbieten möchte.[164] Die Überproduktion an sexuellen Tabus bei den Primitiven wie in Religionen der Gegenwart, z. B. im Katholizismus, hat in diesem psychoanalytischen Sachverhalt ihre Wurzel. Ebenso fällt von daher ein klärendes Licht auf die Ursachen der Hexenverbrennungen im Mittelalter.

Klar, daß die Erziehung zu konservativen Zwangscharakteren, wie wir sie eben beschrieben haben, der Religion wie dem Staat, den religiösen wie den staatlichen Machthabern als Vorteil erscheinen muß. Die letzteren sind ja oft selbst auch solche Zwangscharaktere, in denen jedoch die unabtrennbare Kehrseite der Unterwerfung unter religiösen und staatlichen Dogmenzwang, die Herrschsucht, die Tendenz, mit Hilfe solcher Dogmen Menschen leichter manipulieren zu können, die Oberhand gewonnen hat.

»Es besteht kein Zweifel, daß Staat und Religion in ihrer heutigen Form die Zwangscharaktere geradezu züchten, beziehungsweise in ihnen das Korrelat von einem Großteil ihrer Institutionen vorfinden. Die Machtpositionen des Staates sind für den Zwangstyp willkommene Chancen, seine Herrschaftstendenzen in sozial-akzeptierter Form auszuleben. Rituale, Zeremonielle, genau vorgeschriebenes Verhalten sichern dem Einflußreichen jene Überschaubarkeit des Lebens, die er als zwanghafter Charakter fordern muß. Im Militär, in der Justiz, im Beamtentum nimmt das Ritualisieren gelegentlich groteske Formen an. Der Staatsapparat mutet selber in manchen seiner Ausartungen wie die Ausgeburt einer zwangsneurotischen Phantasie an..., besonders wenn man die Aufblähung des Bürokratismus und der Beamtenwillkür in kapitalistischen und kommunistischen Ländern berücksichtigt... Allüberall findet man die Dressur des Menschen, die schon in der Erziehung beginnt und später durch zwanghafte Sitte und Moral weitergeführt wird... die gesamte auf Gewalt und Gefügigkeit aufgebaute Gesellschaftsordnung darf als eine ›Zwangswelt‹ angesprochen werden, die jeden Menschen, zu-

mindest in Andeutungen, zwangsneurotisch macht.«[165]

Freud konnte also die inneren Verwandtschaft zwischen religiösen Zwangsgedanken (z. B. sich immer wieder aufdrängenden religiösen Zweifeln, religiösem Grübelzwang) und Zwangshandlungen auf der einen Seite und dem gedanklichen und handlungsmäßigen Verhalten von Zwangsneurotikern auf der anderen Seite durch zahlreiche Parallelen belegen. Religion erschien ihm folgerichtig als Zwangsdynamismus, als »universelle Zwangsneurose«.[166]

Als Neurose steht die Religion natürlich auch mit der Sexualität in Verbindung. Freud hat die Neurose relativ früh mit seiner Libidotheorie in einen engen Zusammenhang gebracht. Zunächst hatte er sich darauf beschränkt, die Hysterie auf Sexualität zurückzuführen, wie das schon Plato und Teile der antiken Medizin getan hatten. Als er jedoch begann, das Verhalten der sogenannten Neurastheniker zu erforschen, die sich zahlreich in seiner Sprechstunde einzufinden pflegten, stellte er bei all diesen Kranken schwere Mißbräuche der Sexualfunktion fest. Das führte ihn dazu, Neurosen ganz allgemein als Störungen der Sexualfunktion anzusehen.[167] Sie resultierten aus Konflikten zwischen den sexuellen Regungen der Person und den Widerständen gegen die Sexualität. Um diesen Konflikt besser zu begreifen, müssen wir einen Aspekt von Freuds Libidotheorie[168] näher betrachten. Mit Libido bezeichnet er die Energie der Sexualtriebe. Freud spricht von Sexualtrieben (Plural!), weil die Libido sich zunächst beim Kleinkind aus einer ganzen Reihe von Triebkomponenten, sozusagen aus Partialtrieben zusammensetze. Die Sexualfunktion sei zwar von Anfang an vorhanden, lehne sich aber zunächst an die anderen lebenswichtigen Funktionen an, so daß sie nicht so leicht zu erkennen sei. Sie habe eine lange und komplizierte Entwicklung durchzumachen, bis aus ihr das normale Sexualleben des Erwachsenen entstehe. Würden die Klippen dieser Entwicklung nicht bestanden, so entständen Neurosen.

Die Libido des Kleinstkindes sei diffus und *autoerotisch*,

d. h. von verschiedenen eigenen erogenen Körperzonen abhängig. Eine erste höhere Entwicklungsstufe der Libido sei erreicht, wenn diese sich im Zusammenhang mit der Ernährung zum *oralen Partialtrieb* zentriere (1. bis 3. Lebensjahr); eine zweite, wenn die Libido im Verlauf der Gewöhnung des Kindes an Reinlichkeitsvorschriften *sadistisch-anale* Züge anzunehmen beginne (etwa vom 2. bis 4. Lebensjahr); eine dritte, wenn die Libido sich zum *phallischen* Trieb zusammengefaßt habe, in welcher Phase (3. bis 5. Lebensjahr) Besitz oder Nichtbesitz des Penis eine wichtige Rolle für das Kind spiele; eine vierte, wenn die drei soeben genannten Partialtriebe der Libido in der mit dem 5. Lebensjahr einsetzenden *Ödipusphase* gebündelt werden, indem

»*der Knabe seine sexuellen Wünsche auf die Person der Mutter konzentriert und feindselige Regungen gegen den Vater als Rivalen entwickelt.*«[169]

Auch das Mädchen macht kurioserweise nach Freud eine Ödipusphase durch (weswegen er ja auch die Entstehung von Religion – wir wir gesehen haben – generell aus dem Ödipuskomplex erklären kann):

»*In analoger Weise stellt sich das kleine Mädchen ein, alle Variationen und Abfolgen des Ödipuskomplexes werden bedeutungsvoll, die angeborene bisexuelle Konstitution macht sich geltend und vermehrt die Anzahl der gleichzeitig vorhandenen Strebungen. Es dauert eine ganze Weile, bis das Kind über die Unterschiede der Geschlechter Klarheit gewinnt.*«[170]

Freud hat die soeben geäußerte Ansicht über den Ödipuskomplex der Mädchen allerdings später etwas korrigiert.[171]

Nach dem ersten Höhepunkt der menschlichen Sexualität im vierten und fünften Lebensjahr trete eine Verdrängung der bisher lebhaften Strebungen und damit eine bis zur Pubertät dauernde *Latenzzeit* ein, während welcher sich die Sittlichkeit im engeren Sinne, Scham, Ekel, Mitleid u. ä. herausbildeten. Erst in der *Pubertätszeit* könne es zu spezifisch genitaler Sexualität kommen, also zur nach

Freud eigentlichen Wesensverwirklichung der Libido. Die genitale Organisation der Sexualität ist sozusagen das Ziel der Entwicklungsphasen der Libido, ihre innere Entelechie. Freud meint mit dieser genitalen Phase einen einigermaßen harmonischen Zustand der Persönlichkeit, in dem die Libido sich ganz auf einen fremden (nicht mehr wie in der Ödipusphase inzestuösen) Partner des anderen Geschlechts ausgerichtet und mit ihm sexuell vereinigt hat, so daß die weiterbestehenden Partialtriebe in die genitale Trieberfüllung integriert sind.[172]

Dieser hier kurz skizzierte libidinöse Entwicklungsgang birgt natürlich infolge seiner Länge und Kompliziertheit Gefahren und damit die Quellen möglicher Neurosen. Die Libido macht die beschriebene Entwicklung »nicht immer tadellos mit«[173], weil es infolge der Überstärke einzelner Triebkomponenten oder frühzeitiger Befriedigungserlebnisse zu »Fixierungen der Libido an gewissen Stellen des Entwicklungsweges«[174] komme. Zu solchen Fixierungsstellen strebe dann die Libido im Falle einer späteren Verdrängung zurück (Regressionsphänomen), so daß diese Stellen auch für die Arten der Neurose, die auf dieser Grundlage aufträten, verantwortlich seien.

Falsche Sexualerziehung, mißglückende Ausbalancierung der in der Pubertät miteinander ringenden sexuellen Anregungen der kindlichen Frühzeit mit den Hemmungen der Latenzperiode, Nichtfertigwerden mit den Anforderungen der Kultur und Gesellschaft, die vom einzelnen Hemmung und Einschränkung sexuellen Auslebens (Triebverzicht) und Sublimierung des Sexus für sozialkulturelle Zwecke verlange – das ist nach Freud der Nährboden für alle Arten von Neurosen. Die Gefahr der Neurose gelte schon insofern für jeden Menschen, als die »Zweizeitigkeit« der Sexualentwicklung, gegeben durch die oben charakterisierte Latenzperiode, von allen Lebewesen nur ihm zuzukommen scheine und »vielleicht die biologische Bedingung seiner Disposition zur Neurose«[175] darstelle.

Während der psychisch gesunde Mensch realitätstüchtig sei, dem Realitätsprinzip das Lustprinzip unterordne, flüchte sich der Neurotiker in eine Welt der Phantasien, Träume, Wünsche.

»Die Neurotiker sind jene Klasse von Menschen, die es bei widerstrebender Organisation unter dem Einflusse der Kulturanforderungen zu einer nur scheinbaren und immer mehr mißglückenden Unterdrückung ihrer Triebe bringen, und die darum ihre Mitarbeiterschaft an den Kulturwerken nur mit großem Kräfteaufwand, unter innerer Verarmung, aufrechterhalten oder zeitweise als Kranke aussetzen müssen.«[176]

Für den Rationalisten Freud ist es aber erschreckend, festzustellen, daß die Menschheit in ihrem überwiegenden Teil auch noch heute von einer neurotischen Unreife ist. Illusionen, Wünsche und Wahngebilde, »Ideologien«, gefühlsbedingte Blindheit seien für die modernen Menschenkollektive charakteristisch. Freud kritisiert am modernen Massenmenschen seinen Mangel an Selbständigkeit und Initiative, an Originalität und persönlichem Mut, die Gleichartigkeit seiner Reaktionen mit der aller anderen, sein Herabsinken zum Massenelement, die Schwächung der intellektuellen Leistung, die Ungehemmtheit der Gefühlsausbrüche und die Unfähigkeit zur Mäßigung und zum Aufschub, die Neigung zur vollen Abfuhr der Gefühlsäußerung in Handlung, das Beherrschtseinwollen von einem Führer.[177] Alle diese negativen Eigenschaften des Massenmenschen ergeben

»ein unverkennbares Bild von Regression der seelischen Tätigkeit auf eine frühere Stufe, wie wir sie bei Wilden oder bei Kindern zu finden nicht erstaunt sind... Wir erhalten so den Eindruck eines Zustandes, in dem die vereinzelte Gefühlsregung und der persönliche intellektuelle Akt des Individuums zu schwach sind, um sich allein zur Geltung zu bringen, und durchaus auf Bekräftigung durch gleichartige Wiederholung von seiten der anderen warten müssen.«

Vor allem das von ihm als Merkmal des Massenmenschen

hervorgehobene Beherrschtseinwollen von einem Führer ist für Freud ein typisches Regressionsphänomen, ein Beweis der Rückkehr der seelischen Tätigkeit auf eine frühere Stufe. Der Führer ist im Grunde das starke Männchen der Urhorde, der Urvater. Die Schicksale dieser Urhorde haben »unzerstörbare Spuren in der menschlichen Erbgeschichte hinterlassen«, und die menschlichen Massen von heute erscheinen als nichts anderes »als ein Wiederaufleben der Urhorde«. Sie zeigen uns

»das vertraute Bild des überstarken Einzelnen inmitten einer Schar von gleichen Genossen, das auch in unserer Vorstellung von der Urhorde enthalten ist... So wie der Urmensch in jedem einzelnen virtuell enthalten ist..., so kann sich aus einem beliebigen Menschenhaufen die Urhorde wieder herstellen; soweit die Massenbildung die Menschen habituell beherrscht, erkennen wir den Fortbestand der Urhorde in ihr.«

Freud ist überzeugt: *»Der Führer der Masse ist noch immer der gefürchtete Urvater, die Masse will immer noch von unbeschränkter Gewalt beherrscht werden, sie ist im höchsten Grade autoritätssüchtig, hat nach Le Bons Ausdruck den Durst nach Unterwerfung.«*

Die Bindung der Massenmenschen an den Führer und untereinander ist nach Freud libidinöser Natur.

»Der Urvater hatte seine Söhne an der Befriedigung ihrer direkten sexuellen Strebungen gehindert; er zwang sie zur Abstinenz und infolgedessen zu den Gefühlsbindungen an ihn und aneinander, die aus den Strebungen mit gehemmten Sexualziel hervorgehen konnten. Er zwang sie sozusagen in die Massenpsychologie.«

Etwas Ähnliches geschieht bei den heutigen Massen. Alle ihre Bindungen sind »von der Art der zielgehemmten Triebe«. Ihnen genügt der Glaube bzw. die Vorspiegelung, daß der Führer sie alle und jeden einzelnen von ihnen »in gleicher und gerechter Weise« liebt. Wir haben es dabei mit der »idealistischen Umarbeitung« der Verhältnisse der Urhorde zu tun, in der sich die Söhne alle in gleicher Weise vom Urvater verfolgt wußten und ihn in gleicher Weise fürchteten.

Trotzdem handelt es sich auch bei dieser idealistischen Weiterentwicklung der Verhältnisse der Urhorde um *sexualneurotische Unreife*. Denn auf die durch die Natur des Genitalzieles vorgezeichnete höchste Entwicklungsstufe der Libido, die auf zwei heterosexuelle Personen eingeschränkte Geschlechtsliebe, also auf die Stufe direkter Sexualstrebung vermag sich die Masse nicht zu erheben. Zwar gab es in der Entwicklungsgeschichte der Sexualität und gibt es heute wieder verstärkt Massenbeziehungen der sexuellen Liebe (Gruppenehe etc.),

»aber je bedeutungsvoller die Geschlechtsliebe für das Ich wurde, je mehr Verliebtheit sie entwickelte, desto eindringlicher forderte sie die Einschränkung auf zwei Personen – una cum uno –... Die polygamen Neigungen wurden darauf angewiesen, sich im Nacheinander des Objektwechsels zu befriedigen. Die beiden zum Zweck der Sexualbefriedigung aufeinander angewiesenen Personen demonstrieren gegen den Herdentrieb, das Massengefühl, indem sie die Einsamkeit aufsuchen. Je verliebter sie sind, desto vollkommener genügen sie einander... Die äußerst heftigen Gefühlsregungen der Eifersucht werden aufgeboten, um die sexuelle Objektwahl gegen die Beeinträchtigung durch eine Massenbindung zu schützen.«

Das »Weib als Sexualobjekt«, die »Liebesbeziehung zwischen Mann und Weib« bleibt also außerhalb heutiger Massenorganisationen.

»Auch wo sich Massen bilden, die aus Männern und Weibern gemischt sind, spielt der Geschlechtsunterschied keine Rolle. Es hat kaum einen Sinn zu fragen, ob die Libido, welche die Massen zusammenhält, homosexueller oder heterosexueller Natur ist, denn sie ist nicht nach den Geschlechtern differenziert und sieht insbesondere von den Zielen der Genitalorganisation der Libido völlig ab.«

Natürlich würde ein Weib aus der Masse mal ganz gern

mit dem Führer koitieren oder ein homosexuell Veranlagter mit ihm in engeren Kontakt kommen, aber er ist ihrer Libido im allgemeinen nicht erreichbar, und man findet sich bei ihm als dem aus der Masse Herausgehobenen damit leichter ab, so wie man ihm auch innerlich alle Freiheiten gestattet, die man selbst nicht besitzt. Auch damit ist die Analogie, mehr: die Verwandtschaft zur primitiven Urhorde gegeben:

»Die einzelnen der Masse waren so gebunden, wie wir sie heute finden, aber der Vater der Urhorde war frei. Seine intellektuellen Akte waren auch in der Vereinzelung stark und unabhängig, sein Wille bedurfte nicht der Bekräftigung durch den anderen. Wir nehmen konsequenterweise an, daß sein Ich weniger libidinös gebunden war, er liebte niemand außer sich, und die anderen nur, insoweit sie seinen Bedürfnissen dienten. Sein Ich gab nichts Überschüssiges an die Objekte ab.«

Auch heute darf der Führer im Bewußtsein der Masse, »von Herrennatur sein, absolut narzißtisch, aber selbstsicher und selbständig«. Er darf seine Libido auf ein von ihm ausgewähltes Weib fixieren, die Möglichkeit der Befriedigung, »ohne Aufschub und Aufspeicherung«, ungehemmt realisieren, somit zielgehemmte Sexualstrebungen, nach Freud die Bedingung für die Entstehung zärtlicher Gefühle, humaner Liebe, soziokultureller Leistungen, erst gar nicht aufkommen lassen, so daß sein Narzißmus sich unbegrenzt entfalten kann.

Die Masse, die Mehrheit der heutigen Menschheit ist also nach Freud von einer neurotischen Unreife gekennzeichnet, weil sie auf phylogenetisch wie ontogenetisch frühe Phasen der Libidoentwicklung fixiert ist. Wir erinnern uns: Für Freud sind alle Neurosen Folgen falscher Libidoentwicklung, -fixierung bzw. -erziehung. Phylogenetisch, hier in bezug auf das Verhältnis der Masse zur Urhorde und zum Urvater, haben wir den Sachverhalt bereits hinreichend geschildert. Ontogenetisch, im Hinblick auf das Verhältnis jedes einzelnen Massenmenschen zu seiner Kindheit, ist noch nachzutragen: Das Stadium der Libidoentwicklung des Kindes, auf die der erwachsene Massenmensch fixiert bleibt, ist die oben charakterisierte Ödipusphase, aber auch die ihr noch unmittelbar vorausgehende Zeit der Identifikation mit dem Vater. Unter Identifizierung versteht Freud die früheste und ursprünglichste Äußerung bzw. Form einer Gefühlsbindung an eine andere Person. Der kleine Junge – das gehört zur Vorgeschichte des Ödipuskomplexes – interessiert sich lebhaft für den Vater,

»*er möchte so werden und so sein wie er, in allen Stücken an seine Stelle treten ... er nimmt den Vater zu seinem Ideal ... Gleichzeitig mit dieser Identifizierung mit dem Vater, vielleicht sogar vorher, hat der Knabe begonnen, eine richtige Objektbesetzung der Mutter nach dem Anlehnungstypus vorzunehmen. Er zeigt also dann zwei psychologisch verschiedene Bindungen, zur Mutter eine glatt sexuelle Objektbesetzung, zum Vater eine vorbildliche Identifizierung. Die beiden bestehen eine Weile nebeneinander, ohne gegenseitige Beeinflussung oder Störung. Infolge der unaufhaltsam fortschreitenden Vereinheitlichung des Seelenlebens treffen sie sich endlich, und durch dies Zusammenströmen entsteht der normale Ödipuskomplex. Der Kleine merkt, daß ihm der Vater bei der Mutter im Wege steht; seine Identifizierung mit dem Vater nimmt jetzt eine feindselige Tönung an und wird mit dem Wunsch identisch, den Vater auch bei der Mutter zu ersetzen. Die Identifizierung ist eben von Anfang an ambivalent; sie kann sich ebenso zum Ausdruck der Zärtlichkeit wie zum Wunsch der Beseitigung wenden.*«

Sie ist nach Freud ein Abkömmling der oralen Phase, in der man sich das begehrte und geschätzte Objekt durch Essen einverleibte und es so vernichtete.

Eine Identifizierung vollzieht auch der Mensch in der Masse. Die Rolle des Vaters, mit dem sich der kleine Knabe identifizierte, spielt aber hier der Führer. Der Mensch ist ein »Hordentier«, das sich mit dem die Horde anführenden Oberhaupt identifiziert. Der einzelne gibt sein Ichideal auf und vertauscht es gegen das im Führer verkörperte Massenideal. Diese Aufgabe fällt nach Freud um so leichter, je geringer der Abstand zwischen Ich und Ichideal beim einzelnen Individuum ist. Dieser geringe Abstand sei charakteristisch für viele unreife Individuen, die sich infolge der geringen Entfernung zwischen dem, was sie ihrer Meinung nach sein sollten, und dem, was sie faktisch sind, in der narzißtischen Selbstgefälligkeit ihrer frühkindlichen Entwicklung sonnten.

»*Die Wahl des Führers wird durch dies Verhältnis sehr erleichtert. Er braucht oft nur die typischen Eigenschaften dieser Individuen in besonders scharfer und reiner Ausprägung zu besitzen und den Eindruck größerer Kraft und libidinöser Freiheit zu machen, so kommt ihm das Bedürfnis nach einem starken Oberhaupt entgegen und bekleidet ihn mit der Übermacht, auf die er sonst vielleicht keinen Anspruch hätte. Die anderen, deren Ichideal sich in seiner Person sonst nicht ohne Korrektur verkörpert hätte, werden dann ›suggestiv‹, d. h. durch Identifizierung mitgerissen.*«

Der Führer wirkt wie ein Hypnotiseur, und er

»*weckt... beim Subjekt ein Stück von dessen archaischer Erbschaft, die auch den Eltern entgegenkam und im Verhältnis zum Vater eine individuelle Wiederbelebung erfuhr, die Vorstellung von einer übermächtigen und gefährlichen Persönlichkeit, gegen die man sich nur passiv-masochistisch einstellen konnte, an die man seinen Willen verlieren mußte und mit der allein zu sein, ›ihr unter die Augen zu treten‹ ein bedenkliches Wagnis schien... Der unheimliche, zwanghafte Charakter der Massenbildung, der sich in ihren Suggestionserscheinungen zeigt, kann also wohl mit Recht auf ihre Abkunft von der Urhorde zurückgeführt werden.*«

Trotzdem gibt es nach Freud einen bemerkenswerten Unterschied zwischen der Vater- und der Führeridentifikation. Der Massenmensch merkt, fühlt, ahnt oder glaubt, daß der Führer für ihn eine Nummer zu groß ist, daß er sich nicht völlig mit ihm identifizieren kann, auch keinen

Führerersatz (analog zur Ersetzung des Vaters durch den Sohn) darstellen könnte. So kommt es beim Massenmenschen nicht eigentlich zu einer Ichidentifikation mit dem Führer, sondern zu einer Objektwahl, zur Einsetzung des Objekts »Führer« an die Stelle des eigenen Ichideals (das ja – als Ideal – dem eigenen Ich ebenfalls unerreichbar erscheint), zur »Ichidealersetzung durch das Objekt«. Die Identifikationsprozesse werden dann nivelliert, gleichsam in die Horizontale verlegt, indem man sich mit seinesgleichen, also den anderen Massenindividuen, identifiziert, sozusagen unter der Sonne des allen gemeinsam leuchtenden Führerideals Solidarität, Gemeinschaftsgefühl, Hilfeleistung, eventuell Güterteilung untereinander praktiziert. So vervielfältigt die Masse gleichsam den Vorgang der Hypnose,

»sie stimmt mit der Hypnose in der Natur der sie zusammenhaltenden Triebe und in der Ersetzung des Ichideals durch das Objekt überein, aber sie fügt die Identifizierung mit anderen Individuen hinzu, die vielleicht ursprünglich durch die gleiche Beziehung zum Objekt ermöglicht wurde.«[178]

Freuds Grundüberzeugung von der Entstehung jeglicher Religion aus dem Ödipuskomplex bestätigt sich ihm also noch einmal bei der Analyse des Persönlichkeits- und Führerkults der modernen Menschenmassen. Ihre neurotische Fixierung auf frühmenschheitliche und frühkindliche Stufen der Libidoentwicklung ist Verhaftetsein im Ödipuskomplex. Freud wird nicht müde zu betonen, daß sich ihm mit zunehmender Erfahrung dieser Komplex immer deutlicher als der Kern aller Neurosen herausstellte.[179] Gleichsam für die Verewigung der neurotisch-infantilen Fixiertheit des überwiegenden Teils der modernen Menschheit sorgt nun aber nach Freud auch heute noch am meisten die Religion, da sie im Vergleich mit anderen Mächten (Philosophie, Kunst etc.) der bei weitem ernsthafteste Feind der Wissenschaft sei.[180] Nur die Wissenschaft aber sei es, die dem »psychologischen Ideal, dem Primat der Intelligenz« und der Vernunft diene und so die sexuellen Denkhemmungen und die sie rechtfertigenden religiösen Denkverbote abbauen könne, das falsche pädagogische Ideal der »Verzögerung der sexuellen Entwicklung und Verfrühung des religiösen Einflusses«[181] zu korrigieren vermöge.[182] Sie allein ermögliche es, »etwas über die Realität der Welt zu erfahren, wodurch wir unsere Macht steigern und wonach wir unser Leben einrichten können«. Sie allein könne auch die Menschheit aus der Infantilität herausführen, die Erziehung zur Realität und Wahrheit ohne alle Illusionen übernehmen. Die religiösen Lehrsätze aber seien keine Wahrheit, sondern »gleichsam neurotische Relikte«, und es sei »an der Zeit, wie in der analytischen Behandlung des Neurotikers, die Erfolge der Verdrängung durch die Ergebnisse der rationellen Geistesarbeit zu ersetzen«.

Religion als notwendige Evolutionsstufe der Menschheit, als ihre neurotische Durchgangsphase auf dem Wege zur Reife müsse heute abdanken.

»Über das Menschenkind wissen wir, daß es seine Entwicklung zur Kultur nicht gut durchmachen kann, ohne durch eine bald mehr, bald minder deutliche Phase von Neurose zu passieren. Das kommt daher, daß das Kind so viele der für später unbrauchbaren Triebansprüche nicht durch rationelle Geistesarbeit unterdrücken kann, sondern durch Verdrängungsakte bändigen muß, hinter denen in der Regel ein Angstmotiv steht. Die meisten dieser Kinderneurosen werden während des Wachstums spontan überwunden, besonders die Zwangsneurosen der Kindheit haben dies Schicksal. Mit dem Rest soll auch noch später die psychoanalytische Behandlung aufräumen. In ganz ähnlicher Weise hätte man anzunehmen, daß die Menschheit als Ganzes in ihrer säkularen Entwicklung in Zustände gerät, welche den Neurosen analog sind, und zwar aus denselben Gründen, weil sie in den Zeiten ihrer Unwissenheit und intellektuellen Schwäche die für das menschliche Zusammenleben unerläßlichen Triebverzichte nur durch rein affektive Kräfte zustande gebracht hat. Die Niederschläge

der in der Vorzeit vorgefallenen verdrängungsähnlichen Vorgänge hafteten der Kultur dann noch lange an. Die Religion wäre die allgemein menschliche Zwangsneurose, wie die des Kindes stammte sie aus dem Ödipuskomplex, der Vaterbeziehung. Nach dieser Auffassung wäre vorauszusehen, daß sich die Abwendung von der Religion mit der schicksalsmäßigen Unerbittlichkeit eines Wachstumsvorganges vollziehen muß und daß wir uns gerade jetzt mitten in dieser Entwicklungsphase befinden.«

Religion vermag Mensch und Menschheit deshalb in einer derartigen Unmündigkeit zu halten, weil sie ihnen die Erfüllung der »ältesten, stärksten, dringendsten Wünsche« verheißt. »Das Geheimnis ihrer Stärke ist die Stärke dieser Wünsche.« Es sind Wünsche, wie sie das hilflose Kleinkind hatte, die aber jetzt gleichsam ins Unendliche potenziert sind (Ersatz des menschlichen Vaters durch einen allmächtigen Vatergott, der väterlichen Fürsorge durch eine allweise und -gütige Vorsehung, der Erhaltung des begrenzten menschlichen Lebens durch die Verheißung unsterblichen, ewigen Lebens usw.). Die Religion ist sozusagen die klassische, systematisierte Gestalt der enormen Wunschgebilde, die der Kind gebliebene Erwachsene hat. So bringt sie zwar einerseits Zwangseinschränkungen, wie nur eine individuelle Zwangsneurose, enthält aber andererseits »ein System von Wunschillusionen mit Verleugnung der Wirklichkeit, wie wir es isoliert nur bei einer Amentia, einer glückseligen halluzinatorischen Verworrenheit, finden«.[183]

Gerade deshalb ist der Fromme in hohem Grade gegen so manche individuelle neurotische Erkrankung gefeit. Die innere Zugehörigkeit zur Religion als einer allgemeinen Neurose enthebt ihn der Gefahr, eine persönliche Neurose auszubilden. Was Freud im folgenden sagt, ist eine wenigstens z. T. treffende Charakteristik auch der heutigen Kirchen- und Jugendreligionenszene, die er ja nicht mehr miterlebt hat. Er sagt nämlich:

»Auch wer das Schwinden der religiösen Illusionen in der

heutigen Kulturwelt nicht bedauert, wird zugestehen, daß sie den durch sie Gebundenen den stärksten Schutz gegen die Gefahr der Neurose boten, so lange sie selbst noch in Kraft waren. Es ist auch nicht schwer, in all den Bindungen an mystisch-religiöse oder philosophisch-mystische Sekten und Gemeinschaften den Ausdruck von Schiefheilungen mannigfaltiger Neurosen zu erkennen. Das alles hängt mit dem Gegensatz der direkten und zielgehemmten Sexualstrebungen zusammen. Sich selbst überlassen, ist der Neurotiker genötigt, sich die großen Massenbildungen, von denen er ausgeschlossen ist, durch seine Symptombildungen zu ersetzen. Er schafft sich seine eigene Phantasiewelt, seine Religion, sein Wahnsystem und wiederholt so die Institutionen der Menschheit in einer Verzerrung, welche deutlich den übermächtigen Beitrag der direkten Sexualstrebungen bezeugt.«

In diesem Zusammenhang analysiert Freud eingehend die Kirche. Sie ist ihm eine »künstliche Masse«, weil man in der Regel nicht befragt, bzw. es einem nicht freigestellt wird, ob man in eine solche Masse eintreten will. »Der Versuch des Austrittes wird gewöhnlich verfolgt oder strenge bestraft oder ist an ganz bestimmte Bedingungen geknüpft.« Wesentlich für das Zusammengehörigkeitsgefühl der zur Kirche gehörenden Massen sei die *»Vorspiegelung (Illusion), daß ein Oberhaupt da ist... das alle einzelnen der Masse mit der gleichen Liebe liebt. An dieser Illusion hängt alles; ließe man sie fallen, so zerfiele sofort, soweit der äußere Zwang es gestattete, die Kirche.«*[184] Christus bzw. sein Stellvertreter, der Papst, spiele die Rolle des »Vaterersatzes« für die gläubige Masse. Jeder einzelne in ihr ist einerseits an diesen Vaterersatz oder Führer, andererseits an die anderen Massenindividuen libidinös gebunden. Das Christentum stelle allerdings eine Variante, eine gewisse »Weiterentwicklung der Libidoverteilung in der Masse« dar, und das ist »wahrscheinlich das Moment, auf welches das Christentum den Anspruch gründet, eine höhere Sittlichkeit gewonnen zu haben«.[185]

Im Vergleich zum Vatergott des Judentums spiele Christus für die Christen neben seiner Sohnesrolle im Grunde auch die Rolle des zum Weltschöpfer erhöhten Vaters der Urhorde.[186] Wie alle religiösen und sozialen Führer wirke Christus auf die Masse wie ein Hypnotiseur.

»Der Hypnotiseur behauptet, im Besitz einer geheimnisvollen Macht zu sein, die dem Subjekt den eigenen Willen raubt, oder, was dasselbe ist, das Subjekt glaubt es ihm. Diese geheimnisvolle Macht – populär noch oft als tierischer Magnetismus bezeichnet – muß dieselbe sein, welche den Primitiven als Quelle des Tabu[187] *gilt, dieselbe, die von Königen und Häuptlingen ausgeht und die es gefährlich macht, sich ihnen zu nähern (Mana).«*

Freud versucht auch, das Phänomen der Intoleranz religiöser Massen plausibel zu machen.

»Im Grunde ist ... jede Religion eine ... Religion der Liebe für alle, die sie umfaßt, und jeder liegt Grausamkeit und Intoleranz gegen die nicht dazugehörigen nahe ... Wenn diese Intoleranz sich heute nicht mehr so gewalttätig und grausam kundgibt wie in früheren Jahrhunderten, so wird man daraus kaum auf eine Milderung in den Sitten der Menschen schließen dürfen. Weit eher ist die Ursache davon in der unleugbaren Schwächung der religiösen Gefühle und der von ihnen abhängigen libidinösen Bindungen zu suchen. Wenn eine andere Massenbindung an die Stelle der religiösen tritt, wie es jetzt der sozialistischen zu gelingen scheint, so wird sich dieselbe Intoleranz gegen die Außenstehenden ergeben wie im Zeitalter der Religionskämpfe.«

In einem gewissen Maße nivelliert sich aber heute auch die Intoleranz einer Masse dadurch, daß gegenwärtig jeder einzelne sozusagen »Anteil an vielen Massenseelen«[188] hat, an der seiner Rasse, seiner Schicht oder Klasse, seiner Glaubensgemeinschaft, seiner Nation, seines Staates und dergleichen mehr.

2.2 Die Kritik am psychoanalytischen Religionskonzept Freuds im Rahmen einer kritischen Generalüberprüfung des kosmischen Erlebens überhaupt. Oder: Der Weg führt durch Freud über Freud hinaus.

Nach Ludwig Feuerbach und Karl Marx bedeutet Sigmund Freud in der Geschichte der modernen religionskritischen Aufklärung einen weiteren Meilenstein. Wie Marx die Phase der wissenschaftlichen sozio-ökonomischen Analyse der Religion eingeleitet hat, so Freud das Stadium der wissenschaftlichen psychoanalytischen Durchleuchtung religiöser Akte, Inhalte und Vorstellungen. Beide aber sind abhängig von der Projektionstheorie Feuerbachs. Sowohl die Opium-Theorie von Marx (Religion als durch wirtschaftliche und gesellschaftliche Zustände und Interessen bedingte Vertröstung auf den Himmel) wie Freuds Illusionstheorie fußen auf Feuerbachs Religionsbegriff der Projektion, wonach der Mensch sein eigenes Wesen von den mannigfaltigen Einschränkungen seines individuellen, sinnlich-leiblichen Seins und Daseins befreit, vergegenständlicht, in eine Überwelt projiziert und dann als ein solches göttliches und fremdes Wesen anschaut und verehrt. Religion als Verlegung des eigenen Wesens außerhalb seiner selbst und damit seine Verfremdung zu einem anderen Wesen, das angebetet wird. Religion also als erstes, aber nur indirektes Selbstbewußtsein des Menschen[189] – über dieser Grundthese Feuerbachs wölben sich die imposanten Religionsgebäude eines Marx wie eines Freud.

Nicht nur Feuerbachsche Ideen finden wir im Werk Freuds wieder, vielmehr ist dieses gleichsam ein originelles Konzentrat religionskritischer Aperçus, Motive und An-

Rousseau, Voltaire, Holbach, Lessing, Heine u. a. Das Vorkommen dieser Motive in seinen Werken ist umso bemerkenswerter, als Freud die meisten Klassiker der Aufklärung gar nicht oder nur oberflächlich studiert hat.[190] Die Übereinstimmung mit ihnen dürfte also aus der Natur und Struktur des untersuchten Gegenstandes selbst, also der Religion, stammen, was die Relevanz von Freuds religionskritischem Werk noch erhöht. Er selbst hat sich zu diesem Zusammenhang seines Werkes mit früheren Religionskritikern denkbar bescheiden geäußert:

»Ich habe nichts gesagt, was nicht andere, bessere Männer viel vollständiger, kraftvoller und eindrucksvoller vor mir gesagt haben. Die Namen dieser Männer sind bekannt; ich werde sie nicht anführen, es soll nicht der Anschein geweckt werden, daß ich mich in ihre Reihe stellen will. Ich habe bloß – dies ist das einzig Neue an meiner Darstellung – der Kritik meiner großen Vorgänger etwas psychologische Begründung hinzugefügt.«[191]

Genau in dieser »Hinzufügung« aber liegt Freuds imposanter Beitrag zur wissenschaftlichen Kritik der Religion, seine nicht anders denn als revolutionär zu bezeichnende Neuerung. Denn angesichts der Tatsache, daß es einen Mann namens Sigmund Freud gegeben hat, der mit dem Rüstzeug psychoanalytisch verfeinerter und geschärfter Denkmethoden an das mysteriöse Objekt Religion herangetreten ist, kann es sich keiner mehr leisten, Behauptungen über dieses Objekt aufzustellen, ohne seine Thesen auf ihre unterbewußten und triebhaften Voraussetzungen und Hintergründe hin zu befragen. Tut er dies nicht, so setzt er sich in der nachfreudschen Ära von vornherein dem Ideologieverdacht aus, dem Verdacht, daß seine weltanschaulich-religiösen Ideale bzw. seine a- oder antireligiösen Axiome Wunschprojektionen seiner Psyche, illusionäre Setzungen sind. Die Einläutung der psychoanalytischen Phase der Religionskritik bedeutet mithin, daß keiner mehr Sachverhalte der Religion behaupten oder negieren kann, ohne gleichzeitig psychoanalytische Reflexionen über die Ermöglichungsbedingungen seiner Stellungnahmen anzustellen. Auch wenn in den oft voluminösen Werken der vor Freud lebenden Religionskritiker ein gewaltiger Schatz psychologischer Delikatessen zum Thema Religion enthalten ist, so ist es doch Freuds epochales Verdienst, der naiv-psychologisierenden, ohne folgerichtige Methode vorgehenden, mehr auf zufälligen Einfällen, Geistesblitzen und fragmentarischen Einsichten in das Seelenleben beruhenden Phase der Religionskritik ein Ende bereitet zu haben. Wie die Überleitung der Phase der naiv-soziologischen Bemühungen um die Aufhellung des gesellschaftlichen Wesens der Religion in das Stadium der wissenschaftlich-soziologischen Analyse vor allem das Verdienst von Karl Marx ist, so steht der Name Sigmund Freud als eindrucksvolles Symbol für den Anbruch der wissenschaftlich-psychologischen und tiefenpsychologischen Betrachtungsweise der Religion.

Wir haben dieser einschneidenden Erneuerung der Religionskritik durch Freud dadurch Rechnung getragen, daß wir den religionswissenschaftlichen Aspekt in seinem Gesamtwerk ausführlich darstellten und uns auch nicht scheuten, längere Zitate anzuführen, um den Leser in den Stand zu setzen, Freuds eigene, durch Klarheit und Durchsichtigkeit, Schönheit und Kraft brillierende Sprache zu vernehmen. Auch war es unumgänglich, wenigstens einige – längst nicht alle[192] – psychoanalytische Grundbegriffe und Methoden in dem Maße zu erläutern, in dem dies für das Verständnis ihrer Anwendung auf die Religion nötig erschien. Termini wie Illusion, Wunsch, Neurose, Angst, Fixierung, Ödipuskomplex usw. mußten in ihrem Freudschen, und das heißt vom Alltagsgebrauch dieser Ausdrücke oft genug abweichenden Sinn erst einmal charakterisiert werden. Daß selbst dies in dem hier gegebenen Rahmen keineswegs erschöpfend geschehen konnte, liegt angesichts der achtzehn Bände umfassenden Ausgabe von

Freuds gesammelten Schriften auf der Hand.

Die Einführung der psychoanalytischen und tiefenpsychologischen Betrachtungsweise in die Erforschung des Religiösen durch Freud bedeutet selbstredend keinen Freibrief für ihn selbst. Er muß sich an dem Maßstab messen lassen, den er selbst aufgerichtet hat. Das heißt, daß der vor allem seit dem Tode Freuds enorm verfeinerte Apparat tiefenpsychologischer Diagnostik auch auf sein religionskritisches System anzuwenden ist. Eine derartige Überprüfung seines Systems zeigt, daß der Vater der Psychoanalyse so manches für ein exaktes Ergebnis empirisch-psychologischer Forschung hielt, was nur ein gesellschaftliches Vorurteil seiner Zeit oder gar nur eine subjektiv-persönliche Erfahrung war. Aber auch darin zeigt sich vielleicht noch einmal Freuds Genie, daß man ihn zwar schlagen kann – jedoch nur mit seinen eigenen Waffen, daß er sozusagen die Rahmenbedingungen festlegt, unter denen er widerlegt zu werden vermag.

Eine ganze Portion persönlicher, subjektiver Erfahrung verbirgt sich zum Beispiel hinter Freuds Generalthese, die Religion entstehe individuell wie kollektiv aus dem Ödipuskomplex. Man hat ihm vorgeworfen, er habe unbesehen und zur Gänze seinen eigenen Ödipuskomplex in die Urgeschichte der Menschheit zurückprojiziert.[193] Eine entsprechende Neurose, entstanden aus damals unbewußtem Neid gegenüber seinem patriarchalischen, autoritären Vater, der im Alter von über vierzig Jahren eine mehr als zwanzig Jahre jüngere Frau geheiratet hatte, zugleich eine leidenschaftliche kindliche Zuneigung zu seiner jugendlichen Mutter – also alle Merkmale eines Ödipuskomplexes – hat Freud in der Tat in einer späteren Selbstanalyse freimütig zugegeben.

Doch kann mit diesem autobiographischen Hinweis Freuds individual- und kollektivgenetische Erklärung der Religion nicht einfach ad acta gelegt werden. Ganz besonders nicht in unserem »christlichen Abendland«, in dem der Vatergott soziologisch und psychologisch zweifellos eine so große Rolle gespielt hat. Zwar wird man den Ödipuskomplex als solchen zur Erklärung der Entstehung der Religion in Mensch und Menschheit kaum mehr heranziehen können, da er empirisch weder durch Psychologen noch durch Kultursoziologen erhärtet werden konnte. Es gibt Naturvölker, wie beispielsweise die Melanesier, bei denen der Ödipuskomplex in der von Freud charakterisierten Form nicht vorkommt. Und auch in unserer modernen Gesellschaft ist der Ödipuskomplex in Gestalt inzestuöser Bindung des Kindes an den Elternteil des anderen Geschlechts, verbunden mit Haß gegen den gleichgeschlechtlichen Elternteil, nicht die Regel.

Zu fragen bleibt jedoch, ob die Beziehungen, Auseinandersetzungen, Konflikte des Kindes mit dem Vater, also möglicherweise ein Vaterkomplex im weiteren Sinne, nicht die Basis der Entstehung von Religion im Menschen darstellen. Immer schon wurde von Schriftstellern, Erziehern, Philosophen usw. auf die überragende, prägende Bedeutung der Kindeszeit für Charakter, Persönlichkeits- und Weltbild des Erwachsenen aufmerksam gemacht. Gerade das Erlebnis des Vaters aber spielt in dieser Kindheitsphase eine außerordentliche Rolle. Denn die selbstverständliche, natürlich-naturhafte Umwelt des Säuglings ist die Mutter. Die Symbiose zwischen ihnen ist zunächst so unmittelbar und eng, daß man von einem geschlossenen Zweiersystem Mutter-Kind sprechen kann, das dem letzteren gleichsam unendliche Geborgenheit im Schoße der Wirklichkeit vermittelt. Daher bedeutet es eine wirkliche Erschütterung, geradezu eine Revolutionierung des »Weltbildes« des Kleinkinds, wenn es sich – irgendwann im zweiten oder dritten Lebensjahr – zum Vater in Beziehung setzen muß. Das fast hermetisch abgeriegelte Zweiersystem Mutter-Kind wird aufgesprengt, das mit ihm gegebene unproblematische Verhältnis wird von einer Dreierbeziehung abgelöst, die viel problemgeladener und konfliktreicher ist.

Eine neue dreipolige Welt eröffnet sich dem Kind. Es muß sich innerlich mit jemand auseinandersetzen, der wie es selbst der Mutter nicht gleichgültig ist. Das birgt den Stoff für Rivalität, Konkurrenz... Hinzu kommt, daß es in unserer gesellschaftlichen Wirklichkeit vorwiegend der Vater ist, der an das Kind die Forderungen und Erwartungen dieser Gesellschaft, die Realität ihrer sozio-kulturellen Ansprüche heranträgt, sie gleichsam symbolisch verkörpert. Die Strenge des Vaters erscheint so als das personifizierte Resultat der Strenge der Gesellschaft. Kein Zweifel, daß in dieser spezifischen Vater-Kind-Situation Angst, Schutzbedürfnis, Wunschdenken, Illusionen und Neurosen, Vatersehnsucht und Vaterhaß – also all das, was Freud als Entstehungsfaktoren der Religion anführt – ihre Quelle haben können. Zweifellos wird auch die Religiosität mancher Erwachsenen durch diese Faktoren grundlegend bestimmt sein. Bleibt nur die grundsätzlichere Frage, ob damit Religiosität überhaupt, die Religion in Urgeschichte und Gegenwart, in kollektivsoziologischer wie individualpsychologischer Betrachtungsweise, vollständig erklärt ist.

Freud selbst genügte ja die ontogenetische Erklärung allein auch nicht. Er nahm die phylogenetische Hilfshypothese hinzu. Das heißt: Die Situation eines heutigen Kindes im Verhältnis zu seinem Vater kann allein das so tiefverwurzelte Angstgefühl und Schutzbefürfnis, die so tiefsitzende Wunscherfüllungstendenz durch einen überragenden, gnädig Geborgenheit verleihenden Vater noch nicht hinreichend verursachen. Hier schlagen sich nach ihm vielmehr obendrein Erfahrungen der Ahnen, historische Reminiszenzen aus Ur- und Menschheitsgeschichte überhaupt, in der Erbmasse jedes Individuums nieder. Diese lamarckistische Hilfshypothese Freuds ist vor dem Forum der modernen Genetik als zweifelhaft anzusehen. Aber ihre Verwendung durch Freud bedeutet, daß er für die Erklärung der Urmacht Religion geschichtliche Kollektiv-Einflüsse anzunehmen genötigt war.[194]

Bekanntlich hat C. G. Jung, zuerst Mitarbeiter, dann in vielen Punkten Gegner der Psychoanalyse Freuds, diesen Kollektiv-Aspekt der Vaterbeziehung korrigiert, vertieft und teilweise geradezu überdimensional ausgebaut.[195] Er war überzeugt, daß hinter dem individuellen Vaterbild des Kindes und Jugendlichen der Archetypus, das Urbild des Vaters überhaupt steht und daß dieses in jedem menschlichen Individuum vorhandene Archetypus-Potential eigentlich erst die überragende Bedeutung der individuellen Konflikte wie der Identifikationsprozesse mit dem leiblichen Vater möglich und verständlich macht. Religion wäre dieser Jungschen Erklärungsvariante zufolge nicht allein ontogenetisch durch den Vaterkomplex eines jeden Kindes und Jugendlichen und durch den Niederschlag historischer Erinnerungen im Unterbewußtsein jedes Individuums verursacht, wie das Freud annahm, sondern durch das archetypische Vorstellungs- und Energiereservoir des Kollektivs Menschheit.

Beiden Erklärungen, der Freudschen ebenso wie der Jungschen, aber ist gemein, daß sie nur psychologische Faktoren bemühen und auf metaphysisch-transzendente Ursachen des religiösen Verhaltens des Menschen nicht zurückgreifen. Natürlich kann ein an Gott Glaubender diese metaphysische und metapsychologische Erklärung hinzufügen und sagen, der Schöpfer habe dem Menschen die entsprechenden psychischen Anlagen für den Glauben an den Vatergott eingepflanzt. Mit anderen Worten: Die Annahme eines Vatergottes, der verursacht habe, daß das Kind zum Vater aufschaut, sich nach ihm sehnt und ihn zugleich fürchtet, sich mit ihm zu identifizieren sucht und sich später dem Glauben an Gott als Idealvater zuwendet, ist auf der Grundlage der Religionspsychologien Freuds und Jungs möglich, aber weder erforderlich noch notwendig. Die immanente psychologisch-soziologische Begründung ist in und an sich vollständig ausreichend.

Wer das Gegenteil behauptet und zum Beweis seiner

Behauptung auf die tiefe und dauerhafte Verwurzelung der Vater-Anlage im Menschen hinweist, vergißt, daß das Abendland jahrtausendelang durch die biblisch-christliche Vatergottreligion geprägt wurde. Es ist keineswegs sicher, daß der Vater-Archetypus zur Urausstattung der Menschheit seit frühen Anfängen gehört. Es ist aber sehr wahrscheinlich, daß sich so etwas wie der Archetypus Vater im kollektiven Unbewußten herausbilden konnte, wenn der gesellschaftliche und erzieherische Einfluß im Rahmen einer langandauernden Geschichtsepoche ständig in diese Richtung ging. Christliche Theologen und Psychologen weisen geradezu mit Stolz darauf hin:

»*Das biblisch-christliche Vaterbild hat jedenfalls über mehr als ein Jahrtausend hin in unserem abendländischen Lebensraum das individuelle Vaterbild gefärbt, geprägt und verstärkt. Wer dieses christliche Vaterbild nicht kennt, so behaupten wir, ist nicht in der Lage, die Vaterproblematik im Einzelleben ausreichend zu verstehen. Man greift zu kurz und greift darum fehl, wenn man meint ... das Vaterproblem im Leben eines Menschen ließe sich allein mit Hilfe des ›Zauberkreises der familiären Konstellation‹ interpretieren. Es gehört zur therapeutischen Bildung und zur seelsorgerlichen Ausbildung, über die Struktur der christlichen Vater-Imago Bescheid zu wissen.*«

Gerade die Ambivalenz des biblischen Vaterbildes von Strenge und Güte, Zucht und Zärtlichkeit habe sich tief in das Vorstellungsvermögen und Verhalten des abendländischen Menschen eingesenkt.

»*In diesem Doppel-Aspekt ist es über Jahrhunderte und Jahrtausende hin bezeugt und verwirklicht worden, in der Sprache der Bibel, in der Kunst, in der Erziehung, in Haus und Schule. Dieses Vaterbild hat sich tief in die Seele der Menschheit eingeprägt, soweit sie durch die religiösen Kräfte im Judentum und Christentum geformt wurde. Es ist dadurch zu einer Potenz von archetypischer Mächtigkeit geworden, die auch in denen kräftig weiterwirkt, die als moderne, säkulare Menschen in unmittelbarem Zusammenhang mit der Welt der biblischen Botschaft nicht mehr stehen.«*[196]

Auch Freud selbst kann man ja den Vorwurf nicht ersparen, durch seine Erziehung vorbelastet gewesen zu sein und Religion viel zu stark von der jüdisch-christlichen Vatergottkonzeption her gesehen zu haben. Er hat seiner Religionsanalyse einen verkürzten Begriff von Religion zugrunde gelegt, indem er sie stets nur als Hilfsbedürftigkeit, Sehnsucht nach und Abhängigkeit von Gott oder Göttern definierte. Die Entwicklung der Religion geht nach Freud, wie wir oben referierten, im wesentlichen von der Beziehung der Söhne zum Urvater aus und führt über den Vaterersatz in Gestalt des Totemtiers zum Polytheismus und Monotheismus. Schon das Matriarchat spielt in der Religionskonzeption Freuds eine ganz untergeordnete Rolle.[197] Deismus, Pantheismus, Seinsfrömmigkeit usw. sind ihm »verschwommene Abstraktion«, »wesenloser Schatten ... und nicht mehr die machtvolle Persönlichkeit der religiösen Lehre«.[198] Deshalb mußten gewaltige geschichtliche Religionsbewegungen wie die »gottlose« Religion des Hinayana-Buddhismus oder die monistischen Richtungen des Hinduismus außerhalb seines Blickfeldes und damit jenseits seiner Erklärungs- und Interpretationsmöglichkeiten bleiben. Das ist schade, denn auf diese Weise verstellte er sich den Blick auf das Ganze der Religion und auf eine Fülle ihr wesentlicher Aspekte.

Nicht sehen konnte er deshalb, daß Religion durchaus nicht bloß Götterproduktion aufgrund der Schutzbedürftigkeit der Menschen angesichts der Gewalten und Zwänge von Natur, Schicksal und Gesellschaft ist oder sein muß; daß es vielmehr Religionen gibt, wie den eben erwähnten Hinayana-Buddhismus oder östliche Yoga-Strömungen, auch einige pantheistische bzw. unitaristische Bewegungen in der Religionsgeschichte des Abendlandes, die dieses Schutzbedürfnis und die dadurch bedingte Beziehung zu Gott oder Göttern weit hinter sich lassen und, auf die rein eigene, aber totale, ganzheitliche (Das Ganze ist das Religiöse!) Anstrengung bauend, Angst, Leid, Schmerz, Zwänge, Schicksale und gesellschaftsbedingte Ungerechtigkeiten autonom überwinden oder durch das Wissen des Menschen um seine wesenhafte Teilhabe am Brahman, allgemeiner gesprochen an einem Urkern der Wirklichkeit, geistig überschreiten.[199] Gegenüber dieser Form von Religiosität erscheint Freuds Psychoanalyse der Religion geradezu deplaciert. Es ist ja auch leichter, wiewohl oberflächlicher, Gott und/oder die Götter zu widerlegen als die Religiosität!

Ganz grundsätzlich ist also zu sagen: Religion entsteht nicht nur aus Schutzbedürfnis, Abhängigkeit und Angst im Sinne der üblichen Religionsableitungen, von denen der in dem jetzt behandelten Zusammenhang betrachtete Aspekt der Freudschen Religionstheorie nur eine wenig originelle Variante darstellt. Sie kann auch geboren sein aus einem Energie- und Kraftüberschuß, einem enthusiastischen Lebenselan, der die durch Angst, Abhängigkeit und Schutzbedürftigkeit gegebenen Grenzen verachtet, ihrer spottet, sie überspringt oder überlistet und das Göttliche des eigenen Daseins oder der Sippe, des Stammes, des Volkes, der Menschheit, des Seins, des Werdens, des Universums usw. erlebt oder entwirft. Selbst die großen Mystiker des Christentums haben es ja stets verachtet, aus Angst vor Gott oder den Höllenstrafen zu glauben oder religiös zu sein. Augustinus führte die Unterscheidung zwischen »uti« und »frui Deo« in die Geschichte der christlichen Mystik ein. Das »uti Deo«, das Benötigen und Brauchen Gottes, um seine eigenen Bedürftigkeiten und Probleme zu lösen, sei eine minderwertige Religionsart im Vergleich mit dem »frui Deo«, dem Genuß, Entzücken, Begeistertsein von der Göttlichkeit des Seins, der Wahrheit, die zugleich Gutheit und Schönheit sei. Der neuplatonische Einschlag seines Denkens wird hier sichtbar.

Wer sich die überschwenglichen, überquellenden, von himmlischen und paradiesischen Überbauten fast aus den

Nähten platzenden Mythologien der Völker vergegenwärtigt, wird sogar zu der Annahme neigen, daß selbst die Erzeugung immer neuer Gottheiten, daß selbst der Glaube an Gott oder Götter nicht nur aus der Angst und Schutzbedürftigkeit des Menschen geboren sein muß, sondern – tiefer gesehen – auch aus einem Überschuß an Kreativität, Spiellaune, Phantasie und Imaginationskraft, die sich immer neue Götterhimmel entwirft. Angst allein hat ja auch das Tier. Es spürt die damit gegebene Beengtheit, Begrenztheit, Abhängigkeit. Aber im eigentlichen Sinne bewußt werden Abhängigkeit und Angst doch nur, wenn ein Wesen um seine Fähigkeit, Grenzen überschreiten zu können, wenigstens keimhaft weiß. Die Abhängigkeit des Tieres ist nur die dumpfe Faktizität des »So-und-nicht-anders-sein-Könnens«. Als solche regt sie das Tier auch zu keiner kreativen Antwort auf die Herausforderung der Angst an. Im Unterschied zum Tier empfindet der Mensch Angst und Abhängigkeit als »Nicht-sein-Sollendes« und erfindet aus demselben Überschuß an Kraft, der ihn in der Evolution des Lebendigen auch aus dem Tierreich emporgehoben hat, immer neue Methoden der Angstüberwindung. Eine dieser Methoden ist zwar die Setzung des Glaubens an himmlische, helfende Mächte. Aber auch sie muß von der tieferen Grundlage der Überschußproduktion des menschlichen Geistes her gesehen werden. Unter diesem Gesichtspunkt kann man sagen: Nicht aus der Not, aus dem Überfluß entsprangen die Götter! Ganz abgesehen davon, daß eben nicht jede Art von Religion Gottes- oder Götterglaube ist.

Auch die schlichte deskriptiv-psychologische Charakterisierung zahlreicher Phänomene moderner Religiosität läßt keinen Zweifel daran, daß Religion auch aus anderen Quellen als denen der Angst und Schutzbedürftigkeit entspringt. Eine solche Quelle ist die dem Menschsein konstitutiv innewohnende Tendenz zur Selbstverwirklichung. Die Entfaltung des Selbstseins zu höchster Intensität und Totalität ist, wo das einigermaßen erreicht wird, irgendwie ein religiöser Akt. Fachwissenschaftler auf dem Gebiet der empirischen Psychologie wie z. B. A. H. Maslow, seinerzeit Präsident der American Psychological Society, bestätigen das.[200]

Hieran und an vielen Varianten ost- und südostasiatischer Geistigkeit zeigt sich eine Form der Religiosität, die durch Freuds Religionskritik nicht getroffen werden kann. Religion ist nicht notwendig Gottes- oder Götterglaube noch Angst vor Gott oder Göttern. Immer aber ist sie, wo sie ihre eigenen höchsten Möglichkeiten wahrnimmt, Streben nach ganzheitlicher, umfassendster, auch die Tiefenschichten der Seele einbeziehender Betätigung und Verwirklichung des Menschseins, nach Aktualisierung all seiner sonst schlummernden Potentialitäten, grenzüberschreitende Energie, die sich auf immer weitere und entferntere Ziele richtet, und irgendeine Art von erlebter oder empfundener »Antwort« seitens des Ganzen, der universalen Macht, der Weltseele, des Universums, des Seins, des Urkerns der Wirklichkeit, an dem alles partizipiert. Religion kann aber ganz wesentlich auch absolut autonomes Streben, unendlicher Freiheitsdrang der Entfaltung, radikale Entgrenzungssucht sein: die (religiöse) Verifizierung des Menschen als des stets über sich und seine reflex und thematisch gesetzten Ziele hinausschießenden Wesens, Beweis des Menschen als eines Seins, das alle Möglichkeiten ansteuert, die fruchtbarsten wie leider auch die furchtbarsten, auch die der Leugnung seines eigenen (bisher bekannten) Wesens und Sinnes – um zu finden und innezuwerden, »was die Welt im Innersten zusammenhält«.

Religion in diesem Sinne fällt mit dem totalst und umfassendst gedachten Menschsein zusammen, mit dem »Übermenschen« als jenem utopischen Ziel, das nur durch einen Überstieg über den faktischen Menschen mit all seinen Negativitäten erreichbar erscheint. Daß solch ein den Menschen in seiner vorgefundenen Durchschnittlichkeit und stumpfen Bequemlichkeit radikal überwindendes Streben

Religion, ja Frömmigkeit legitim genannt werden darf, dafür läßt sich Friedrich Nietzsche als gewichtiger und unbestechlicher Zeuge in Anspruch nehmen. Im vierten und letzten Teil seines »Also sprach Zarathustra« schildert er in dem Kapitel »Außer Dienst« die Begegnung zwischen der alten, an einen Vatergott glaubenden Religion und der neuen Religiosität des Übermenschen. Die alte Religion wird vom greisen »letzten Papst« vertreten, der dem »alten Gotte bis zu seiner letzten Stunde« gedient hatte – die neue von Zarathustra verkörpert. Der Vertreter der alten Religion selbst bezeichnet Zarathustra als »den Frömmsten aller derer, die nicht an Gott glauben«, sich selbst als den »wohl von uns beiden jetzt ... Gottloseren«. Zarathustra über den Gott der alten Religiosität:

»Er ging meinen Ohren und Augen wider den Geschmack... Ich liebe alles, was hell blickt und redlich redet. Aber er – du weißt es ja, du alter Priester, es war etwas von deiner Art an ihm, von Priester-Art – er war vieldeutig... Zu vieles mißriet ihm, diesem Töpfer, der nicht ausgelernt hatte.«

Ausdrücklich bezeichnet auch Zarathustra seine eigene neue Haltung als Religiosität:

»Es gibt auch in der Frömmigkeit guten Geschmack; der sprach endlich: ›Fort mit einem solchen Gotte! Lieber keinen Gott, lieber auf eigene Faust Schicksal machen, lieber Narr sein, lieber selber Gott sein!‹.«

Darauf der alte Papst: *»O Zarathustra, du bist frömmer als du glaubst, mit einem solchen Unglauben! Irgendein Gott in dir bekehrte dich zu deiner Gottlosigkeit. Ist es nicht deine Frömmigkeit selber, die dich nicht mehr an einen Gott glauben läßt?... In deiner Nähe, ob du schon der Gottloseste sein willst, wittere ich einen heimlichen Weih- und Wohlgeruch von langen Segnungen...«*

Nietzsche bringt seine Überzeugung von der Überlegenheit der neuen Religiosität über die alte dadurch zum Ausdruck, daß er den alten Papst sagen läßt: »Laß mich dein Gast sein, o Zarathustra, für eine einzige Nacht!

Nirgends auf Erden wird es mir jetzt wohler als bei dir!«.[201]

Im Buch »Verrat an der Botschaft Jesu – Kirche ohne Tabu« habe ich, in dieser Hinsicht völlig mit Nietzsche übereinstimmend, ausgeführt, daß auch ein Atheist religiös sein kann, wenn er der Fassaden durchbrechenden, grenzüberschreitenden Dynamik seines Wesens folgt.[202] Denn mehr als um bestimmte Gegenstände des Glaubens geht es in echter Religiosität um eine spezifische, qualifizierte Dynamik des eigenen Seins, ein durchdringendes Bewegtsein und Angesprochensein von der Tiefe, Totalität und Universalität der Wirklichkeit. Wer allerdings Religion weiterhin als notwendig gegenstandsbezogen im Sinne eines ganz bestimmten Glaubens an Gott, Götter, Geister, Seelen usw. auffaßt, wird es natürlich schwerhaben, den Atheismus, zu dem sich einer ausdrücklich-thematisch bekennt, mit dessen Religiosität als einer alle Grenzen der Unwahrheit, Ungerechtigkeit und Fremdbestimmung überschreitenden Dynamik des humanen Seins in Einklang zu bringen. Wir sahen, daß Freud genau an diesem Punkt scheiterte, obwohl sein Rationalismus, sein Glaube an den letztendlichen Sieg der Vernunft, an seinen »Gott Logos«[203] ebenfalls viele Züge einer neuen, gleichsam »faustischen Religiosität« aufweist.

Versperrt bleiben mußte ihm deshalb auch die Einsicht, daß Religiosität und Rationalität durchaus vereint in derselben Richtung marschieren können, daß selbst aus den tiefsten und echtesten Quellen geschichtlicher Religionen schon in weit entfernter Vergangenheit die Aufforderung entsprang, nur dem Licht der Vernunft und keinerlei Illusionen zu folgen und mit ihm alle dunklen Winkel des Mensch- und Weltseins auszuleuchten. Im Anguttara Nikaya (I,174) sagt Buddha:

»Deine Zweifel sind begründet, Sohn des Kesa. Höre meine Anweisung: ›Glaube nichts auf bloßes Hörensagen hin; glaube nicht an Überlieferungen, weil sie alt und durch viele Generationen bis auf uns gekommen sind; glaube nichts auf

Grund von Gerüchten oder weil die Leute viel davon reden; glaube nicht, bloß weil man dir das geschriebene Zeugnis irgendeines alten Weisen vorlegt; glaube nie etwas, weil Mutmaßungen dafür sprechen oder weil langjährige Gewohnheit dich verleitet, es für wahr zu halten; glaube nichts auf die bloße Autorität deiner Lehrer und Geistlichen hin. Was nach eigener Erfahrung und Untersuchung mit deiner Vernunft übereinstimmt und zu deinem eigenen Wohle und Heile wie zu dem aller anderen Wesen dient, das nimm als Wahrheit an und lebe danach.«

Rationalität aus Religiosität! – für Freud wäre eine solche Herleitung unmöglich und unverständlich gewesen, weil er Religion im Grunde mit dem jüdisch-christlichen Glauben an einen Gott und dessen Offenbarung unumstößlicher, seitens der Gläubigen gehorsam hinzunehmender Lehren gleichsetzte. Demgegenüber zeigt die Religionsgeschichte eindeutig, daß Aufklärung »sich in allen Religionen in immer neu ansetzenden Epochen vollzieht«.[204]

Begeht man den Fehler einer solchen Gleichsetzung nicht, faßt man vielmehr Religion und Religiosität im Sinne der hier ausführlich charakterisierten Alternative, dann erscheint die Symbiose von Religion und Vernunft durchaus sinnvoll und organisch. Der vielleicht für alle großen menschlichen Unternehmungen unentbehrliche religiös-mystische Vitalimpuls verlangt dann aus seinem eigenen ganzheitlichen und umfassenden Wesen heraus die Messung aller seiner Initiativen und Imperative an den unabdingbaren Normen einer aufgeklärten und sich stets noch weiter aufklärenden Vernunft; die ethische Läuterung, Reinigung und Entäußerung der religiösen Person von ichsüchtigen Beweggründen, ein Prozeß, der andererseits auch positive Rückwirkungen auf die Einsichten der Vernunft zeitigen müßte; die Verarbeitung des Leids als vom sozialen Engagement unabtrennbarer Kehrseite, die in der meditativen Tiefenerfahrung der Psyche jeder religiösen Überspanntheit Einhalt gebietet durch die erlittene Realität der Sachzwänge und die Existenz und Aktion anderer Personen.

Der bahnbrechende Psychologe Freud hätte vom bahnbrechenden Physiker Einstein lernen können, daß wahre Religion und wahre Rationalität keine Gegensätze sind. Einstein entging dem Fehler Freuds, weil er Religion nicht so eng auffaßte wie dieser. Deshalb bedeutete seine Kritik an so mancher Gestalt der Religion nicht das Todesurteil über jede Art von Religion:

»*In ihrem Kampf um das Gute müßten die Lehrer der Religion die innere Größe haben und die Lehre von einem persönlichen Gott fahren lassen, das heißt, auf jene Quelle von Furcht und Hoffnung verzichten, aus der die Priester in der Vergangenheit so riesige Macht geschöpft haben. Stattdessen sollten sie ihre Bemühungen lieber auf jene Kräfte richten, die das Gute, Wahre und Schöne im Menschen selbst fördern. Das ist gewiß eine weit schwierigere, aber ungleich lohnendere Aufgabe. Ist den Lehrern der Religion dieser Läuterungsprozeß erst einmal gelungen, dann werden sie sicher voll Freude erkennen, wie die wissenschaftliche Erkenntnis die wahre Religion adelt und vertieft.*«[205]

Fast möchte man meinen, daß Einstein Freuds Vater-, Wunsch- und Illusionstheorie der Religion kritisieren möchte, wenn er die eigentümliche »Religiosität der Forschung« von der Religiosität des naiven Menschen abhebt. Die letztere sei »ein sublimiertes Gefühl von der Art der Beziehung des Kindes zum Vater« und stehe unter der »Knechtschaft selbstischen Wünschens«. Die »kosmische Religiosität« gebe sich hingegen keinen Illusionen noch unerfüllbaren Wünschen hin, weil dem von der Kausalität allen Geschehens durchdrungenen Geist »die Zukunft... nicht minder notwendig und bestimmt ist wie die Vergangenheit«. Kosmische Religiosität liege

»*im verzückten Staunen über die Harmonie der Naturgesetzlichkeit, in der sich eine so überlegene Vernunft offenbart, daß alles Sinnvolle menschlichen Denkens und Anordnens dagegen ein gänzlich nichtiger Abglanz ist.*«[206]

Die religiös schöpferischen Naturen aller Zeiten seien von diesem Gefühl des Staunens ebenso erfüllt gewesen wie die großen Naturforscher.

Wir haben oben (Zweiter Buchteil, 1.) bereits gezeigt, daß zwischen einem tieferen, umfassenderen und eigentlicheren Verständnis von Pantheismus und Theismus keine unüberbrückbare Kluft, vielmehr fließende Übergänge bestehen. Doch das sei in dem jetzigen Zusammenhang hier nur angemerkt.

Das falsche, weil zu enge Religionskonzept Freuds führte nicht nur dazu, daß er Religion und Wissenschaft, Religiosität und Rationalität nur als exklusiven Gegensatz sehen konnte, dieses Konzept verschloß ihm auch die Augen vor der Tatsache, daß durchaus reife, mündige Persönlichkeiten religiös sein können. Für Freud war – wie wir sahen – jede Religiosität unreif, kindlich-kindisch, ein infantil-neurotischer, eines Erwachsenen unwürdiger Zustand, ein Durchgangsstadium auf dem Weg zum mündigen Bewußtsein der Wirklichkeit, eine auf frühkindliche Libidophasen fixierte Fehlhaltung. Seine Gleichsetzung der Religion mit dem Vatergottglauben hinderte ihn daran, das wirkliche Verhältnis zwischen Religiosität und Persönlichkeitsreife zu erkennen. Die Weisheit eines Konfutse; die von keiner kleinlichen Furcht geplagte Todesüberlegenheit eines Sokrates; die gelassene Weltüberwindung eines Buddha; Jesu Freisetzung der Religiosität aus der entmündigenden Versklavung durch starr geregelte kultische und rituelle Vollzüge etablierter jüdischer Religion; seine neue Gotteskonzeption, die zwar bei ihm noch ein Vatergottglaube ist, diesen Vatergott aber in für seine jüdische Umwelt revolutionärer Weise derart entschränkt, daß besonders das Johannes-Evangelium pantheistische Motive in Fülle enthält und der nachjesuanische christliche Theismus bis hin zur Gegenwart dagegen seltsam verengt, verarmt und eindimensional erscheint; alle großen homines religiosi, von denen die Religionsgeschichte berichtet; die tiefernste kosmische Religiosität eines Kepler, eines Newton, eines Max Planck, Heisenberg und Einstein – sie alle fordern notwendigerweise eine andere Behandlung des Beziehungsproblems von Persönlichkeitsreife und Religiosität heraus, als dies Freud geleistet hat.

In Freuds kritisches Blickfeld konnte deshalb auch nur eine statische Religiosität geraten: Religion als Absicherungsinstrument, als letzte Erfüllungsgarantie der psychischen und sozialen Bedürfnisse des Menschen, eine letztlich formalistische, dogmatische, risikolose, hygienisch einwandfreie Religiosität. Ihr gegenüber war der Illusions- und Neurosevorwurf Freuds sicherlich nicht fehl am Platz. Jenseits der Deutungsmöglichkeiten Freuds aber mußte jede dynamische, auf Abänderung bestehender Unrechtsverhältnisse abzielende Religiosität bleiben. Für die selbstlose, aber immense politische und gesellschaftliche Wirkungen hervorrufende Religion des Nichtverletzens, Nichttötens, der Gewaltlosigkeit eines Mahatma Gandhi, für das gewaltfreie Handeln eines Martin Luther King, für die ungestüm-revolutionäre »Aktion aus Religion« der Priester Thomas Müntzer[207] und Camilo Torres fehlen die Verstehenskategorien aus dem Repertoire der klassischen Psychoanalyse.

Echte, alle Kriterien einer wirklichen Religiosität erfüllende Religion kann also – das beweisen praktisch alle hier durchgeführten kritischen Überlegungen – ohne Illusion bestehen, ohne die Wunschbilder: Gott, Götter, Vorsehung, Belohnung, Vergeltung, Himmel, Paradies, ewiges individuelles Leben etc. Freud konnte auf dem illusionären Charakter aller Religion so bestehen, weil er – wie wir ebenfalls sahen – Religion mit dem Vatergottglauben ineinssetzte. Zwar darf auch eine mit diesem Glauben sich nicht identifizierende Religiosität Illusionen im Sinne Freuds, also mögliche, aber nicht notwendige Irrtümer in

Gestalt von Wünschen, Leitbildern, Hypothesen konstruieren, wenn sie im Prozeß ihrer Entwicklung stets bereit bleibt, sie zu verifizieren, zu überprüfen, mit dem Stand unserer Wirklichkeitserkenntnis ständig zu vergleichen und gegebenenfalls ohne jede dogmatische Starrheit aufzugeben. Etwas anderes tut ja die wissenschaftliche Forschung im Grunde auch nicht, wie Freud gelegentlich zugibt. Selbst die Verfechter des Vatergottglaubens in der Gegenwart könnten ernstzunehmende Partner in der wissenschaftlichen Diskussion werden, wenn sie den im Rahmen (tiefen-)psychologischer Methoden zweifellos bestehenden illusionären Charakter des religiösen Gegenstandsglaubens zugäben. Metaphysisch-transzendente Aussagen über die Wahrheit der Religion wollte ja Freud keineswegs machen. Er betont, daß manche seiner Mitarbeiter, die sich derselben Methoden wie er bedienen,

»meine Einstellung zu den religiösen Problemen überhaupt nicht teilen... Kann man aus der Anwendung der psychoanalytischen Methode ein neues Argument gegen den Wahrheitsgehalt der Religion gewinnen, tant pis für die Religion, aber Verteidiger der Religion werden sich mit demselben Recht der Psychoanalyse bedienen, um die affektive Bedeutung der religiösen Lehre voll zu würdigen.«[208]

Kein Zweifel aber kann daran bestehen, daß eine kosmische Religiosität im Sinne Einsteins oder eine humanistische Religiosität, die die Selbstverwirklichung des Menschen in einer ständig auf gerechtere Verhältnisse hin zu reformierenden Umwelt aufgrund des grenzüberschreitenden Vitalimpulses herbeizuführen sucht, dem Illusionsvorwurf eine weit geringere Angriffsfläche bietet als die Religionskonzeption des Vatergottglaubens.

Die Befassung mit Freuds Traum-, Wunsch-, Neurose- und Libidotheorie hätte noch manchen weiterführenden, Licht auf das religiöse Phänomen werfenden Gedanken erbracht. Im Rahmen der Gesamtkonzeption des vorliegenden Buches ist dies schon allein aus Raumgründen nicht mehr möglich.

Unsere Kritik an Freuds Religionstheorie sollte nicht den Eindruck vermitteln, als ob der Begründer der Psychoanalyse mit seiner Einschätzung des religiösen Phänomens nur danebengegriffen habe. Teile seiner Religionsanalyse sind in ihrer psychologischen Treffsicherheit kaum zu überbieten. Er hat zwar im Grunde nur einen Aspekt von Religion, der nicht einmal auf alle Religionen zutrifft, den Vatergottglauben, psychoanalytisch untersucht, aber das, was er in dieser Hinsicht zutage gefördert hat, läßt uns gerade heutige Teile der religiösen Subkultur besonders gut verstehen. Wer möchte leugnen, daß manche der sogenannten Jugendsekten oder -religionen auf eine patriarchalisch-autoritäre Vaterfigur fixiert sind, daß in ihnen die Labilität, Ich-Schwäche, Unreife und Infantilität von Jugendlichen die Kompensation durch eine überragend-übermächtige Vaterpersönlichkeit suchen. Wer könnte des weiteren leugnen, daß dasselbe Prinzip, derselbe Mechanismus seit über eineinhalb Jahrtausenden in der katholischen Kirche wirksam ist, daß zwar nicht die Kritischen, wohl aber die Gläubigen dieser Kirche ihren Papst (von papa = Vater!) existentiell notwendig brauchen[209], weil ihre Realitätsuntüchtigkeit nach jemandem verlangt, der ihnen als Vertreter Gottes auf Erden, gleichsam als himmlischer Versicherungsvertreter, einen Teil der ethischen Verantwortung abnimmt. Wer an die frenetischen Beifallsstürme der katholischen Massen, die hysterischen, bis zu Ohnmachtsanfällen reichenden Ovationen von Nonnen, die überschwenglichen Sympathiekundgebungen auch von Teilen der nichtkatholischen Presse anläßlich der Wahl der letzten beiden Päpste denkt, wird kaum daran vorbeikommen, hier Kindheitsfixierungen anzunehmen, die sich bei ganz geringfügigem Anlaß (eine gütige Geste, ein Lächeln des Papstes) aktualisieren, potenzieren und auf den »neuen Vater« konzentrieren. Der Stalin-Kult, der Hitler-Kult, der Mao-Kult, der Jesus-Kult in der Jesus-people-Bewegung

– sie alle folgten der gleichen, bereits von Freud analysierten Gesetzlichkeit. Aber die unausrottbare, grenzüberschreitende, den Kosmos, das All, das Ganze der Wirklichkeit anvisierende Dynamik des religiösen Vitalimpulses gewährt bleibend Hoffnung, daß diese infantilen Religionsformen mit der Zeit durch eine reife und mündige »vaterlose« Religiosität ersetzt werden. Denn dieser religiöse Vitalimpuls, dieser religiöse Lebensdrang und -elan ist *das* anthropologische Grundelement, ist identisch mit dem Menschen als sich selbst zum Ganzen der Wirklichkeit hin überschreitendes Wesen, identisch auch mit dem gesamten in ihm steckenden Energiereservoir. Dieses Reservoir bedeutet zugleich stets einen Überschuß, der bei Anvisierung irgendwelcher Ziele durch den Menschen auch immer über diese Ziele hinausschießt. Diese grundlegende Kraft des religiösen Vitalimpulses durchdringt alle Bereiche des menschlichen Seins. Sie durchformt auch die gesamte Trieb- und Bedürfnisstruktur des Menschen, so daß selbst Triebe und Bedürfnisse, beispielsweise die sexuelle Lust, den Schein quasi-eigener Unendlichkeit annehmen können, etwa im Sinne von Nietzsches Satz: »Doch alle Lust will Ewigkeit, will tiefe, tiefe Ewigkeit.«[210]

Bis zu einem gewissen Grad darf man sogar Sigmund Freud als Kronzeugen für den auch noch den Trieben und ihrer immensen Kraft zugrunde liegenden Charakter des religiösen Vitalimpulses in Anspruch nehmen. Denn seine Libido- und Sublimationsthese, die Lehre von der Möglichkeit der Sublimierung, Verdrängung, Verschiebung und Steuerung von Trieben als Bedingung und grundlegende Voraussetzung aller schöpferischen Kulturleistungen, verlangt gebieterisch nach einem Prinzip, das diese Sublimierung, Steuerung usw. durchführt. Es kann nicht der Sexualtrieb selbst sein, der sich höhere Ziele setzt, weil er dann nicht mehr er selbst wäre, gegen seine eigene Natur handeln müßte. Die Libidoverschiebung im Sinne einer derartigen Verlegung von Triebzielen, daß sie von der Versagung der Außenwelt nicht getroffen werden können, können wir also mit gutem Recht der grenzüberschreitenden Funktion des religiösen Vitalimpulses zuschreiben, natürlich nur unter der hier wiederholt geäußerten Voraussetzung, daß mit »religiös« keine Zugehörigkeit zu irgendeiner Religion oder Konfession gemeint ist, sondern lediglich der energetisch-dynamische Aspekt der alle »Fassaden«, alle ungerechten Zwänge des menschlichen Geistes-, Gesellschafts- und Wirtschaftslebens durchbrechenden Humanitas in ihrer wesentlichen Hinordnung auf das gesamte Universum. Wir können also von einem grenzüberschreitenden menschlichen Grundtrieb sprechen, der auch noch dem bei Freud so grundsätzlich gedachten Sexualtrieb zugrunde liegt.

3. Die Psychologie der Nach-Freudschen Ära entdeckt die spirituelle Dimension im Mensch-Kosmos-Verhältnis.
Der mehrdimensionale, ganzheitlich-universale Mensch gerät ins Blickfeld moderner Psychologie

Die Genialität Freuds, seine revolutionäre Sicht der menschlichen Psyche konnte eine Zeitlang den übermächtigen Eindruck erwecken, daß diese Sicht die einzig mögliche und richtige sei, daß er das Ganze des Menschen im wesentlichen korrekt aus den von ihm aufgewiesenen, in den Tiefen des Unbewußten verborgenen Tendenzen der menschlichen Natur abgeleitet habe. Mit der Zeit mußte aber die im menschlichen Geist, in der menschlichen Vernunft angelegte und immer wirksame universalistisch-ganzheitliche Tendenz dazu führen, die geniale Einseitigkeit Freuds zu entdecken und zu durchschauen. Diese Einseitigkeit bestand u. a. darin, daß er das Negative, Böse als wurzelhafte Wirklichkeit des Menschen, als seine »Natur« so betonte, daß das Gute im Menschen nur als sekundäre Größe, als verdrängtes Böses gelten und entstehen konnte. Nach Freuds Meinung bilden den Kern der menschlichen Natur im Grunde nur drei negative Tendenzen oder Begierden: nach Inzest, Kannibalismus und Mord.

»Der Mensch wird nach dieser... Meinung als bösartiges Wesen geboren, und das Gute, das man aus ihm herausholen kann, erhält man nur durch Unterdrückung des Tiers im Menschen. Gelingt diese Verdrängung nicht, dann ist der Teufel los... Aus dieser eigenartigen Sicht ist das beste, was die Gesellschaft und die Familie tun können, sehr früh mit dem Auftragen des Lacks zu beginnen. Man soll Schicht für Schicht von Kontrolle, Gesetz und Ordnung auftragen, dem

Menschen Rationalität und allerlei Beschränkungen aufpfropfen, alles das in der Hoffnung, aus geborenen Killern gesellschaftliche Konformisten zu machen.«[211]

Schon Alfred Adler, einer der prominentesten Schüler Freuds, der sich bereits 1911 vom Meister trennte und die sogenannte Individualpsychologie begründete, kritisierte nicht nur die beherrschende Rolle der Sexualität in Freuds System, seinen eindimensionalen Kausalismus und den dem 19. Jahrhundert entstammenden Energiebegriff der menschlichen Psyche sowie den »zu schematisch« gesehenen Ödipus-Komplex. Er machte auch geltend, daß aus dem Urgrund der menschlichen Psyche keineswegs nur Negatives, sondern eine durchaus positive, primäre Strebung hervorgehe:

»Das Streben jedes sich bewegenden Individuums geht nach Überwindung. Nicht nach Macht, wie Jahn, Künkel und manche andere als Anschauung der Individualpsychologie hinstellen. Streben nach Macht, besser: nach persönlicher Macht, stellt nur einen der tausend Typen vor, die alle nach Vollendung, nach einer sichernden Plussituation suchen.«

Adler leugnet nicht, daß es etwas im Menschen gibt, das man als Negativum ansehen kann: eine gewisse naturgegebene Disposition zu Minderwertigkeitsgefühlen. Aber ebenso naturgegeben und ursprünglich vorhanden sei die Tendenz, diese Minderwertigkeitszustände zu überwinden. Im tiefsten richte sich diese Tendenz auch gar nicht so sehr auf die Kompensation bestehender Minderwertigkeitsgefühle, sondern auf die Idee und das Ziel einer umfassenden, ganzheitlichen Vollkommenheit.

»Der menschlichen Seele ist es als ein Teil der Lebensbewegung mitgegeben, an Aufschwung, Erhebung, Vollkommenheit, Vollendung als an einem Maß des Erlebens wertend teilzunehmen ... Die starken Möglichkeiten einer Konkretisierung, die unabwendbare Hingezogenheit zu einem Endziel der Vollkommenheit liegen fest verankert in der menschlichen Natur, in der Struktur seines seelischen Apparates, ebenso die

Möglichkeiten eines seelischen Anschlusses an andere. Die Heilung dieser Möglichkeiten und ihrer Entfaltung setzte zu ihrer Kräftigung den ganzen Denk- und Gefühlsapparat in dauernde Bewegung. Miteinbezogen in diese stets fortschreitende Kräftigung war zugunsten der Brutpflege die Bindung zwischen Mutter und Kind, die Ehe, die Familie und gleichzeitig... die Heiligung des Lebens und die Liebe zum Nächsten.«

Wie wir sehen, tauchen in Adlers Individualpsychologie schon drei Aspekte der spirituellen Dimension des Menschen auf: das menschliche *Gemeinschaftsgefühl,* die *Idee der Vollkommenheit,* zu der der Mensch auf dem Wege der Überwindung aller Hindernisse, Schwächen, Einseitigkeiten und Erniedrigungen hinstrebt, und die *Heiligung des Lebens,* die uns an Albert Schweitzers Begriff der »Ehrfurcht vor dem Leben« erinnert. Die *kosmische* Komponente der Spiritualität scheint in Adlers Individualpsychologie noch zu fehlen. Sie könnte aber in Adlers Idee der umfassenden Vollkommenheit und Vollendung des Menschlichen enthalten sein. Wenn Adler das Umfassende, Ganzheitliche und Unbedingte dieser Idee der Vollkommenheit, auf die die tiefste Strebung des Menschen hinzielt, zum angemessenen Ausdruck bringen will, dann nimmt er gern den Gedanken an eine Gottheit zu Hilfe, weil diese Symbol für den Urgrund und das Ganze der Wirklichkeit, somit auch für den Kosmos ist.

»Eine, dem menschlichen Denken und Fühlen seit jeher naheliegende Konkretisierung der Idee der Vollkommenheit, der höchsten Bildhaftigkeit von Größe und Überlegenheit, ist die Ansehung einer Gottheit... Gott konnte nur erkannt werden... innerhalb eines Denkprozesses, der sich nach der Qualität der Höhe hinbewegt... Gott, der... aus dem Kosmos zu jeder einzelnen Menschenseele spricht, ist bis auf den heutigen Tag die glänzendste Manifestation des Zieles der Vollkommenheit. In seinem Wesen erschaut die religiöse Menschheit den Weg zur Höhe, in seinem Ruf hört sie wieder erklingen die eingeborene Stimme des Lebens, das seine Rich-

tung haben muß nach dem Ziele der Vollendung... Die Gottesidee und ihre ungeheure Bedeutung für die Menschheit kann vom individualpsychologischen Standpunkt aus verstanden, anerkannt und geschätzt werden als Konkretisierung und Interpretation der menschlichen Anerkennung von Größe und Vollkommenheit und als Bindung des einzelnen wie der Gesamtheit an ein in der Zukunft des Menschen liegendes Ziel, das in der Gegenwart durch Steigerung der Gefühle und Emotionen den Antrieb erhöht.«

Trotzdem hält Adler die Gottesidee nicht für das einzig mögliche Symbol des höchsten Vollkommenheitszieles der Menschheit.

»Ob einer das höchste wirkende Ziel als Gottheit benennt, oder als Sozialismus, oder wie wir als reine Idee des Gemeinschaftsgefühls... immer spiegelt sich darin das machthabende, Vollendung verheißende, gnadenspendende Ziel der Überwindung... der Zwang zum Aufstieg des Ganzen und der Teile... die geistige und seelische Durchleuchtung, die zur tiefstmöglichen Erkenntnis des Zusammenhangs führt.«

Weil Adler dieses Zusammenhangserkennen und -gefühl, dieses »Gemeinschaftsgefühl« als »unverbrüchlichen Bestandteil menschlichen Wesens« ansieht und auf positive »angeborene Möglichkeiten«[212] zurückführt, die nur noch zu entwickeln seien, ist ihm das negativistische, pessimistische Menschenbild, das Freuds psychoanalytischer Theorie zugrundeliegt, zuwider. In der Tat hat man ja wesentliche Punkte der psychoanalytischen Theorie Freuds mit dem verglichen, was Horkheimer und Adorno als signifikante Merkmale der »autoritären Persönlichkeit« herausgearbeitet haben.[213] Dabei kam eine fast lückenlose Übereinstimmung heraus. Der autoritäre Mensch glaubt, wovon auch Freud ausgeht, daß der Mensch ein von Natur bösartiges Wesen sei; daß das Leben einen erbarmungslosen Kampf aller gegen alle darstelle; daß die Frauen dem Manne gegenüber minderwertig seien; daß es Krieg geben müsse, weil er in der »Natur der Dinge« liege; daß Triebe unterdrückt, kontrolliert, bezwungen werden müssen; daß das Milieu und seine Verbesserung nicht so wichtig seien, weil das Wesentliche des Menschen schon mit seinen Anlagen, seiner erbbiologischen Konstitution gegeben sei; daß eine Welt der Solidarität, der gegenseitigen Hilfe und der Freiheit im Grunde illusionär sei.[214] Demgegenüber liegt Adlers Individualpsychologie das Bild eines sozialistischen Humanismus zugrunde, der eine gewaltfreie, herrschaftslose, in diesem Sinne antiautoritäre und freiheitliche menschliche Gemeinschaft zum Ziele hat. Gerade die bestehende, von Machtwahn und Mangel an Solidarität beherrschte Gesellschaftsordnung verstärke die Minderwertigkeitsgefühle des einzelnen, hindere ihn daran, sie in der richtigen Weise zu überwinden, so daß es zu falschen Kompensationsbemühungen komme, die darauf abzielten, andere zu beherrschen, wegen der der eigenen Psyche zugefügten Beschädigungen Rache an ihnen zu nehmen und sie sich in demütigender Weise unterzuordnen.

Von Adlers Tiefenpsychologie wollen wir vor allem einen fruchtbaren Gedanken festhalten, den bisher weder Anhänger noch Kritiker der Adlerschen Individualpsychologie entdeckt oder beachtet haben, der vielleicht auch nur einer stark ökologisch sensibilisierten Psyche auffallen kann, weil diese mit einem besonderen Spürsinn nach ökologischen Spurenelementen in allen möglichen Theorien, Systemen, Welt- und Lebensauffassungen sucht. Es handelt sich um die nicht anders als ökologisch zu bezeichnende Einsicht Adlers, daß der Mensch jedes negative, »minderwertige« Gefühl, jeden schlechten Zustand seines Gesamtseins zu überwinden sucht, um eine »Plussituation« also einen positiven Gleichgewichtszustand herzustellen, weil sich der Mensch nur auf diese Weise heil und ganz fühlt, es auch nur auf diese Weise zu sein vermag. Als ökologisch zu bezeichnen ist ein solcher positiver Gleichgewichtszustand der Psyche sodann auch deshalb, weil diese positive Gestimmtheit der Psyche nicht eintritt, wenn sie sich nicht, wie wir Adler sagen hörten, als »Teil der Lebensbewegung« empfindet und dementsprechend wirkt, wenn sie sich nicht als Partizipatorin ihres »Aufschwungs«, ihrer »Erhebung«, ihres, um es mit dem französischen Philosophen Henri Bergson auszudrücken, »élan vital« und der immer höhere Lebensformen schaffenden »évolution créatrice« versteht. Wenn die Psyche nicht mitschwingt mit der allgemeinen, umfassenden Bewegung des Lebens überhaupt, dann läuft ökologisch gar nichts, dann kann in der von der Lebensbewegung abgeschnittenen und isolierten individuellen Psyche keine positive Gestimmtheit dauerhaft bleiben.

Auch bei dem oben schon kurz erwähnten *Carl Gustav Jung* (1875-1961), dem wohl brillantesten Schüler bzw. Mitarbeiter Freuds, spielt ein Grundbegriff eine Rolle, der dem »élan vital« Bergsons ähnelt und dem wir – wie noch zu zeigen sein wird – eine ökologische Bedeutung zuschreiben können: der Begriff der Libido als Lebensenergie. Freuds Libidobegriff war der eines

»instinktiven Triebs in engem Zusammenhang mit der Sexualität und mit Eigenschaften, die denen einer Kraft in der Newtonschen Mechanik ähnlich waren; für Jung dagegen war sie eine allgemeine ›psychische Energie‹, in der sich die grundlegende Dynamik des Lebens manifestiert.«[215]

Jung stellte die phylogenetische Hypothese auf, daß der Lebensdrang stammesgeschichtlich vor der Entstehung und Entfaltung des Sexualtriebs im Freudschen Sinne bestanden habe. Aus diesem Lebensdrang hätten sich allmählich der Selbsterhaltungstrieb sowie alle übrigen Fähigkeiten und Anlagen abgespalten und selbständig organisiert. In der Urfunktion, der Uranlage des Menschseins seien alle wesentlichen Eigenschaften, Tendenzen und Entfaltungsmöglichkeiten des Menschen enthalten gewesen. Diese Urfunktion nannte Jung ganz wie Freud Libido, aber er hatte, wie wir eben sahen, diesen Begriff entsexualisiert, hatte ihm einen nicht von vornherein sexuellen

Charakter gegeben.

Dementsprechend sah Jung die Libido des Kindes nicht so sehr von der Enge der geschlechtlichen Beziehungen bestimmt, wie das bei Freud der Fall war, sondern er identifizierte sie vielmehr mit dem Gesamt der seelischen Energien, mit dem Lebensdrang des Kindes schlechthin. Jungs Auffassung von der Libido als umfassender Lebensenergie entsprach es auch, daß er in den geistigen Potenzen des Menschen, in seinen ästhetisch-kreativen Anlagen, seinen religiösen Bedürfnissen und logisch-wissenschaftlichen Fähigkeiten, ebenso ursprüngliche Lebensmächte und Lebensäußerungen des Gegenwartsmenschen sah wie in den sexuellen Triebkräften. Damit näherte sich Jung dem Phänomen der »ökologischen Ganzheit Mensch« in viel direkterer und ursprünglicherer Weise als Freud, der in vielen Punkten seiner Lehre dem rationalistischen Reduktionismus-Schema des »nichts als ...« verhaftet blieb, d. h. stets in Gefahr stand, der reduktionistischen Neigung nachzugeben, Höheres aus Niederem abzuleiten und es auf dieses ohne verbleibenden Rest zurückzuführen. Früher oder später mußte es deshalb zwangsläufig zum Bruch zwischen Freud und Jung kommen. Im Jahr 1913 war es so weit. Nachdem Adler sich schon 1911 von Freud getrennt hatte, distanzierte sich zwei Jahre später Jung in entscheidender Weise vom Begründer der Psychoanalyse.

»Denn diese kannte im Grunde nur einzelne Triebtendenzen, aus denen das spezifisch Seelische nicht erklärt werden kann. Demgegenüber entwickelte Jung die Theorie einer Energetik der Seele, die in ihrer Totalität als Einheitstendenz bezeichnet werden kann, da er einerseits die Zielgerichtetheit des Unbewußten, andererseits das kompensatorische und komplementäre Verhältnis zwischen dem Ich und dem Unbewußten nachweist. Dadurch ist er zum Wiederentdecker der Ganzheit und Polarität der menschlichen Psyche geworden, und zwar nicht im Sinne einer formellen Definition, sondern einer materiellen Interpretation der seelischen Bilder, welche die Mani-

festationen der Geisteswissenschaften zu einer Einheit zusammenschloß.«[216]

Indem Jung »den psychischen Prozeß eben einfach als einen Lebensvorgang« auffaßte, »den engeren Begriff einer psychischen Energie zum weiteren Begriff einer Lebens-Energie« erweiterte[217], hatte er sich die Basis für eine solche ganzheitliche und umfassende Sicht des Menschen in dessen (angestrebter) Einheit von Innen und Außen, Bewußtem und Unbewußtem, Psyche und Kosmos geschaffen, denn das Leben tendiert immer und in seiner gesamten Evolutionsgeschichte zu ökologischen Ganzheiten, Einheiten und dynamischen Gleichgewichten, und die Psyche ist ein Teilprozeß innerhalb dieses Gesamtgeschehens und muß immer wieder von neuem versuchen, sich erkennend, wollend, fühlend und intuitiv-ahnend in die Totalbewegung des »Homo Totus« und damit auch in die des kosmischen Seins und Lebens einzufügen.

»Der ichbewußte Mensch bedeutet nur einen Teil des lebenden Ganzen, und sein Leben stellt noch keine Verwirklichung des Ganzen dar. Je mehr er bloßes Ich ist, desto mehr spaltet er sich vom kollektiven Menschen, der er auch ist, ab und gerät sogar in einen Gegensatz zu diesem. Da aber alles Lebende nach seiner Ganzheit strebt, so findet gegenüber der unvermeidlichen Einseitigkeit des Bewußtseins eine beständige Korrektur und Kompensation von seiten des allgemein menschlichen Wesens in uns statt, mit dem Ziele einer schließlichen Integration des Unbewußten im Bewußtsein oder besser: einer Assimilation des Ich an eine umfangreichere Persönlichkeit.«[218]

Der Begriff der Ganzheit, und zwar einer finalen, zielgerichteten Ganzheit, spielt denn auch in der psychologischen Theorie und Praxis C. G. Jungs eine beherrschende Rolle. Schon der Name, den er seiner Auffassung von der Psyche und Tiefenpsyche des Menschen gab, legt davon Zeugnis ab. Denn nach einigem Schwanken und nachdem er sie zunächst als »analytische Psychologie« (etwa seit

1915) bezeichnet hatte, wählte er den Namen »komplexe Psychologie«. Dieser Name ist doppelschichtig, doppelgesichtig, ambivalent, drückt aber gerade damit schon ein wesentliches Anliegen der Tiefenpsychologie Jungs aus. Diese ist deshalb eine »komplexe Psychologie«, weil sie einerseits den komplexen, d. h. umfassenden, ganzheitlichen Charakter von Jungs Lehre zum Ausdruck bringt und weil sie andererseits von affektiven, gefühlsbetonten, autonomen (Teil-)Komplexen ausgeht. Damit ist im Ausdruck »komplexe Psychologie« schon ein ganzes Programm enthalten:

»*... die komplexe Psychologie... beschäftigt sich mit der natürlich vorkommenden Gesamterscheinung der Psyche, also einem höchst komplexen Gebilde, wenn schon es durch kritische Untersuchung in einfachere Teilkomplexe aufgelöst werden kann.*«[219]

Diese Teilkomplexe sind nach Jung sowohl Äußerungen der Psyche als Lebensenergie als auch Abspaltungen von ihr, die wieder ins Ganze dieser Energie integriert werden sollen. In seinen »Diagnostischen Assoziationsstudien« (Leipzig, Bd. I 1906, Bd. II 1910) hatte Jung anhand von Experimenten mit der freien Assoziation »gefühlsbetonte Komplexe« ausgemacht, die er als affektgeladene Vorstellungsgruppen im Unbewußten am Werk sah. Später – nämlich 1928 in der Studie »Über psychische Energetik und das Wesen der Träume« – definiert er diese Komplexe als »abgesprengte Teilpsychen« und führt dazu aus:

»*Die Ätiologie ihres Ursprungs ist ja häufig ein sogenanntes Trauma, ein emotionaler Schock u. ä., wodurch ein Stück Psyche abgespalten wird. Eine der häufigsten Ursachen allerdings ist der moralische Konflikt, welcher seinen letzten Grund in der anscheinenden Unmöglichkeit hat, das Ganze des menschlichen Wesens zu bejahen.*«

Daß solche »autonomen Komplexe« immer wieder einmal entstehen, gehört nach Jung »zu den normalen Lebenserscheinungen«. Ja, sie machen nach ihm »die Struktur der unbewußten Psyche aus«.

Im Rahmen, im Sinne und in der Kraft der Zielgerichtetheit und Ganzheitlichkeit der Gesamtpsyche als Lebensenergie muß es aber nun zu einem Zusammenspiel zwischen Bewußtem und Unbewußtem im Menschen kommen. Nach Jung sind diese beiden Dimensionen des Lebens der Psyche einander kompensatorisch und komplementär zugeordnet.

»Die Persönlichkeitstheorie Jungs ist eine Lehre von den mehr oder minder autonomen Teilkomplexen, die im Falle einer geglückten Reifung (›Individuation‹ oder ›Selbstverwirklichung‹) unter Bewahrung ihrer wesentlichen Eigenschaften fruchtbar zusammenwirken. Im Falle einer pathologischen Entwicklung kapseln sie sich dagegen voneinander ab, so daß dieser oder jener Teilkomplex vom Bewußtsein abgedrängt wird und für die Persönlichkeit selbst als ein völlig Fremdes erscheint. Andere Teilkomplexe rücken hingegen in das Zentrum der Beachtung, woselbst sie ungebührlicherweise als das eigentliche Wesen verstanden bzw. mißdeutet werden.«[220]

Die Psyche stellt so nach Jung eine dynamisch wirkende, sich selbst regulierende und organisierende »bewußt-unbewußte Ganzheit«[221] dar. Diese Ganzheit orientiert sich bei ihrer Selbstregulierung an einem obersten Ziel, sie folgt einer immanenten Entelechie: der Verwirklichung des Selbst, der globalen, umfassenden »Gesamtpersönlichkeit«.[222] Das Selbst ist nach Jung das Zentrum, der Mittelpunkt, aber auch der größte Umfang des Kreises, der Bewußtsein und Unbewußtes umfaßt. Bei der Beschreibung des Selbst als des höchsten, ganzheitlichsten Zieles der menschlichen Selbstverwirklichung, des menschlichen Individuationsweges, bedient sich Jung geradezu einer »immanenten Theologie und Kosmologie«, das heißt, daß er das Selbst mit den höchsten Attributen Gottes und des Kosmos ausstattet. Einheit und Ganzheit des Selbst

»stehen auf der höchsten Stufe der objektiven Wertskala, denn ihre Symbole lassen sich von der imago Dei (vom Bild

Gottes, meine Hinzufügung) *nicht mehr unterscheiden. Alle Aussagen über das Gottesbild gelten also ohne weiteres für die empirischen Symbole der Ganzheit.«*

Was Theologie und Religionswissenschaft in »weltumspannenden Aussagen« über »den Gott in uns und über uns, über Christus und das corpus mysticum, über den persönlichen und den überpersönlichen Atman usw.« ausführen, trifft ganz direkt und adäquat auf das menschliche Selbst zu. Ähnlich wie die Gottheit in den Religionen und auch ähnlich wie die nachher noch näher zu erläuternden autonomen Teilkomplexe des Unbewußten (»Schatten«, »Anima«, »Animus«), nur stärker, affektiver, wertbesetzter als die letzteren, wird das auf dem Individuationsweg der Psyche sichtbar oder wenigstens erahnbar werdende Selbst »als faszinos oder numinos empfunden«, es ist nach Jung von einer Atmosphäre der »Unberührbarkeit«, des »Geheimnisses«, der »Intimität« und »sogar« der »Unbedingtheit« umgeben. Es wird »als Ganzes durch den Intellekt nicht erfaßt, denn es besteht nicht nur aus *Sinn*, sondern auch aus *Wert*, welch letzterer auf der Intensität der begleitenden Gefühlstöne beruht«. Das Selbst ist das reale Ziel der menschlichen Selbstverwirklichung, als solches aber zugleich wie Gott, dessen Vollkommenheit die Gläubigen näherzukommen versuchen, sehr weit entferntes, wiewohl stets anzusteuerndes Ideal; es »ist der persönlichen Reichweite entrückt und tritt, wenn überhaupt, nur als religiöses Mythologem auf, und seine Symbole schwanken zwischen Höchstem und Niedrigstem«, so wie auch Gott nach Aufweis der Religionsgeschichte als mysterium fascinosum, aber auch als mysterium tremendum, als das liebevollste wie das härteste, furchtbarste und grausamste Wesen aufgefaßt, erfahren, erlebt werden kann. So erweist sich »das Selbst... vermöge seiner empirischen Eigenschaften als das eidos (Idee) aller supremen Ganzheits- und Einheitsvorstellungen, wie sie vorzüglich allen monotheistischen und monistischen Systemen eignen«.[223] Nach

Jung ist Christus zwar ein Symbol des Selbst[224], aber als umfassendste Ganzheit überbietet dieses Selbst noch insofern die Christologie der Theologen, als der Begründer der komplexen Psychologie dem unaufhebbaren Dualismus Christus – Antichrist das Bild des Selbst »als einer die Gegensätze umfassenden Ganzheit gegenüberstellt«.[225]

Im Unterschied zum abstrakten Gott der Theologie ist sodann das Selbst ein realer »psychischer Faktor«, eine »Tatsache« der Erfahrung. Nur aufgrund einer relativ vollständigen Erfahrung könne man sich ein genügendes Bild vom Selbst machen. Gerade weil die metaphysischen und theologischen Vorstellungen von Gott, vom Absoluten usw. mit der Zeit so blutleer, schemenhaft und abstrakt geworden seien, hält es Jung für nützlich, sie zur psychischen Basis des Selbst wieder in ein positiveres Verhältnis zu setzen.

»Ich halte«, sagt er, »diese Parallelisierung insofern für etwas Wichtiges, als es dadurch gelingt, sogenannte metaphysische *Vorstellungen, die ihre natürliche Erfahrungsgrundlage verloren haben, auf ein lebendiges, universal vorhandenes, psychisches Geschehen zu beziehen, wodurch sie ihren eigentlichen und ursprünglichen Sinn wiedererlangen. Es wird damit eine Wiederverbindung zwischen jenen projizierten Inhalten, die als ›metaphysische‹ Anschauungen formuliert waren, und dem Ich hergestellt... Haben die metaphysischen Begriffe einmal die Fähigkeit verloren, die Urerfahrung wieder zu erinnern und zu evozieren, dann sind sie nicht nur unnütz geworden, sondern erweisen sich erst noch als eigentliche Hindernisse auf dem Wege einer weiteren Entwicklung.«*[226]

Das Selbst und seine Verwirklichung ist nach Jung mit dem *Lebensziel* und ganzheitlichen *Lebensplan* jeder einzelnen menschlichen Psyche identisch. Dieser Lebensplan, der ja die Integration von Bewußtem und Unbewußtem vorsieht, der die Auflösung der Widersprüche zwischen diesen beiden Dimensionen der Psyche verlangt, ist dem Individuum zunächst weitgehend verborgen, wird ihm aber im Prozeß der Individuation, der Selbstverwirklichung immer bewußter und klarer.

Auf dem Höhepunkt des Individuationsprozesses kommt es zur überwältigenden Begegnung mit dem Selbst, zu einer nicht anders als numinos, als religiös zu bezeichnenden Spitzenerfahrung. Es ist eine Erfahrung des Grundes und des Ganzen aller Wirklichkeit, des Göttlichen, des Absoluten, vergleichbar etwa dem hinduistischen Gipfelerlebnis der zur erfahrenen Gewißheit gewordenen Einsicht: »atman ist brahman« (mein Selbst, das innerste Wesen des Menschen, der unwandelbare Kern und die tragende Mitte des Individuums ist identisch mit der Mitte und dem Grund aller Wirklichkeit). Die gelungene Individuation oder echte Verwirklichung des Selbst bedeutet nach Jung ein Einswerden mit sich selbst, mit der Menschheit, die man im Urgrund seiner Psyche ja auch ist, und mit der ganzen Welt, dem Kosmos. Auf diese Weise bestätigt die komplexe Psychologie C. G. Jungs zugleich eine ganze Reihe östlicher und westlicher Meditationspraktiken, die ohne das Instrumentarium moderner psychologischer Methoden und Begriffe immer schon »eine Art ›Selbstanalyse‹« betrieben haben, und zwar mit dem »Zweck, das Selbst zu erkennen, um es endlich zu sein«.[227]

Doch ist der dem Lebensplan folgende Weg der Psyche als Lebensenergie steinig und voller Hindernisse. Es geht ja – wie wir sagten – um die in der Kraft dieser Lebensenergie zu betreibende Integration von Bewußtem und Unbewußtem, um die Aufhebung der Widersprüche zwischen ihnen. Im Bewußtsein aber thront das *Ich*, es ist das Bewußtseinszentrum, das Subjekt des individuellen Bewußtseins. Es erlebt seine Identität und Kontinuität als Mitte und Bezugspunkt des Bewußtseinsstromes seiner Psyche. Dagegen ist das Selbst viel breiter angelegt, viel umfassender, es ist ja das Subjekt der gesamten, also auch unbewußten Psyche eines Individuums. Es ist die Mitte der Gesamtpersönlichkeit, zugleich die Vereinigung von Bewußtsein und Unbewußtem. Selbst und Ich verhalten sich nach Jung zueinander wie Oberbegriff und Unterbegriff, wie das Zentrum der Gesamtpsyche zum »Zentrum des Bewußtseinsfeldes«, wie die universale, totale Persönlichkeit zur »empirischen Persönlichkeit«. Alle Inhalte des Bewußtseins haben eine »Beziehung ... zum Ich«, »denn kein Inhalt ist bewußt, der nicht dem Subjekt vorgestellt wäre«. Damit ist der Umfang des Ich beschrieben und abgegrenzt. Das Ich als Subjekt des Bewußtseins, als Zentrum des Bewußtseinsfeldes, versucht dieses letztere aber ständig zu erweitern. Es ist das Gebiet des Unbekannten, das Grenze und Grenzüberschreitungsmotiv für das Ich zugleich ist. Dieses Unbekannte, in das das Ich einzudringen sucht, erstreckt sich in zwei entgegengesetzten Pfeilrichtungen: das Unbekannte der Umwelt und das Unbekannte der Innenwelt, also das Unbewußte. Hier aber kommt es zur Konfrontation des Ich mit dem Selbst:

»Wie ... unsere Willensfreiheit sich an den Notwendigkeiten der Umwelt stößt, so findet sie auch ihre Grenzen jenseits des Bewußtseinsfeldes in der subjektiven Innenwelt, d.h. dort, wo sie mit den Tatsachen des Selbst in Konflikt gerät. Wie äußere Umstände uns zustoßen und uns beschränken, so verhält sich auch das Selbst dem Ich gegenüber als objektive Gegebenheit, *an der die Freiheit unseres Willens nicht ohne weiteres etwas zu ändern vermag. Es ist sogar eine bekannte Tatsache, daß das Ich nicht nur nichts gegen das Selbst vermag, sondern auch gegebenenfalls durch in Entwicklung begriffene, unbewußte Persönlichkeitsanteile assimiliert und in hohem Grade verändert wird.«*

Auch wenn es dem Ich nie ganz möglich sein wird, genau abzuschätzen, »wie frei oder wie abhängig es von den Bedingungen der außerbewußten Psyche ist«, so kann es doch auf dem Wege des Erkennens und der Integration unbewußter Inhalte mehr oder weniger kontinuierlich voranschreiten. Dabei droht jedoch nach Jung eine ganz wesentliche Gefahr für den Lebensplan, für das Ziel des

Individuationsprozesses. Dieses Ziel besteht nämlich weder in einer Auflösung des Selbst im Ich noch in einer Auflösung des Ich im Selbst, was heute wieder besonders betont werden muß, da manche der sog. Jugendsekten und Meditationsschulen das Hintersichlassen, ja – wie z. B. die Bhagwan-Anhänger – sogar die Vernichtung des Ich und das Aufgehen im Selbst als einziger echter Wirklichkeit, als entscheidendes Ziel des Lebensweges anpreisen. Vielmehr müssen nach Jungs Überzeugung Selbst und Ich in ein gesundes psychisches, wir können durchaus interpretierend hinzufügen: ökologisches Gleichgewicht miteinander kommen, weil sonst in beiden Fällen, d. h. sowohl bei der versuchten Ich- wie bei der versuchten Selbst-Auflösung, die Katastrophe in Form einer »Inflation« eintritt. Die Assimilation von

»*Teilen des Selbst... vergrößert nicht nur den Umfang des Bewußtseinsfeldes, sondern zunächst auch die Bedeutung des Ich, insbesondere dann, wenn letzteres, wie das meist der Fall ist, dem Unbewußten kritiklos gegenübersteht. In letzterem Fall wird das Ich leicht überwältigt und mit den assimilierten Inhalten identisch.*« Daraus, »*daß, je mehr und je bedeutungsvollere Inhalte des Unbewußten dem Ich assimiliert werden, sich letzteres desto mehr dem Selbst annähert, auch wenn diese Annäherung nur unendlich sein kann... entsteht unweigerlich eine* Inflation des Ich, *wenn nicht eine kritische Sonderung zwischen diesem und den unbewußten Figuren stattfindet*«.

Das Ich, das sich kritiklos als Herr aufspielt und sich das Selbst angleicht, gerät in Gefahr, sich zur Unendlichkeit aufzublähen, sich absolut zu setzen und für gottgleich zu halten. In diese Gefahr gerät man nach Jung sogar relativ schnell. »Es ist leicht möglich, daß die Betonung der Ichpersönlichkeit und der Bewußtseinswelt ein solches Ausmaß annimmt, daß die Figuren des Unbewußten psychologisiert und damit *das Selbst an das Ich assimiliert* wird.« Als Folge tritt die schon erwähnte »Inflation des

Ich« ein, die dem Wortursprung gemäß durchaus als Aufgeblähtheit des Ich aufzufassen ist.

Doch ist es ebenso als eine »psychische Katastrophe« zu werten, »wenn *das Ich vom Selbst assimiliert wird*«. Dann verharrt »das Bild der Ganzheit ... im Unbewußten. Es hat daher einerseits Anteil an der archaischen Natur des Unbewußten, andererseits befindet es sich, insofern es im Unbewußten enthalten ist, in dem psychisch relativen Raumzeitkontinuum, das für diese charakteristisch ist«. Jung drückt sich zu diesem Punkt vielleicht zu kurz und unanschaulich aus, wiewohl wir dazu von ihm noch einige Sätze hören werden. Aber was er meint, ist dennoch klar. Wenn sich das Ich vom Unbewußten assimilieren und überwältigen läßt, kommt es zur Regression auf die Stufe des Archaischen, ja Animalischen. Es kommt zu vor-ichhaften Haltungen, man trägt keine Verantwortung, weil man wie unter dem Einfluß einer die (ethische) Ich-Instanz einschläfernden Droge in einem »psychisch relativen Raumzeitkontinuum« bodenlos schwebt. Prä-ichhafte Neigungen, ja Zügellosigkeiten, vor-rationale Antriebe und Impulse, Infantilismen aller Art, d. h. Regressionen ins Kindische, Narzißmus, Schwärmerei und schwülstige Sentimentalität, Selbstversenkung ins rein Körperhafte, nur körperliche anstatt geistiger Sensibilität, Neigung zu allen möglichen Trivialitäten und ordinären Handlungen – all das wären und sind Symptome und Äußerungen des fehlenden Gleichgewichts, d. h., der Dominanz des Unbewußten gegenüber dem Ich als Zentrum und Subjekt des Bewußtseins.

Jung drückt das eben Ausgeführte anders aus, aber er meint, wie gesagt, dasselbe, wenn er betont, daß sich das Ich nicht von der suggestiven, »numinosen« Atmosphäre des Unbewußten bannen lassen darf. Ich und Selbst müssen in einem relativ stabilen Gleichgewicht miteinander ausbalanciert werden. Ein »Ausruhen im Selbst« ist dem Menschen auf dieser Erde nicht möglich, weil das Ich als

Subjekt und verantwortliche Instanz des Bewußtseins Weltbewältigung und Weltanpassung zu leisten hat, in einem bestimmten Raum zu einer bestimmten Zeit – im Gegensatz zum psychisch relativen und daher auch teilweise irrelevanten Raumzeitkontinuum des Unbewußten – seinen Mann stehen soll. Das Ich-Bewußtsein muß »differenziert, d. h. vom Unbewußten geschieden« sein und verantwortlich im Kontext einer raumzeitlich ganz bestimmten Situation stehen.

»*Daß dem so sei, bedeutet eine vitale Notwendigkeit. Gerät daher das Ich für eine gewisse Zeitdauer unter die Kontrolle irgendeines unbewußten Faktors, so wird seine Anpassung gestört und damit allen möglichen Zufällen Tür und Tor geöffnet. Die Verankerung des Ich in der Bewußtseinswelt und die Verstärkung des Bewußtseins durch möglichst genaue* Anpassung *ist von größter Wichtigkeit.*«

Es gibt daher auch typische Tugenden des Ich in seiner Auseinandersetzung mit Welt und Gesellschaft, einer Auseinandersetzung, die von einem Gleichgewicht zwischen Anpassung und Innovation (bzw. Veränderungsinitiative) gekennzeichnet sein sollte. Als solche Tugenden nennt Jung Aufmerksamkeit, Gewissenhaftigkeit, Geduld, objektive Selbstkritik, genaue Berücksichtigung der Symptomatik des Unbewußten. Diese und ähnliche sittliche Werte seien für das Engagement und Arrangement des Bewußtseins-Ich in der realen Welt »von größtem Belang«.

Die Aufgabe des immer wieder herzustellenden »ökologischen« Gleichgewichts zwischen Bewußtem und Unbewußtem, speziell auch zwischen Ich und Selbst, umschreibt Jung folgendermaßen: Wenn das Selbst an das Ich assimiliert wurde, dann »müßte die Bewußtseinswelt zugunsten der Realität des Unbewußten abgebaut werden«. Wenn aber das Ich vom Selbst assimiliert wurde, »muß die Wirklichkeit gegen einen archaischen, ›ewigen‹ und ›ubiquitären‹ Traumzustand verteidigt werden«. Wo das Ich sich das Selbst inflationär zu assimilieren sucht, »muß dem Traum eine Lebenssphäre auf Kosten der Bewußtseinswelt eingeräumt werden«; in diesem Falle »kann die Anmaßung des Ich nur durch moralische Niederlagen gedämpft werden«. Wo aber das Unbewußte das Ich zu verschleiern, zu überfluten, zu verschlingen droht,

»*empfiehlt sich die Anwendung aller möglichen Tugenden... Dies ist notwendig, weil sonst nie jener mittlere Grad von Bescheidenheit erreicht wird, welcher zur Aufrechterhaltung eines balancierten Zustandes notwendig ist... Wer z. B. nicht gewissenhaft genug ist, bedarf einer moralischen Leistung, um der Anforderung zu genügen. Wer aber in der Welt infolge seiner Anstrengung genügend verwurzelt ist, dem bedeutet es keine geringe moralische Leistung, seinen Tugenden dadurch eine Niederlage beizubringen, daß er seine Beziehung zur Welt in einer gewissen Hinsicht lockert und seine Anpassungsleistung verringert.*«[228]

In diesem Sinne muß vor allem derjenige seine Beziehung zur Welt lockern und seine Anpassungsleistung verringern, der sein Ich zur »Persona« verengt hat. Mit dieser Möglichkeit, daß ein Mensch sein Ich, das schon ohnehin nicht die ganze Weite, den ganzen Umfang der Psyche bedeutet und bildet, zur Persona verengen und verfälschen kann, tritt uns ein weiterer Aspekt der Auseinandersetzung von Bewußtem und Unbewußtem in der Lehre Jungs entgegen.

»*Die Konstruktion einer kollektiv passenden Persona bedeutet eine gewaltige Konzession an die Außenwelt, ein wahres Selbstopfer, welches das Ich geradewegs in eine Identifikation mit der Persona hineinzwingt, so daß es wirklich Leute gibt, die glauben, sie seien das, was sie darstellen.*«[229]

Das Wort »Persona« wird hier von Jung in einem negativen Sinn verwendet, wobei er von der etymologisch allerdings umstrittenen Deutung des Wortes als »Tönen durch eine Maske« (lat. personare) ausgeht. Jedenfalls hat Persona bei Jung die Bedeutung, daß ein Ich in der Gesellschaft nicht nur eine bestimmte Rolle übernimmt, sondern sich mit dieser auch restlos und total identifiziert, sie so spielt, als ob sie sein ganzes Selbst sei, und sich auf diese Weise, bewußt oder unbewußt, maskiert. Es kann ja durchaus gerechtfertigt sein, daß man eine bestimmte Rolle in der Gesellschaft auf sich nimmt. Wir alle leben in einer sozialen Umwelt, in der wir bestimmte Aufgaben, Ämter, Berufe, eben Rollen, wahrnehmen müssen. Sonst könnte das Leben in einer Gesellschaft gar nicht funktionieren. Selbst »Mann« und »Frau« sind nicht nur biologische Eigentümlichkeiten, sondern weitgehend auch kulturell und gesellschaftlich geprägte Rollen, wobei sich – wie wir inzwischen alle wissen – die Normen und Erwartungshaltungen gegenüber der Rolle »Mann« wie gegenüber der Rolle »Frau« von Epoche zu Epoche, ja teilweise schon von Generation zu Generation, mehr oder weniger stark verändern. Rollen im Rahmen des Familienverbandes sind auch die (kultur- und gesellschaftsspezifisch bestimmte) Stellung des Vaters, der Mutter, des Sohnes, der Tochter, des Bruders, der Schwester. Um so mehr noch gilt der Rollencharakter für Berufe wie den des Lehrers, Beamten, Vorgesetzten, Ingenieurs, Managers usw. Nur eine totale Identifizierung eines Ich mit der Rolle, die es in einer Gesellschaft übernommen hat, bedeutet seine Verengung zur Persona. Das Ich hat sich dann an seine Rolle verloren, es ist ganz und gar seine Rolle, entspricht ganz und gar den Verhaltensmustern, die man in einer bestimmten Gesellschaft und Zeit mit einer bestimmten Rolle verbindet. Es hat keinen Freiraum und keine Freizeit, in denen es etwas anderes wäre oder sein wollte als seine Rolle. Es trägt sozusagen ständig die Maske seiner Rolle mit und an sich und schauspielert unbewußt der Umgebung vor, seine Maske sei sein eigentliches Selbst. Das Ich spielt Theater, ohne es unbedingt zu wissen. Im Grunde hat hier das Ich in funktionaler Hinsicht aufgehört zu existieren, weil es nicht mehr über seiner Rolle steht. Abstoßende Beispiele werden dabei einem jeden von uns einfallen. Man denke nur daran,

»*wie jeder Stand, jeder Beruf usw. seine Angehörigen zu uniformieren, als Glied Numero soundsoviel der Herde einzureihen bestrebt ist, wie sehr er den ›Außenseiter‹ beargwöhnt, bekämpft... Aber nicht nur die objektive, äußere Umwelt ist so; sondern – da diese ebenso in uns selbst lebt – auch in unserer eigenen Brust gibt es dies Streben, sich anzugliedern, anzuähneln, anonym und Funktionär zu sein. An Personen, denen die Identifikation mit ihrer sozialen Funktion völlig gelang, sehen Sie diese Strebung besonders deutlich –: wo dann einer tatsächlich nichts mehr anderes ist als der Herr Graf, der Herr Oberpostsekretär oder, indirekt gar, die Frau verwitwete Sekretärsgattin. All diese – zahlreichen – Menschen... unterscheiden sich sub- und objektiv nicht an sich, sondern nur durch ihre soziale Rolle, der alles übrige verfallen ist.*«[230]

Jungs Charakterisierung der Persona wäre heute, im Rahmen einer vor allem ökologisch orientierten Sicht, besonders auf den modernen Manager- und Funktionärstyp in seiner negativ-extremen Ausgestaltung anzuwenden. Er verkörpert die Übersteigerung der pragmatisch-utilitaristischen Wertklasse, die Bevorzugung des vordergründigen Nutzens schneller und sichtbarer wirtschaftlicher Erfolge, ohne sich um die großen und bleibenden Schäden zu kümmern, die dabei der Natur, der natürlichen Umwelt zugefügt werden. Gemeint ist hier nicht das Managen im Sinne der Anbahnung und Vermittlung von Aufträgen und Verträgen mit legitimen Mitteln, der Organisierung und Durchführung verschiedenster Initiativen und Unternehmungen auf geschickte, aber ehrliche Weise. Gemeint ist vielmehr der raffinierte »Macher«, der im Dienste seiner »Persona«, und das heißt zugleich: seines Unternehmens, dem Kunden bzw. Vertragspartner praktisch alles »anzudrehen« imstande ist; der im Namen des zu erzielenden Nutzeffekts bzw. des Interesses der Gruppe, die er vertritt, alle ethischen Hemmungen der Ehrlichkeit, Sachlichkeit und

Achtung vor dem anderen Menschen beiseite schiebt und rücksichtslos andere ausspielt; der nur noch Funktionär ist, d. h. darin aufgeht, Funktion des Betriebes zu sein, dem er dient, unabhängig davon, ob die Ziele dieses Unternehmens sittlich oder unsittlich sind. Eine Abart davon ist der wissenschaftliche Funktionär, der, geblendet von den in Aussicht gestellten großzügigen Honoraren, für ein Industrieunternehmen jedes gewünschte Gutachten anfertigt. So ein Manager ist einer, der die Menschen wie Puppen tanzen läßt; dem sie nur Mittel zum Zweck, nie Selbstzweck sind; dem jede Methode gut erscheint, wenn sie nur zu seinem egoistischen Ziel führt; der, von Gewissensbissen nicht belastet, um so charmanter, eleganter, wendiger, flüssiger die Leute an der Nase herumzuführen vermag.

Das gekonnte Spielen auf allen Apparaturen des technischen Zeitalters vermittelt dem Manager- und Funktionärstyp das Gefühl, ja den Rausch unbegrenzter Macht und Verfügung über die Menschen, über Raum und Zeit. In Wirklichkeit ist er ein Mensch ohne Selbst, ohne Innenraum, ohne Seele, der in der Ruhelosigkeit, Betriebsamkeit, Geschäftigkeit, im pausenlosen Organisieren aufgeht, aufgehen muß, weil er sonst seine innere Leere und die ständige Flucht vor sich selbst bemerken könnte. Er ist ein »Mensch ohne Charakter«, wenn wir hier unter Charakter die Beständigkeit im Sittlichen, die konstante Ausrichtung eines Menschen auf positive ethische Werte gemäß ihrer Rangordnung verstehen. Seinen Charakter hat der Manager an der Pforte des Betriebs, dessen Funktionär er nun ist, abgegeben. Jetzt ist er nur noch gewissenloser Befehlsempfänger und -ausführer, Vertreter und Verkünder der Interessen, Ansichten und Parolen »seines« Unternehmens. Dieser Funktionärstyp hat heute eine ungeheure Ausweitung erfahren: Er managt im hier umschriebenen Sinn nicht mehr bloß auf dem Gebiet der Industrie und Wirtschaft, in Arbeitgeberverbänden und Gewerkschaften, sondern in manchem Verein, in Bildung, Kultur, Politik und Religion, in staatlicher Fürsorge und Bürokratie, in fast allen Lebensbezirken. Was machbar ist, wird vom Manager auch gemacht, selbst wenn dabei Menschen und Dinge, Natur und Kosmos Schaden erleiden.

Die elementaren ethischen Grundwerte der Gerechtigkeit, Gleichheit und Freiheit werden von diesem »Persona«-Typ, sobald und soweit er im Besitz der Macht ist, nicht selten brutal verletzt. Das Stichwort, nach dem er handelt, wenn er mit Menschen, Gemeinschaften und der Natur in Berührung kommt, heißt Nutznießen bzw. Ausbeuten. Selbst ästhetische Werte, zu denen er oft gar keine innere Beziehung aufzunehmen imstande ist, dienen ihm – z. B. in Gestalt wertvoller Kunstwerke – lediglich als Mittel der Zurschaustellung seines Reichtums oder der Erhöhung seiner Vertrauenswürdigkeit. Gern gebärdet er sich als Förderer von Kunst und Kultur, wenn daraus ein wirtschaftlicher Vorteil, bessere ökonomische Kontakte usw. hervorgehen. Auch ethisch-soziale Werte, z. B. den der Solidarität, des Gemeinschaftsgefühls, erkennt er nicht in ihrer Eigenbedeutung an. Freundlichkeit, die nicht auf ihren Vorteil bedacht ist, selbstlose Hilfeleistung, ein Gefühl echter Zusammengehörigkeit, also auf Gleichheit beruhende Solidarität in ihren zahlreichen Einzelerscheinungen, kennt er kaum. Für die Rechtfertigung solchen Gemeinschaftsempfindens durch den Hinweis, daß wir alle Menschen, also Schwestern und Brüder, auf dem einen, uns umfassenden Schicksalsplaneten Erde sind, hat er nur ein mitleidiges Lächeln übrig, es sei denn, er könnte eine solche Rechtfertigung schon wieder als motivierenden Antrieb für die Arbeitsleistung seiner Untergebenen nutzen.

Der sein besseres Ich und sein Selbst ausklammernde, auf seine Funktionärsrolle fixierte und eingeengte Persona-Typ des Managers stellt heute eine der Hauptpersonifikationen jener anonymen oder im Hintergrund verbleibenden Mächte dar, die fortdauernd und mit zerstörerisch-dämonischer Urgewalt das Antlitz der Mutter Erde schänden, die die Meere, Flüsse und Seen, die Luft, die Wälder, den Boden und das Wasser ausbeuten und vergiften. Jungs Kategorien, die Formen und Inhalte, die er mit der Dreier-Stufung »Selbst« – »Ich« – »Persona« verbindet, geben uns ein vortreffliches Instrumentarium in die Hand, um dieses dämonisch-destruktive Verhalten besser auszuloten und zu begreifen. Den Ausdruck Dämonie haben wir jetzt gleich zweimal hintereinander verwendet. Diese Verwendung findet ihre Rechtfertigung darin, daß das aus der Persona Ausgegrenzte und Ausgeklammerte ja nicht einfach zu existieren aufhört, sondern ins Unbewußte abgedrängt wird, sich dort zum »*Schatten*«, zum »diabolus«, verdichtet und als solcher, als »dämonische Gegeninstanz«, negative Wirkungen ausstrahlt.

»In dem Maße als die Selbstdeutungen im ›Ich‹ und mehr noch die konventionelle Rollen-Deutung in der ›Persona‹ dem ›Selbst‹ etwas schuldig bleiben, findet eine ›Entfremdung‹ statt, in deren Gefolge andere Aspekte des eigenen Wesens auf eine Stufe der negativ akzentuierten, abgelehnten und mitunter gefürchteten Existenz herabsinken, die zunächst als ›Schatten‹ bezeichnet wird.«[231]

Der Schatten ist nach Jung die »negative Seite der eigenen Persönlichkeit« und damit etwas »Relativ-Böses«. Aber im Zusammenhang mit den später noch zu besprechenden Archetypen kann einem in Gestalt des Schattens auch das »Absolut-Böse« begegnen. Der Schatten ist also Jung zufolge eine lavierende, zwischen relativ und absolut Bösem oszillierende Existenz, weswegen er ihn wohl auch manchmal »diabolus« nennt. Insofern ist auch

»der Schatten... ein moralisches Problem, welches das Ganze der Ichpersönlichkeit herausfordert, denn niemand vermag den Schatten ohne einen beträchtlichen Aufwand an moralischer Entschlossenheit zu realisieren. Handelt es sich bei dieser Realisierung doch darum, die dunklen Aspekte der Persönlichkeit als wirklich vorhanden anzuerkennen. Dieser

Akt ist die unerläßliche Grundlage jeglicher Art von Selbsterkenntnis und begegnet darum in der Regel beträchtlichem Widerstand.«

Wer die »den Schatten bildenden dunklen Charakterzüge resp. Minderwertigkeiten« nicht sehen, anerkennen und positiv-sittlich verarbeiten will, wer »das Vorhandensein eines gewissen niederen Niveaus der Persönlichkeit« ignoriert, verhält sich nach Jung »mehr oder weniger wie ein Primitiver, der nicht nur ein willenloses Opfer seiner Affekte ist, sondern dazu noch eine bemerkenswerte Unfähigkeit des moralischen Urteils besitzt«. Das ist die Stelle, der Punkt, wo es zur Projizierung des eigenen Bösen, das man verdrängt hat, in den anderen, die anderen oder auch das andere, nämlich in die (nun als bös geltende) Welt kommt. Je weniger Neigung bei einem Individuum besteht, Selbsterkenntnis zu üben und auf diese Weise auch eventuelle eigene Projizierungen zu durchschauen, um so mehr kann sich der projektionsbildende Faktor entfalten und sein böses Spiel treiben.

»Der Erfolg der Projektionen ist eine Isolierung des Subjektes gegenüber der Umwelt, indem statt einer wirklichen Beziehung zu derselben nur eine illusionäre vorhanden ist. Die Projektionen verwandeln die Umwelt in das eigene, aber unbekannte Gesicht. Sie führen darum in letzter Linie zu einem autoerotischen oder autistischen Zustand, in dem man eine Welt träumt, deren Wirklichkeit aber unerreichbar bleibt. Das hieraus hervorgehende ›sentiment d'incomplétude‹ und das noch schlimmere Gefühl der Sterilität werden wiederum durch Projektion als Böswilligkeit der Umgebung erklärt, und vermittelst dieses circulus vitiosus wird die Isolierung gesteigert... Es ist oft tragisch zu sehen, auf wie durchsichtige Weise ein Mensch sich selber und anderen das Leben verpfuscht, aber um alles in der Welt nicht einsehen kann, inwiefern die ganze Tragödie von ihm selber ausgeht und von ihm selber immer wieder aufs neue genährt und unterhalten wird... Das Gespinst zielt in der Tat auf einen Cocon hin, in welchem das

Subjekt am Ende eingeschlossen wird.«[232]

Wenn wir nun diese Analyse Jungs aktualisierend auf die ökologische Krise der Gegenwart anwenden, ergibt sich folgendes Horror-Bild: Der neuzeitliche Mensch, d. h. im Grunde wir alle, hat sein Selbst und sein Ich zum Typus einer welt- und naturunabhängigen, von der Welt und der Natur isolierten und ihr überlegenen Persona verengt und verfälscht. Er hat die Rolle des faustisch-demiurgischen homo technicus und homo oeconomicus nicht nur angenommen, sondern sich mit ihr so radikal identifiziert, daß alles in seiner Haltung zur Welt, zum Kosmos, zur Natur, was nicht direkt oder indirekt der Beherrschung, Nutzung und Ausbeutung derselben diente, als nicht dem menschlichen Wesen gemäß, als unwissenschaftlich, unmodern, antiquiert u. ä. diskriminiert werden konnte. Die Liebe zur Natur, eine religiöse Sensibilität für sie und das ihr angetane Leid, ein Mitschwingen mit dem Rhythmus des Lebens und des Kosmos, das tiefe biologisch-existentielle Wissen darum, daß wir ein Teil der Natur sind, von ihr abhängig und durch Millionen Fäden mit ihr verwoben – all das wurde als falsche Romantik, als Sentimentalität, Schwärmerei, als infantil oder feminin in die Kelleretage unseres Unbewußten verbannt. Dort aber führte es eine Schattenexistenz, und von dorther brachte es sich ständig in lästige Erinnerung. Die Reaktion der modernen faustischen Persona war jedesmal die gleiche: Immer wenn sich der Schatten regte, wurden noch größere Anstrengungen mit dem Ziel der totalen Unterwerfung der Erde und der Natur unternommen, um die Richtigkeit des von der Menschheit in den letzten Jahrhunderten eingeschlagenen Weges zu beweisen. Die Welt als umfassendes, letztlich keine weißen Flecken, keine Oasen mehr duldendes Laboratorium und Experimentierfeld! Ob Raumfahrt oder Gentechnologie, Kernkraftwerke oder Atombomben – alles diente dem gleichen Ziel: der Etablierung der faustischen Persona zur neuen, alleinigen Gottheit, zum neuen Schöpfer eines Universums, das besser sein soll(te) als das seit etwa 20 Milliarden Jahren bestehende. Ja, man schoß wahre Haßprojektionen in die Richtung derer ab, die die Notwendigkeit einer Abkehr vom bisherigen Kurs des ständigen Wirtschaftswachstums auf Kosten der Rohstoffe und der Umwelt verkündeten, die einen radikalen Gesinnungswandel forderten, die also die Initiatoren der heute so wohlbekannten ökologischen Bewegung waren.

Momentan stehen wir allerdings in einer weiteren Phase der ökologischen Auseinandersetzung: So mancher, der in Wirtschaft, Industrie, Politik und Gewerkschaft Verantwortung trägt, hält verbale oder kosmetische Prozeduren zugunsten der Natur, der Umwelt im Grunde für ausreichend, um damit sein weiteres, wenn auch nicht mehr so selbstsicheres Festhalten an der Rolle des homo technicus und oeconomicus zu kaschieren. Denn eines haben alle begriffen: Ein offenes Bekenntnis zur Kolonialherrschaft des Menschen über die Natur ist nicht mehr opportun. Leider folgt daraus für nicht wenige nicht der kategorische Imperativ zu einer wahrhaft ökologischen Neuorientierung aller Verhältnisse, sondern nur das ökologische Lippenbekenntnis und die Heuchelei.

Aber inzwischen hat sich die Öko-Krise so zugespitzt und verschärft, daß man – gar nicht mehr sehr metaphorisch – von einer Revanche, einer Rache der Natur zu sprechen berechtigt ist. Die Natur, die innere wie die äußere, duldet nicht länger ihre Unterdrückung und Vergewaltigung, sie besinnt sich auf ihre Rechte und schlägt zurück. Der »Schatten«, die Summe der vernachlässigten, ausgeklammerten, verdrängten Seinsmöglichkeiten jedes einzelnen Menschen, drängt ans Licht. Er schwingt und vibriert im gleichen Rhythmus wie die unter der Fremdherrschaft des homo technicus und oeconomicus ächzende und inzwischen schon dagegen aufstehende äußere Natur. Sie verlangt jetzt ultimativ ihr Recht, das Recht, strengstens nach höchsten ökologischen Maßstäben als absoluten

Prioritäten behandelt zu werden, ansonsten sie den Menschen und alles höhere Leben auf unserem Planeten auslöschen und sich selbst – wenn auch nach Jahrtausenden und Jahrhunderttausenden – auf einem dann allerdings niedrigeren, primitiveren Niveau und ohne den Menschen wiederherstellen wird.

In diesem Zusammenhang gewinnt auch Jungs Theorie des Animus und der Anima eine neue, aktuelle ökologische Brisanz. Bekanntlich ist ja der Schatten ein autonomer (Teil-)Komplex im menschlichen Unbewußten. Solche Komplexe sind nach Jung auch »Animus« und »Anima«, also die männliche Schattenfigur in der Psyche der Frau und die Schattenfigur eines weiblichen Wesens im Unbewußten des Mannes. Es handelt sich dabei um den »Betrag an Weiblichkeit, die dem Manne, und an Männlichkeit, die der Frau eignet«, sodann um die »Erfahrung, die der Mann an der Frau und vice verse macht«, und schließlich um das »archetypische weibliche und männliche Bild«.[233] Jung hat sicherlich die Formen Animus und Anima mit so manchem Inhalt angefüllt, der uns heute als zeitbedingt und subjektiv, teilweise sogar als von männlichem Chauvinismus diktiert erscheinen muß.[234] Aber die grundlegende und bleibend wertvolle Einsicht Jungs ist doch die, daß zur Anima, der weiblichen Schattenfigur im Manne, die gewaltige Kraft des *Eros* und – in Ergänzung dazu – der Archetypus der *chthonischen Mutter*[235] gehören. Das ist zwar in der Literatur, der philosophischen wie der psychologischen vor Jung, nicht ganz neu, aber es ist eben die Brücke von der Psychologie zu einer ökologischen Religiosität, indem diese aufgrund des gerade in Jungs Werken üppig ausgebreiteten religionswissenschaftlichen und ethnologischen Materials zu der Einsicht weiterschreiten kann, daß der zur Persona des kalt analysierenden Naturforschers und des grausam manipulierenden Naturausbeuters verengte und reduzierte Mann der religio, der bewußten Rückbindung an die Anima, an die emotionalen Kräfte der Frau, an die auch ihn tragende Mutter Erde und an die bergende, Heimat gebende Kraft des Kosmos bedarf. Denn auch der Kosmos, das äußere Universum, hat wie das innere Universum von Seele und Geist eine weibliche und eine männliche Seite. Neben seinen gewaltigen, erhabenen, Furcht oder Ehrfurcht einflößenden Aspekten ist er doch zugleich immer jenes universale Sein, das uns trägt und Leben spendet bzw. ermöglicht, wie wir das im vorigen Teil im Zusammenhang mit der Betrachtung des Universums als eines ganzheitlich vernetzten Seins-, Sinn- und Funktionszusammenhangs und im Kontext des »anthropischen Prinzips« so deutlich sehen konnten. Damit erweist sich die Psychologie C. G. Jungs geradezu als bedeutsames Bindeglied zwischen den im ersten Teil dieses Buches behandelten Naturreligionen und einem heute notwendigen öko-religiösen Bewußtsein, denn die ersteren wußten ja – wie wir sahen – immer schon um die Bedeutung der Mutter Erde und die Tragfähigkeit des Kosmos als Gegeninstanz zum Chaos.

In diesem Zusammenhang ist nicht nur auf die Komplementarität zwischen der Frau und ihrem »Animus«, zwischen dem Mann und seiner »Anima« hinzuweisen, sondern auch auf eine bestimmte Folgeerscheinung dieser Komplementarität aufmerksam zu machen. Es geht um die schwerpunktmäßig überwiegenden Funktionen in der männlichen und der weiblichen Psyche, die – so können wir es sagen – ebenfalls in ein ökologisches Gleichgewicht gebracht werden müssen. Das Jungsche System unterscheidet zwei Gegensatzpaare: das von Denken und Fühlen als Urteilsfunktionen sowie das von Empfinden und Intuition als Wahrnehmungsfunktionen. Die Funktion des Denkens brauchen wir hier nicht näher zu erläutern, weil da die wenigsten Mißverständnisse möglich sind. Dagegen versteht Jung unter Fühlen etwas Besonderes, nämlich eine Art Denken und Urteilen mit dem Herzen, eine Pascalsche »Logik des Herzens«, die die Haltung eines Menschen zur

Wirklichkeit und all ihren Teilen positiv oder negativ beeinflußt. Dabei kann viel Subjektives hineinspielen, jedoch mitunter auch eine tiefere Wahrheitsdimension in uns um etwas wissen, an das der Verstand mit seinem Denken nicht herankommt.

Bei der Funktion des Empfindens handelt es sich um eine mehr oder minder grob sinnliche Bindung an die Objekte, also eine niedrigere Stufe der Wahrnehmung; die Intuition stellt dagegen deren höhere Stufe dar, weil ihr das Wahrnehmbare nur Gleichnis, Signal und Symbol für die tieferen Sinngehalte der Welt ist. Der Empfindungsstufe der Wahrnehmung ordnet Jung geistesgeschichtlich die Strömungen des Positivismus und Sensualismus zu.

Jung meint nun, daß Denken und Empfinden vorwiegend männliche, Fühlen und Intuition dagegen vorwiegend weibliche Funktionen seien und daß sie sich im Rahmen seiner komplexen Psychologie, seiner Komplementaritätslehre, zu ergänzen hätten.

Im Rahmen unserer, die Inhalte der Jungschen Psychologie aktualisierenden und nutzbar machenden Ökologie wäre darauf hinzuweisen, daß das diskursive männliche Denken, die streng rationale Logik, und das durch raffinierte Meß- und Wahrnehmungsinstrumente zunehmend vervollkommnete und geschärfte Empfinden in Physik, Chemie und Technik gewaltige Triumphe gefeiert haben, jedoch heute an eine Grenze stoßen, weil sie uns die Welt im wesentlichen nur quantitativ, eindimensional und flächig erscheinen ließen. (Wir haben allerdings im vorigen Teil jene Ergebnisse und Erkenntnisse der Naturwissenschaften herausgearbeitet, die diese Eindimensionalität und Flächigkeit ins Wanken bringen bzw. bringen können.) Das (weibliche) Fühlen der Qualität, die ein Mensch, ein Tier, eine Pflanze, ein Baum, ein Strauch, eine Blume, ein Vogel etc. verkörpert, die der Kosmos als sinnvolles Gesamtgefüge darstellt, muß heute – auch und gerade im Mann – intensiviert, geübt, verfeinert werden. Das Gefühl für bisher meist unterschlagene Dimensionen des Lebens, z. B. für ethische und ästhetische Qualitäten im Menschen und in der Natur, muß wieder geweckt werden, ebenso das Gefühl für die dem rationalen Verstandesdenken nicht immer gleich sichtbaren ökologischen Zusammenhänge, Vernetzungen und Kreisläufe.

Auch die (weibliche) Intuition muß wieder zu ihrem Recht kommen. Sie wird zwar oft belächelt und offiziell gering geschätzt, spielt aber in Wirklichkeit im Leben und selbst in der Wissenschaft eine größere Rolle, als gemeinhin angenommen und anerkannt wird. Das Denken, auch in der Wissenschaft, wird im allgemeinen erst auf Reisen geschickt, wenn vorher eine zündende Idee, eine Intuition da war, die einen ersten Blick in wirkliches oder vermeintliches Neuland eröffnet oder gewährt. Aufgrund einer solchen Intuition wird eine wissenschaftliche Hypothese formuliert, die man dann zu beweisen oder zu verifizieren sucht. Im praktischen Leben macht man sich's meist noch viel einfacher. Sowohl die Gruppe von Menschen, die – auf einer niederen Wahrnehmungsstufe – von Vorurteilen lebt, als auch die, die Momenterhellungen ihres Daseins durch Intuitionen erlebt, verzichtet zum größten Teil auf die Anstrengung des Begriffs, auf das Bemühen also, die Vorurteile zu überprüfen bzw. das intuitiv Erlebte oder Erschaute zu reflektieren und zu verifizieren.

Aber wie dem auch sei. Wichtig wird angesichts der ökologischen Weltkrise der Beitrag einer Intuition, die der Neigung des (männlichen) Denkens und Empfindens trotzt, die Welt, die Natur nur als flüchtiges Phänomen, als sinnliche Erscheinung, als Summe von Sinnesreizen, als qualitätslos-quantitativ Meßbares, als Zuhandenes und daher Manipulierbares anzusehen und restlos darauf zu reduzieren. Intuition, die nach Jung das Wahrnehmbare und Erscheinende als Gleichnis und Symbol für tiefere Bedeutungen der zugrunde liegenden Wirklichkeit erfährt, hat in der gegenwärtigen Weltsituation den Auftrag, der

Natur, der nichtmenschlichen Kreatur in solidarisch-ehrfürchtiger und einfühlender Weise das ihr vom Menschen geraubte Wesen, ihre zumindest relative Selbständigkeit und Autonomie, ihr gewisses Selbstzwecksein wiederzugeben; die Welt tiefer zu denken, »als der Tag gedacht« (Nietzsche); in Natur und Gesamtwirklichkeit einen umfassenden sprituellen Sinn zu sehen, der ja auch durch die naturwissenschaftlich-kosmologischen Ergebnisse und Überlegungen des zweiten Buchteils äußerst nahegelegt wird. Wer, um einen Gedankengang dieses vorigen Teiles kurz wieder aufzunehmen, die Natur in der Fülle ihrer sich vernetzenden Details und als Gesamterscheinung nicht als natürliche Offenbarung grundlegenden Sinnes erkennt oder wenigstens erahnt, der hat von ihr nichts begriffen, mag er sich vielleicht intellektuell noch so großartig und überheblich gebärden. »Der gestirnte Himmel« des äußeren Universums und das »Gewissen« als höchste ethische Instanz des Universums da drinnen sind die zwei, auch nach Immanuel Kant zusammengehörigen Korrelate eines alles umfassenden Sinnes.

Wenn wir hier den weiblichen Charakter des Fühlens und der Intuition in einem sehr positiven Sinne hervorgehoben haben, so sollte dabei doch nicht übersehen werden, daß es sich um etwas Idealtypisches handelt, das in dieser reinen Gestalt auch bei Frauen nicht zu finden ist. Schon gar nicht bei der Frau von heute in unserer derart verwissenschaftlichten, männlich-verpolitisierten und männlich-technisierten Welt, in der die »Persona« des Beherrschers, Ausbeuters, Unterdrückers, Manipulierers, also das Negativ-Männliche auch in die sozio-kulturelle Welt der Frau eingedrungen ist. Der Slogan, daß Frauen in der Welt von heute auf allen Gebieten »ihren Mann stehen«, ist nur eine der vielen trivialen sprachlichen Fixierungen dieses Tatbestandes. Petra Kelly, eine der prominenten Frauenrechtlerinnen der Gegenwart, bedauert, daß selbst politisch und menschlich ihr nahestehende Frauen den Wert liebender, überrationaler Intuition nicht mehr schätzen.

»Allzuoft begegne ich... Genossinnen, die... eine Allergie gegen einen befreiten Eros und Liebe mit sich tragen – die ›Ideologie‹ (politisch und persönlich), die sie vertreten, will dann nichts wissen von rational nicht faßbaren Botschaften. Alles Liebevolle wird suspekt... Wir werden in dieser Gesellschaft als Männer und Frauen verführt von der leicht zugänglichen industrialisierten Sexualität... von Macht, Besitz, Zerstörung, Konkurrenz und von Rivalität... Auch im progressiven politischen Milieu stoße ich auf Barrieren, wenn ich über den religiösen Charakter der Liebe und über den erotischen Charakter echter Religiosität... spreche!«

Frau Kelly mahnt die Frauen, sich wieder auf spezifisch weibliche, für eine ökologische Rettung aus der Weltkrise notwendige Eigenschaften zu besinnen:

»Wir müssen uns als Frauen gegen jede Art von Nüchternheit entschieden wehren und das harmonische Zusammenwirken der körperlichen und geistig-seelischen Komponente anstreben. In einer Welt, in der beinahe alles geplant und verzweckt ist, in der vieles nur noch nach Brauchbarkeit bewertet wird, nach dem, was es bringt, muß ›Eros‹ die seelische Dimension unserer Leiblichkeit werden!... Wir müssen unseren Kopf und vergifteten Verstand etwas abschalten und die mystische Dimension des Lebens erfahren, in der Geist *und* Sinnlichkeit *sich nicht mehr im Wege stehen, sondern unlösbar vereint sind! Wir müssen zu einem Leben zurückfinden, das schon verloren schien.«*

Die Frauen vor allem seien berufen, eine »Kultur der Zärtlichkeit«, das »Aroma der Erotik« (Th. W. Adorno) wieder in die Gesellschaft einzubringen. Intuition, Wahrnehmungsbereitschaft für Menschen und alle Wesen, die auf Liebe beruht, »führt zur Klarheit und Frieden und heilt die Wunden des Getrenntseins und gibt... Würde. Sie läßt die Welten nicht vergehen, sondern in einem herrlichen Licht erscheinen«, läßt uns »klares Bewußtsein vom Wert des Seins entwickeln... verleiht uns ein Gefühl der inneren Sicherheit – wir sind nicht mehr ein ›Ding von der Welt‹, sondern eine ›Verkörperung von Welten‹ geworden«. In solch einer Haltung brauchen sich gar nicht mehr »der Geist und die Sinne ... selbst zu öffnen; sie finden sich ganz von selbst aufgeschlossen, und da wird deutlich, daß die transzendente Welt keine andere ist als die alltägliche«.[236]

Im Zusammenhang mit C. G. Jung muß auch noch seine *Archetypen*-Lehre erwähnt werden. Legen doch die Archetypen in seinem Verständnis in besonderer Weise den Ausblick auf die Gesamtmenschheit und den Kosmos, auf die Vernetzung aller Menschen in Vergangenheit, Gegenwart und Zukunft miteinander und mit dem Universum frei. Sie gehören nach Jung zu einer zweiten, tieferen Schicht der unbewußten Psyche, zum kollektiven Unbewußten, an dem die ganze Menschheit partizipiert.

Ganz richtig hat F. Capra in Jungs Archetypen-Lehre einen echten und originellen Beitrag zur heute notwendigen Wende der menschlichen Geistes- und Kulturgeschichte, einen unentbehrlichen Baustein für eine umfassende Systemtheorie des menschlichen Geistes gesehen.

»Jungs Vorstellung vom kollektiven Unbewußten unterscheidet seine Psychologie nicht nur von der Freuds, sondern auch von allen anderen. Sie setzt ein Bindeglied zwischen dem Individuum und der Menschheit insgesamt voraus – in gewissem Sinne zwischen dem Individuum und dem gesamten Kosmos –, was sich nicht innerhalb eines mechanistischen Rahmens verstehen läßt, was aber sehr mit der System-Anschauung des Geistes übereinstimmt.«[237]

Jung selbst rechtfertigt den gerade heute wieder wegen des permanenten Ost-Welt-Konflikts einigermaßen negativ besetzten Ausdruck eines »*kollektiven* Unbewußten« folgendermaßen:

»Ich habe den Ausdruck ›kollektiv‹ gewählt, weil dieses Unbewußte nicht individueller, sondern allgemeiner *Natur ist, d.h. es hat im Gegensatz zur persönlichen Psyche Inhalte*

und Verhaltensweisen, welche überall und in allen Individuen cum grano salis dieselben sind. Es ist, mit anderen Worten, in allen Menschen sich selbst identisch und bildet damit eine in jedermann vorhandene, allgemeine seelische Grundlage überpersönlicher Natur.«[238]

Was versteht nun Jung unter den Archetypen, die das kollektive Unbewußte bilden? Seine Darstellung derselben ist keineswegs einheitlich und überall eindeutig, es hat auch Wandlungen in seinem Verständnis der Archetypen gegeben. Was sich aber allmählich und dann mit zunehmend schärferen Konturen herauskristallisiert, wenn man sich seine diversen Darstellungen der Archetypen vergegenwärtigt, ist das Bild einer Psyche und, darauf basierend, einer Psychologie, die den Rahmen der Normalpsychologie wie den jeder nur-rationalen Psychoanalyse überschreitet, ja sprengt, ohne irrational(istisch) im Sinne von Blindheit und dumpfer Unwissenheit zu sein. Gerade an der Tiefenpsychologie Jungs erwächst in besonderer Weise die Einsicht, die sich heute unter Philosophen, Soziologen, Ethnologen und Anthropologen durchzusetzen beginnt, daß »außerhalb des scheinbar unbegrenzten Feldes rationaler Wissenschaft weit mehr und weit Wichtigeres liegt, als unsere Schulweisheit sich träumt. Schlimmer noch: Der Verdacht macht sich breit, daß man des bislang Ungeklärten mittels der üblichen Methoden vielleicht gar nicht mehr Herr werden könnte.«[239] Man könnte freilich das Ganze auch anders sehen und mit einem gewissen Recht behaupten, Jung habe nur den Begriff des Rationalen sehr viel weiter als gemeinhin üblich gefaßt, ihn auch auf die letzten Tiefen des Unbewußten gerichtet und so die neuzeitliche Aufklärung in eine weitere und ganz neue Phase überführt.

Jung geht nämlich durchaus rational-logisch und methodisch vor, wenn er hinter dem reichen mythologischen Bildmaterial der Psyche *unanschauliche Grundformen* zunächst vermutet, dann aufzuweisen sucht, weil die Überfülle mythischer Bildvariationen, wie er sie durch Ethnologie und Religionswissenschaft geliefert bekam und wie sie ihm in den Aussagen seiner Patienten entgegentrat, erstaunlicherweise dennoch kein Chaos darstellt, sondern gewissen gemeinsamen und vereinheitlichenden Motiven, Themen und Prinzipien folgt. So gelangt er zu der Einsicht, daß man

»die archetypischen Vorstellungen, die uns das Unbewußte vermittelt... nicht mit dem Archetypus an sich verwechseln darf. Sie sind vielfach variierte Gebilde, welche auf eine an sich unanschauliche Grundform zurückweisen. Letztere zeichnet sich durch gewisse Formelemente und durch gewisse prinzipielle Bedeutungen aus, die sich aber nur annähernd erfassen lassen. Der Archetypus an sich ist ein psychoider Faktor, der sozusagen zu dem unsichtbaren, ultravioletten Teil des psychischen Spektrums gehört. Er scheint als solcher nicht bewußtseinsfähig zu sein. Ich wage diese Hypothese, weil alles Archetypische, das vom Bewußtsein wahrgenommen wird, Variationen über ein Grundthema darzustellen scheint... Überdies ist jede Anschauung eines Archetypus bereits bewußt und darum in unbestimmbarem Maße verschieden von dem, was zur Anschauung Anlaß gegeben hat... Was immer wir von Archetypen aussagen, sind Veranschaulichungen oder Konkretisierungen, die dem Bewußtsein angehören.«[240]

Jung wird nicht müde, hier eine ganz ähnliche und damit gemeinsame Situation mit der an sich doch auch ganz rational vorgehenden Atomphysik festzustellen.

»Man muß sich«, sagt er zum Beispiel, *»stets bewußt bleiben, daß das, was wir mit ›Archetypus‹ meinen, an sich unanschaulich ist, aber Wirkungen hat, welche Veranschaulichungen, nämlich die archetypischen Vorstellungen, ermöglichen. Einer ganz ähnlichen Situation begegnen wir in der Physik. Es gibt dort kleinste Teile, die an sich unanschaulich sind, aber Effekte haben, aus deren Natur man ein gewisses Modell ableiten kann... Wenn die Psychologie auf Grund ihrer Beobachtungen das Vorhandensein gewisser unanschau-*

licher psychoider Faktoren annimmt, so tut sie im Prinzip dasselbe wie die Physik, wenn diese ein Atommodell konstruiert.«[241]

Die Ratio der Physik und die Ratio der Psychologie müssen gleichermaßen erkennen und sich der Tatsache beugen, daß es Außer- und Vorrationales gibt und daß dieses von grundsätzlicherer, sozusagen basalerer Natur als das Feld des Rationalen ist.

»Wir wissen genau, daß wir die Zustände und Vorgänge des Unbewußten an sich ebensowenig erkennen können, wie die Physiker den der physischen Erscheinung zugrunde liegenden Vorgang... Die Unfähigkeit zu begreifen oder die Unwissenheit des Publikums kann die Wissenschaft nicht daran hindern, gewisse Wahrscheinlichkeitsüberlegungen anzustellen, von deren Unsicherheit sie hinlänglich unterrichtet ist.«[242]

Wir können hier nicht alle Analogien zwischen Physik und Tiefenpsychologie, die Jung mit einem nie versiegenden Spürsinn für fundamentale Ähnlichkeiten ausfindig macht, aufzählen. Aber das Ergebnis, das ihm auf der Grundlage all dieser Analogien möglich, ja wahrscheinlich erscheint, soll hier wenigstens wiedergegeben werden: Es ist die Perspektive, die Vision einer letzten, umfassenden transzendentalen, kosmischen Einheit von Materie und Psyche, von Stoff und Geist.

»Früher oder später werden sich Atomphysik und Psychologie des Unbewußten in bedeutender Weise annähern, da beide, unabhängig voneinander und von entgegengesetzter Seite, in transzendentales Gebiet vorstoßen... Psyche kann kein ›ganz anderes‹ sein als Materie, denn wie könnte sie dann den Stoff bewegen? Und Stoff kann der Psyche nicht fremd sein, denn wie könnte er sie dann erzeugen? Psyche und Materie sind ein und derselben Welt, und eines hat am anderen Teil, sonst wäre Wechselwirkung unmöglich. Man müßte daher, wenn die Forschung nur weit genug vorstoßen kann, zu einer letzthinnigen Übereinstimmung physischer und psychologischer Begriffe gelangen.«[243]

Da Psyche und Materie miteinander in ständiger Berührung stehen und beide nach Jung auf unanschaulichen, transzendentalen Faktoren beruhen, sind sie nach ihm »zwei verschiedene Aspekte einer und derselben Sache«. Die Materie müsse mit »latenter Psyche« ausgestattet gedacht werden.

Von daher ergeben sich für Jung ganz neue Perspektiven bei der Erklärung von *Synchronizitätsphänomenen* und *parapsychologischen* Vorgängen, die ja immer auf einem Wechselspiel von Materie und Psyche beruhen. Unter Synchronizität versteht Jung das gar nicht so selten beobachtbare Zusammentreffen subjektiver und objektiver Tatbestände, das kausal, wenigstens mit unseren jetzigen Mitteln, nicht zu erklären ist. Bei Synchronizitätsphänomenen kann sich Nicht-Psychisches ohne kausale Verbindung wie Psychisches und umgekehrt das letztere wie das erstere verhalten. Jung teilt sodann durchaus die Skepsis gegenüber verschiedenen parapsychologischen Erklärungsversuchen, die Existenz parapsychischer Phänomene aber ist ihm ein unbestreitbares Faktum. »Der Skeptizismus sollte aber nur der unrichtigen Theorie, nicht den zu Recht bestehenden Tatsachen gelten. Kein vorurteilsloser Beobachter kann diese leugnen.« Nach Jung beruht der Widerstand gegen die Anerkennung parapsychischer Phänomene hauptsächlich auf der Abneigung, irgendwelche übernatürlichen Fähigkeiten der Psyche anzunehmen. Diese Abneigung sei auch durchaus berechtigt. Aber bei parapsychischen Vorgängen, wie z. B. dem Hellsehen, gehe es gar nicht um Übernatürliches, sondern um einen momentanen Wegfall des absoluten Raumzeitkontinuums, in dem unser Ich-Bewußtsein normalerweise lebe.

»Die sehr verschiedenen und verwirrenden Aspekte solcher Phänomene klären sich, soweit ich dies bis jetzt festzustellen vermochte, so gut wie restlos auf durch die Annahme eines psychisch relativen Raum-Zeit-Kontinuums. Insofern ein psychischer Inhalt die Bewußtseinsschwelle überschreitet, ver-

schwinden dessen synchronistische Randphänomene. Raum und Zeit nehmen ihren gewohnten absoluten Charakter ein, und das Bewußtsein ist wieder in seiner Subjektivität isoliert... Wenn ein unbewußter Inhalt ins Bewußtsein tritt, dann hört seine synchronistische Manifestation auf, und umgekehrt können durch Versetzung des Subjektes in einen unbewußten Zustand (trance) synchronistische Phänomene hervorgerufen werden... Bekanntlich können auch eine Reihe von psychosomatischen Erscheinungen, die sonst dem Willen durchaus entzogen sind, durch Hypnose, d.h. eben durch Einschränkungen des Bewußtseins, hervorgerufen werden.«[244]

Auch wenn C. G. Jungs diesbezügliche Erklärung parapsychischer Phänomene nicht absolut neu ist (Jung weist z. B. selbst auf den Physiker Pascual Jordan hin, der bereits die Idee des relativen Raumes zur Erklärung telepathischer Phänomene herangezogen hatte[245]), so erweist sich doch seine Lehre von der Akausalität und akausalen Synchronizität bestimmter Zusammenhänge und Ereignisse als epochales Bindeglied einerseits zur im ersten Teil des vorliegenden Buches behandelten akausalen, aber keineswegs unlogischen oder irrationalen Betrachtungsweise der Naturvölker, andererseits zur modernen Physik. F. Capra hat in seinem Buch »Wendezeit« diesen epochalen Aspekt der Psychologie Jungs besonders hervorgehoben.

»Im Überschreiten des rationalen Rahmens der Psychoanalyse erweitert Jung auch Freuds deterministische Auffassung psychischer Phänomene. Er behauptet nämlich, psychische Strukturen seien nicht nur kausal, sondern auch akausal verknüpft. Insbesondere führt er den Begriff ›Synchronizität‹ für akausale Zusammenhänge zwischen symbolischen Bildern der Psyche und Ereignissen der äußeren Wirklichkeit ein. Jung sah in diesen synchronistischen Zusammenhängen spezifische Beispiele einer allgemeineren ›akausalen Geordnetheit‹ von Geist und Materie. Heute, dreißig Jahre später, scheint diese Anschauung durch mehrere Entwicklungen in der Phy-

sik bestätigt zu werden. Der Begriff der Ordnung – oder, genauer ausgedrückt, einer geordneten Verknüpftheit – ist vor kurzer Zeit als eine zentrale Idee in der Teilchenphysik entstanden, und heute unterscheiden Physiker auch zwischen kausalen (oder ›lokalen‹) und akausalen (oder ‹nichtlokalen›) Zusammenhängen. Gleichzeitig werden in zunehmendem Maße Materiestrukturen und Geistesstrukturen als gegenseitige Spiegelbilder erkannt, was vermuten läßt, daß das Studium der Ordnung in kausalen und nichtkausalen Zusammenhängen eine nutzbringende Methode zur Erforschung der Zusammenhänge zwischen innerer und äußerer Welt sein mag.«[246]

Wir können im Zusammenhang des vorliegenden Buches Jungs interessante und richtungsweisende Erkenntnisse und Überlegungen zur »Synchronizität als einem Prinzip akausaler Zusammenhänge«[247] nicht weiter verfolgen, richten unsere Aufmerksamkeit dagegen jetzt wieder stärker auf die tiefere Durchdringung des Charakters der Archetypen. Jung leugnet nicht, daß bereits Freud einen Beitrag zu einer ganzheitlicheren, mehrdimensionalen Auffassung vom Menschen geleistet hat, die auch »archaische Reste und primitive Funktionsweisen im Unbewußten«[248] mitberücksichtigt. In der Tat hatte schon Freud durch die Traumdeutung sichergestellt, daß es allgemeinste Urfunktionen gibt, also das, was Jung Archetypen nennt. Auch hatte ja Freud, wie wir bereits gesehen haben, in »Totem und Tabu« die Theorie aufgestellt, daß der urzeitliche Vatermord zu einem überindividuellen Inhalt des Unbewußten geworden sei. Zweifellos hat sich aber Jung der Erforschung der Natur überindividueller Inhalte des Unbewußten mit unvergleichlicher, viel größerer Konzentration und Energie als Freud zugewandt.

Archetypen sind nach Jung kollektiv gegenwärtige dynamische Strukturen im Unbewußten, »Formen ohne Inhalt«, die allerdings gerade als solche die Möglichkeit gewisser Arten von Wahrnehmung und Handlung, wie sie für die Spezies Mensch typisch sind, gewährleisten. Insofern handelt es sich bei den Archetypen zugleich um »operative Gestaltungsprinzipien«, um »unbewußte Regulatoren«, um »dunkle Impulse«, sozusagen ein »unbewußtes Apriori«, das zur Gestaltwerdung drängt. Über der ganzen Prozedur des Unbewußt-Bewußten im Menschen, über den gesamten Formungsprozessen also, die zu Wahrnehmungen, Gedanken, Urteilen, Reflexionen und Handlungen im Menschen führen, »scheint ein dunkles *Vorherwissen* nicht nur der Gestaltung, sondern auch ihres Sinnes zu schweben«. Der »zeitlose, stets vorhandene und operative Archetypus« ist die maßgebende Quelle, der normgebende Ausgangspunkt für all diese Prozesse. Archetypen sind also nach Jung »kollektiv vorhandene unbewußte Bedingungen«, die als »Regulatoren« und »Anreger« der schöpferischen Phantasietätigkeit agieren und entsprechende Gestaltungen hervorrufen, wobei sie das vorhandene Bewußtseinsmaterial in ihrem Sinne ordnen. In bezug auf unsere Träume sind sie deren »Motoren«, in bezug auf alle Vorstellungen und Bilder in unserer Psyche sind sie die das ursprüngliche Maß verleihenden »Dominanten«. Die Archetypen des kollektiven Unbewußten sind also universale, dynamische (Ur-)Formen der Seele, »nicht nur Bild an sich, sondern zugleich auch Dynamis«, gleichsam Ur-Bilder und Ur-Kräfte der Psyche des Menschen. Sie sind »typische Verhaltensformen«, die uns vom Vogel oder einem Vierfüßer oder anderen biologischen Bauplantypen unterscheiden. Wenn diese typischen Verhaltensformen bewußt werden, erscheinen sie als Vorstellungen, wie alles, was Bewußtseinsinhalt wird. Die Archetypen verbinden uns, eben weil sie typische Verhaltensformen sind, in einem imposanten Bogen mit den Menschen aller früheren und aller künftigen Jahrtausende.

»Weil es sich um charakteristisch menschliche modi handelt, so ist es daher weiter nicht erstaunlich, daß wir im Individuum psychische Formen feststellen können, welche nicht nur bei den Antipoden vorkommen, sondern auch in anderen Jahrtau-

senden, mit denen uns nur die Archäologie verbindet.«

In allen Jahrtausenden der Menschheitsgeschichte haben also die Archetypen einen *»anordnenden Einfluß* auf Bewußtseinsinhalte«. Nur von daher, von diesen Inhalten und Wirkungen in der bewußten Psyche, werden die an sich unanschaulichen, unsichtbaren Archetypen überhaupt feststellbar.

»Archetypen erscheinen erst in der Beobachtung und Erfahrung, nämlich dadurch, daß sie Vorstellungen anordnen, was jeweils unbewußt geschieht und darum immer erst nachträglich erkannt wird. Sie assimilieren Vorstellungsmaterial, dessen Herkunft aus der Erscheinungswelt nicht bestritten werden kann, und werden dadurch sichtbar und psychisch.«[249]

Ein System der Archetypen oder auch nur eine vollständige Liste derselben fehlt bei Jung. Aber selbst die von ihm ausdrücklich genannten Urbilder und Ursymbole der Menschheit ordnet er nicht immer eindeutig ein. Die geschlechtlichen Gegenbilder des Animus und der Anima beispielsweise ordnet er – wie wir auch bereits sehen konnten – einmal dem persönlichen Unbewußten, dann wieder dem kollektiven Unbewußten zu. Das mag in diesem Falle noch von der Sache her berechtigt sein. Aber sogar das »Selbst« und der »Schatten« treten bei ihm gelegentlich als Archetypen auf. Man hat Jung vorgeworfen, daß seinem System Kriterien für die Annahme und Differenzierung von Archetypen fehlen.[250] Aber es ist eben auch Jungs Überzeugung, daß die Archetypen etwas Ur-Lebendiges sind und deshalb gar nicht systematisiert und kriterienmäßig ganz erfaßt werden können.

»Es nützt gar nichts«, sagt er zum Beispiel, *»eine Liste der Archetypen auswendig zu lernen. Archetypen sind Erlebniskomplexe, die schicksalsmäßig eintreten, und zwar beginnt ihr Wirken in unserem persönlichsten Leben.«*[251]

Außerdem befänden sich die Archetypen wie alles Lebendige im Zustand nicht der Isoliertheit, sondern der »Kontamination«, der vollständigen wechselseitigen

Durchdringung und Verschmelzung. Wir beschränken uns daher hier auf die Aufzählung einiger von Jung gelegentlich namhaft gemachter bzw. auch ausführlicher behandelter Archetypen. Eine große Rolle spielt bei ihm der Archetypus der Mutter, der »großen Mutter«.[252] Weitere Archetypen sind nach ihm »das göttliche Kind«; der Archetypus des Geistes, »welcher den präexistenten, im chaotischen Leben verborgenen Sinn darstellt« (dieser Archetypus ist identisch bzw. verschmilzt mit dem des »alten Mannes, des überlegenen Meisters und Lehrers«, bzw. mit dem des »alten Weisen, der in gerader Linie auf die Gestalt des Medizinmannes in der primitiven Gesellschaft zurückgeht«. Der alte Weise ist synonym mit dem Magier, »einem unsterblichen Dämon, welcher die chaotischen Dunkelheiten des bloßen Lebens mit dem Lichte des Sinnes durchdringt«. Daher wird der Archetypus des alten Weisen von Jung auch als Archetypus des Sinnes bezeichnet[253]); sodann der Archetypus des Heilbringers[254]; der Archetypus des Helden[255]; als Archetypus ist wohl auch das Wasser als »das geläufigste Symbol für das Unbewußte« anzusprechen.

»Das Wasser ist der ›Talgeist‹, der Wasserdrache des Tao, dessen Natur dem Wasser gleicht, ein in Yin aufgenommenes Yang. Wasser heißt darum psychologisch: Geist, der unbewußt geworden ist... Es ist die Welt des Wassers, in der alles Lebendige suspendiert schwebt, wo das Reich des ›Sympathicus‹, der Seele alles Lebendigen, beginnt...«

Wie das Wasser, so sind aber auch alle anderen echten Archetypen, alle Grundprinzipien des Unbewußten, »wegen ihres Beziehungsreichtums unbeschreibbar trotz ihrer Erkennbarkeit«. Ihre »Vieldeutigkeit«, ihre »fast unabsehbare Beziehungsfülle« verunmögliche jede eindeutige Formulierung. Jung fügt noch mit besonderem Nachdruck hinzu, daß die Archetypen auch »prinzipiell paradox« seien, »wie der Geist bei den Alchimisten als senex et iuvenis simul«, als Greis und Jüngling gleichzeitig gilt.[256]

Neben den Archetypen, die, wie eben angeführt, *Persönlichkeitstypen* oder *Substanzen* darstellen, spielen bei Jung noch eine große Rolle verschiedene archetypische *Prozesse, Situationen, Szenen, Orte, Mittel und Wege,* die alle irgendeine Art von *Wandlung* symbolisieren. Auch bei ihnen besteht Jung darauf, daß sie weder als »Zeichen« noch als »Allegorien« erschöpfend gedeutet seien, vielmehr als echte, »vieldeutige, ahnungsreiche und im letzten Grund unausschöpfbare« Symbole behandelt werden müßten.[257] Archetypen, die in diesem Zusammenhang Erwähnung verdienen, sind »der Kampf mit dem Drachen«, »das Überqueren des Wassers«, die »Wiedergeburt«, die »Hadesfahrt« und die »Taten des Helden«. Aber man muß sich bei diesen mythologischen Ausdrücken klarmachen, daß es sich vor allem anderen um ein innerseelisches, meist nur in die (geschichtliche) Außenwelt projiziertes Geschehen, um fundamentale innerpsychische Wandlungs- und Reifungsprozesse handelt, an denen potentiell jeder Mensch, und damit die ganze Menschheit, teilhat. Der Hergang der »Wandlungsarchetypen«, also der »symbolische Prozeß«, stellt nach Jung einen Rhythmus von Negation und Position, von Verlust und Gewinn, von Hell und Dunkel dar.

»Sein Anfang ist fast stets charakterisiert durch eine Sackgasse oder sonstige unmögliche Situation; sein Ziel ist... Erleuchtung oder höhere Bewußtheit, *womit die Ausgangsposition auf einer höheren Ebene überwunden wird.«*

In einer Situation der Ausweglosigkeit erfolgt die kompensatorische Reaktion des kollektiven Unbewußten, das, zum Beispiel auf dem Weg über Träume und Phantasien, Verhaltens- und Entwicklungsmuster, eben komplementäre Leitbilder zur Verfügung stellt, um das auf ein einseitiges Ich-Ideal oder auf eine »Persona«-Rolle eingeengte Leben eines Menschen wieder ökologisch auszugleichen, auszuweiten und in Einklang mit der Totalität und Universalität seiner Bestimmung, seiner Tendenzen und seines

Selbst zu bringen. Hat man in einer ausweglosen Lage die entsprechende Bereitschaft und innere Einstellung,

»so können hilfreiche Kräfte, die in der tieferen Natur des Menschen schlummern, erwachen und eingreifen, denn die Hilflosigkeit und die Schwäche sind das ewige Erlebnis und die ewige Frage der Menschheit, und darauf gibt es auch eine ewige Antwort, sonst wäre der Mensch schon längst zugrunde gegangen.«[258]

Jung erwähnt in diesem Zusammenhang positiv das Gebet, das dieselbe Struktur von Ausweglosigkeit bzw. Schwäche auf der einen und Zugewinn geistiger Energie auf der anderen Seite verkörpere. Es gehört geradezu zur geistigen Hygiene und Ökologie, daß die bewußte Psyche von Zeit zu Zeit Angst bei der Konfrontation mit ihren Ich-Leitbildern und ihren »Persona«-Konstrukten empfindet, denn diese Angst aktiviert die Urbilder und Urenergien des Selbst in den Tiefenschichten des kollektiven Unbewußten. Die gefährdete menschliche Totalität kommt wieder ins Blickfeld des Bewußtseins, der »Kampf mit dem Drachen« führt zum Sieg über ihn, wenigstens zum vorläufigen, bis zur Entstehung einer anderen Situation und damit einer neuen Wandlungsnotwendigkeit eines Individuums.

Die Beschäftigung mit dem Unbewußten und seinen dramatischen Urbildern ist deshalb nach Jung eine »Lebensfrage«, ein Ringen »um geistiges Sein oder Nichtsein«. In der Situation der Ausweglosigkeit enthüllt

»gerade das zunächst Unerwartete, das beängstigend Chaotische... tiefen Sinn... Es entstehen allmählich Dämme gegen die Flut des Chaos; denn das Sinnvolle scheidet sich vom Sinnlosen, und dadurch, daß Sinn und Unsinn nicht mehr identisch sind, wird die Kraft des Chaos durch die Entnahme von Sinn und Unsinn geschwächt... Damit entsteht ein neuer Kosmos.«

Jung bezeichnet diese Einsicht nicht nur als »eine neue Entdeckung der medizinischen Psychologie«, sondern auch als eine »uralte Wahrheit«, wonach in allem Chaos

Kosmos, in aller Unordnung geheime Ordnung, in aller Willkür stetiges Gesetz waltet. Auch hierbei wird man an eine Analogie zur Physik und Kosmologie erinnert, denn wir sahen ja im zweiten Buchteil, wie das scheinbare Chaos des Urknalls in Wirklichkeit schon eine fundamentale Ur-Ordnung enthält und stufenweise enthüllt.

Jung fragt in diesem Zusammenhang, wie echter Lebenssinn, wie ein umfassender Sinn-Kosmos überhaupt im Menschen entstehe. Er ist überzeugt, daß das ohne die Aktualisierung und Aktivierung der Archetypen keineswegs gelingen könne. Allerdings müßten, wenn ein die ganze Existenz eines Menschen fundamental tragender Sinn entstehen solle, die Oberflächlichkeiten des Alltags- und Durchschnittslebens weichen, ein Prozeß in der Tiefe müsse einsetzen, ja ein Zusammenbruch erfolgen: ein Zusammenbruch der bisherigen *intellektuellen* Selbstverständlichkeiten, weil man zur Einsicht kommen müsse, daß die Weisheiten der Schulwissenschaft, der Schulphilosophie und der traditionellen religiösen Lehre hier keine oder kaum Hilfe böten, daß sich das Verstandesurteil da, wo es um sinnerfüllten Lebensvollzug gehe, »mit allen seinen Kategorien ... als machtlos erweist«, daß alle »menschliche Deutung versagt, denn es ist eine turbulente Lebenssituation entstanden, auf die keine hergebrachte Sinngebung passen will«; ein Zusammenbruch aber auch *ethischer* Art, indem man einsehen müsse, daß man mit seinen sittlichen Kräften und Eigenleistungen an eine unüberschreitbare Grenze gestoßen sei, so daß es sich nicht um einen »künstlich gewollten, sondern einen natürlich erzwungenen Verzicht auf eigenes Können« handle, nicht um »eine moralisch herausgeputzte, freiwillige Unterwerfung und Demütigung«, sondern »eine völlige unmißverständliche Niederlage, gekrönt von der panischen Angst der Demoralisierung«. Erst wenn auf diese Weise »alle Stützen und Krücken gebrochen sind, und auch nicht die leiseste Rückversicherung irgendwo noch Deckung verspricht«, dann erst ist nach Jung die Möglichkeit zum Erleben eines Archetypus, nämlich des Archetypus des Sinnes gegeben, der erst in einer solchen Situation des Zusammenbruchs aus dem kollektiven Unbewußten einer menschlichen Psyche auftauchen, ja hereinbrechen könne.[259]

Nach Jung haben wir es hierbei mit einem eminent spirituellen, numinosen, religiös-mystischen Vorgang zu tun.

»*Das Auftauchen der Archetypen hat nämlich einen ausgesprochen* numinosen *Charakter, den man... geradezu als* geistig *bezeichnen muß. Daher ist dieses Phänomen für die Religionspsychologie von größter Bedeutung.*«

Geistig »par excellence« sei dieses Phänomen, weil der Archetypus nicht selten in der Gestalt eines Geistes in Träumen oder in Phantasiegestalten erscheine und weil »der Archetypus das eigentliche Element des Geistes« darstelle, freilich eines Geistes, »welcher nicht mit dem Verstande des Menschen identisch ist, sondern eher dessen spiritus rector darstellt«. Numinos-mystisch ist der hier charakterisierte Vorgang nach Jung, weil »seine Numinosität... häufig mystische Qualität und entsprechende Wirkung auf das Gemüt« hat. Es würden dabei philosophische und religiöse Anschauungen und Ideen bei Leuten mobilisiert, die sich von solchen »Schwächeanfällen« himmelweit entfernt wähnten. Der Archetypus dränge oft mit stärkster Leidenschaftlichkeit und »unerbittlicher Konsequenz« zu seinem Ziel, ziehe das Subjekt »trotz oft verzweifelter Gegenwehr« magisch in seinen Bann, den dieses am Ende aber auch gar nicht mehr lösen wolle, »weil das Erlebnis eine bis dahin für unmöglich gehaltene *Sinnerfülltheit* mit sich bringt«. Die meisten Menschen hätten Angst vor der ihre bisherige Existenzform bedrohenden Macht, die »im Innersten jedes Menschen gebunden liegt und gewissermaßen nur auf das Zauberwort wartet, welches den Bann bricht«.[260]

Hiermit ist dann auch der große Zusammenhang mit

archaischer und primitiver Religiosität hergestellt. Denn für diese Religiosität des erwachenden und frühen Bewußtseins der Menschheit ist Jung zufolge durchweg typisch, was wir eben als punktuelle numinos-religiöse Erfahrung des Jetztmenschen charakterisierten, nämlich der Sachverhalt, daß das Bewußtsein »noch nicht dachte, sondern *wahrnahm*«. Gedanken waren keine Schöpfungen eines menschlichen Subjekts, waren nicht so sehr von ihm gedacht, als vielmehr »Objekt der inneren Wahrnehmung«, als »Erscheinung« empfunden, gesehen, gehört.

»Gedanke war wesentlich Offenbarung, nichts Erfundenes, sondern Aufgenötigtes oder durch seine unmittelbare Tatsächlichkeit Überzeugendes. Das Denken geht dem primitiven Ich-Bewußtsein voraus, und dieses ist eher dessen Objekt als dessen Subjekt.«

Aber auch in uns »Modernen« ist »präexistentes Denken«[261] vorhanden und aktualisiert sich in den oben geschilderten Situationen der Ausweglosigkeit und des Zusammenbruchs, wobei die hergebrachten traditionellen und konventionellen Symbole plötzlich leer, nichtig und wesenlos erscheinen, wenn die numinose Qualität und Intensität der Archetypen hervorbricht; oder, in der Sprache des Traumes ausgedrückt: Der Vater oder der König muß sterben, wenn der Archetypus des Geistes oder Sinnes bzw. der Archetypus der Anima oder des Lebens aus dem kollektiven Unbewußten hervortauchen soll.

Die Stammeslehren der Naturvölker, ihre Geheimlehren, die Mysterien der antiken Religionen, Mythen und Märchen – sie alle sind in bewußte Formeln verwandelter, auf den Begriff gebrachter Ausdruck der Archetypen. Der ursprünglich dem Unbewußten entstammende Inhalt ist dabei jeweils schon einer bewußten Bearbeitung unterzogen worden. Auf diese Weise unterscheidet sich der Archetypus oft nicht unerheblich von der historisch gewordenen Form in Gestalt einer Geheimlehre, eines Mythos oder eines Märchens. Der unmittelbaren seelischen Gegebenheit des Archetypus vor jeder bewußten Bearbeitung liegt seine naive, individuelle, oft unverständliche Erscheinungsweise in Träumen und Visionen näher als der Mythos, das Märchen oder irgendeine Stammeslehre. Aber klar machen muß man sich nach Jung ganz entschieden, daß die Mythen »in erster Linie psychische Manifestationen sind, welche das Wesen der Seele darstellen«, daß gerade auf frühen Stufen der Menschheit die Seele ein »unabweisbares Bedürfnis«, einen »unüberwindlichen Drang« habe, alle äußeren Sinneserfahrungen dem innerseelischen Geschehen anzugleichen. Der Auf- und Untergang der Sonne, Naturvorgänge wie Sommer und Winter, Regenzeiten, Mondwechsel usw. werden stets mythisiert – die Sonne beispielsweise muß in ihrer Wandlung das Geschick eines Helden oder Gottes darstellen –, werden als symbolischer Ausdruck für das innere und unbewußte Drama der Seele dargestellt, gebraucht, verwendet. Das Universum der Seele ist es also, das »alle jene Bilder enthält, aus denen Mythen je entstanden sind«. Es bewahrt einen unermeßlichen »Schatz an ewigen Bildern« in seinem Unbewußten. Dieses Unbewußte aber lebt als »handelndes und erleidendes Subjekt«, dessen Drama der Mensch früher Religionsstufen in allen Naturvorgängen analog wiederfindet.[262] Wir können diese Sicht Jungs mit Blick auf schon Gesagtes (siehe die entsprechenden Ausführungen im vorausgegangenen naturwissenschaftlichen Teil) noch verstärken: Innenwelt und Außenwelt gleichen sich in ihrem Rhythmus einander an. Von der für alle Natureindrücke empfänglicheren Seele des Frühmenschen gilt das weit mehr als vom Menschen des Zeitalters der Technokratie.

Die gewaltigen Fortschritte der Technik haben es nach Jung sogar fertiggebracht, das ursprünglich an Symbolen reiche Christentum zu entleeren. Es enthalte an sich einen bedeutsamen Teil der ewigen Bilder des kollektiven Unbewußten der menschlichen Psyche, jener Bilder, die »ja aus dem Urstoff der Offenbarung geschaffen sind und die jeweils erstmalige Erfahrung der Gottheit abbilden«. Nur weil dieser Vorrat an Archetypen im Christentum vorhanden war, fand es nach Jung Annahme bei vielen von ihm missionierten Völkerschaften. Hätte z. B.

»den germanischen Völkern das sog. artfremde Christentum wirklich zutiefst nicht gepaßt, so hätten sie es leicht wieder abstoßen können, als das Prestige der römischen Legionen verblichen war. Es ist aber geblieben, denn es entspricht der vorhandenen archetypischen Vorlage.«

Doch gibt es inzwischen viele, die sich in die »Kierkegaardsche Neurose« des Christentums verwickelt haben, so daß ihr Verhältnis zu Gott,

»infolge zunehmender Verarmung an Symbolik, zu einer unerträglich zugespitzten Ich-Du-Beziehung sich entwickelte, um dann dem Zauber der frischen Fremdartigkeit östlicher Symbole zu erliegen.«

Jung erteilt in diesem Zusammenhang dem heute ja wieder so intensiven westlichen Streben nach Übernahme östlicher Religiosität und Symbolik eine Absage.

»Weit besser schiene es mir, sich entschlossen zur geistlichen Armut der Symbollosigkeit zu bekennen, anstatt sich ein Besitztum vorzutäuschen, dessen legitime Erben wir auf keinen Fall sind. Wohl sind wir die rechtmäßigen Erben der christlichen Symbolik, aber dieses Erbe haben wir irgendwie vertan. Wir haben das Haus zerfallen lassen, das unsre Väter gebaut, und versuchen nun, in orientalische Paläste einzubrechen, die unsere Väter nie kannten.«

Mit dem wachsenden Triumph der technisch-instrumentalen Vernunft des Menschen, die im Vergleich mit den Tiefen der Psyche und des Geistes nach Jung »in Wirklichkeit nichts anderes ist als die Summe seiner Voreingenommenheiten und Kurzsichtigkeiten«, ist u. a. auch das »geistliche Haus« der christlichen Symbolik immer mehr zerfallen.

»Der Intellekt hat, in luziferischer Überhebung, sich des Sitzes, auf dem der Geist einst thronte, bemächtigt. Der Geist

wohl darf sich die patris potestas über die Seele anmaßen, nicht aber der erdgeborene Intellekt, der ein Schwert oder ein Hammer des Menschen ist und nicht ein Schöpfer geistiger Welten, ein Vater der Seele.«

Die ungeheuren Leistungen des Intellekts können nicht darüber hinwegtäuschen, daß dieser Symboltöter, dieser Vernichter der lebendigen Bildersprache der Seele »unseren Blick verzweifelt durch die tote Leere unermeßlicher Erstreckungen irren« läßt. Er vermittelt uns die kalte und gründliche Überzeugung,

»daß man auch mit dem neuesten und größten Reflektor ... hinter den fernsten Sternennebeln kein Empyreum entdecken wird ... Man streckt wie begehrliche Kinder die Hände danach und meint, wenn man es greife, so habe man es auch. Aber was man hat, gilt nicht mehr, und die Hände werden müde vom Greifen ... All dieser Besitz wird zu Wasser, und mehr als ein Zauberlehrling ist in diesen selbst gerufenen Gewässern schließlich ertrunken.«[263]

Wir können an dieser Stelle, wo Jung angesichts der fatalen und maßlosen Möglichkeiten des menschlichen Intellekts äußerst skeptisch und fast depressiv wird, hinzufügen, daß die Vernichtung des Symbols durch die technisch-instrumentale Vernunft nicht das letzte Wort sein muß. Die Besinnung auf die Urbilder der Psyche, ihre Wiederentdeckung, und die meditative Vergegenwärtigung der im vorigen Teil behandelten Ordnungen, Gerichtetheiten, Harmonien und Rhythmen des Kosmos können und sollten einen fruchtbaren Boden für die Gestaltung neuer Bilder und Symbole durch den in seinem Bewußtsein aufgrund der tiefenpsychologischen und kosmologischen Erkenntnisse enorm erweiterten menschlichen Geist darstellen. Der von der technischen Vernunft ausgewiesenen und bewirkten »Kahlheit der Welt« stellt sich die Ökologische Vernunft mit dem durchaus wissenschaftlich-legitim durchführbaren Nachweis des Reichtums der Tiefenpsyche und des Kosmos, also des inneren und des äußeren Universums, als der zwei Hälften einer übergreifenden und erstaunlichen, fast möchte man sagen: prästabilisierten Harmonie wirksam und zukunftsweisend entgegen.

Für eine ökologische Gesamtsicht ist es noch interessant zu erfahren, wie *Trieb* und *Geist* in der Archetypen-Lehre Jungs zueinander stehen. Stünden sie nämlich nicht in einem letztlich positiv-harmonisierenden Verhältnis zueinander, dann wäre der Archetypus Jungs nichts Lebendiges, er wäre vielmehr eine abstrakte Konstruktion seines Schöpfers, da ja alles Lebendige, auch wo es sich in Gegensätze auseinanderfaltet oder sogar verstrickt, zu übergreifenden Ganzheiten und Einheiten hinstrebt.

Nach Jung gelangen der Trieb und der Archetypus im biologischen Begriff des »pattern of behaviour« zur Deckung. »Als Bedingungen a priori stellen die Archetypen den psychischen Spezialfall des dem Biologen vertrauten ›pattern of behaviour‹ dar, welches allen Lebewesen ihre spezifische Art verleiht.«[264] Trieb und Archetypus, Trieb und Bild seien gar nicht voneinander zu trennen, weil es gar keinen amorphen Trieb gebe. Vielmehr habe jeder Trieb die zu ihm gehörige Gestalt. »Er erfüllt stets ein Bild, das feststehende Eigenschaften besitzt«, er »kann ohne seine totale Gestalt, ohne sein Bild gar nicht existieren«. Das Bild des Triebes ist ein »Typus apriorischer Natur«, eben der Archetypus. Wie alle Tiergattungen, so hat auch der Mensch »a priori Instinkttypen in sich, welche Anlaß und Vorlage seiner Tätigkeiten bilden, insofern er überhaupt instinktiv funktioniert«. Als biologisches Wesen könne der Mensch gar nicht anders, als sich spezifisch menschlich zu verhalten, d. h. sein artgemäßes pattern of behaviour zu erfüllen. Dieses pattern of behaviour sei aber als artspezifisches, als menschliches Verhaltensmuster Trieb und Geist, Physisch-Biologisches und Psychisch-Geistiges zugleich. Es genüge deshalb nicht, es – wie das z. B. Nietzsche in bezug auf die Funktionsweise der Träume getan hat – als noch in uns vorhandenen archaischen Rest zu bezeichnen, weil man damit der ganzheitlichen, also biologischen, psychischen und geistigen Bedeutung des pattern of behaviour nicht gerecht werde. Keineswegs sind die Archetypen nach Jung nur Relikte oder noch gerade feststellbare Reste früherer Funktionsweisen. Sie sind ihm zufolge im Gegenteil *stets* vorhandene, »biologisch unerläßliche Regulatoren der Triebsphäre«, deren Wirksamkeit den gesamten Bereich der Psyche betrifft und die die Unbedingtheit ihrer Wirksamkeit erst dort zu verlieren beginnen, wo diese von der relativen Freiheit des Willens in ihre Schranken gewiesen wird. So stellt »das Bild ... den Sinn des Triebes« dar. Die Trieb*gestalt* ist geistiger Natur. Die regulierend, modifizierend und motivierend in die Formung der Bewußtseinsinhalte eingreifenden Archetypen verhalten sich nach Jung ganz so wie geistige Instinkttypen. Sie sind »typische Situationsbilder«, »kollektive Formprinzipien«, die mit den Triebgestalten, den patterns of behaviour, identisch sind.

Trotz oder »vielleicht gerade wegen der Verwandtschaft mit dem Instinkt« stellt der Archetypus Jung zufolge etwas elementar und eminent Geistiges dar, so daß auch der »wesentliche Inhalt« aller Religionen, Mythologien und aller weltanschaulichen -ismen archetypischer Natur ist. »Der Archetypus ist Geist oder Ungeist, und es hängt meist von der Einstellung des menschlichen Bewußtseins ab, als was er sich endgültig herausstellen wird.« Wie das Leben überhaupt Gegensätze aus sich hervortreibt, dann aber wieder danach strebt, sie einander anzugleichen, sie auszugleichen, so bilden Archetypus und Instinkt zwar »die denkbar größten Gegensätze«, aber es besteht zwischen ihnen wie zwischen allen Gegensätzen eine so enge Beziehung, daß keine Position ohne entsprechende Negation gedacht und gefunden werden kann. Sie berühren sich, weil jeder Mensch sich im Modus des Getriebenseins und im Modus des sich etwas Vorstellenden vorfindet, und diese Gegensätze sind nur relativ, sind »keine Inkommensurabilitäten, denn als solche könnten sie sich nie vereinigen«. Trieb und Vorstellung bekunden aber stets die Neigung, sich zu vereinigen, sie stellen nach Jung eine »complexio oppositorum« dar, was Nicolaus Cusanus selbst für Gott beansprucht hat. Die physischen Vorgänge erscheinen unter einem fundamentalen Gesichtspunkt »als energetische Ausgleiche zwischen Geist und Trieb«.

Unter ethischen Gesichtspunkten ist allerdings entschieden zu betonen, daß die Realisierung und Assimilierung des Triebes nie durch Absinken in die Triebsphäre geschehen darf, »sondern nur durch die Assimilation des Bildes, welches zugleich auch den Trieb bedeutet und evoziert, jedoch in ganz anderer Gestalt als derjenigen, in der wir ihn auf der biologischen Ebene antreffen«. Der Trieb als solcher hat ja zwei Aspekte: Einerseits wird er als physiologische Dynamik erfahren, andererseits erscheinen seine vielfachen Gestalten als Bilder und Bildzusammenhänge im Bewußtsein, wobei sie »numinose Wirkungen« entfalten, die im strengsten Gegensatz zum physiologischen Trieb stehen oder zu stehen scheinen.

»Für den Kenner religiöser Phänomenologie ist es ja kein Geheimnis, daß physische und geistige Leidenschaft zwar feindliche, aber eben doch Brüder sind und es darum oft nur eines Momentes bedarf, um das eine in das andere umschlagen zu lassen.«

Beide seien wirklich und bildeten ein Gegensatzpaar, das eine der ergiebigsten Quellen der psychischen Energie darstelle. Es gehe nicht an, das eine vom anderen abzuleiten, dem einen oder dem anderen den Primat zu verleihen. »Ein Gegensatz besteht in einer Zweiteiligkeit oder überhaupt nicht, und ein Sein ohne Gegensätzlichkeit ist völlig undenkbar, da sein Vorhandensein überhaupt nicht festgestellt werden könnte.«

Jung weist sodann auch darauf hin, daß ja der Archetypus »ein Formprinzip der Triebkraft« sei, so daß der Trieb durch die dem Archetypus innewohnende Geistigkeit und geistige Dynamik in eine Aufwärtsbewegung gerate, weshalb man von einer »Apokatastasis«, also einer Wiederherstellung oder Wiederkehr des Triebes »auf der Ebene der höheren Schwingungszahl« sprechen könne, »so gut wie man den Trieb aus einem latenten (d. h. transzendenten) Archetypus, der sich im Gebiete größerer Wellenlänge manifestiert, ableiten könnte«. Das ist nach Jung zwar nur eine Analogie, zugleich aber doch auch ein »illustrierender Hinweis« auf die innere Verwandtschaft des Archetypus mit seinem eigenen Gegensatz. Ganz unumstößlich aber gilt für Jung als sicher:

»Der Archetypus ... als das Bild des Triebes ist psychologisch ein geistiges Ziel, zu dem die Natur des Menschen drängt; das Meer, zu dem alle Flüsse ihre gewundenen Wege bahnen; der Preis, welchen der Held dem Kampfe mit dem Drachen abringt.«

Obwohl das An-und-für-sich-Sein der Archetypen uns unbewußt ist, wobei sie dennoch als ein spontanes Wirksames erfahren werden, muß »ihre Natur nach ihrer hauptsächlichsten Wirkung als ›Geist‹ bezeichnet werden«. Damit ist ein hierarchischer Stufenbau angedeutet. Durch seinen Geistcharakter steht der Archetypus jenseits oder über der psychischen Sphäre, während der physiologische Trieb als »psychoid« unterhalb des Psychischen anzusiedeln ist, da er nach Jung unmittelbar im stofflichen Organismus wurzelt und mit seiner psychoiden Natur die Brücke zum Stoff überhaupt bildet. Geist und Materie begegnen sich auf der psychischen Ebene als archetypische Vorstellung und als Triebempfindung. Beide, Materie und Geist, haben in der psychischen Sphäre die Gemeinsamkeit, »kennzeichnende Eigenschaften von Bewußtseinsinhalten« zu sein.[265]

Geist und Materie sind Gegensätze, die – wie alle echten Gegensätze – von der Einheit des Lebens immer wieder in einen umfassenden, positiv wirkenden Zusammenhang gebracht werden. Ein solcher Gegensatz, der vom Leben selbst immer wieder ökologisch integriert, zu einer ökologisch-positiv wirkenden Einheit gebracht wird, ist auch der von Bewußtem und Unbewußtem im Menschen. Das kollektive Unbewußte mit seinen Archetypen, jenem Apriori von Stimmungen, Reaktionen, Impulsen und psychischen Spontaneitäten, ist »ein Lebendes aus sich, das uns leben macht«; ein Leben »hinter dem Bewußtsein«, das in dieses letztere nie ganz und restlos integriert werden kann. Das Bewußtsein geht aus dem Unbewußten hervor; das Unbewußte ist der eigentliche Ursprung des Bewußten. Der bewußte Teil der Seele entwickelt sich aus einer unbewußten Psyche, die älter und umfassender ist als das Bewußtsein und trotz aller Integrationsbemühungen desselben weiterbesteht und weiterfunktioniert. Ja, im Grunde bleibt das psychische Leben zum größeren Teil unbewußt, die Wasser des Unbewußten umspülen gleichsam das Land des Bewußtseins von allen Seiten, so daß wir jetzt auch besser verstehen, warum erst eine Menge unbewußter Prozesse ablaufen muß, damit wir eine Sinneswahrnehmung erkennen können, oder wie das Unbewußte »denkt« und Lösungen vorbereitet, wie also jeder Illumination (oder Erleuchtung) des Bewußtseins eine Inkubation, ein Ausgetragenwerden einer Idee im Unbewußten, vorangehen muß.

Aufgrund seiner wurzelhaften und zentralen Bedeutung ist daher nach Jung das kollektive Unbewußte der Hauptzuständige für die Aufrechterhaltung des ökologischen Gleichgewichts des menschlichen Lebens.

»Das Unbewußte ist jene Psyche, die aus der Tageshelle eines geistig und sittlich klaren Bewußtseins hinunterreicht in jenes Nervensystem, das als Sympathicus seit alters bezeichnet wird, und nicht wie das Cerebrospinalsystem Wahrnehmung und Muskeltätigkeit unterhält und damit den umgebenden Raum beherrscht, sondern ohne Sinnesorgane das Gleichgewicht des Lebens erhält und auf geheimnisvollen Wegen durch Miterregung nicht nur Kunde vom innersten Wesen anderen Lebens vermittelt, sondern auch auf dieses innere Wirkung ausstrahlt. Es ist in diesem Sinne ein äußerst kollektives System, die eigentliche Grundlage aller participa-

tion mystique.«[266]

Wie wir sehen, gelangt also Jung aufgrund seiner Einsicht in die Welt des Unbewußten zu ähnlichen Ergebnissen wie die mehr naturwissenschaftlich vorgehende Rhythmus-Forschung. Es gibt eine Angleichung der Lebensrhythmen verschiedener Personen im Rahmen von Begegnungen und gemeinsamen Aktionen, also das, was Jung hier Miterregung, Ausstrahlung, mystische Teilnahme nennt; es gibt Kommunikation als

»eine Art von Tanz, bei dem alle Beteiligten synchron differenzierte Bewegungen ausführen, die viele subtile Dimensionen umfassen, seltsamerweise jedoch, ohne sich dessen bewußt zu sein.«[267]

Während also das Bewußtsein wesentlich eine Angelegenheit des Großhirns zu sein scheint, das »alles zertrennt und in Vereinzelung sieht«, während auch noch das persönliche Unbewußte als »drangvolle Enge egozentrischer Subjektivität«, als »Höhle der seelischen Unterwelt«, angefüllt mit allen bösen Tieren, erscheint, ist das, was man betritt, wenn man das Tor des Bewußtseins und des persönlichen Unbewußten durchschritten hat, das Gebiet grenzenloser innerer und äußerer, seelischer und kosmischer Weite: das All, der universale Raum, in dem alles und alle miteinander verbunden sind. Das kollektive Unbewußte

»ist unerwarteterweise eine grenzenlose Weite voll unerhörter Unbestimmtheit, anscheinend kein Innen und kein Außen, kein Oben und kein Unten, kein Hier oder Dort, kein Mein und kein Dein, kein Gutes und kein Böses.«

Das Reich des »Sympathicus«, »der Seele alles Lebendigen«, ist jene Sphäre,

»wo ich untrennbar dieses und jenes bin, wo ich den anderen in mir erleben und der andere als Ich mich erlebt. Das kollektive Unbewußte ist alles weniger als ein abgekapseltes, persönliches System, es ist weltweite und weltoffene Objektivität. Ich bin das Objekt aller Subjekte in völligster Umkehrung meines gewöhnlichen Bewußtseins, wo ich stets Subjekt bin,

welches Objekte hat. Dort bin ich in der unmittelbarsten Weltverbundenheit dermaßen angeschlossen, daß ich nur allzuleicht vergesse, wer ich in Wirklichkeit bin. ›In sich selbst verloren‹ ist ein gutes Wort, um diesen Zustand zu kennzeichnen. Dieses Selbst aber ist die Welt, oder eine Welt, wenn ein Bewußtsein es sehen könnte.«[268]

Wir dürfen hinzufügen, daß die kollektive Schicht der unbewußten Psyche des Menschen auch jene Sphäre der Resonanzen und Schwingungen ist, wo wir uns Tieren und Pflanzen ganz besonders nahe, ja mit ihnen eins fühlen, wo es ein unmittelbares, lebendiges Verständnis für sie, symbiotische Kommunikation mit ihnen gibt. Die Seele des Tieres, die Seele der Pflanze und die Seele des Menschen befinden sich hier im Gleichklang desselben Seinsniveaus, derselben oder doch einer ähnlichen seelischen Landschaft. Vielleicht meint das Jesuswort der Apokryphen, wonach der Weg zum Himmelreich durch die Tiere gezeigt wird, etwas Ähnliches.

Die Hervorhebung der großen Bedeutung der Archetypen und des kollektiven Unbewußten ist jedoch keineswegs mit dem Postulat der Regression, also mit der Forderung identisch, wieder ganz in die seelischen Urgründe des kollektiven Unbewußten zurückzukehren, in sie mit Kopf und Fuß einzutauchen. Wichtigstes ökologisch-ethisches Ideal und Postulat des Menschen und der menschlichen Würde bleibt die Vereinigung von Bewußtsein und Unbewußtem, das Gleichgewicht zwischen ihnen, ihre Aussöhnung.

»Dieser Prozeß entspricht eigentlich dem natürlichen Ablauf eines Lebens, in welchem das Individuum zu dem wird, was es immer schon war. Weil der Mensch Bewußtsein hat, so verläuft eine derartige Entwicklung nicht so glatt, sondern wird vielfach variiert und gestört, indem das Bewußtsein immer wieder einmal von der archetypischen Instinktgrundlage abirrt und zu ihr in Gegensatz gerät. Daraus ergibt sich dann die Notwendigkeit einer Synthese der beiden Positionen.«

Der Reichtum (die Gewalt, die Fülle und Faszination) der Bilder, die, von den Archetypen des kollektiven Unbewußten angeregt und angezündet, ins Bewußtsein drängen, kann natürlich im bewußten Teil der Psyche zur Überschwemmung, zur Dissoziation des Bewußtseins führen, das sich nicht mehr imstande sieht, das Unbewußte in Gestalt dieser Bilderabundanz zu bändigen. In allen Fällen von Dissoziation erhebt sich deshalb »die Notwendigkeit der *Integration des Unbewußten* ins Bewußtsein«, die Notwendigkeit also jenes synthetischen Vorgangs, den Jung als »Individuationsprozeß« bezeichnet hat. Es handelt sich dabei zugleich um einen Vorgang der Wandlung, der die Verhaftung an das Unbewußte löst.

Es gibt nach Jung gleichsam zwei Stufen der Verhaftung an das Unbewußte: die *Psychose* und die *Neurose*. Im ersteren Falle ist das Unterliegen unter den faszinierenden Einfluß der Archetypen so gut wie total. Bei psychotischer Prädisposition kann es passieren, daß die archetypischen Figuren, denen ohnehin »kraft ihrer natürlichen Numinosität eine gewisse Autonomie eignet«, sich von jeglicher Bewußtseinskontrolle befreien, totale Selbständigkeit erlangen und Besessenheitsphänomene hervorrufen. In der Neurose tritt die eben geschilderte Problematik dagegen nicht so brutal zutage. Die Dissoziation des Bewußtseins, das der Macht der archetypischen Figuren ziemlich hilflos gegenübersteht, ist aber auch hier wirksam.[269] Die Hilflosigkeit des Neurotikers besteht vor allem darin, daß er sich die archetypischen Bilder, ihren Sinn und das, was sie wollen, wohin sie tendieren, nicht genügend bewußt macht. Dieser Sinn, diese Tendenz kann nämlich durchaus positiv sein, aber als nicht reflex erkannter Sinn, als nicht bewußtgemachte Tendenz enfaltet der Archetypus eine dumpfe, fatale, versklavende Dynamik.

Neurosen signalisieren nämlich einen »Mangel an Ganzheit« in der menschlichen Person, wobei Jung mit Recht differenzierend hervorhebt, daß es sicherlich ebenso viele

Neurotiker gibt, die erkranken, weil sie bloß »normal« sind, wie solche, die krank werden, weil sie nicht normal sein können.

Zweifellos geht Jung bei derartigen Formulierungen von einem vorwissenschaftlichen Begriff der Normalität aus, von dem, was man, was der Durchschnittsmensch so für normal hält. Doch finden sich bei ihm auch in genügender Zahl Hinweise auf die echte Normalität, die biologisch-ökologischer Natur ist und – im Anschluß an Carus, Goethe und verschiedene moderne Biologen – als Übereinstimmung mit dem jeweiligen pflanzlichen, tierischen oder menschlichen Bauplan verstanden und definiert wird. Der menschliche Bauplan als spezifisch menschlicher, die menschliche Biologie aber ist eine geistig-psychische, und deshalb gehört die Ethik, die ethische Menschwerdung ganz wesentlich zum Normbegriff des Menschlichen, des Humanum; ebenso die philosophisch-kosmische Sinnfindung und die religiös-spirituelle Ausrichtung. Deshalb kann Jung in bezug auf die religiös-spirituelle Dimension sagen,

»daß soundsoviele Neurosen in allererster Linie darauf beruhen, daß zum Beispiel die religiösen Ansprüche der Seele infolge des kindischen Aufklärungswahns nicht mehr wahrgenommen werden. Der Psychologe heute sollte endlich einmal wissen, daß es sich längst nicht mehr um Dogmen und Glaubensbekenntnisse handelt, sondern vielmehr um eine religiöse Einstellung, die eine psychische Funktion von kaum absehbarer Wichtigkeit ist.«[270]

Diese religiöse Einstellung ist nach Jung geradezu das grundlegendste Problem bei Neurotikern in der zweiten Lebenshälfte. Zu folgendem Ergebnis kommt er nach dreißigjähriger Praxiserfahrung:

»Unter allen meinen Patienten jenseits der Lebensmitte, das heißt jenseits 35, ist nicht ein einziger, dessen endgültiges Problem nicht das der religiösen Einstellung wäre. Ja, jeder krankt in letzter Linie daran, daß er das verloren hat, was

lebendige Religionen ihren Gläubigen zu allen Zeiten gegeben haben, und keiner ist wirklich geheilt, der seine religiöse Einstellung nicht wieder erreicht, was mit Konfession oder Zugehörigkeit zu einer Kirche natürlich nichts zu tun hat.«

Zum Normbegriff des spezifisch Menschlichen gehört aber auch die geistige Klärung, die philosophisch-kosmische Sinnfindung. Deshalb erblickt Jung in der Neurose »ein Leiden der Seele, die ihren Sinn nicht gefunden hat«. Neurosen entstehen letztendlich, wenn ein Mensch unfähig ist, wenigstens den »Kern einer ganzen Weltanschauung« zu formen, wenn er »keine *Liebe* hat, sondern bloß Sexualität, keinen *Glauben*, weil ihn die Blindheit schreckt, keine *Hoffnung*, weil ihn Welt und Leben desillusioniert haben, und keine *Erkenntnis*, weil er seinen eigenen Sinn nicht erkannt hat«.[271] Soll ein solcher Kranker geheilt werden, dann muß nach Jung sein Streben auf die großen, universalen Weltbilder gerichtet werden; nur so, in der Ausweitung der Psyche durch den Kosmos, wie er uns in den grandiosen weltanschaulichen Entwürfen und Konzepten großer Philosophen und Naturwissenschaftler entgegentritt, kann das Seelenleben eines Neurotikers wieder aufgebaut werden.

Die Neurose ist jedoch nicht nur negativ zu sehen, sie hat auch eine ökologische Funktion, sie ist oder kann eine »Krankheit zum Leben« sein, weil sie signalisiert, daß der gegenwärtige Lebensstil eines Individuums von der echt menschlichen Norm, vom fundamentalen Lebensplan, Lebensziel und -sinn abweicht. Die umfassende, Geist, bewußte und unbewußte Psyche und Leiblichkeit einbegreifende Biologie des Menschen hat die Tendenz, den Menschen das oder den werden zu lassen, der er seinen Anlagen und Fähigkeiten nach ist. Der Mensch kann nun derart in das »Man der Uneigentlichkeit«, in die (falsche) Normalität des Massenmenschen abgleiten und absinken, daß er gewissermaßen geradezu »neurose-immun« wird. Unter diesem Gesichtspunkt stellt die Neurose etwas Positives, die Sensibilität für das nicht Verwirklichte, aber Sein-Sollende dar. Nur wer die Notwendigkeit bemerkt bzw. einsieht, »sich über die Assimilation des Unbewußten und die Integration seiner Persönlichkeit zu entscheiden«, kann auch in die Not einer Neurose geraten, kann spüren, »daß es mit seiner seelischen Beschaffenheit ... nicht zum besten steht«. Und

»das ist gewiß nicht die Mehrzahl. Wer in etwas überwiegendem Maße Massenmensch ist, sieht prinzipiell nichts ein, braucht auch gar nichts einzusehen, denn der einzige, der wirklich Fehler begehen kann, ist der große Anonymus, konventionell als ›Staat‹ oder ›Gesellschaft‹ bezeichnet. Derjenige aber, der weiß, daß etwas von ihm abhängt oder wenigstens abhängen sollte, fühlt sich für seine seelische Beschaffenheit verantwortlich, und dies um so mehr, je klarer er sieht, wie er sein müßte, um gesünder, stabiler und tauglicher zu werden. Befindet er sich gar auf dem Wege zur Assimilation des Unbewußten, so kann er sicher sein, keiner Schwierigkeit zu entgehen, welche unerläßliche Komponente seiner Natur ist. Der Massenmensch dagegen hat das Vorrecht, an seinen großen politischen und sozialen Katastrophen, in die alle Welt verwickelt wird, jeweils völlig unschuldig zu sein. Seine Schlußbilanz fällt dementsprechend aus, während der andere die Möglichkeit hat, einen geistigen Standort zu finden.«[272]

Vom Standpunkt des Massenmenschen und dessen, was dieser für normal hält, kann also derjenige, der entschieden den Weg seiner Selbstverwirklichung geht, als unnormal und unangepaßt erscheinen. Unter diesem Gesichtspunkt ist es dann aber auch logisch, daß Jung manche seiner Patienten dazu angehalten hat, ein »abnormes Leben« zu führen. »Von diesem Gesichtspunkt gesehen, bedeutet oft abnorm leben oder den Mut zum Abnormen aufbringen, den ersten Schritt zur Gesundung«[273], zur ökologischen Integration des Gesamtseins. F. Capra hat in dieser Hinsicht mit Recht auf die ökologische Funktion der Neurose innerhalb der menschlichen Psyche als einem selbstregulatorischen System hingewiesen: Für Jung

»*war die Psyche ein sich selbst regulierendes oder, wie wir heute sagen würden, ein selbstorganisierendes System. Dementsprechend betrachtete er Neurosen als einen Vorgang, mittels dessen dieses System versucht, verschiedene Störungen zu überwinden, die es daran hindern, als integriertes Ganzes zu funktionieren.*«[274]

Oft reichen die Kräfte des Neurotikers nicht aus, um die Selbstregulierung der eigenen Psyche mit dem Ziel der Gesamtintegration der Persönlichkeit durchzuführen. Die Hilfe des Psychotherapeuten wird notwendig. Das ist keine neue Einsicht. Aber Jung hat die existentielle Partnerschaft von Therapeut und Patient, ihre Gleichstufigkeit und Ebenbürtigkeit, ohne die es keine Heilung der Psyche gebe, als grundlegend Neues eingeführt. Als persönliche Begegnung, die das *ganze Sein* beider, des Patienten wie des Therapeuten, einbeziehe, müsse sich echte Therapie abspielen.

»*Keinerlei Vorkehrung kann die Behandlung zu etwas anderem gestalten als zu einem Produkt wechselseitiger Beeinflussung, bei der das ganze Sein des Arztes ebenso eine Rolle spielt wie das des Patienten.*«[275]

Das ganze Sein des Arztes – das bedeutet, daß der Therapeut sich selbst, seine Person mit deren eigener Problematik einbringen, sich also auch selbst hinterfragen, studieren, beobachten und sorgfältig überwachen muß; daß er sich selbst mitbehandelt, sich selbst als ebenso in Veränderung und Wandlung und »auf dem Wege« befindlich betrachten muß wie den Patienten; daß er sich in wechselseitiger Beeinflussung mit ihm zusammen zum vollständigen Menschen, zum homo totus, entwickeln soll; daß die Lebensrhythmen der beiden im Gleichklang zu schwingen beginnen müssen. Der Therapeut muß auch auf seine Wirkung achten, darauf, wie er auf den Patienten, aber auch darauf, wie dieser auf ihn wirkt. Er muß versuchen, auch seine unbewußten Reaktionen auf die Worte und das Verhalten des Patienten zu ergründen.

»*Die Persönlichkeit wirkt als der stärkste Heilfaktor, und das hat zur Voraussetzung, daß der Erzieher dauernd sich zu sich selbst zu wandeln hat und demütig Selbsterziehung üben muß. Mit dieser Wendung ist der psychotherapeutische Aspekt ein ganz anderer gegenüber früher geworden. Bisher hatte der Arzt unter Wahrung seiner Autorität auf seine Patienten zu wirken. Er hatte zu behandeln, was vor nicht allzulanger Zeit nervösen Kranken gegenüber sogar recht wörtlich verstanden wurde und oft grauenhafte Folgen zeitigte. Daß der Arzt sich selbst analysieren müsse, bevor er andere analysiert, ist eine Erkenntnis, die die Beziehungen zwischen Arzt und Patient grundlegend anders gestaltet hat.*«[276]

Der Therapeut darf sich auch nicht darauf beschränken, bloß die Träume des Patienten zu analysieren und zu deuten. Er muß nach Jung auch die eigene Traumwelt beobachten. Nur so verhindere er, sich über die Träume des Patienten wie über ein Objekt zu stellen. Er müsse vielmehr in den eigenen Träumen dieselbe Struktur wie in denen des Patienten entdecken: einerseits die Objektstufe (also die Darstellung der Vergangenheit und alles dessen, was mit dem eigenen Sein und einer eventuellen Erkrankung der Psyche ursächlich zusammenhänge), anderseits die Subjektstufe, also die symbolische Darstellung der gegenwärtigen Persönlichkeit des Träumers, seiner Tendenzen und bewußten oder unbewußten Zielsetzungen. Letztlich müsse aber eine positiv-optimistische Deutung für den Patienten resultieren, eine Deutung, die seinem Leben »Strömung verleiht«.[277]

Nur der Therapeut, der den Dialog mit sich selbst führt, kann auch in echt dialogischer Existenz ein Mit-Sein, ein Mit-Leben mit dem Patienten erreichen. Die Archetypen, mit denen sich auch der Psychotherapeut in seiner eigenen Psyche zu befassen hat, sind ja relativ autonome, zugleich numinose Inhalte, so daß sie nicht einfach rational integriert werden können, sondern ein »dialektisches

Verfahren« verlangen, d. h. eine eigentliche Auseinandersetzung, die häufig in Dialogform geführt wird, womit man

»ohne es zu wissen, die alchemistische Definition der Meditation *verwirklicht: nämlich als ›colloquium cum suo angelo bono‹, als inneres Zwiegespräch mit seinem guten Engel. Dieser Prozeß hat in der Regel einen dramatischen Verlauf mit vielen Peripetien.«*[278]

Im Grunde folgen alle Teilaspekte und Teilbereiche der komplexen Psychologie Jungs einer latenten Entelechie, einer verborgenen, aber dynamisch wirkenden Tendenz: der Auferbauung des homo totus und universalis, des ganzheitlichen und universalen Menschen, der der objektivseinsmäßig in ihm verankerten Vieldimensionalität auch subjektiv-bewußtseinsmäßig und ethisch-verhaltensmäßig gerecht wird. *Ganzwerdung* der psychischen Lebensenergie, die damit auch dem allgemeinen Evolutionstrend des Lebens zu immer höheren Einheiten folgt, ist das oberste Prinzip der Jungschen Tiefenpsychologie. Deswegen spricht er so oft von der Notwendigkeit der Integration der beiden grundlegenden Dimensionen der Psyche, des Bewußten und des Unbewußten, und hält diese Synthese von bewußten und unbewußten Inhalten und die Bewußtmachung archetypischer Effekte auf die Bewußtseinsinhalte für »eine Höchstleistung der seelischen Bemühungen und der Konzentration psychischer Kräfte«.[279] Der Ganzwerdung des Menschen dienende Bewußtseinskonzentration ist auch nötig, um zwischen den beiden Dimensionen des zum Individuum gehörigen persönlichen Unbewußten und des kollektiven Unbewußten, an dem die ganze Menschheit teilhat, unterscheiden zu lernen und sie miteinander in Einklang zu bringen.

Einerseits muß sich die individuelle aus der Kollektivpsyche herausdifferenzieren, muß sich in einem Wandlungsprozeß aus der Verhaftung an das Unbewußte lösen, muß somit ihr Bewußtsein erweitern, indem sie Gegensätze aufbaut und sie sich bewußt macht. Andererseits müssen alle Gegensätze überbrückt werden, das heißt: Der Mensch soll den Gegensatz von Bewußtem und Unbewußtem, die sich wie These und Antithese gegenüberstehen, zur Synthese führen; er soll sein moralisches Selbst mit dem »Schatten«, der die erste Personifikation des Unbewußten ist, vereinigen; er soll Persönlichkeit und Triebstruktur, Intellektualität, Strebevermögen und Emotionalität, Individualität und Sozialität, Leben und Arbeit zur Einheit bringen; er soll die Forderungen, die die Außenwelt an ihn heranträgt und die sich in der »Persona« manifestieren, mit den Forderungen der Innenwelt abstimmen; er soll alle Einseitigkeiten, alle vorschnellen und verzerrenden Heraushebungen von Teilaspekten und -tendenzen der Psyche ausgleichen bzw. vermeiden, um so zu innerer Ausgeglichenheit, einer positiveren Lebenseinstellung, größerer vegetativer Stabilisierung, Sicherheit in Aktionen und Reaktionen, intensiverer Wachheit des Bewußtseins, besserer Beherrschung negativer Emotionen, steigendem Einfühlungsvermögen in Mitmensch, Natur und eigene Leiblichkeit, sensiblerem Sehen und Hören und zu angemessenerem Ausdruck der psychisch-geistigen Vorgänge in sich selbst durch das Medium des eigenen Körpers zu gelangen.

Denn die größte Gefahr für den Menschen besteht nach Jung im seelischen Zwiespalt.

»Herrscht aber Einheit, dann erfährt der Mensch durch das Unbewußte die stärkste Förderung. Er gelangt durch Auseinandersetzung mit den ›kollektiv-psychologischen‹ Erscheinungen allmählich zu einer neuen inneren Einstellung, die über die bisherige Tätigkeitslinie hinausgreift.«[280]

Dieses Hinausgreifen, diese permanente Selbsttranszendenz oder Selbstüberschreitung der Psyche hat ein höchstes, ihrer eigenen Bewegung immanentes Lebensziel: die Verwirklichung des Selbst, das, wie wir gesehen haben, nicht nur der Mittelpunkt, sondern auch der umfassendste

Umfang von Bewußtsein und Unbewußtem ist, also sozusagen das innerste Lebensprinzip und Zielideal beider Sphären. Die Seele als psychische Lebensenergie ist ein andauernder Lebensprozeß, der im tiefsten immer das Ziel der ganzheitlichen Selbstverwirklichung, das Werden des homo totus und universalis, das Werden dessen, der man (anlagemäßig) ist, anpeilt. Auf dem – bisweilen recht schmerzlichen – Weg der Selbstannahme, der Selbsterkenntnis und der Selbstfindung gelangt der wahrhaft Suchende, der auf die innerste Melodie des Lebenswillens in sich selbst Hörende, zu einer immer höheren Entwicklung des Zentrums seiner Persönlichkeit, zu seinem eigentlichen Lebensziel.

Daß dieses Lebensziel in Gestalt der Verwirklichung des Selbst keineswegs ein isoliertes Individuum oder eine isolierte Menschheit, also kein vom Kosmos, von der Gesamtwelt abgeschnittenes Ziel meint, daß der homo totus das Universum einschließt umd mitumfaßt, dafür bürgen bei Jung auch die Archetypen und die auf ihnen basierenden Mythen, Märchen und Urweisheiten der Menschheit. Nicht umsonst spielen die Archetypen und Mythen in seinem System eine so große Rolle. Der Raum, in dem sich diese abspielen, ist ja der kosmische Raum, das Universum der Innen- und der Außenwelt, die beim Primitiven – nach Jung – in die kosmische Unermeßlichkeit projizierte und ausgeweitete Innenwelt. Und das Drama, das sich da anhand der Archetypen und in den Mythen und Märchen vollzieht, sind die Schicksale von Menschheit und Kosmos, die Geschichte des Menschen in seiner Auseinandersetzung mit der Welt, mit den Mächten der Natur. Ausgleich und Gleichgewicht mit der Natur, Besänftigung, ökologische Befriedung der kosmischen Mächte und Faktoren stellen die grundlegende Thematik dar. Die diversen Götter- und Geistergestalten der Mythen sind die Personifikationen der kosmischen Mächte, der Naturkräfte: des Windes, des Wassers, der Flüsse und Meere, der Erde und des Himmels, der Luft, des Blitzes und des Donners. Auch wenn wir alle mythischen Elemente abziehen: Das Selbst als höchstes Ziel der Lebensverwirklichung des Menschen besteht u. a. in der Herstellung eines ökologischen Gleichgewichts der Menschheit mit der Natur, mit dem Kosmos. Mögen sich auch Ich-Bewußtsein und Umwelt (Natur, Kosmos) wie Gegensätze, wie These und Antithese, gegenüberstehen, so bleibt doch eine der vornehmsten Aufgaben der von Jung so genannten »transzendenten Funktion« die Stiftung der Synthese zwischen diesen nur vordergründigen Gegensätzen.

»Vom Endziel des ›homo totus‹ – einer echten coincidentia oppositorum – her gesehen, ist freilich jedes konkrete Individuum eine noch nicht zur ausgeglichenen Totalität herangereifte Übergangsstufe, die sich mit anderen, ebenfalls noch unausgeglichenen Formen hinsichtlich der asymmetrischen Lage ihres Schwerpunktes – ihrer ›Mitte‹ – vergleichen läßt.«

Die »abgeklärte Ausgewogenheit«[281] des homo totus erfordert und bedeutet auf jeden Fall auch die Einbeziehung der Natur, ja des gesamten Kosmos in die ganzheitlich-menschheitliche Selbstverwirklichung.

Kein Zweifel, mit seiner mehrdimensionalen, komplexen Tiefenpsychologie hat Jung das Tor zu einer Metapsychologie und Philosophie des universalen, kosmischen Menschen weit aufgestoßen. Er hat sich damit auch in die Reihe der großen Denker der philosophia perennis eingefügt und einen bedeutsamen Baustein zu ihr geliefert. Plato mit seiner Ideenlehre; die Stoiker mit ihrer Vorstellung von den »Logoi spermatikoi«, den Ideenkeimen und Spuren der Gottheit in der Welt; Philo Judaicus, der den Ausdruck Archetypus zur Bezeichnung der imago Dei, der menschlichen Gottebenbildlichkeit, verwendet; Irenaeus, der den »mundi fabricator«, den »Weltmacher«, bei der Gestaltung des Universums nach Archetypen handeln läßt; Augustinus, der von den Ideen spricht, die in der göttlichen Intelligenz enthalten sind; Goethe, der zwar wie z. B. Augustinus nicht von Archetypen redet, jedoch von Urphänomenen, die als Grunderscheinungen die Anschauung des Mannigfaltigen regeln; C. G. Carus und Ed. von Hartmann mit ihrer hauptsächlich philosophisch begründeten Idee des Unbewußten; Lévy-Bruhl, der für die symbolischen Figuren der primitiven Weltanschauung den Ausdruck »représentations collectives« verwendet hat; Vigenerus, der die Welt als »ad archetypi sui similitudinem factus«, als in Ähnlichkeit mit ihrem Archetypus gemacht, betrachtet und den Kosmos deshalb als »magnus homo« bezeichnet, ebenso wie der von I. Kant hochgeschätzte Swedenborg das Universum »homo maximus«, den größten, umfassendsten Menschen, nennt – sie alle und einige andere Denker stehen in einer inneren Verwandtschaft und imposanten Kontinuität mit dem System C. G. Jungs.[282]

Jung selbst setzt seine Archetypen-Auffassung besonders zu Platos Ideenlehre in eine innere Beziehung. Das Wort Idee geht zurück auf den EIDOS-Begriff bei Plato, und die ewigen Ideen sind Urbilder, die an einem »überhimmlischem Ort« als transzendente ewige Formen aufbewahrt sind. Das Auge des Sehers erschaut sie als »imagines et lares« oder als Bilder des Traumes und der offenbarenden Vision.[283] In der Tat haben die Archetypen Jungs eine innere Verwandtschaft mit den Ideen Platos, und zwar sowohl als *Erkenntnisprinzipien*, also als apriorische Formen der gleichnishaften Anschauung, als auch als *Gestaltungsprinzipien* des Kosmos, des Weltbaus, wie das der platonischen und neuplatonischen Ideenlehre und der philosophischen Logos-Tradition entspricht. Wenn Jung die Archetypen »Strukturdominanten der Psyche«[284] nennt, dann wird die Ähnlichkeit mit Platos Ideenlehre offensichtlich.

Die Dynamik der Archetypen setzt Jung sodann sogar mit dem Mana der Naturreligionen, mit der »Anschauung einer allgemein verbreiteten lebendigen Kraft ... einer Wachstums- und magischen Heilkraft«[285] in Verbindung.

Auch hier also eröffnet sich wieder ein Ausblick auf innere Zusammenhänge, die zwischen modernster Seelenkunde und den im ersten Teil des vorliegenden Buches behandelten Naturreligionen bestehen.

Eine besonders hervorzuhebende Affinität haben die Archetypen Jungs zu den bereits erwähnten Urphänomenen im Sinne Goethes. Anhand dessen, was der letztere 1827 in einem Brief an C. D. v. Buttel über das Urphänomen sagt, läßt sich schlaglichtartig erkennen, wie sehr Jung in einem großen Traditionsstrom der »ewigen Philosophie« steht, der sich in Goethe lediglich sehr pointiert, akzentuiert und besonders anschaulich verkörpert hat. Ein Urphänomen ist laut Goethe

»nicht einem Grundsatz gleichzuachten, aus dem sich mannigfaltige Folgen ergeben, sondern anzusehen als eine Grunderscheinung, innerhalb deren das Mannigfaltige anzuschauen ist. Schauen, wissen, ahnen, glauben, und wie die Fühlhörner alle heißen, mit denen der Mensch ins Universum tastet, müssen denn doch eigentlich zusammenwirken, wenn wir unseren wichtigen, obgleich schweren Begriff erfüllen wollen.«

Auch die Überzeugung vom numinosen Charakter der Archetypen und der Urphänomene verbindet Jung und Goethe. Der letztere: »Vor den Urphänomenen, wenn sie unseren Sinnen enthüllt erscheinen, fühlen wir eine Art von Scheu, bis zur Angst.«[286] Und an anderer Stelle: »*Das Höchste, wozu der Mensch gelangen kann, ist das Erstaunen; und wenn ihn das Urphänomen in Erstaunen setzt, so sei er zufrieden; ein Höheres kann es ihm nicht gewähren, und ein Weiteres soll er nicht dahinter suchen; hier ist die Grenze.*«[287]

Jungs System stellt aber nicht nur eine Bestätigung und Ergänzung bereits vorhandener Intuitionen und Ideen im großen Denkstrom der Menschheit dar, wie wir das eben angedeutet haben. Seine Psychologie bedeutet vielmehr auch eine immense Erweiterung, in gewisser Weise sogar eine Korrektur der (philosophischen) Erkenntnistheorie.

Das wird bei einem Vergleich mit der fundamentalsten Gnoseologie der Neuzeit, der von Immanuel Kant, deutlich.

»*Zum erstenmal ist durch Jungs Betrachtungsweise ein einheitliches Weltbild möglich geworden, das das Außen und Innen miteinander vereinigt. Denn die Realität der äußeren Welt ist ohne die Realität der Innenwelt überhaupt nicht zu verstehen, weil alle seine Erkenntnisse aus seelischen Elementen konstruiert sind... Die Einheit des Weltbildes entsteht deshalb nicht aus einer rationalistischen Konstruktion, sondern indem das Subjekt dem Objekt und das Objekt dem Subjekt als Folie dient. Damit ist im Grunde erst die Kantsche Leistung zum Abschluß gebracht worden, weil damit die seelischen Bilder und Symbole den Seinserkenntnissen gegenüber zu gleichberechtigten Erkenntniskategorien erhoben wurden, während sie vorher ein Schattendasein geführt hatten... Durch die Entdeckung des kollektiven Unbewußten, der Menschheitserfahrungen der Jahrtausende, die in den Archetypen ihren Niederschlag finden, wurde die Verbindung zwischen dem Subjekt und dem Objekt wieder hergestellt, die Kant nicht befriedigend gelungen war, indem durch Jung das Subjektive in das transzendente Objektive des kollektiven Unbewußten eingebettet wurde. Damit werden Psychologie und Geisteswissenschaft – zusammen mit den Künsten – im Grunde zur Traumdeutung der Menschheit, und der Gegensatz zwischen Psychologie und Geisteswissenschaften ist durch eine große Synthese aufgehoben. Dies bedeutet eine fundamentale Wandlung der erkenntnistheoretischen Orientierung.*«[288]

Nicht nur der (philosophischen) Erkenntnistheorie, auch der Ethik und Pädagogik sowie überhaupt der Anthropologie hat Jung neue, umfassendere Maßstäbe gesetzt. Seine Interpretationen der Ursymbole der Menschheit haben in bedeutender Weise zur Erweiterung des menschlichen Bewußtseins beigetragen. Die bislang nur in der verschlüsselten und gebundenen Form des Mythos, der Religion, der Dichtung zugänglichen seelischen Urbilder und -inhalte können jetzt bewußt integriert werden und in der Vielfalt ihrer Bedeutungen das menschliche Bewußtsein bereichern und es mit den Idealen und Sinnantworten konfrontieren, die sich die Menschheit in den verschiedensten Zeiten und Zonen auf die Welträtsel gegeben hat. Zugleich hat Jung wesentliche Gedanken zu einer Methodik der menschlichen Selbstverwirklichung, des Individuationsprozesses in der Dialektik von Bewußtem und Unbewußtem, von Mensch und Umwelt (Natur, Kosmos) beigesteuert, und zwar im Sinne der Versöhnung, der Vereinigung, des ökologischen Ausgleichs und Gleichgewichts dieser jeweiligen Antithesen.

Für die Ethik insbesondere hat Jung überzeugend dargetan, daß jedes Moralsystem, jeder Idealismus scheitern muß, wenn es/er sich nur auf das bewußte Ich stützt. Das Unbewußte – sowohl das persönliche wie das kollektive –, insbesondere der »Schatten«, wird jedes Ideal früher oder später zum Einsturz bringen, das ohne Berücksichtigung der Tendenzen und Bilder der Tiefenschichten der Psyche aufgestellt wurde. In der weit über Freud hinausgehenden, viel umfassenderen Spannweite dieser Tiefenschichten im Verständnis Jungs liegt auch ein Grund für die Rechts- und Geschichtswissenschaft, den »Verbrecher« bzw. den Menschen als »handelndes Subjekt« vergangener Geschichtsepochen im Rahmen sehr viel tieferer und hintergründigerer Motivationen zu begreifen zu versuchen. In ökologischer Hinsicht ist Jung außerdem noch dadurch bedeutsam, daß seine Psychologie auf die Mensch und Natur, Mensch und Kosmos einschließenden Meditationsarten und -methoden der verschiedenen Natur- und Kulturvölker ein neues Licht wirft, sie tiefer begründet und rechtfertigt.

Kein Zweifel: »Jung ist im besten Sinne des Wortes universalistisch eingestellt, und darin besteht sein bedeutsamer Fortschritt über Freud hinaus.«[289]

Wir haben im vorliegenden Buch die komplexe Seelenlehre Jungs so gründlich erörtert, weil sie die vielleicht umfassendste Grundlage für eine in nächster Zukunft auszuarbeitende ökologische Psychologie darstellt. F. Capra, der in seinem Buch »Wendezeit« all die Ideen und Strömungen in den einzelnen Wissenschaftsdisziplinen von heute aufzudecken versucht hat, die eine echte Wende des menschlichen Denkens und Verhaltens einleiten und zu einer universalen Ganzheits- und Systemwissenschaft überleiten könnten, hat mit Recht auf einige fundamentale Aspekte der Jungschen Lehre hingewiesen, die ihr eine besonders in die Zukunft weisende Bedeutung verleihen. Die Tatsache, daß Jungs Psychologie die

»Wirklichkeit der spirituellen Dimension des Lebens«, »echte Spiritualität... als integralen Teil der menschlichen Psyche« anerkennt, *die »Erkenntnis wachsender Übereinstimmung zwischen der Jungschen Psychologie und der modernen Naturwissenschaft«,* seine *»Gedanken über das Unbewußte im Menschen, die Dynamik psychischer Phänomene, die Natur psychischer Erkrankungen und den psychotherapeutischen Prozeß werden die künftige Psychologie und Psychotherapie wahrscheinlich stark beeinflussen.«*[290]

Diese hier von Capra nur kurz behandelten bzw. stichwortartig namhaft gemachten bedeutsamen Elemente des Jungschen Systems und einige weitere, von ihm nicht erwähnte wichtige Aspekte desselben haben wir in den vorausgegangenen Ausführungen im Hinblick vor allem auf ihre ökologische Bedeutung herausgearbeitet, zum Teil in ganz neue Perspektiven einer ökologisch-kosmologischen Gesamtwissenschaft vom Menschen und einer ökologischen Spiritualität gerückt. Auch wenn sich bei Vorläufern der Neopsychoanalyse wie O. Rank und W. Reich und bei den eigentlichen Neopsychoanalytikern wie E. Fromm, K. Horney, H. S. Sullivan, H. Schultz-Hencke und anderen so manche, im Hinblick auf die Zielsetzungen des vorliegenden Buches gut brauchbare Idee findet, so überragt sie doch alle die komplexe Psychologie Jungs durch die Fülle und den Zusammenhang ihrer zukunftsweisenden Einsichten und ihrer Ansatzpunkte und Perspektiven für eine die ökologische, kosmologische, spirituelle und tiefenpsychologische Komponente einbeziehende Gesamtwissenschaft vom Menschen.

Einen weiteren wichtigen Schritt über Freud hinaus markiert die in den frühen sechziger Jahren unseres Jahrhunderts entstandene *Humanistische Psychologie*. Ihr eigentliches Entstehungsmotiv waren die eklatanten Mängel der beiden dominierenden und fast schon klassischen Schulen der modernen Psychologie: der Freudschen Psychoanalyse und des Behaviorismus. Beide Schulen hatten zwar viele Teileinsichten in menschliches Verhalten zu Tage gefördert, wurden aber dem Wesen und den Anliegen der Ganzheit Mensch in keiner Weise gerecht. Sie klammerten aus dem methodischen Rahmen ihrer Untersuchungen das spezifisch Menschliche von vornherein aus oder führten es auf niedere, subhumane, mechanistische oder pathologische Verhaltensformen zurück. Reduktionistische und pathologisierende Interpretationen standen Pate bei vielen als unbezweifelbare Errungenschaften ausgegebenen Resultaten der Psychoanalyse bzw. des Behaviorismus. Demgegenüber stellte die Humanistische Psychologie zwei Forschungsgegenstände in den Mittelpunkt ihres Interesses: die menschliche *Gesundheit* als ganzheitliche Integrität des Menschen und die menschliche *Selbstverwirklichung* auf der Grundlage des gesamten, dem Menschen zur Verfügung stehenden *Potentials*. In der Tat hatte ja der Behaviorismus Dinge total vernachlässigt, die durchaus zum menschlichen Gesamtpotential gehören, wie z. B. jene spontane Eigenbewegung, die wir als menschlichen Willen bezeichnen, aber auch im Grunde das ganze Feld des Bewußtseins des Menschen, seiner Wertvorstellungen, seiner gedanklichen und willentlichen Grenzüberschreitungen, sein Streben nach Harmonie und Selbstverwirklichung usw.

Und sicherlich war auch die Freudsche Psychoanalyse in erster Linie lediglich ein Mittel zur Diagnose von Krankem und Pathologischem. Nicht nur waren Freuds Theorien über den Menschen und sein Verhalten fast zur Gänze Resultate seiner Hauptbeschäftigung, nämlich seiner Untersuchung neurotischer und psychotischer Individuen, vielmehr erwies sich auch das gesamte psychoanalytische Instrumentarium als praktisch völlig ungeeignet, Gesundheit als spezifisches Gesundsein des Menschen, gesundes menschliches Verhalten überhaupt zu entdecken. Günstigstenfalls konnte dieses als reaktive Ausgleichstendenz zu den von Freud als viel fundamentaler angesehenen Destruktionskräften der menschlichen Psyche oder als Abwehrmechanismus auf dem Bildschirm der Psychoanalyse auftauchen. Nicht ohne Ironie, aber auch nicht zu Unrecht wurde ja darauf hingewiesen, daß Freuds Gesammelte Werke mehr als 400 Äußerungen zur Neurose, jedoch keine einzige über Gesundheit enthielten. Klar, daß angesichts dieser Sachlage Abraham Maslow, der Hauptbegründer der Humanistischen Psychologie, die Devise ausgeben konnte: »Freud lieferte uns die kranke Hälfte der Psyche, und nun müssen wir sie mit der gesunden Hälfte ergänzen.«[291]

Auch war den Kritikern von Behaviorismus und Psychoanalyse nicht verborgen geblieben, daß diese beiden Schulen das positiv-*aktive* Potential des Menschen gar nicht in den Blick bekommen können, weil sie ihn ganz einseitig als lediglich auf die innere und/oder äußere Umwelt *reagierendes* Lebewesen bestimmen. Für den Behaviorismus ist ja der Mensch nichts anderes als ein komplexes Tier, das auf Reize aus seiner Umwelt blind reagiert. Und die den Gleisen der Psychoanalyse Freuds folgende Psychotherapie konnte höchstens das Anpassungspotential des Menschen motivieren und mobilisieren, d. h. ihn bestenfalls befähigen, sich den gesellschaftlichen Realitäten und Zwängen anzupassen. Für eine »Psychologie der Befreiung« (Gordon Allport) enthält und bietet die Freudsche Psychoanalyse und Psychotherapie rein gar nichts.

Zweifellos beinhaltet auch der von der Humanistischen Psychologie ins Spiel gebrachte Begriff der ganzheitlich-menschlichen Gesundheit wie der der Selbstverwirklichung ein gewisses Maß an re-aktiver Anpassung an Umwelt und Gesellschaft, aber ebenso umfaßt er ein Element der Befreiung von ihnen, weil unter bestimmten Umständen der Mensch nicht gesund bleiben oder werden, kein inneres Wachstum vollziehen und sich nicht selbst verwirklichen kann, wenn er sich nicht die Freiheit herausnimmt, die Initiative zur Umwandlung (der schlechten Seiten, der Mißstände) seiner sozio-ökonomischen Umwelt zu ergreifen. Es sei an dieser Stelle durchaus zugegeben, daß Maslow und andere Vertreter der Humanistischen Psychologie im ersten Überschwang und als Gegenbewegung zur extremen Anpassungspsychologie die Freiheit und Autonomie der menschlichen Selbstverwirklichung mitunter zu stark – und damit anfänglich bisweilen unökologisch, d. h. ohne Rücksicht auf die Bedürfnisse der anderen, der Natur, der Umwelt, der Gesellschaft – betonten. Aber dieser Fehler wurde sehr bald, wie wir noch sehen werden, abgestellt und mehr als gutgemacht.

Zunächst jedoch ging man tatsächlich davon aus, daß Selbstverwirklichung, »self-actualization«, das fundamentale, allen anderen Bedürfnissen und Motivationsarten zugrunde liegende Bedürfnis und Motiv menschlichen Handelns sei, daß der Mensch stets bestrebt sei, sich in allen Gedanken und Handlungen selbst zu realisieren, ja daß überhaupt jedes Lebewesen versuche, sein Können, seine Fähigkeiten, Fertigkeiten usw. optimal einzusetzen, und zwar ohne Rücksicht auf alle anderen.

Der führende Psychotherapeut in der Bewegung der

Humanistischen Psychologie, C. R. Rogers, definierte Selbstverwirklichung als umfassende, stets wirksame Tendenz im Menschen, volle Autonomie zu erreichen und alle Kontrollen und Einschränkungen durch die Umwelt zu überwinden. Alle anderen Motivationen spielen seiner Meinung nach eine untergeordnete Rolle. A. Maslow, das eigentliche Haupt der Humanistischen Psychologie, teilte anfangs weitgehend diese Theorie von Rogers, nuancierte, differenzierte, korrigierte sie aber im Laufe seines engagierten Forscherlebens mit zunehmender Präzision. Gerade durch ihn erhielt der Begriff der Selbstverwirklichung einen Inhalt, der himmelweit von dem entfernt ist, was man heute gewöhnlich mit dem Schlagwort Selbstverwirklichung verbindet oder was sich in den verschiedensten Arbeits- und Managementtheorien wie in diversen Kursen für Freizeitgestaltung als Selbstverwirklichung gebärdet.

An sich – und bevor er zum Schlagwort degenerierte – machte aber schon der bloße Begriff der Selbstverwirklichung, der ja einer der Zentralbegriffe der Humanistischen Psychologie ist, auf etwas sehr Bedeutsames aufmerksam, nämlich auf die grundlegende positive »Urtendenz« im Menschen, sich selbst zu verwirklichen, zu aktualisieren, zu entfalten, so daß das ganze Freudsche Negativ-Arsenal an Destruktionskräften und Aggressionen lediglich noch als sekundäre und abgeleitete Größe verstanden werden konnte, die dann entsteht, wenn der an sich positive Selbstverwirklichungstrieb auf Widerstände und Hindernisse trifft. Für Maslow war es aber bald klar, daß Selbstverwirklichung oder Selbsterfüllung (den letzteren Ausdruck gebrauchte er viel öfter) nicht einfach die wahl- und regellose Befriedigung aller Bedürfnisse und Interessen eines menschlichen Individuums sein konnte, auch nicht die rücksichtslose Ellbogenfreiheit der Verfolgung seiner Berufsziele, seiner Karriere. Menschliche Selbstverwirklichung als wirklich humane hatte die eigene Identität, das wahre Selbst des Individuums zu finden und zu realisieren, und zwar aufgrund der im Laufe eines Individuallebens wachsenden Fülle der Lebenserfahrungen, der Selbst- und Fremderkenntnis und der Selbstannahme. Alles, buchstäblich alles, das ganze menschliche Erfahrungsmaterial von Bedürfnissen, Interessen, Gefühlen, Hoffnungen und Wünschen, von Befriedigung, Freude, Glück, Ekstase und Leid, besonders aber auch jegliche Gipfelerfahrungen, die ein Mensch im Laufe seines Lebens macht, – all das sollte die Ausgangsbasis zur Gewinnung eines umfassenden Verständnisses des eigenen Verhaltens für ein bestimmtes menschliches Individuum sein, ebenso wie für die Psychologie überhaupt in ihrer Erforschung des Menschen als mehrdimensionalem Wesen.

Bei der Suche nach dem spezifisch Humanen in der Fülle menschlicher Lebenserfahrungen, Wünsche, Hoffnungen, Triebe und Interessen erkannte Maslow, daß es eine hierarchisch organisierte Stufenleiter der Bedürfnisse und Motivationen gibt. Auf der untersten Stufe bemüht sich ein menschliches Individuum, seine primären Bedürfnisse, Hunger, Durst, Sexualität usw., zu befriedigen, zu »realisieren«. Maslow nennt diese Bedürfnisse »niedere (animalische, materielle) Grundbedürfnisse« und setzt sie von den etwas höher gelagerten Grundbedürfnissen, dem Bedürfnis nach Gesellschaft, nach gesellschaftlicher Anerkennung und Wertschätzung ab. Die Grundbedürfnisse erstrecken sich also vom einfachen Überlebens- und Sicherheitsstreben bis hin zum Streben nach Gruppenzugehörigkeit und zum Selbstwertgefühl eines menschlichen Individuums. Maslow selbst drückt die Atmosphäre, die sich einstellt, wenn die ganze Skala der menschlichen Grundbedürfnisse befriedigt ist, einmal folgendermaßen aus:

»Zur Definition des sich selbst verwirklichenden Menschen gehört, daß seine Grundbedürfnisse befriedigt sind. Er hat ein Gefühl der Zugehörigkeit und Verwurzelung, sein Bedürfnis nach Liebe ist befriedigt, er hat Freunde und fühlt sich geliebt und liebenswert, er besitzt einen Status und einen Platz

im Leben und wird von anderen geachtet, sein Selbstwertgefühl und seine Selbstachtung sind ausreichend ausgebildet.«[292]

Im konventionellen Verständnis des westlichen Menschen ist mit der Befriedigung dieser niederen und höheren Grundbedürfnisse im Prinzip schon »alles gelaufen«, das heißt: Der Mensch hat alles erreicht, was es zu erreichen gilt; er hat sich der gängigen, wohl am weitesten verbreiteten Auffassung nach selbstverwirklicht. Maslow und andere Vertreter der Humanistischen Psychologie aber entdeckten aufgrund zahlreicher Befragungen und des eingehenden Studiums einer großen Anzahl von Biographien solcher Individuen, die auf dem Wege der Selbstverwirklichung im konventionellen Sinn besonders weit fortgeschritten zu sein schienen, daß es noch eine wichtige, ja lebenswichtige, weitere und höhere Schicht von Bedürfnissen gibt, die (von Maslow so genannten) *B-Werte* (englisch: being values = Seinswerte) oder *Metabedürfnisse*. Es handelt sich dabei um das »spirituelle« Leben eines Menschen, um sein »höheres Wertleben«, um »Geist, Ideale, Werte«, um das Streben nach »ewigen und letzten Wahrheiten und Werten«, um religiöse Werte oder die Werte des Göttlichen und Heiligen, um ethische Werte oder die Werte des Guten, wie sittliche Vollkommenheit, Gerechtigkeit, Wahrhaftigkeit, Wachsen der sittlichen Persönlichkeit usw., um ästhetische Werte oder die Werte der Kunst, der Schönheit und Erhabenheit der Natur, um die logisch-philosophischen Werte umfassender, universaler Wahrheitserkenntnis, letztlich um die Suche nach dem »Ewigen und Absoluten«, nach den »absoluten Werten«, in die sich »zu versenken und mit ihnen zu verschmelzen ... das höchste Glück« bedeutet, »dessen der Mensch fähig ist«.[293]

Der Ausdruck »meta« in den Meta-Bedürfnissen bzw. Meta-Motiven der Maslowschen Psychologie soll darauf hinweisen, daß diese Bedürfnisse und Motive außerhalb und über dem Bereich der Grundbedürfnisse, der niederen wie der höheren, liegen; daß es hier um Identitätserfahrungen und Seinsebenen geht, die den Bereich des konventionellen und gesellschaftlich-kulturell genau konditionierten Ichs wie auch das »normale Glück« dieses Ichs überschreiten. Selbstachtung, erfüllte persönliche Beziehungen, gutes Funktionieren in einer Gesellschaft, die günstigste Atmosphäre in der Teamarbeit, z. B. von Technikern oder Wissenschaftlern u. dgl. mehr, also die Befriedigung der höheren Grundbedürfnisse kann dennoch, und zwar gerade bei gesünderen, vitaleren, dynamischeren Persönlichkeiten, ein Vakuum, ein Gefühl der Leere, des Unbefriedigtseins, des nicht Ausgefülltseins entstehen lassen, das erst verschwindet, wenn die B-Werte, die spirituellen Inhalte erkannt und verwirklicht werden.

Keinesfalls aber soll der Ausdruck »meta« eine Jenseitigkeit oder Transzendenz in dem Sinne beinhalten, daß die B-Werte etwa nicht zum menschlichen Sein als Ganzem gehörten. Vielmehr sind diese Werte nach Maslow auch »intrapsychisch« und »organismisch«.

»Wenn wir die tiefsten, echtesten und wesenhaftesten Aspekte des wahren Selbst, der Identität oder der authentischen Person definieren wollen, so müssen wir nicht nur Konstitution und Temperament der Person berücksichtigen, nicht nur ihre Anatomie, Physiologie, Neurologie und Endokrinologie, nicht nur ihre Fähigkeiten, ihre biologische Verfassung und ihre instinktoiden Bedürfnisse, sondern auch die B-Werte, die auch ihre B-Werte sind. Die B-Werte gehören ebenso zur Natur, zur Definition, zum Wesen der Person wie die ›niederen‹ Bedürfnisse – jedenfalls bei den sich selbst verwirklichenden Menschen, die ich kenne. Eine letztgültige Definition des Menschen kann es ohne Berücksichtigung der B-Werte nicht geben. Es stimmt zwar, daß sie bei den meisten Menschen nicht vollständig sichtbar werden oder verwirklicht sind, aber so weit ich sehen kann, gibt es keinen Menschen, in dem sie nicht zumindest angelegt sind.«[294]

Es ist gerade ein wesentliches Charakteristikum der Humanistischen Psychologie, daß sie die Befriedigung der

Metabedürfnisse als Erfüllung des dem Menschen ureigensten, ihm innewohnenden Potentials ansieht. Deshalb und weil der Mensch Geist-Seele-Leib-Ganzheit, geistig-seelisch-materieller Organismus ist, sind die Metabedürfnisse oder B-Werte immanente Werte des menschlichen Seins. Als solche sind sie geradezu eine »biologische Gegebenheit«, »ihrer Natur nach instinktoid«, das heißt, daß sie von ebenso instinkthafter Natur wie die Grundbedürfnisse sind, denn obwohl sie sich durch einige markante besondere Merkmale von diesen unterscheiden, ist das Bedürfnis nach Verwirklichung der B-Werte im Prinzip nicht weniger biologisch und biologisch notwendig wie etwa das Bedürfnis nach Vitamin C. Erkennt man den Menschen als Ganzheit, als integralen Organismus, dann entdeckt man auch,

»daß das sogenannte spirituelle oder Wertleben oder ›höhere‹ Leben demselben Kontinuum angehört (von derselben Art oder Qualität ist) wie das Leben des Fleisches oder Körpers, also das animalische, materielle oder ›niedere‹ Leben. Das spirituelle Leben ist also Teil unseres biologischen Lebens. Sein höchster Teil zwar, aber eben ein Teil.«

Es gibt somit so etwas wie eine »höhere, spirituelle ›Animalität‹«, das spirituelle Leben gehört jedenfalls zur Natur des Menschen, die ohne es nicht vollständig ist und sein kann. Der Charakter der Spezies Mensch wird durch die Aneignung spiritueller Werte wesentlich mitgeprägt. Das wahre Selbst, der Kern der Menschlichkeit, die eigentliche Identität und volle Humanität werden ohne die Realisierung der B-Werte nicht erreicht. Tiefendiagnostik und -therapie müssen die Metabedürfnisse beim Erkennen und Heilen des Menschen voll berücksichtigen, weil »unsere ›höchste‹ Natur zugleich auch unsere ›tiefste‹ Natur ist«, weil das menschliche Potential gar nicht ausgeschöpft, aktualisiert, aktiviert und intensiviert werden kann, wenn den Metabedürfnissen nicht Rechnung getragen wird.

Aus der »biologischen Verwurzelung« der Metabedürfnisse folgt im Grunde ein neues Wissenschaftsverständnis.

Sie können nicht länger die ausschießliche Gegenstandsdomäne von Theologen, Philosophen und Künstlern sein. Da das spirituelle Leben dem Bereich der Natur angehört, da die Natur des Menschen ebenso wie die Natur überhaupt geistige Züge aufweist, »die biologische Natur des Menschen von derselben Grundstruktur ist wie die Natur im allgemeinen«, fallen die B-Werte, Metamotive und -bedürfnisse gleichermaßen auch in den Arbeitsbereich einer breit angelegten Naturwissenschaft. Biologen, Physiologen, Biochemiker, Genetiker, Neurologen, Endokrinologen, Psychologen und Sozialwissenschaftler müssen geeignete wissenschaftliche Methoden entwickeln, um ohne Voreingenommenheiten und Vorurteile dem wesentlichen Einfluß der B-Werte auf die Verwirklichung des Menschseins fachspezifisch gerecht zu werden.

»Ein weit genug gefaßtes Wissenschaftsverständnis wird auch die ewigen und letzten Wahrheiten und Werte als real und natürlich anerkennen, wird erkennen, daß sie auf Tatsachen beruhen und nicht dem Wunschdenken entspringen, daß sie keineswegs übermenschlich, sondern sehr menschlich sind und damit legitime Gegenstände wissenschaftlicher Forschung.«

Wie sehr die B-Werte zur integralen biologischen Natur des Menschen gehören, zeigt sich besonders stark dann, wenn sie geleugnet, vernachlässigt, nicht entwickelt werden. Auch hierbei besteht eine grundlegende Analogie zu den biologischen Grundbedürfnissen. Der Mensch muß essen, trinken, Unterkunft haben, gesellschaftliche Beziehungen knüpfen können usw., wenn er nicht krank werden, dahinsiechen und sterben soll. Insofern sind die menschlichen Grundbedürfnisse »instinktoid oder biologisch notwendig«. Wie nun die Nichtbefriedigung von Grundbedürfnissen zu den verschiedensten Krankheiten führt, so verursacht auch der Entzug der biologisch in gleicher Weise notwendigen B-Werte Meta-Krankheiten, »Metapathologien«. Es gibt tatsächlich Minderungen der vollen Menschlichkeit, des menschlichen Potentials in Gestalt spiritueller Mangelerscheinungen, spirituelle Störungen und Krankheiten, wie z. B. das existentielle Vakuum, über das heute so viele Menschen klagen, das Gefühl der Sinnlosigkeit, das Spießertum, die graue Durchschnittlichkeit des Massenmenschen, Entfremdung und Außengelenktheit, Mechanisierung und Depersonalisierung im Sinne der Zunahme roboterhafter, automatisierter Menschen, Identitätsverlust, Desensibilisierung, Verrohung und Abstumpfung, Dissoziation und Desintegration, religiöse Neurosen, wachsende Wehleidigkeit und Hilflosigkeit, noogenetische Störungen im Sinne V. E. Frankls, die Tendenz zu Leerformeln, zur leeren Verbalisierung und Über-Abstraktion auf immer ausgedünnterer Erfahrungsbasis, die Tendenz zur wahnhaften, eng ausschnitthaften Spezialisierung sowie zur Dichotomisierung, d. h. zu dualistischen Begriffsspaltungen, zur Aufteilung des Weltbildes eines Individuums in entgegengesetzte Prinzipien, in Gut und Böse, Wahr und Falsch, Schwarz und Weiß usw. und nachfolgend seiner exklusiven Identifikation mit jeweils nur einem Glied der konstruierten Begriffspaare unter Verlust des Ganzheitshorizonts. Bekannte weitere Folgen dieses Phänomens: Intoleranz, Unfehlbarkeitsdünkel, Fanatismus.

Metapathologien entstehen oder werden begünstigt nicht nur durch eine geistfeindliche, antispiritualistische, höhere Werte vernachlässigende, leugnende oder bekämpfende Umwelt, sondern auch durch Widerstände in der Person selbst. Es gibt also nicht nur die »passive Wertdeprivation« durch eine dem Spirituellen sich verschließende Umwelt, sondern auch die aktive Aversion im Innern einer Person gegen die höchsten Werte. Wie alles Hohe erwecken sie in uns nicht nur das »mysterium fascinosum« (im Sinne Rudolf Ottos), sondern auch das »mysterium tremendum«, das heißt: sie ziehen uns einerseits an, erschüttern und erschrecken andererseits aber auch unsere Existenz in ihren relativ festgefügten, normal verlaufenden

Bahnen. So ist fast stets eine ambivalente Haltung des menschlichen Individuums die Folge, wenn die höchsten Werte und Ideale am Horizont seines Denkens und Erfahrens auftauchen. Es setzt sich gegen sie zur Wehr, es

»verdrängt und verleugnet die B-Werte und setzt vermutlich das gesamte Arsenal Freudscher Abwehrmechanismen nicht nur gegen das Niedere, sondern auch gegen das Höchste in uns ein. Das Gefühl unseres eigenen Unwerts, aber auch das Gefühl, der überwältigenden Macht dieser Werte nicht standhalten zu können, läßt uns nur allzu leicht versuchen, ihnen auszuweichen.«

Die höchsten Werte sind ja von der Art, daß sie »Anbetung und Verehrung« gebieten, aber auch »Opfer verlangen«.[295]

Deshalb führt die unbewußte oder explizite Abwehrhaltung diesen Werten gegenüber zur Entstehung weiterer Meta-Krankheiten oder Metapathologien, zum Illusionismus, Reduktionismus, Substitutionismus und extremen Rationalismus: Die B-Werte und Metabedürfnisse werden als illusorisch und in Wirklichkeit nicht existent erklärt, man lebt so, als ob es sie gar nicht gäbe. Sie werden auf niedere Werte und die Grundbedürfnisse zurückgeführt, »reduziert«, als schöner Schein, Glorienschein, Aureole, Nimbus, Fata Morgana u. ä. hingestellt, die die niederen Bedürfnisse zu ihrer Rechtfertigung und Verbrämung erzeugen müssen. Die B-Werte werden substituiert, indem eine intuitiv erfaßte, aber rational nicht (ganz) einsichtige höhere Wertebene durch eine niedere ersetzt und dann die niedere für die höhere ausgegeben wird. Der Mensch, der sich in der Situation der Abwehrhaltung gegenüber den B-Werten befindet, gerät in einen ihm keine Ruhe gönnenden Zwang zur Rationalisierung: Alles, was sein Verstand nicht oder nicht sofort einsieht, wird als nichtig, als Nichts oder als pathologisch, archaisch oder atavistisch wegrationalisiert. Der nur auf materielle und quantitative Aspekte der Wirklichkeit fixierte und trainierte »technische« Menschenverstand wird zur höchsten Norm und Beurteilungsinstanz erhoben. Es kommt zum Phänomen der Maslowschen »Desakralisierung«, zur existentiellen Weigerung, irgendwelche höheren oder gar transzendenten Werte überhaupt zu sehen: »Transzendenz gibt es nicht, und sog. transzendente Erfahrungen sind pathologisch!«

Es kann in diesem Zusammenhang auch zu Isolations- oder Beziehungsängsten und zur Metapathologie einer ganz eigenartigen Todesangst kommen. Die Argumentation, die hinter diesen Phänomenen steckt, kann man in etwa so formulieren: Wenn ich meine jetzige Existenz um neue Werte, von denen ich nicht weiß, wohin sie mich führen werden, erweitere, wenn ich also die festen, Halt gewährenden Grenzen meiner gegenwärtigen Existenz überschreite, neue Beziehungen zu bisher in meinem Leben keine Rolle spielenden Werten und vielleicht auch zu diese Werte verkörpernden oder anstrebenden Personen und Personengruppen aufnehme, dann sterbe ich ja meinem (bisher wohldefinierten und gut isolierten) Ich. Was bleibt mir denn dann noch?

Die Psychoanalyse Freuds, im Grunde die ganze orthodoxe Psychologie, unterlag der Metapathologie der Reduzierung und Wegrationalisierung. Wir erinnern uns: Freud deutet die Hinwendung zu religiösen Werten, wie sie von so vielen Menschen vollzogen wird, als universale Neurose. Das Gefühl der Entgrenzung, das Empfinden von etwas Grenzen- und Schrankenlosem, wie es sich gerade bei der (mystischen) Einswerdung mit den höchsten oder absoluten Werten einstellt, bezeichnete er als »ozeanische« Empfindung und deutete diese als Symptom für infantile Hilflosigkeit, die ihm überhaupt als Grundlage aller religiösen Gefühle erschien. Wir haben hier das typische Modell einer Interpretationsschablone vor uns, die Freud auf alle »höheren Regungen« anwendet, die in sein Erklärungsmodell nicht hineinpassen wollten und die ihn, wie wir wissen, bisweilen auch selber beunruhigt, zumindest befremdet haben. In den Spuren des Meisters interpretierte die ganze orthodoxe Psychoanalyse alle höheren, über den Normalzustand eines menschlichen Individuums hinausgehenden Werterfahrungen, insbesondere alle transzendenten Erfahrungen und mystischen Phänomene als im Grunde pathologisch, als psychotische oder fast psychotische Regressionen in undifferenzierte infantile Bewußtseinszustände. Meditation mit ihrem vor allem in fortgeschritteneren Stadien feststellbaren Effekt der tiefgehenden Beruhigung und Kräftigung des Nervensystems wurde z. B. als »selbstinduzierte Katatonie« hingestellt, und noch 1976 sah die Group for the Advancement of Psychiatry in allen höheren Werterfahrungen »Formen des Verhaltens, die zwischen Normalität und Psychose liegen«. Mit Recht hat man dagegen geltend gemacht, daß

»solche Deutungen zur Zeit ihres Entstehens verständlich gewesen sein mögen, aber wer so etwas heute noch vorbringt, weiß offenbar wenig von paradigmatischen Verschiedenheiten und von dem inzwischen beträchtlich angewachsenen Material über die Psychologie und Soziologie transzendenter Erfahrungen.«[296]

Die folgende negative Feststellung D. Golemans trifft zwar Teile der Adlerschen und Jungschen Psychologie nicht, auch nicht die neueren Schulen der Humanistischen und der Transpersonalen Psychologie, ist aber in bezug auf die im 20. Jahrhundert dominierenden psychologischen Strömungen der Psychoanalyse und des Behaviorismus absolut richtig.

»Die Modelle heutiger Psychologie«, sagt er, *»verhindern die Anerkennung oder gar Erforschung einer Seinsweise, die zentrale Prämisse und höchstes Gut praktisch aller psycho-spirituellen Systeme des Ostens ist. Was dort je nach Tradition als ›Erleuchtung‹, ›Buddhaschaft‹, ›Befreiung‹ oder ›Erweckung‹ bezeichnet wird, kann von keiner Kategorie der gegenwärtigen westlichen Psychologie erfaßt werden.«*[297]

Und auch Ken Wilber hat recht mit seiner Behauptung,

Psychoanalyse und orthodoxe Psychologie hätten »das Wesen des auftauchenden Unbewußten (zumindest seiner höheren Formen) nie recht erkannt«, und sobald sie mit sog. Gipfelerfahrungen konfrontiert worden seien, seien diese »als Einbruch archaischer Inhalte oder verdrängter Impulse« interpretiert worden[298], ein Fehler, den selbst noch C. G. Jung in einigen Fällen begeht, auch wenn er, wie wir sahen, jener Mann innerhalb der älteren Generation der modernen Psychologen war, der am weitesten ins spirituelle Neuland der Psychologie vorgestoßen ist.

Demgegenüber baut die auf der Humanistischen Psychologie basierende Psychotherapie konsequent weiter auf der Einsicht auf, daß zur ganzheitlichen Gesundheit des Menschen die Anerkennung und Verwirklichung der spirituellen, der B-Werte gehört. Sie geht davon aus, daß der Mensch auf die Dauer nur gesund ist, bleibt, wird, wenn er sich als integralen Organismus, als Zusammenhang von Körper, Psyche und Geist versteht und selbsterfährt; sie weist darauf hin, daß viele Patienten nur deswegen krank sind, weil es ihnen nicht gelingt, diese drei Größen als gleichermaßen notwendige, lebenswichtige Komponenten des Gesamtorganismus Mensch zu akzeptieren und zu integrieren. Das Erbe der cartesianischen Trennung von res extensa und res cogitans, von Körper und Geist, hindert sie sowohl daran, sich ganz mit ihrem Körper, als auch daran, sich ganz mit ihrem geistigen Potential zu identifizieren, weil sie nicht sehen, daß der ungehemmte und vollentfaltete psychische Energiefluß beide Größen in sich vereint; daß die psychische Grunddynamik ebenso zur Entfaltung des spirituellen wie des körperlichen Potentials drängt. Als Folge der cartesianischen Spaltung von Körper und Geist in der Kultur des Abendlandes kommt es bei nicht wenigen Menschen im Einflußbereich dieser Kultur auch zu einer Trennung von Individuum und Umwelt, so daß man bereits von »Symptomen einer kollektiven psychischen Erkrankung« gesprochen hat, die dem größten Teil der westlichen Kultur eigen sei.[299]

Natürlich weiß auch die Humanistische Psychotherapie, daß der Psychotherapeut als »Seelenarzt« sich primär mit den psychischen Phänomenen zu befassen hat. Aber ebenso kann sie heute anhand immer zahlreicherer Belege den Nachweis führen, daß diese Phänomene isoliert von den auf sie einwirkenden körperlichen und geistigen Strukturen und Prozessen gar nicht begriffen werden können. Nur im Zusammenhang des ganzen Körper-Geist-Systems werden psychische Phänomene tiefer verstehbar. Die fragmentierte Anschauung des Psychischen und damit auch der Wirklichkeit bildet stets einen wesentlichen Aspekt jeder psychischen Erkrankung.

Da man also heute nach einer jahrtausendelangen Leibfeindlichkeit des Abendlandes wieder zu erkennen beginnt, wie wichtig der Körper und seine Dynamik für Gesundheit, Wachstum und Entfaltung psychischer und geistiger Prozesse ist, legt die Humanistische Psychotherapie großes Gewicht auch auf die Aktualisierung und Intensivierung körperlicher Potentiale im Rahmen von Erfahrungsgruppen, die das Körperbewußtsein, den körperlichen Ausdruck, die sinnliche Eindrucks- und Wahrnehmungsfähigkeit (»Sensitivity Training«), die körperlich-psychische Emotionalität und die Freisetzung sonst barrikadierter Emotionen, sodann auch die nichtverbalen, körperlichen Kommunikationsarten fördern, intensivieren, vertiefen und kräftigen sollen. Bekanntlich ist Esalen an der Küste bei Big Sur in Kalifornien ein wichtiges Zentrum innerhalb der »Bewegung zur Förderung des menschlichen Potentials« (»Human Potential Movement«) geworden. In diesem Zentrum wird auch gesteigerter Wert auf Körperarbeit und alle den Körper einbeziehenden Therapien gelegt.

Die Humanistische Psychotherapie bleibt jedoch bei der Körperarbeit als Methode, das körperliche Potential zu maximieren, nicht stehen, weil sie *inneres Wachstum, Gesundheit* und *Selbstverwirklichung* als Hauptformen der Dynamik der menschlichen Psyche in deren grenzüberschreitendem, ganzheitlichem, auch den Körper als isolierte Einheit transzendierenden Charakter erkannt hat. Diese psychische Dynamik enthält eine angeborene Intelligenz, geistige Selbstheilungspotenzen, womit die Psyche befähigt wird, nicht nur psychische Erkrankungen hervorzurufen, wenn das menschliche Individuum sich zu weit von seiner Bestimmung, seiner Selbstwerdung entfernt, sondern sich auch selbst zu heilen. Nach dem bisher Gesagten ist klar, daß echte Heilung der menschlichen Person ohne die Befriedigung der Metabedürfnisse nicht gelingen kann. Humanistische Psychotherapie versucht daher, eine ausgewogene Harmonie von physischen, emotionalen, mentalen und spirituellen Komponenten der Gesundheit zu erreichen. Sie vertraut dabei darauf, daß die innere Weisheit des Gesamtorganismus Mensch den besten Impulsgeber und Führer zur Verganzheitlichung und Integration, zur Grenzüberschreitung über die Grundbedürfnisse hinaus und damit zur umfassenden Selbstheilung für das Individuum darstellt.

Zunächst wird bei den meisten (beileibe aber nicht allen) menschlichen Individuen die »Mangelmotivation« im Sinne Maslows vorherrschen, also das Motiv, die mit den Grundbedürfnissen signalisierten Mängel im Organismus abzustellen. An sich sind die Grundbedürfnisse Mangelbedürfnisse, welche schweigen, wenn die mit diesen Bedürfnissen gegebenen Mängel abgestellt sind. Ein befriedigtes Grundbedürfnis spielt nach Maslow als Motivator nur noch eine geringere Rolle. Das ist wohl im allgemeinen so, wenn man auch jene Fälle nicht übersehen darf, wo der »Hamstertyp« auftritt, der noch dann »anschafft« und anhäuft, wenn das entsprechende Grundbedürfnis längst gestillt ist. Gerade auch im Zusammenhang mit den höheren Grundbedürfnissen begegnen wir ja »nicht selten . . . Menschen, die, obschon von keinerlei finanzieller (sozialer . . .) Sorge belastet, nach immer höherem Einkommen (nach immer mehr Sozialprestige) suchen«.[300] Offenbar hängt die sachgemäße, in ihren natürlichen Grenzen verbleibende Befriedigung der Grundbedürfnisse auch davon ab, ob die Psyche höhere Werte, nämlich die spirituellen oder B-Werte schon erspäht und sich für sie erwärmt hat. Dann nämlich kann sie das als latente Gefahr stets vorhandene Ausufern in der Befriedigung der Grundbedürfnisse stoppen, weil sie viel Wertvolleres – nämlich die Realisierung der Metabedürfnisse – zu tun hat.

Denn im Eigentlichen sind es die Metabedürfnisse, die eine echte »Wachstumsmotivation« im Unterschied zur »Mangelmotivation« der Grundbedürfnisse auslösen. Wer die geistigen Werte einmal erfahren hat, wird meist das Bedürfnis haben, diese Erfahrung zu vertiefen und zu verstärken, das Abenteuer des Vordringens in den Reichtum der B-Werte immer neu zu wagen, mit seinem Sein an diesen Werten zu wachsen. Selbstverwirklichung ist ein unendlicher Prozeß, und das unendliche Wachstum in der Verwirklichung des Selbst hängt entscheidend von der Aneignung immer höherer B-Werte ab. Mit den Grundbedürfnissen als Mangelbedürfnissen ist eine gewisse Befriedigungsgrenze gesetzt, auch wenn sie – wie wir sahen – unökologisch, wucherungsmäßig, krebsartig überschritten werden kann. Im Unterschied dazu setzen die Metabedürfnisse keine Grenze, sie verlangen vielmehr ganz im Gegenteil die Überschreitung jeder momentanen Grenze in der eigenen Befindlichkeit, weil sie zu immer größerem Wachstum des Selbst im Sinne seiner immer intensiveren Durchdringung mit B-Werten aufrufen. Der Mensch *ist* und lebt um so mehr, je mehr er von diesen Werten erfüllt ist. Erst durch die Hereinnahme der B-Werte oder die Befriedigung der Metabedürfnisse kommt das Sein des Menschen ganz zu sich selbst, wird es ganz entfaltet und verwirklicht, wird es auch im ganzheitlichsten Sinn gesund.

Maslow bemerkte, daß »B-Werte letztlich identisch mit dem Selbst sind und dessen Kennzeichen werden«[301], daß aber das Selbst des Menschen durch die Verschmelzung mit diesen Werten sich auch selbsttranszendiert, sich in eine Sphäre überschreitet, die man trans-personal, »transhuman« nennen könnte, die jedenfalls über dem »Feld des rein Menschlichen« liegt, über der Ebene dessen, was man herkömmlich unter Selbstverwirklichung, Identität und Erfahrung versteht. Seine Humanistische Psychologie hatte er als »Dritte Kraft« gegen Psychoanalyse und Behaviorismus konzipiert und aufgebaut. Später aber erkannte er:

»Ich betrachte die Humanistische Psychologie, die ›Psychologie der Dritten Kraft‹, als vorübergehend... als Vorbereitung für eine noch ›höhere‹ Vierte Psychologie, die transpersonal, transhuman ist, ihren Mittelpunkt im All hat, nicht in menschlichen Bedürfnissen und Interessen, und die über menschliche Identität, Selbstverwirklichung und ähnliches hinausgeht.«[302]

Er hatte entdeckt, daß das humanistische Konzept der Selbstverwirklichung für die äußersten Bereiche menschlicher Erfahrung ungenügend war.

So wurde er zum Wegbereiter der über die Humanistische Psychologie noch hinausgehenden sog. *Transpersonalen Psychologie*. Vor allem in den menschlichen Gipfelerfahrungen, die ja höchste und intensivste Erfahrungen der B-Werte sind, auch wenn sie von ganz profanen Anlässen ausgehen können, entdeckte Maslow ein transzendentes Element, das sich u. a. in veränderten Bewußtseinszuständen, Empfindungen der mystischen Einheit aller Wirklichkeit, tiefen Einsichten in die Natur und in das Wesen des Seins, Erfahrungen der Ausdehnung der Identität über den Bereich des Ich und der Persönlichkeit hinaus sowie in besonderen Einblicken in das eigene Selbst und seine Beziehungen zur Welt äußerte. Veränderte Bewußtseinszustände – das waren beispielsweise besondere Erfahrungen des Glücks, der Erfüllung, der Freude, der Bewunderung, des Staunens, Gefühle »einer Art demütiger Achtung« vor dem, was man »als über jedes persönliche Verdienst hinausragend« erfahren hatte. Solche besonderen Zustände konnten sich von den verschiedensten Ausgangspunkten her entwickeln, sie konnten entstehen auf der Grundlage künstlerischer Kreativität, ethischer Willensleistungen, mystischer oder »ozeanischer« Erfahrungen, gewisser Erfolgserlebnisse als Gatten oder Eltern, sportlicher Höchstleistungen oder therapeutischer Intuitionen. Aber bei all diesen so menschlichen Aktivitäten und Leistungen kann eine Gipfelerfahrung eintreten, die zugleich den Einbruch der Transzendenz bedeutet: Der Dichter empfängt eine Inspiration, der Sportler erfährt seine Höchstleistung trotz seiner aktiven Maximalbeteiligung als Geschenk, der Liebende lebt durch die Liebe des Partners, der Mystiker empfindet sich als passiven Empfänger von Erleuchtungen, die Sexualpartner erfahren ihre Verschmelzung als Einheitserlebnis mit dem Kosmos und seinen Kräften usw.

Die transzendente Erfahrung, die bei solchen Gipfelerlebnissen gemacht wird, zeichnet sich durch einen besonders kraftvollen, intensiven Charakter aus, der sie von gewöhnlichen Erfahrungen stark abhebt. Aber nicht nur durch diese besondere Intensität, auch durch eine als eigenartig neu empfundene *Qualität* unterscheidet sie sich von der Alltagserfahrung. Beide – Intensität und Qualität – sind dafür verantwortlich, daß die transzendente Erfahrung den Personen, die sie gemacht haben, oft als *unbeschreiblich* erscheint. Trotzdem ist mit ihr ein Gefühl *größerer Klarheit* und *gesteigerten Verständnisses* verbunden. Man hat den Eindruck, jetzt durchzublicken und die Dinge in einem umfassenderen Bezugsrahmen zu sehen. In der Tat haben Psychologen und Psychotherapeuten der Humanistischen wie der Transpersonalen Psychologie immer wieder festgestellt, daß Testpersonen, die Spitzenerfahrungen im Maslowschen Sinn gemacht hatten, eine besondere Klarheit und Verzerrungsfreiheit in ihrem Wahrnehmen, Erkennen, Urteilen und Bewerten an den Tag legten. Maslow selbst spricht ja von Plateauerfahrung und meint damit auch, daß man von einem gewissen Plateau aus und aus einer bestimmten Distanz die Dinge deutlicher in den Blick bekommt. Die Gipfelerfahrung bewirkt nämlich u. a. eine Relativierung, Minderung, ein In-die-Schranken-Weisen des anspruchsvollen Charakters der Grundbedürfnisse, der primären Begierden und Triebe. Somit unterliegt der Transzendentes Erfahrende nicht mehr dem verzerrenden Einfluß derselben, den von ihnen hervorgerufenen Ängsten und Verhaftungen. Er kann daher die Dinge sehen, wie sie an sich sind, und nicht wie sie sich für uns, d. h. für unsere Wunschstruktur, darstellen. »Der vollständig Verwirklichte ist ein Mensch, dessen Pforten der Wahrnehmung durch nichts mehr blockiert sind.«[303]

Vor allem werden *Raum* und *Zeit* in der Gipfelerfahrung in gereinigter, veränderter, gleichsam verwandelter Weise wahrgenommen. Sie haben ihre in der Alltagserfahrung doch alles so beherrschende Stellung verloren. Die Zeit drängt nicht mehr, sie streßt einen auch nicht weiter, sie ist auch nicht mehr der automatische, oft als Leerlauf empfundene Ablauf monoton-gleicher Zeiteinheiten. Sie steht jetzt, ist erfüllter Augenblick, ist identisch mit ewig in sich ruhender Sinnfülle. Die Zeit ist transzendiert, ist im doppelten Hegelschen Sinn aufgehoben in die, in der Ewigkeit. Ähnliches geschieht bei menschlichen Spitzenerfahrungen mit dem Raum. Er ist Gegenstand immer weiterer Grenzüberschreitungen: zuerst wird der Raum der Persona (im Jungschen Sinn), dann der des Ego und des Organismus mit ihren normalen Beschränkungen überschritten. Schließlich weitet sich das menschliche Bewußtsein zum gesamten Kosmos hin aus. Es hat eine fortschreitende Disidentifikation oder Ablösung von den verschiedensten Raumsektoren stattgefunden, bis die eigentliche Expansion, nämlich die Identifikation des universalen Menschen mit dem Kosmos gelungen ist. In der Terminologie Maslows:

»*Metamotive sind nicht mehr* nur *intrapsychisch oder orga-*

nismisch. Sie sind gleichermaßen nach innen und außen gerichtet. Dies bedeutet, daß die Unterscheidung von Ich und Nicht-Ich zusammengebrochen bzw. transzendiert worden ist. Zwischen der Welt und der Person wird immer weniger ein Unterschied gesehen; das Ich dehnt sich sozusagen aus. Und wenn man sein höchstes Selbst mit den höchsten Werten in der Welt dort draußen identifiziert, so ist das – zumindest in gewissem Umfang – eine Verschmelzung mit dem Nicht-Ich.«[304]

Infolge der Raum-Zeit-Transzendenz, wie sie hier beschrieben wurde, geschieht auch etwas mit dem kosmischen Bewußtsein des Menschen. Das normale Bewußtsein des Kosmos, das Menschen auf ihrer Ego-Stufe haben, ist neutral oder negativ gestimmt: Das Universum erscheint als (für menschliches Schicksal) gleichgültige, unnahbare oder sogar eisig-zermalmende Größe. Wenn aber die Ebene der höchsten Klarheit des Bewußtseins, des B-Erkennens im Sinne Maslows, oder das, was die großen Religionen mit Erleuchtung, Erwachtsein, mystischer Wahrnehmung usw. meinen, erreicht ist, wenn also die Fehlidentifikationen des Ich mit partialen Wirklichkeiten, mit ausschnitthaftem Sein aufgehört haben, so daß die Wirklichkeit nicht mehr durch die Ängste, Wünsche, selbstsüchtigen Berechnungen und Voreingenommenheiten in der Haltung des Beobachters verfälscht und verzerrt wird, dann werden die B-Werte zu B-Fakten, das Ideale, also Nicht-Reale, aber Sein-Sollende wird zur höchsten und letzten Wirklichkeit.

»Wenn die höchsten Ebenen der Persönlichkeitsentwicklung, der kulturellen Entwicklung, der Klarheit, der emotionalen Befreiung (von Angst, Hemmung und Abwehrhaltung) und der Nichteinmischung zusammenfallen, dann wird ... die Welt ... als wahr, gut, vollkommen, integriert, lebendig, gesetzmäßig, schön usw. beschrieben ... Die übliche Entgegensetzung von ist *und* sollte *erweist sich als kennzeichnend für die niederen Ebenen des Lebens und wird auf den höheren trans-*

zendiert, denn dort verschmelzen Faktum und Wert... Die Kontemplation letzter Werte wird identisch mit der Kontemplation des Wesens der Welt.«

Die objektivste Wahrnehmung der Gesamtwirklichkeit enthält nun trotz dieser rein auf Wahrheit ausgerichteten Objektivität des Erkennens auch qualitative, axiologische, ethische, ästhetische und emotionale Elemente, worauf auch immer wieder große Philosophen, Naturforscher, Künstler und Mystiker hingewiesen haben, für die auf dieser höchsten Seins- und Bewußtseinsebene Naturwissenschaft mit Kunst, Philosophie und Religion verschmolz. Wahrheitssuche wurde für sie identisch mit dem Streben nach Schönheit, Ordnung, Einheit und Vollkommenheit, fundamentale naturwissenschaftliche Einsichten und darauf basierende Aussagen blieben nicht ohne spirituelle und axiologische Schönheit und Ausdruckskraft. Daraus folgt, daß die rein kognitive, logisch-rationale Haltung gegenüber der Wirklichkeit eine Abstraktion ist. Die echte Wirklichkeit ist viel reicher und mannigfaltiger, sie

»verlangt auch nach einer warmen emotionalen Reaktion, sie regt an zu Liebe, Hingabe, Loyalität und sogar Gipfelerfahrungen. Sie ist nicht nur wahr, gesetzmäßig geordnet, integriert usw., sondern auch gut, schön und liebenswert... Und wenn wir auch nicht sagen können, daß das Universum den Menschen liebt, so nimmt es ihn doch ohne Feindseligkeit an, läßt ihn bestehen und wachsen und gewährt ihm – manchmal – große Freude.«[305]

Viele Testpersonen, die den Psychologen der Humanistischen bzw. der Transpersonalen Schule von ihren Erfahrungen berichteten, erlebten jedenfalls das Universum als ganzheitliche, durchgängig integrierte Einheit und als Vollkommenheit, mit der sie sich eins fühlten. Sie hatten den Eindruck, in dem Zentrum zu stehen, in dem alle Dinge »eins« sind, und ihr tiefes Einssein zu erfassen. Im Bereich der Transpersonalen Psychologie spricht man unter Berücksichtigung dieser Phänomene vom »kosmischen Bewußtsein«. In ihm verschmilzt das Innerste mit dem Äußersten, das dem Menschen erreichbar ist, wird der ganze Kosmos identisch mit dem Selbst. »Eine Richtung, zu der wir immer mehr Zutrauen fassen, ist die Vorstellung, daß wir nicht Fremde des Kosmos sind, sondern zutiefst eins mit ihm«, sagt Gardner Murphy.[306] Es ist gerade das Merkmal transpersonaler, transhumaner, also vom Ich und seinen (selbst höchsten) Interessen losgelöster und befreiter Spitzenerfahrung, daß dann der Kosmos auch in seinen transzendentalen, symbolischen, poetischen, ästhetischen und wunderbaren Aspekten wahrgenommen wird. Überindividuelle Bewußtheit ist universale Erfahrung des Universums durch das Universum, d. h. durch den im mystischen Zustand mit dem ganzen Sein identifizierten, zum ganzen Kosmos ausgeweiteten Menschen. Aus dem Urdualismus von Subjekt und Objekt, aus dieser Urspaltung, die auch den Dualismus von Zeit und Raum, von Vergangenheit und Zukunft, von Leben und Tod einschließt, erwacht man wie aus einem Traum und geht über in die raum- und zeitlose Welt des Kosmischen Bewußtseins. Taoismus, Vedanta, Sufismus, die höheren Schulen des Hinduismus und Mahayana-Buddhismus sowie verschiedene Formen christlicher Mystik haben seit langem um diese Ebene des Bewußtseins gewußt, auf der der voll erwachte Mensch zum Grund seines Seins vordringt und eins mit allem Sein wird. Immer haben diese Richtungen aber auch betont, daß das, was hier als Transpersonale Erfahrungen bezeichnet wird (also Erfahrungen, die das Bewußtsein über die Grenzen des Ich hinaus ausweiten), an sich zum Potential eines jeden Menschen gehöre und lediglich geweckt werden müsse.

Meditation, meditative Entspannungs- und Konzentrationstechniken, Bewußtheitsschulung, Yoga u. ä. sind Wege und Methoden, um dieses Potential zu aktivieren. Am Anfang mag es nur darum gehen, erste Stadien der Wachheit des Bewußtseins zu erreichen: Loslösung etwa der

Bewußtheit von ihren Objekten, Inhalten, Gedanken, Empfindungen; dadurch ermöglichte freie Beweglichkeit und Verfügbarkeit des Bewußtseins; immer tieferes Eindringen in die eigene Psyche, interesseloses Beobachten des Stroms psychischer Vorgänge, Durchschauung von Wahrnehmungsverzerrungen. Aber dieser Prozeß immer größerer Konzentration und Sammlung, der zu immer tieferen und feineren Formen wachster Aufmerksamkeit, zu immer mehr Klarheit und Deutlichkeit führt, ist zugleich die Vorbereitung für den »Seinssprung«, für das Aufblitzen eines Seinszustands, der die absolute Stille und Weisheit der von allen mentalen Verzerrungen und Wahrnehmungsstörungen befreiten Wirklichkeit erfahren läßt, den man als Tiefeneinsicht, Erleuchtung, Erweckung, Befreiung bezeichnen kann oder eben als universales, kosmisches Bewußtsein, von dem oben die Rede war.

Auf dieser Seinsstufe lächelt einem auch der Kosmos zu. Übereinstimmend berichten die Testpersonen, die Gipfelerfahrungen, B-Erkennen, spirituelle oder mystische Erlebnisse hatten, daß ihr Bewußtsein der Einheit mit dem Kosmos von einer reicheren, volleren, positiveren Wahrnehmung der Dinge und einem umfassenden, beseligenden Gefühl, teilweise sogar von einem höchsten Lustempfinden, einer paradiesischen Ekstase und Freude begleitet war. »Die B-Werte sind als Befriedigung der Metabedürfnisse auch höchste Freude und höchstes Glück.«[307] Gerade auch bei der Freude und ihrem »hierarchischen Kontinuum« (Maslow) stoßen wir auf das Phänomen der Transzendenz, das für die Transpersonale Psychologie besonderer Gegenstand des Interesses und der Forschung ist. Es gibt – auf den unteren Stufen – Freude als Befreiung von Schmerz oder als angenehmes, vor allem leiblich betontes Wohlgefühl, z. B. die Wohltat eines warmen Bades. Es gibt – auf den höheren Stufen – die Freude, mit guten Menschen zusammenzusein, große Musik zu hören, ein Kind zu bekommen usw. Schließlich aber kommt es zur Kosmisierung und Transzendierung dieser noch immer ich-betonten Freude, zur Meta-Freude, zur Vereinigung mit den B-Werten, zur Verschmelzung mit dem Kosmos, der nun als positive Geborgenheit und Urvertrauen schenkende, verhalten »lächelnde« Gesamtwirklichkeit erlebt wird, zur Ekstase höchster Liebeserfahrung usw. In all diesen Meta-Freuden ist die Subjekt-Objekt-Spaltung transzendiert. Ein neues übergreifendes Wir-Gefühl mit Natur, Universum, anderen Menschen, mit Tieren und Pflanzen nimmt vom Erlebenden Besitz. Das kleine Ich des Menschen löst sich im befreienden, beseligenden Erlebnis der Identität von Atman und Brahman, von Selbst und Urkern der Wirklichkeit auf bzw. verliert seine sonst dominierende Stellung. Zeit und Raum sind zur Einheit verschmolzen.

Natürlich können an dieser Stelle wieder die klassischen Einwände der orthodoxen Psychoanalyse ihr Haupt erheben. Transzendente Bewußtseinszustände könne es nicht geben, sie seien lediglich pathologische Ego-Regressionen von beinahe psychotischen Ausmaßen, Erleuchtungserlebnisse seien Regressionen in den intrauterinen Zustand, mystische Erfahrungen stellten einen neurotischen Rückfall in die Vereinigung mit der Mutterbrust dar, ekstatische Zustände seien narzißtischen Neurosen gleichzusetzen usw. Aber was beweisen diese Einwände schon? Zunächst doch nur, daß das Modell der Psychoanalyse auf transzendente Erfahrungen nicht zugeschnitten ist, für diese also auch kein angemessenes Interpretations- und Erklärungsmuster bereithalten kann. Einfacher und trivialer ausgedrückt: Von keinem Vertreter der orthodoxen Psychoanalyse kann man annehmen, er habe echte transzendente Erfahrungen gemacht.

»Hieran kann man erkennen, wie schwer es ist, einem Menschen Erfahrungen zu beschreiben, die er selbst nicht gehabt hat. Die Kommunikation zwischen verschiedenen Bewußtseinszuständen ist aus mehreren Gründen sehr schwierig. Solange diese Hindernisse nicht klar genug gesehen werden,

wird es immer wieder zu naiver Ablehnung oder Verurteilung aller Berichte von tiefen inneren Erfahrungen kommen.«[308]

Vermöge ihrer mehr oder weniger wirklichkeitskonformen, engeren oder umfassenderen »Theorien über die menschliche Natur haben es (also) die Psychologen in der Hand, diese Natur zu erhöhen oder zu erniedrigen« (Gordon Allport[309]).

Aber ausgerechnet vom strengsten und exaktesten Zweig der Naturwissenschaften, von der Physik, wird die in der mystischen Erfahrung erlebte Verschmelzung von Raum und Zeit zu einer übergreifenden kosmischen Einheit glänzend bestätigt. Hermann Minkowski führte 1908 die Vorstellung von der Raum-Zeit-Union in die Physik ein. Sie wurde zum Gemeingut der modernen Physik und war auch die Ausgangsbasis für Albert Einsteins Relativitätstheorie. Minkowski betonte, daß die Anschauungen über Raum und Zeit, die er entwickelte,

»*auf experimentell-physikalischem Boden erwachsen sind. Darin liegt ihre Stärke. Ihre Tendenz ist eine radikale. Von Stund an sollen Raum für sich und Zeit für sich völlig zu Schatten herabsinken und nur noch eine Art Union der beiden soll Selbständigkeit bewahren.«*[310]

Die Physik kann zeigen, daß die Wahrnehmung von Raum und Zeit als getrennte, voneinander isolierte Größen in Wirklichkeit eine Wahrnehmungsverzerrung darstellt. Genau zu dieser Erkenntnis aber gelangt auch der in immer tiefere Schichten der Einsicht und des Seins vordringende Meditant, der die höchsten B-Werte Erfahrende, der Mystiker. So kristallisiert sich

»*in der tiefsten und sensibelsten Schicht der modernen Naturwissenschaft... ein* Bild *der Wirklichkeit heraus, das der Wirklichkeits*erfahrung *in den Bewußtseinsdisziplinen immer ähnlicher wird.«* Die »*Speerspitze der Naturwissenschaft zeigt auf eine Wirklichkeit, die sich uns... dann enthüllt, wenn unsere gewohnten Wahrnehmungsverzerrungen ausgeschaltet werden. Die Transpersonale Psychologie widmet sich dem*

Studium dieser Verzerrungen und dem Wesen des Selbst und der Wirklichkeit, wie sie sich einer von Verzerrungen befreiten Wahrnehmung darstellen«.[311]

Wir können diesem Forschungsstrang der Transpersonalen Psychologie, der sich mit den Verzerrungen der Wahrnehmung befaßt, hier nicht weiter nachgehen, obwohl einige auf diesem Weg erreichte Resultate geeignet zu sein scheinen, manche Probleme, mit denen sich die Erkenntnistheorie seit langem herumschlägt, einer Lösung entgegenzuführen. Ohnehin haben wir nur einen bestimmten Teil der Motive und Inhalte der Transpersonalen Psychologie behandelt, eben jenen Teil, der uns im Rahmen der Thematik des vorliegenden Buches besonders wichtig erschien. Auf jeden Fall dürfte deutlich geworden sein, daß diese psychologische Schule durch ihr Bestreben, das Feld der psychologischen Forschung um die ganze Palette veränderter und erhöhter Bewußtseinszustände zu erweitern, eine besondere Brücke zu einer öko-kosmischen Bewußtseinsstufe und Spiritualität darstellt. Allerdings steht die Transpersonale Psychologie auch nach eigenem Selbstverständnis erst am Anfang jenes Weges, der zu einem veränderten Wissenschaftsbewußtsein und zu verbesserten Wissenschaftsmodellen führen soll, innerhalb welcher dann auch spirituelle, transzendente, mystische und kosmische Erfahrungen einen legitimen Platz einnehmen werden, und nicht mehr als irrational und regressiv eingestuft und diskriminiert werden können. Auch sollte mit unseren Ausführungen nicht der Fehleinschätzung Vorschub geleistet werden, wir hätten es bei der Transpersonalen Psychologie mit einer in allem einheitlichen Schule zu tun. Diese Fehleinschätzung könnte freilich nur dadurch ganz widerlegt werden, wenn wir hier – was im Rahmen dieses Buches nicht möglich ist – die verschiedenen Ansätze und originell-individuellen systematischen Ausführungen solcher Transpersonaler Psychologen oder dieser Psychologie nahestehenden Forscher wie St. Grof, K. Wilber, W. Harman,

Ram Dass, J. Kornfield, J. Fadiman, J. Bugental, Ch. Tart, Th. B. Roberts, G. Globus, R. N. Walsh, F. Vaughan, D. Goleman, D. Elgin u. a. im einzelnen darlegen würden.[312]

Besonders jene beiden Entwürfe einer Transpersonalen Psychologie, wie sie von Grof und Wilber entwickelt wurden, heben sich durch ihren wissenschaftstheoretisch gründlich fundierten, bisherige Errungenschaften der Psychologie integrierenden und weiterführenden Charakter besonders heraus. Aber auch in diesem Falle können wir die Reichhaltigkeit der beiden Entwürfe lediglich andeuten. Grofs Kartographie der menschlichen Psyche umfaßt im wesentlichen den *psychodynamischen* Bereich, den Bereich also jener Erfahrungen, die mit Ereignissen aus der Vergangenheit und im gegenwärtigen Leben der betreffenden Person in irgendeiner, aber nicht unwesentlich beeinflussender Weise verknüpft sind; den Bereich *perinataler* Erfahrungen, d. h. psychisch-biologischer Phänomene, die mit dem Geburtsvorgang in Beziehung stehen, und den Bereich *transpersonaler* Erfahrungen. Wir gehen hier auf die beiden ersten Bereiche nicht näher ein, obwohl gerade Grofs Forschungsresultate auf dem Gebiet der perinatalen Erfahrung originell und bahnbrechend sind. Doch interessiert im Rahmen der Thematik des vorliegenden Buches vor allem Grofs differenzierte Aufgliederung erweiterter Bewußtseinszustände, wobei allerdings anzumerken ist, daß diese Zustände teilweise auch unter Anwendung psychedelischer Substanzen zustande kamen. Grof, der sich auf ein umfangreiches Beobachtungsmaterial stützt, unterscheidet zwischen zeitlicher und räumlicher Erweiterung des Bewußtseins. Zur ersteren Kategorie rechnet er z. B. embryonale und fötale Erfahrungen; Ahnen-Erfahrungen; phylogenetische oder Evolutionserfahrungen; Erfahrungen früherer Inkarnationen; Präkognition, Hellsehen, Hellhören und »Zeitreisen«. Zur zweiten Kategorie gehören die Transzendierung des Ego in zwischenmenschlichen

Beziehungen und in der Erfahrung der »Einheit in der Zweiheit«; die Identifikation mit anderen Menschen; mit Tieren und Pflanzen; die Einheit mit dem Leben und der gesamten Schöpfung; Gruppenidentifikation und Gruppenbewußtsein; planetarisches Bewußtsein; außerplanetarisches Bewußtsein; »Out-of-body«-Erfahrungen, Hellsehen und Hellhören bei diesen Reisen, »Raumreisen« und Telepathie. Eine dritte Kategorie stellt nach Grof die »räumliche Verdichtung des Bewußtseins« im Sinne von Organ-, Gewebe- und Zellbewußtsein dar. Alle Erfahrungen dieser drei Kategorien aber haben nach ihm gemein, daß sie Erweiterungen des Erfahrungsraums innerhalb des Bezugsrahmens der sog. »objektiven Wirklichkeit« sind. Zu den Erweiterungen des Erfahrungsraums über den Bezugsrahmen der »objektiven Wirklichkeit« hinaus zählt dieser Psychologe dagegen u. a. spiritistische und mediale Erfahrungen; archetypische Erfahrungen; intuitives Verstehen universaler Symbole; Erfahrungen von Begegnungen mit übermenschlichen spirituellen Wesenheiten; Aktivierung der Chakras und Erweckung der Schlangenkraft (Kundalini); Erfahrung des Kosmischen Bewußtseins; Erfahrung der suprakosmischen und metakosmischen Leere. Auch wenn diese diversen Erfahrungsarten nicht alle in gleicher Weise abgesichert und gerechtfertigt erscheinen, so ist es doch Grofs Verdienst, eine übersichtliche Kartographie aller möglichen Formen von Bewußtseinserweiterung erstellt zu haben.[313]

Auch Ken Wilber, dem wir die wohl wichtigsten theoretisch-systematischen Arbeiten auf dem Gebiet der Transpersonalen Psychologie verdanken[314] und den man sogar schon als »Einstein der Bewußtseinsforschung« apostrophiert hat, hat eine Topographie menschlicher Bewußtseinsformen vorgelegt. Im breitangelegten Spektrum des menschlichen Bewußtseins ist die höchste Ebene die des *Kosmischen* Bewußtseins. Auf dieser Ebene ist der Mensch mit dem Universum identisch. Er *ist* in gewisser Weise das

All. Nach Wilber ist das auf dieser Ebene herauskristallisierte und verwirklichte »innerste« Bewußtsein des Menschen identisch mit der absoluten und letzten Wirklichkeit des Universums. Es handelt sich dabei Wilber zufolge keineswegs um einen abnormen Bewußtseinszustand, sondern den einzig *wirklichen* Bewußtseinszustand, an dem gemessen alle anderen bloße Illusionen seien.

»Kurz gesagt, das innerste Bewußtsein des Menschen – genannt Atman, der Christus, Tathagatagarbha usw. – ist identisch mit der Höchsten Wirklichkeit des Universums. Die Ebene des Geistes, des Kosmischen Bewußtseins, ist also zugleich die Ebene des höchsten menschlichen Bewußtseins.«

In dieser mystischen Bewußtseinsform sind alle Dualismen, alle Grenzen überschritten, sie besteht in einem universalen und ungeteilten Einssein.

In der zweithöchsten Bewußtseinsform, der *existentiellen*, hat eine Einengung der Identität stattgefunden: vom Universum zu einer Facette des Universums, nämlich dem Organismus. Auf dieser existentiellen Ebene identifiziert sich der Mensch mit seinem in Raum und Zeit existierenden psychophysischen Organismus als einer geistig-seelisch-körperlichen Ganzheit, unterscheidet er sein – noch ganzheitlich empfundenes – Ich von allem anderen, von der Umwelt. Der Dualismus von Geist und Körper ist hier noch nicht aufgebrochen, wohl aber der von Subjekt und Objekt sowie der von Leben und Tod. Denn sobald der Mensch sich ausschließlich mit seinem Organismus identifiziert, den er als in Raum und Zeit existierend erfährt, wird ihm dieser Organismus so teuer, daß er Angst vor dem Nichtsein, vor dem Tod empfindet. Mit rationalem Denken und Wertentscheidungen seines persönlichen Willens versucht der Mensch nun, die mit den Dualismen Subjekt – Objekt, Leben – Tod verbundenen existentiellen Fragen anzugehen und zu lösen. Aber auf der existentiellen Bewußtseinsebene können diese Probleme nur erlitten und namhaft gemacht, nicht gelöst werden. Erst auf der höchsten Ebene, der des Kosmischen Bewußtseins, ist ein Geisteszustand erreicht, der individuelle existentielle Probleme und Bedrängungen in ihrem kosmischen Zusammenhang erfassen läßt und somit löst.

Ein Aspekt oder ein Bereich innerhalb der existentiellen Bewußtseinsebene ist der *biosoziale*. Das Grund-Daseinsgefühl des Organismus wird ja entscheidend von der sozialen Umwelt, von der jeweiligen Kultur, von Glaubensvorstellungen, sozialer Konvention, von familiären Beziehungen, von den alles durchdringenden sozialen Institutionen Sprache, Ethik, Recht usw. gefärbt, geprägt, geformt. Der Organismus hat die ganze Matrix soziokultureller Grundannahmen internalisiert.

Noch enger und ausschnitthafter als die existentielle und biosoziale Ebene ist die *Ego-Ebene* im Verständnis Wilbers. Gerade die auf der existentiellen Ebene erlebte Angst vor dem Tod läßt die dort noch erfahrene Geist-Körper-Einheit auseinanderfallen. Der Körper wird sozusagen aus der Ganzheit Mensch entlassen, wird als allein vergänglich und sterblich hingestellt, dem Todesengel als Opfer dargebracht, um das nun vom Körper getrennte Ich, das Ego als unsterbliche Idee seiner selbst, als idealisiertes Bild von sich selbst aus der Umklammerung durch den Tod zu retten. So setzt der Mensch aus fixierten und stabilen Symbolen das Bild seines Ego zusammen und identifiziert sich exklusiv mit ihm. Seine Identität

»verlagert sich von seinem gesamten psychophysischen Organismus auf ein mentales Abbild dieses Organismus, woraus die nächste Hauptebene des Spektrums entsteht: die Ebene des Ego. Auf ihr identifiziert sich der Mensch mit einem symbolischen Abbild seiner selbst, das in Opposition zu seinem sterblichen Körper steht.«

Er betrachtet sich nun als entleibte Psyche, die als »Geist in der Maschine«, d. h. im Körper wohnt, als Reiter, der den »armen Bruder Esel« zu leiten hat. Er existiert *in* seinem Körper, nicht *als* sein Körper, was sprachlich darin zum Ausdruck kommt, daß er zu sagen pflegt: »Ich *habe* einen Körper« (anstatt: »Ich *bin* ein Körper«).

Eine Unterabteilung der Ego-Ebene des Bewußtseins ist die *Ebene des Schattens (der Persona* im Sinne Jungs). Hier identifiziert sich der Mensch nicht einmal mehr ganz mit seinem körperlosen Ich, sondern nurmehr mit einem Bruchteil desselben und seiner psychischen Prozesse. Die Identität eines Menschen ist hier noch weiter eingeengt, nämlich auf Teile seines Ego, auf die Persona im oben im Zusammenhang mit der Komplexen Psychologie C. G. Jungs behandelten Sinn. Alle psychischen Züge, die als negativ, bös, unangenehm, unvorteilhaft, schmerzhaft u. ä. empfunden werden, sind verdrängt und bilden im Unbewußten einen Fremdkörper, den Schatten, der allerdings immer wieder nach außen projiziert wird.

Schauen wir jetzt auf die eben charakterisierten Ebenen zurück, so erkennen wir,

»*daß von Ebene zu Ebene eine zunehmende Einengung der Identität stattfindet: vom Universum zu einer Facette des Universums, die Organismus genannt wird, vom Organismus zu einer Facette des Organismus, der Psyche, und von dort schließlich zu einer Facette der Psyche, der Persona.*«[315]

Damit hat sich nun der Transpersonale Psychologe Wilber zugleich ein System der Psychologie(n) geschaffen, in dem auch andere Schulen der Psychologie nicht negiert oder bekämpft werden müssen, sondern legitim eingestuft werden können. Der Bewußtseinsebene des Ego und des Schattens entsprechen die Freudsche Psychoanalyse sowie Teile der Adlerschen und Jungschen Tiefenpsychologie, die sich umfänglich und detailliert mit allen Ich-Konstruktionen, mit den Täuschungen, Fehlleistungen, Verdrängungen und Illusionen des Ego befaßt haben. Der biosozialen Ebene entsprechen die zahlreichen sozialpsychologischen Richtungen der modernen Psychologie, zum Teil auch Ethnologie, Anthropologie und Sozialwissenschaften, die das soziokulturelle Umfeld des Menschen und seine Beeinflussungsdynamik eingehend erforscht haben. Der existentiellen Bewußtseinsebene sind die Humanistische Psychologie, sodann aber auch verschiedene existentialistische Psychologien des 20. Jahrhunderts zuzuordnen, die das Gesamtpotential der menschlichen Existenz in allen Richtungen auszuloten suchten. Alle diese psychologischen Systeme und Schulen sind durch ihre Erforschung niederer Bewußtseinsebenen und -formen Grundlage und Vorbereitung für die Transpersonale Psychologie, die sich mit den verschiedenen Aspekten und Inhalten des Kosmischen Bewußtseins beschäftigt, zugleich alles Positive integriert, das durch die anderen Psychologien über die niederen Bewußtseinsebenen zu Tage gefördert wurde.

In seinem wohl wichtigsten Werk »Halbzeit der Evolution«, das eine interdisziplinäre Darstellung der Entwicklung des menschlichen Geistes vom animalischen zum kosmischen Bewußtsein versucht, hat Wilber in ein System aufsteigender Entwicklungslogik und hierarchischer Austauschstufen im Prinzip alle Bewußtseinsebenen integriert, die bisher von Philosophie, Psychologie, Anthropologie, Gesellschafts- und Religionswissenschaft ausgemacht und charakterisiert worden sind: 1. Die *physisch-uroborische* Ebene materiellen Austauschs, gekennzeichnet durch einen Zustand träumerischen Eingebettetseins in die materielle Welt der Natur und des Einsseins mit ihr, ein Zustand, in welchem Nahrungsaufnahme und -entnahme aus der natürlichen Umwelt die Hauptbeschäftigung darstellen. Nach Wilber ist die dazugehörige Sphäre die der Handarbeit (oder technologischen Arbeit) und ihr archetypischer Analytiker Karl Marx; 2. die *emotional-typhonische* Ebene pranischen Austauschs, als deren Paradigma nach Wilber Atem und Sexualität zu gelten haben. Der Verkehr zwischen den Menschen basiert hier auf Gefühlen: vom reinen Gefühl über Sex bis zum Machtgefühl. Sigmund Freud ist der archetypische Analytiker dieser Ebene; 3. eine höhere Ebene ist die auf verbaler Gruppenzugehörigkeit basierende Ebene *symbolischen Austauschs,* die Ebene der sprachlichen Kommunikation, des Gesprächs (archetypischer Analytiker: Sokrates); 4. noch höher steht nach Wilber die *mental-ichhafte* Ebene des Austauschs von gegenseitiger Selbstachtung, gegenseitiger persönlicher Anerkennung und Wertschätzung, beruhend auf Ichbewußtsein, Selbstvertrauen, Selbstreflexion. Als archetypischer Analytiker dieser Ebene gilt Wilber der Philosoph Hegel mit seinen diversen Ausführungen zum Herr-Sklave-Verhältnis; 5. darüber steht die *psychische Ebene intuitiven Austauschs,* deren Paradigma Sidhi (oder *psychische* Intuition in ihrem weitesten Sinne) ist. Es handelt sich um die Sphäre der schamanischen Kundalini. Der archetypische Analytiker dieser Ebene ist Wilber zufolge Patañjali; 6. die *subtile Ebene des Gott/Licht-Austausches*, gekennzeichnet durch Transzendenz zum Heiligen und Offenbarung (»Nada«), durch die Sphäre des subtilen Himmels (»Brahma-Loka«). Ihr archetypischer Analytiker: Kirpal Singh; 7. Die *kausale Ebene des allerhöchsten Austausches* mit ihrer »völligen Versenkung ins Ungeschaffene und als das Ungeschaffene (Samadhi)...; ihre Sphäre ist die *Leere/Gottheit* und ihr archetypischer Analytiker Buddha/Krishna/Christus«.[316]

Auch in bezug auf diese Wilbersche Stufung und Charakterisierung der menschlichen Bewußtseinsebenen wird man – wie vorher bezüglich der Grofschen Topographie der Bewußtseinsformen – in diesem oder jenem Punkt nicht ganz unberechtigterweise anderer Meinung sein dürfen. Aber Wilbers wie Grofs Verdienst ist es zweifellos, die höchsten Bewußtseinsebenen, die der Mensch erreichen kann, wissenschaftlich einigermaßen hoffähig gemacht, sie in ein umfassendes, logisch aufsteigendes System der Bewußtseinsformen und -zustände so eingebunden zu haben, daß der untere Teil dieses Systems (der die bekannteren und konventionellen Formen des Bewußtseins enthält, die die Psychologie und andere Wissenschaften seit langem zum Gegenstand haben) geradezu danach ruft, durch einen höheren Teil legitim ergänzt zu werden. Die Transpersonale Psychologie, vor allem in der Form, die ihr Grof und Wilber gegeben haben, könnte man als den großangelegten Versuch bezeichnen, die geniale Intuition des zusammen mit Wilhelm Wundt als Begründer der modernen, wissenschaftlichen Psychologie geltenden William James wissenschaftstheoretisch und im Rahmen eines systematischen Begründungszusammenhangs zu erhärten. James hatte zwar bereits um die Jahrhundertwende versucht, eine Psychologie des Bewußtseins zu begründen, doch traten die nachfolgenden Generationen von Psychologen keineswegs in seine Fußstapfen, vielmehr wurde für mindestens ein halbes Jahrhundert introspektive Selbstforschung als mit objektiver wissenschaftlicher Psychologie unvereinbar abgewertet. Man suchte lieber den Zugang zum Bewußtsein über die »harten Tatsachen« des Verhaltens und der Physiologie und vernachlässigte den so viel wichtigeren Zugang zum Bewußtsein. Erst seit wenigen Jahrzehnten nehmen die Humanistische und die Transpersonale Psychologie die großartigen Intuitionen und Ansätze James' zu einer umfassenden Bewußtseinspsychologie wieder auf, systematisieren sie, z. B. auch in Verbindung mit Einsichten der indischen, religionsphilosophisch orientierten Geist-Psychologie, und stellen sie in einen wissenschaftstheoretischen Legitimationszusammenhang. Mit einigen Einsichten von James, die als Motto über den Grundanliegen der Transpersonalen Psychologie stehen könnten, möchten wir deshalb diese Ausführungen über die Brückenfunktion der Psychologie für die Annahme einer Vernunft des Universums und einer dieser kosmischen Vernunft entsprechenden öko-kosmischen Bewußtheit und Spiritualität des Menschen abschließen. Nach James ist

»unser normales waches Bewußtsein, das rationale Bewußtsein, wie wir es nennen, nur ein besonderer Typ von Bewußtsein..., während überall jenseits seiner, von ihm durch den

dünnsten Schirm getrennt, mögliche Bewußtseinsformen liegen, die ganz andersartig sind. Wir können durchs Leben gehen, ohne ihre Existenz zu vermuten; aber man setze den erforderlichen Reiz ein, und bei der bloßen Berührung sind sie in ihrer ganzen Vollständigkeit da ... Keine Betrachtung des Universums kann abschließend sein, die diese anderen Bewußtseinsformen ganz außer Betracht läßt. Wie sie zu betrachten sind, ist die Frage ... Auf jeden Fall verbieten sie einen voreiligen Abschluß unserer Rechnung mit der Realität.«[317] James hatte »*keinerlei Zweifel daran, daß die meisten Menschen in körperlicher, intellektueller oder moralischer Hinsicht nur einen sehr beschränkten Bereich ihres potentiellen Seins tatsächlich ausfüllen. Sie nutzen nur einen verschwindend kleinen Teil ihres möglichen Bewußtseins – etwa wie ein Mensch, der sich angewöhnt, von seinem gesamten körperlichen Organismus nur den kleinen Finger zu benutzen. Wir alle verfügen jedoch über Reservoire des Lebens, von denen wir nicht einmal träumen.*«[318]

Das Fortschreiten zu höheren und umfassenderen Bewußtseinsformen ist daher nur möglich, wenn ein Mensch die Grundüberzeugung in sich trägt,

»*daß es immer ein ›Weiteres‹ gibt, das über die gegenwärtige Selbstbeschränkung unseres Begreifens der gegenwärtigen Wirklichkeit hinauswächst, das Hinfinden zu einer Offenheit, in der das keimende – oder noch nicht keimende – Potential zu neuen Wirklichkeiten sich entfalten kann ... und zwar nicht nur ein Wirkliches, dessen Wirklichkeit sich durch voneinander unabhängige Beobachter nach heute anerkannten Modellen nachweisen läßt, sondern auch das Wirkliche, das mit dem Fortschreiten der Evolution erst ins Dasein tritt.*«[319]

Anmerkungen – Ergänzungen – Literaturhinweise zum Ersten Teil

1. K. Goldammer, Die Religion der prähistorischen Zeit, in: F. Heiler (Hg.), Die Religionen der Menschheit in Vergangenheit und Gegenwart, Stuttgart 1959, 55 f., 57, 59.
2. Ebd., 65.
3. Ebd., 62; zur Rolle der Muttergöttin in der Religionsgeschichte überhaupt vgl. G. Widengren, Religionsphänomenologie, Berlin 1969, 86 ff., und G. van der Leeuw, Phänomenologie der Religion, Tübingen ²1956, 86-99.
4. G. van der Leeuw, Phänomenologie der Religion, 87 f.
5. G. Mensching, Die Religion. Erscheinungsformen, Strukturtypen und Lebensgesetze, Stuttgart 1959, 22 f.; zum allerdings nicht unumstrittenen Begriff der »unio magica« des Frühzeitmenschen s. C. H. Ratschow, Magie und Religion, Gütersloh 1955, 43 f., 83 ff. (das Buch erschien 1946 zum erstenmal).
6. Ratschow, a. a. O., 110 f.
7. Th. P. van Baaren, Menschen wie wir, Gütersloh 1964, 15.
8. A. E. Jensen, Das religiöse Weltbild einer frühen Kultur, 1947, 18; zit. nach Th. P. van Baaren, a. a. O. 19.
9. Exemplarisch ist diesbezüglich bereits der Titel des Buches von J. Lubbock: Prehistoric Times as illustrated by ancient remains and the manners and customs of modern savages, 1865.
10. So hat z. B. das Naturvolk der Batak auf Sumatra eine Schrift. Aber sie ist aus Indien eingeführt, und sie wird nicht für das tägliche Leben, sondern lediglich für magisch-religiöse Zwecke verwendet. »Das ist wichtig, da der Unterschied zwischen schreibenden und nichtschreibenden Völkern vor allem da deutlich zu werden beginnt, wo man die Schrift für alle Zwecke zu verwenden anfängt« (van Baaren, a. a. O., 17, Anm. 9.). Wir können es uns deshalb auch ersparen, auf die wenigen Ausnahmen von der Schriftlosigkeit bei Naturvölkern einzugehen.
11. Th. P. van Baaren, a. a. O., 17.
12. H. Ringgren/Ä. v. Ström, Die Religionen der Völker, Stuttgart 1959, 447.
13. van Baaren, a. a. O., 83.

14. Ratschow, a. a. O., 55, 57 f., 61.
15. S. Mowinckel, Religion und Kultus, Göttingen 1953, 17.
16. Ebd.
17. Ebd., 18 f.
18. B. Rensch, Homo Sapiens, Göttingen 1959, 26.
19. Mowinckel, a. a. O., 31.
20. R. Otto, Das Gefühl des Überweltlichen, München 1932, 56.
21. Mowinckel, a. a. O., 32 f.
22. Goldammer, Die Religion der schriftlosen Völker der Neuzeit, in: F. Heiler, a. a. O., 78.
23. Vgl. zum Wort »heilig« V. Grönbech, Kultur und Religion der Germanen, Bd. I, Hamburg 1937; Bd. II, Hamburg 1939 (vor allem Bd. I, 105, 318; Bd. II, 36, 92 f., 94, 130 f.)
24. Goldammer, a. a. O., 81.
25. Mensching, a. a. O., 132.
26. »Für die archaische Mentalität sind Natur und Symbol eins« (M. Eliade, Die Religionen und das Heilige, Salzburg 1954, 303).
27. Eliade, a. a. O., 304 f., 307.
28. R. Lehmann, Mana, 1922, 42; zit. nach van der Leeuw, a. a. O., 44; vgl. H. Mynarek, Autorität und Tabus religionsgeschichtlich betrachtet, in: H. J. Türk (Hg.), Autorität, Mainz 1973, 41 ff.
29. »Der Maibaum, dieser traditionelle Staken, Vereinigungspunkt der Bauern an Festtagen, wurde in Périgord zum revolutionären Symbol, seit dem Maimonat 1790.« (A. Mathiez, Les Origines des cultes révolutionaires, 1904, 32).
30. Das Motiv des Kampfes von Adler und Drachen findet sich auch in vielen anderen Kulturen.
31. Mensching, a. a. O., 148.
32. Eliade, a. a. O., 314 f.
33. U. Holmberg, Der Baum des Lebens, Helsinki 1923, 52.
34. U. Holmberg, Finno-Ugric Mythology, Boston 1927, 338; ähnlich ders., Der Baum des Lebens, 26 f.
35. Eliade, a. a. O., 343.
36. Mensching, a. a. O., 150.
37. Vgl. dazu z. B. H. Baumann, Schöpfung und Urzeit des Menschen im Mythus der afrikanischen Völker, Berlin 1936; G. J. Engelmann, Die Geburt bei den Urvölkern, Wien 1884; A. van Gennep, Mythes et légendes d'Australie, Paris 1906; B. Nyberg, Kind und Erde, Helsinki 1931; E. S. Hartland, Primitive Paternity, Vol. I, London 1909.
38. Hartland, a. a. O., 148.
39. Eliade, a. a. O., 346 f., 352.
40. Ebd. 374 f.; vgl. Mensching, a. a. O., 147: »Stets ist das eigent-

liche Leben, das fruchttragende, sich immer wieder erneuernde, numinos apperzipierte Leben gemeint, das im Symbol des heiligen Baumes verehrt wird.«
41. Eliade, a. a. O., 375.
42. G. van der Leeuw, a. a. O., 45.
43. Alle Zitate mit einer Ausnahme wiedergegeben nach H. Fritz, Waldesrauschen, im »Zeit und Bild«-Teil der Frankfurter Rundschau, Pfingsten 1984 (Seite ZB 1); nur das Eppler-Zitat zit. nach Frankfurter Rundschau, 9. 6. 84, S. 9.
44. E. Drewermann, Der Krieg und das Christentum, Regensburg 1982, 50.
45. Ratschow, a. a. O., 59.
46. C. Hill Tout, Report on the ethnology of the Stlatlhum of British Columbia, Journ. Royal Anthrop. Soc. 1905, 141.
47. A. P. Elkin, The secret life of the Australien aborigines, Oceania 1932-33, 132.
48. van Baaren, a. a. O., 96.
49. A. Gehlen, Urmensch und Spätkultur, Bonn 1956, 226.
50. Ebd., 228.
51. Ratschow, a. a. O., 58.
52. R. H. Lowie, Social organisation, 1950, 178; zit. nach Gehlen, a. a. O., 228.
53. K. Beth, Religion und Magie, Leipzig 1914, 43.
54. So z. B. in Ruanda; vgl. D. Forde (Hg.), African Worlds, ³1960, 174; zit. nach van Baaren, a. a. O., 96.
55. E. W. Gifford, The Kamia of Imperial Valley, Bureau of Amer. Ethnol. Bull. 97, 1931, 77.
56. J. Haekel, Totemismus und Zweiklassensystem bei den Sioux-Indianern, Anthropos, 1937, 500.
57. U. Mc Connell, The Wik-Munkan tribe, Oceania 1930-31, 187.
58. Ph. M. Kaberry, Forrest River and Lyne River tribes, Oceania 1934-35, 425.
59. H. Schärer, Die Vorstellungen der Ober- und Unterwelt bei den Ngadju-Dajak von Süd-Borneo, Cult. Ind. 1942, 75.
60. Gehlen, a. a. O., 228 f.
61. Ebd., 230.
62. A. J. Hallowell, Bear ceremonialism in the northern hemisphere, Am. Anthrop. 1926, 33, 55 ff.
63. B. Johnston, Ojibway Heritage, Toronto 1976; dtsch.: Und Manitu erschuf die Welt. Mythen und Visionen der Ojibwa, Düsseldorf 1979, 73 f.
64. H. Baldus, Die Jaguarzwillinge, München 1958, 147 f.
65. A. Friedrich, Knochen und Skelett in der Vorstellungswelt Nordasiens, Wiener Beiträge z. kulturgesch. Linguistik, 1943, 25.

66. G. W. Webster, Customs and beliefs of the Fulani, in: Man 31, 1931, Nr. 242.
67. C. Hill Toul, a. a. O., 136.
68. W. Bogoras, Chukchee mythology, in: The Jesup North Pac. Exped. Mem. 1913, 86 ff.
69. C. Colle, Les Baluba, Bd. II, 1913, 652 f.
70. Hallowell, a. a. O., 57 f.
71. E. Lot-Falck, Les rites de chasse chez les peuples sibériens, Paris 1953, 172.
72. F. Boas, Ethnology of the Kwakiutl, 35 th Rep. Bur. Ethn. 1921, 609 f.
73. W. Bogoras, The Chukchee, in: The Jesup North Pac. Exped. Mem., 2, 1909, 405.
74. van Baaren, a. a. O., 87.
75. M. Eliade, Mythes, rêves et mystères, Paris 1957, 113.
76. Vgl. J. Gulya, Sibirische Märchen, I. Bd.: Wogulen und Ostjaken (übersetzt aus dem Ungarischen v. R. Futaky), Düsseldorf 1968, 26-36.
77. Vgl. H. Läng, Kulturgeschichte der Indianer Nordamerikas, Olten 1981, 99 f. Zum Bärenkult insgesamt und den verschiedenen Formen der Identifikation von Mensch und Tier s. A. Friedrich, Die Forschung über das frühzeitliche Jägertum, in: Paideuma 2, 1941-43, 20 ff.
78. A. Jensen, Mythos und Kult bei den Naturvölkern, Wiesbaden ²1960, 173 f.
79. Drewermann, a. a. O., 292 f.
80. R. Bilz, Über die menschliche Schuld-Angst, in: Paläoanthropologie, Frankfurt/M. 1971, 360 f.
81. R. L. Schreiber (Hg.), Rettet die Wildtiere, Stuttgart 1980, 13.
82. Drewermann, a. a. O., 21 f.
83. Vgl. A. E. Jensen, Die getötete Gottheit, Stuttgart 1966 (Urban Tb. 90), 148 f.
84. Vgl. z. B. van der Leeuw, a. a. O., 66 f.
85. A. R. Evans, Der Zug der Rentiere, 1952; zit. nach Gehlen, a. a. O., 208.
86. Gehlen, a. a. O., 208.
87. Ebd., 209.
88. Ebd.
89. Ebd., 211 f. Zur gesamten Thematik der kultischen Tierhege ebd., 208-217.
90. G. van der Leeuw, a. a. O., 69 f.
91. Vgl. H. J. Stammel, Indianer-Lexikon, Gütersloh 1977, 170 ff; R. B. Hill, Hanta Yo. Eine Indianer-Saga, Hamburg 1980, 251, 338.

92. Zit. nach S. Colegrave, Yin und Yang, Bern 1980, 118.
93. Dschuang Dsi, Südliches Blütenland, Köln 1972, XXIV$_3$, 252 f.
94. H. J. Stammel, Die Indianer. Die Geschichte eines untergegangenen Volkes, Gütersloh 1977, 118.
95. Ebd., 86 ff.
96. C. W. Ceram, Der erste Amerikaner, Reinbek 1972 (zit. nach der Lizenzausgabe des Rowohlt Verlags für den Buchclub Ex Libris Zürich), 48.
97. Zit. nach der deutschen Übersetzung von Las Casas' »Brevisima relación de la destrucción de las Indias occidentales« durch Andreä, 1790, neu hrsg. von H. M. Enzensberger: »Kurzgefaßter Bericht von der Verwüstung der Westindischen Länder« (Sammlung Insel, 23), Frankfurt/M. 1966.
98. Ceram, a. a. O., 50.
99. Las Casas, a. a. O.; Ceram, a. a. O., 50.
100. Vgl. dazu: »Tierversuche. Bundeswehr: Hunde, Schweine und Ratten beschossen, bestrahlt und vergiftet«, in: Der Spiegel, Nr. 13/1984, 78 ff.
101. E. Spranger, Lebensformen, Halle ^{6}1927, 151.
102. Ebd., 155.
103. H. Gruhl, Das irdische Gleichgewicht, Düsseldorf 1982, 19.
104. P. von Kielmansegg, in: Die Welt, 7. 4. 1979.
105. Maynard Keynes, zit. nach P. Samuelson, Volkswirtschaftslehre, Bd. II, Köln 1972, 539 f.
106. Drewermann, a. a. O., 23; ders. zeichnet auch prägnant die weitere Entwicklung: »Ein Jägervolk wird nur selten einen anderen als kultisch-religiösen Grund zum Krieg gegen ein anderes Volk haben, wofern die Jagdreviere offen und die Bevölkerungsdichte nicht zu hoch liegt ... die Tierherden wandern, und ihnen nach wandern die Menschen; die Grenzen sind hier relativ offen. Gerade darin liegt jedoch später der Grund für eine endlose Kette historischer Mißverständnisse und erbittert geführter Kriege zwischen den Jäger- und Nomadenkulturen einerseits und den seßhaften Bauern andererseits ... Die kriegerischen Auseinandersetzungen der Nomadenvölker, so erbittert sie auch um Brunnen, Weideland und Viehherden untereinander kämpfen mochten, bleiben indessen ohne politische Konsequenz, sie galten nach wie vor ›nur‹ der Klärung der Frage, welcher Stamm in welcher Oase oder in welchem Weidegebiet sich aufhalten darf. Die Kriege der Stadtstaaten etwa des Zweistromlandes hingegen zielten bald schon auf die Begründung von Imperien durch langfristige Unterwerfung anderer Stadtkönigtümer. Es lag in der Logik dieser Entwicklung, in die Strategie der Eroberung später

auch Länder und Völker miteinzubeziehen, die dem eigenen Staatsgebilde entlegen und fremd waren – der Anspruch auf Macht und Größe ward rasch verselbständigt, und ein Ende dieser Entwicklung ließ sich nicht absehen« (ebd. 23 f., 26 f.).
107. K. Th. Preuss, Forschungsreise zu den Kagaba-Indianern, Mödling b. Wien 1926, 133 f.
108. B. Johnston, a. a. O., 30 f.
109. W. Lindenberg, Die Menschheit betet, München ²1958, 127.
110. Lindenberg, a. a. O., 130.
111. Ebd., 127.
112. Ref. nach Lindenberg, a. a. O., 131.
113. Ebd., 129.
114. Zit. nach Lindenberg, a. a. O., 130.
115. Übersetzt von H. Kopp, zit. nach Lindenberg, a. a. O., 126.
116. Ebd., 134.
117. Die Rede des Indianer-Häuptlings Seattle auf das Angebot des amerik. Präsidenten, das Land seines Stammes zu kaufen, zit. nach H. Gruhl (Hg.), Glücklich werden die sein . . . Zeugnisse ökologischer Weltsicht aus vier Jahrtausenden, Düsseldorf 1984, 85 f. Siehe auch H. Gruhl, Häuptling Seattle hat gesprochen, Düsseldorf³ 1985.
118. Ebd.
119. Drewermann, a. a. O., 380, Anm. 107.
120. R. B. Hill, a. a. O., 814 f.
121. Lindenberg, a. a. O., 126, 134.
122. Zit. bei H. J. Stammel, Die Indianer, 239. Zur Schlacht am Little Big Horn vgl. ders., Solange Gras wächst und Wasser fließt, Stuttgart 1976; Neudruck u. d. Titel: Die Sioux. Amerika und seine Indianerpolitik, München 1979 (dtv 1497), 258-270; sodann die Erinnerungen von Schwarzer Hirsch (Black Elk), Black Elk speaks, ed. by J. Neihardt, New York 1932; dtsch: Ich rufe mein Volk. Leben, Visionen und Vermächtnis des letzten großen Sehers der Ogalla-Sioux, Olten 1965, 93-105.
123. Drewermann, a. a. O., 83.
124. Die hier wiedergegebenen drei Beispiele sind dem »Stern«, Nr. 21/1984, S. 15, entnommen.
125. Rede des Indianerhäuptlings Seattle: a. a. O., 117.
126. Ch. Spretnak, Die Grünen, München 1985 (Goldmann-TB), 227 (Titel der amerik. Originalausgabe »Green Politics. The Global Promise«). In meinem Buch »Ökologische Religion«, München 1986, versuche ich u. a. eine Synthese zu schaffen zwischen den besten Elementen der Naturreligionen und moderner »Natur-Kultur«-Religiosität.

# Anmerkungen – Ergänzungen – Literaturhinweise zum Zweiten und Dritten Teil

1. R. Kippenhahn (Direktor des Instituts für Astrophysik am Max-Planck-Institut für Physik und Astrophysik) in seinem Vorwort zu R. Breuer, *Das anthropische Prinzip*. Der Mensch im Fadenkreuz der Naturgesetze, München 1981, 14.
2. Kippenhahn, a. a. O., 14 f.
3. Breuer, a. a. O., (s. Anm. 1), 17.
4. Vgl. zum Ganzen des in diesem Absatz Gesagten: H. Mynarek, Ökologische Religion. Ein neues Verständnis der Natur (Goldmann-TB), München 1986, 95 ff.
5. Breuer, a. a. O., 238.
6. H. v. Ditfurth, Wir sind nicht nur von dieser Welt, Hamburg 1981, 247.
7. Vgl. dazu auch P. Davies, Gott und die moderne Physik, München 1986, 224, 226, 239 f., 243 f.
8. Breuer, a. a. O., 19.
9. v. Ditfurth, a. a. O., 247.
10. Ebd.
11. Manche Physiker gehen noch weiter, indem sie ausdrücklich von »Plan« sprechen. Im Bereich der sogenannten »Grundkonstanten« der Natur »finden wir die überraschendsten Hinweise auf einen großen Plan« (P. Davies, a. a. O., 244).
12. Ditfurth, a. a. O., 248.
13. Breuer, a. a. O., 23.
14. Ref. nach Breuer, a. a. O., 24.
15. B. Carter, Large Number Coincidences and the Anthropic Principle in Cosmology, in: M./S. Longair (Ed.), Confrontation of Cosmological Theories with Observational Data, IAU-Symposium (1974), 291.
16. Breuer, a. a. O., 25.
17. F. J. Dyson, zit. bei Breuer, a. a. O., 23, 238.
18. Im Zusammenhang mit diesem Prinzip hat sich als terminus technicus nicht der Ausdruck »Anthropozentrismus«, sondern der Ausdruck »Anthropismus« eingebürgert.
19. Wir kommen heute auch in der Biologie und Psychologie viel-

mehr von einem anthropozentrischen Weltbild ab und nähern uns einem physiozentrischen Weltbild; ausführlich dazu: Mynarek, Ökologische Religion, 95 ff., 175 ff.
20. Bezüglich der terrestrischen Evolution steht dafür der berühmte Satz des Biologen und Neodarwinisten Julian Huxley: »Der Mensch ist die zum Bewußtsein ihrer selbst gelangte Evolution.«
21. Man kann sagen, daß im Grunde das ganze Lebenswerk eines bedeutenden Naturwissenschaftlers, Philosophen und Theologen, nämlich Teilhard de Chardins, dem Aufweis dieses grundlegenden Zusammenhangs gewidmet war.
22. v. Dithfurt, a. a. O., 248.
23. Breuer, a. a. O., 26.
24. F. Capra, *Wendezeit*. Bausteine für ein neues Weltbild, Bern ^{7}1984, 101.
25. J. A. Wheeler, Frontiers of Time, in: N. Toraldo di Franca, B. van Fraassen (Hg.), Problems in the Foundation of Physics, Amsterdam 1979.
26. Breuer, a. a. O., 62.
27. E. R. Harrison, Cosmological Principles II. Physical Principles, in: Comments in Astrophysics and Space Science, 6 (1974), 29.
28. G. F. Chew, »Bootstrap« – A Scientific Idea?, in: Science 161 (1968), 762.
29. Capra, a. a. O., 97 f.
30. Capra, a. a. O., 100. f.
31. Chew, a. a. O.
32. M. D. Papagiannis, Could You Build A Better Universe?, in: Griffith Observer, August (1974), 3.
33. J. Monod, *Le hasard et la nécessité*. Essai sur la philosophie naturelle de la biologie moderne, Paris 1970 (zit. nach der dtsch. Ausgabe: Monod, Zufall und Notwendigkeit, München 1971, 219).
34. Ebd., 211.
35. Der Kybernetiker K. Steinbuch, Automat und Mensch, Heidelberg 1963, 6.
36. L. Wittgenstein, Tractatus logico-philosophicus, Frankfurt/M. 1964, 6.44 (= S. 114).
37. G. G. Simpson, *Auf den Spuren des Lebens*. Die Bedeutung der Evolution, Berlin 1957, 172, 215.
38. Simpson: »Es wäre jedoch eine grobe Mißdeutung zu behaupten, er (der Mensch) sei nur ein Zufallsprodukt oder nichts als ein Tier. Unter den unzähligen Formen der Materie und des Lebens auf der Erde – und, soweit wir wissen, in der ganzen

Welt – ist der Mensch einmalig« (ebd.)
39. G. G. Simpson, Die Anpassungsprobleme in den Naturwissenschaften, Frankfurt 1940; zit. nach J. Kälin, Der kausale Deutungsversuch in der Makro-Evolution, in: Naturwissenschaft und Theologie, H. 2, München 1959, 42 f.
40. B. Rensch, Homo Sapiens, Göttingen 1959, 26.
41. B. Rensch, *Das universale Weltbild*. Evolution und Naturphilosophie, (Fischer-TB 6340), Frankfurt/M. 1977, 299.
42. Ebd.
43. Vgl. die ausführliche Diskussion über die biologischen Organisationsgesetze in: H. Mynarek, Der Mensch – Sinnziel der Weltentwicklung, München 1967, 68-225.
44. Ditfurth, a. a. O., 268 f.
45. Ebd., 271.
46. H. v. Ditfurth, Der Geist fiel nicht vom Himmel, Hamburg 1976, 318.
47. v. Ditfurth, Wir sind nicht nur von dieser Welt, 274 f.
48. Ebd., 275.
49. Ebd., 272 f., 274.
50. Ebd., 272.
51. Ebd., 269.
52. Ebd., 273 f., 301.
53. Wie sehr Darwin selbst Haeckel schätzte, geht aus folgendem Urteil des ersteren hervor: »Wäre dieses Werk (Haeckels »Natürliche Schöpfungsgeschichte«) erschienen, ehe meine Arbeit ›Die Abstammung des Menschen‹ niedergeschrieben war, so würde ich sie wahrscheinlich nie zu Ende geführt haben; fast alle die Folgerungen, zu denen ich gekommen bin, sind durch diesen Forscher bestätigt, dessen Kenntnisse in vielen Punkten reicher sind als die meinen« (zit. bei I. Fetscher, Ernst Haeckels »Welträtsel« – heute, in: Einleitung zu: E. Haeckel, Die Welträtsel, Stuttgart 1984 [Nachdruck der 11. verb. Auflage, Leipzig 1919], VI.
54. E. Haeckel, a. a. O., (s. Anm. 53), 31 f.
55. Ebd., 353, 366 f.
56. Ebd., 366.
57. Ebd., 368 f.
58. P. Carrington, Das große Buch der Meditation, München 1982, 31.
59. H. Petzold (Hg.), Psychotherapie, Meditation, Gestalt, Paderborn 1983, 24.
60. Capra, a. a. O., 465.
61. Ebd.
62. A. Einstein, Religion und Wissenschaft (erstmals am 11. No-

vember 1930 im »Berliner Tageblatt« erschienen), in: A. Einstein, Mein Weltbild, hrsg. von C. Seelig, Frankfurt/M. 1957 (Ullstein-TB Nr. 65), 15-18.
63. L. Barnett, Einstein und das Universum (mit einem Vorwort von A. Einstein), Frankfurt/M. 1957 (Titel der amerikanischen Originalausgabe: The Universe and Dr. Einstein), (Fischer-TB 21), 133 f.
64. A. Einstein, Über wissenschaftliche Wahrheit, in: A. Einstein, Mein Weltbild, a. a. O., (s. Anm. 62), 171.
65. Zit. nach: Deutsches Pfarrerblatt, 1. Juni 1959, 59. Jhrg., Nr. 11, Ausgabe A, 243; vgl. H. Muschalek (Hg.), Gottbekenntnisse moderner Naturforscher, Berlin ³1952, 29.
66. Einstein, Mein Weltbild, 9 f.
67. Wir werden in späteren Ausführungen dieses zweiten Buchteils einige davon anführen.
68. Vgl. dazu die ausführlichen Belege bei H. Mynarek, Der Mensch – Sinnziel der Weltentwicklung, passim.
69. Capra, a. a. O., 83.
70. W. Heisenberg, Die mathematische Gesetzmäßigkeit in der Natur, in: W. Dennert (Hg.), Die Natur das Wunder Gottes, Bonn ⁶1957, 59 f.
71. N. Bohr, zit. bei Capra, a. a. O., 83.
72. J. H. Jeans, Der Weltenraum und seine Rätsel, München 1955, 137, 141 f., 145 (Titel der engl. Originalausgabe: The Mysterious Universe).
73. Näheres dazu in: H. Mynarek, Religion – Möglichkeit oder Grenze der Freiheit?, Köln 1977, 133 ff. und in H. Mynarek, Verrat an der Botschaft Jesu – Kirche ohne Tabu. Rohweil 1986, 301 ff.
74. Schwarzer Hirsch, Die Heilige Pfeife, Olten 1956, 9 f. (Titel der amerik. Originalausgabe: The Sacred Pipe). Die Hervorhebung von »in« und »über« im ersten der beiden hier angeführten Zitate stammt von mir.
75. Ken Wilber, Halbzeit der Evolution, Bern 1984, 16 f. (Titel der amerik. Originalausgabe: »Up from Eden«, 1981).
76. Ebd., 17-21.
77. Nikolaus von Kues, Idiotae libri quatuor (Vier Bücher des Laien, 1450); zit. nach R. W. Leonhardt, Vom Moseljungen zum Kardinal, in: Die Zeit, Nr. 4/18. 1. 1985, 58.
78. Nikolaus von Kues, De quaerendo Deum (Vom Gottsuchen), fol. 198 (zit. nach der im Auftrag der Heidelberger Akademie der Wissenschaften in deutscher Übersetzung hrsg. Reihe der Schriften des Nikolaus von Cues; hier: Heft 3: Vom Verborgenen Gott. De Deo abscondito – De quaerendo Deum – De

filiatione Dei, hrsg. von E. Bohnenstaedt, Leipzig ²1942, 62).
79. K. Rahner, Bemerkungen zum Begriff der Offenbarung, in: H. Kuhn, H. Kahlefeld, K. Forster (Hg.), Interpretation der Welt (Festschrift für R. Guardini), Würzburg 1965, 714 f.
80. Goethe, »Zur Morphologie«, I. Bd., 2. Heft 1820.
81. Goethe zu Eckermann 1830, nach J. P. Eckermann, Gespräche mit Goethe, Leipzig ¹⁹1921, 597.
82. Zit. nach J. Huxley, Die Grundgedanken des Evolutionären Humanismus, in: J. Huxley (Hg.), Der evolutionäre Humanismus, München 1964, 68.
83. Goethe, »Aus meinem Leben. Dichtung und Wahrheit«, I. 4.1811/14.
84. Goethe, nach der franz. Ausgabe der »Metamorphose der Pflanzen«, 1831.
85. Siehe die im Haupttext zitierten Texte mit den Anmerkungsziffern 58, 59, 60.
86. Siehe Anm. 59.
87. H. Hesse, Mein Glaube (Eine Dokumentation. Auswahl und Nachwort von S. Unseld), Frankfurt/M. 1971, 20 f.
88. Ebd., 20.
89. Wilber, a. a. O., 20.
90. Vgl. dazu H. Mynarek, Eros und Klerus (Knaur-TB 3628), München ²1980, passim; H. Mynarek, Verrat an der Botschaft Jesu, 5. Kapitel.
91. H. von Glasenapp, Der Hinduismus, in: Die großen nichtchristlichen Religionen unserer Zeit, Stuttgart 1954, 26.
92. Näheres bei H. Mynarek, Existenzkrise Gottes?, Augsburg 1969, 17-26.
93. J. Mouroux, Eine Theologie der Zeit, Freiburg 1965, 59.
94. Die »Allkraft heißt in Indien Brahman und ist im Menschen als Atman, der seit den Upanishaden mit dem Brahman identisch gesetzt wird ... Nicht nur die Welt wird in diesem Pantheismus unwirklich, sondern das Ich hat die Aufgabe, im All (Gottes, m. H.) aufzugehen« (W. Holsten, Pantheismus [religionsgeschichtlich], in: Die Religion in Geschichte und Gegenwart [RGG], Bd. V, Tübingen ³1961, 38).
95. RGG, Bd. V, 38 (s. Anm. 94).
96. A. Fölsing, Galileo Galilei – Prozeß ohne Ende, München 1983, 17.
97. Galileo Galilei, Brief an die Großherzogin Christine, zit. nach Antonio Favaro (Hg.), Le Opere di Galileo Galilei, Edizione Nazionale, Bd. V, 315.
98. Galilei, Brief an Castelli vom 21. 12. 1613, zit. nach A. Favaro (Hg.), Le Opere di Galileo Galilei, Bd. V, 281 ff.

99. Fölsing, a. a. O., 23.
100. F. M. Müller, Einleitung in die vergleichende Religionswissenschaft, ²1876, 248 f.
101. Ebd., 142.
102. D. Bell, *Die Zukunft der westlichen Welt*. Kultur und Technologie im Widerstreit, Frankfurt/M. 1976, 195 (Titel der amerik. Originalausgabe: The Cultural Contradictions of Capitalism, New York 1976).
103. Ebd.
104. C. H. Ratschow, »Naturdienst«, »Naturgottheiten«, in: RGG, Bd. IV, Tübingen ³1960, 1341 f., 1346 f.
105. Goethe zu Eckermann 1829, a. a. O., 251; ebenfalls in: Goethe, »Zur Naturwissenschaft überhaupt«, Bd. I, 4. Heft, 1822.
106. Breuer, a. a. O., 120 f.
107. Ebd., 123.
108. Ebd., 19.
109. Ebd., 28; vgl. zu meiner Darstellung unter 4 im Haupttext auch Breuer, a. a. O., 227-229.
110. E. R. Harrison, a. a. O., 29.
111. M. Papagiannis, Could You Build a Better Universe?, in: a. a. O., 3.
112. F. J. Dyson, Energy in the Universe, Scientific American 9 (1971), 51.
113. Breuer, a. a. O., 231.
114. Vgl. zu den eben behandelten Aspekten: P. Davies, The Runaway Universe, London 1978, v. a. S. 185; H. v. Ditfurth, Wir sind nicht nur von dieser Welt, 246 f.; P. Russell, Die erwachende Erde, München 1984 (Heyne-TB), 256 (Titel der engl. Originalausgabe: »The Awakening Earth«).
115. H. v. Ditfurth, a. a. O. Selbst das sonst oft so skeptische »Spiegel«-Magazin kommt unter dem Eindruck neuerer und neuester kosmologischer Forschungsergebnisse zu dem Schluß: »Längst haben die Himmelsforscher im scheinbar chaotisch durcheinandergewirbelten Universum strenge Ordnungsprizipien erkannt« (Kosmologie – Vom Anfang und Ende der Zeit, in: »Der Spiegel«, Nr. 36/1984, S. 186).
116. Die Aussagen von Mitchell und Schweickart zit. nach P. Russel, a. a. O., 18.
117. Capra, a. a. O., 315.
118. Vgl. zu den hier dargestellten Symptomen des Lebens der Erde als Gesamtorganismus J. E. Lovelock, Unsere Erde wird überleben, München 1984 (Heyne-TB), 7, 10 f., 20-214 (Titel der engl. Originalausgabe: »Gaia – A New Look At Life On Earth«); vgl. auch P. Russell, a. a. O., 19-39.

119. Capra, a. a. O., 316.
120. »Gaia ist eine Hypothese geblieben; sie hat aber, wie andere nützliche Hypothesen, ihren theoretischen Wert, wenn nicht gar ihre Existenz bereits dadurch bewiesen, daß sie den Anstoß zu experimentellen Fragen und Antworten gegeben hat, die für sich schon gewinnbringend waren. Wenn beispielsweise die Atmosphäre, unter anderem, ein Vehikel darstellt, Rohmaterialien von und zur Biosphäre zu transportieren, so war es einleuchtend, die Existenz von Trägerverbindungen für jene Elemente zu postulieren, die für alle biologischen Systeme lebenswichtig sind, wie etwa Jod und Schwefel. Erfreulicherweise ließ sich zeigen, daß beide Elemente aus den Ozeanen, in denen sie in sehr großen Mengen vorliegen, durch die Luft auf das Festland gelangen, wo sie nur in Spuren vorliegen. Ihre Trägerverbindungen, Methyljodid beziehungsweise Dimethylsulfid, werden direkt vom Leben im Meer gebildet. Da die wissenschaftliche Neugier keine Grenzen kennt, wäre das Vorkommen dieser interessanten Verbindungen in der Atmosphäre zweifellos auch ohne den Stimulus der Gaia-Hypothese irgendwann entdeckt und wäre ihre Bedeutung diskutiert worden. Doch wurden sie aufgrund der Hypothese von Gaia gezielt gesucht, und ihre Existenz stand mit jener in Einklang« (J. E. Lovelock, a. a. O., 27).
121. Lovelock, a. a. O., 7 f., 10 f., 24, 26 f., 216.
122. Ebd., 13, 25, 27 f.
123. P. Russell, a. a. O., 38.
124. Zit. nach P. Russell, a. a. O., 37 f.
125. R. Breuer, a. a. O., 238. Hervorhebungen von mir.
126. R. Riedl, Die Spaltung des Weltbildes, Hamburg 1985.
127. Neben dem Evolutionsforscher Rupert Riedl (s. vorige Anmerkung) z. B. auch Konrad Lorenz (vgl. v. a. sein Buch: »Die Rückseite des Spiegels«, München 1973).
128. Vgl. die positive Begründung einer kritisch geläuterten Zwecktheorie der Evolution in meinem Buch »Der Mensch – Sinnziel der Weltentwicklung, 194-225.
129. Teilhard de Chardin, zit. nach W. A. P. Luck, *Homo investigans*. Der soziale Wissenschaftler, Darmstadt 1976, 50.
130. Bezeichnend in diesem Zusammenhang Freuds Ausspruch: »Ich lese dicke Bücher ohne rechtes Interesse, da ich die Resultate schon weiß, mein Instinkt sagt mir so; sie müssen aber durch alles Material hindurchgeschleift werden«; zit. nach E. Jones, Das Leben und Werk von Sigmund Freud (Bd. I-III, Bern 1960-1962), Bd. II, 414 f.
131. Freud konnte sich bei dieser Behauptung auf den empirischen

Befund stützen, daß die Exogamie, das Verbot also, Frauen desselben Clans zu heiraten, tatsächlich zu den Tabus vieler Naturvölker gehört. Vgl. dazu und zum folgenden die für das Verständnis der Genese seiner diesbezüglichen Anschauungen wichtige »Selbstdarstellung« (Fischer-TB, Bd. 6096), Frankfurt/M. 1971, 92-95.

132. S. Freud, Der Mann Moses und die monotheistische Religion (1939); zit. nach der gleichnamigen Fischer-TB-Ausgabe, Frankfurt/M., 1975, 88 f.
133. Ebd., 89-95.
134. Ebd., 95. Für das Judentum gilt dies nach Freud nicht. Es habe das aus der dunklen Erinnerung an die Urvatertötung resultierende Schuldbewußtsein verdrängt. Es habe sogar – Freud modifiziert dabei in historisch nicht verifizierbarer Weise die Moses-Legende – einen weiteren Vatermord begangen, indem es den »Ägypter« Mose, der die Juden für den Monotheismus des Pharao Echnaton gewonnen habe, in einer Rebellion umgebracht habe. Die Tötung dieser »hervorragenden Vatergestalt« habe zu neuem, noch tieferem Schuldbewußtsein geführt, das aber wiederum verdrängt worden sei, indem die Juden die Tat geleugnet hätten. Erst die christliche Religion habe die Schuld klar und deutlich bekannt, was ihre in dieser Hinsicht bestehende Überlegenheit dem Judentum gegenüber ausmache. Die Juden »reagierten auf die Anregung zur Erinnerung, die ihnen die Lehre Moses' brachte, mit der Verleugnung ihrer Aktion, blieben bei der Anerkennung des großen Vaters stehen und sperrten sich so den Zugang zur Stelle, an der später Paulus die Fortsetzung der Urgeschichte anknüpfen sollte. Es ist kaum gleichgültig oder zufällig, daß die gewaltsame Tötung eines anderen großen Mannes auch der Ausgangspunkt für die religiöse Neuschöpfung des Paulus wurde ... Es ist eine ansprechende Vermutung, daß die Reue um den Mord an Moses den Antrieb zur Wunschphantasie vom Messias gab, der wiederkommen und seinem Volk die Erlösung und die versprochene Weltherrschaft bringen sollte. Wenn Moses dieser erste Messias war, dann ist Christus sein Ersatzmann und Nachfolger geworden...« Der Vorwurf, den man Freud zufolge dem jüdischen Volk machen müsse, laute »richtig übersetzt« und »auf die Geschichte der Religionen bezogen: Ihr wollt nicht *zugeben*, daß ihr Gott (das Urbild Gottes, den Urvater, und seine späteren Reinkarnationen) gemordet habt. Ein Zusatz sollte aussagen: Wir haben freilich dasselbe getan, aber wir haben es *zugestanden*, und wir sind seither entsühnt« (ebd., 95 f.).

135. Ebd., 96.
136. »Die christliche Zeremonie der heiligen Kommunion, in der der Gläubige Blut und Fleisch des Heilands sich einverleibt, wiederholt den Inhalt der alten Totemmahlzeit, freilich nur in ihrem zärtlichen, die Verehrung ausdrückenden, nicht in ihrem aggressiven Sinn« (ebd., 94); vgl. S. Freud, »Selbstdarstellung«. Schriften zur Geschichte der Psychoanalyse (Fischer-TB, Bd. 6096), Frankfurt/M. 1971, 94 f.
137. M. Eliade, Cultural Fashions and the History of Religions, in: J. M. Kitagawa (Hg.), The History of Religions. Essays on the Problem of Understanding, Chicago 1967, 24.
138. Vgl. H. Mynarek, Der kritische Mensch und die Sinnfrage, Berlin 1976, 111-129.
139. »... in unerwarteter Reichhaltigkeit hat das analytische Studium des kindlichen Seelenlebens Stoff geliefert, um die Lücken unserer Kenntnis der Urzeiten auszufüllen« (Der Mann Moses..., 91).
140. Ebd., 89.
141. S. Freud, Eine Kindheitserinnerung des Leonardo da Vinci, in: A. Mitscherlich – A. Richards – J. Strachey (Hg.), Sigmund Freud: Studienausgabe (Bd. I-X, Frankfurt/M. 1969-1975), Bd. X, 146.
142. S. Freud, Die Zukunft einer Illusion, in: ders., Massenpsychologie und Ich-Analyse. Die Zukunft einer Illusion (Fischer-TB, Bd. 851), Frankfurt/M. 1967, 98.
143. Ebd., 95 f.
144. Vgl. H. Mynarek, Religion – Möglichkeit oder Grenze der Freiheit?, Köln 1977, 135-139, 321-324.
145. Die Zukunft einer Illusion, 96-98.
146. Ebd., 94, 97, 103 f.
147. Vgl. H. Mynarek, Die Säkularisierung der Gesellschaft als geistesgeschichtlicher Totalprozeß, in: ders., Der kritische Mensch und die Sinnfrage, 43 ff.
148. Die Zukunft einer Illusion, 98, 105-107, 110-113, 118 f.
149. Ebd., 118, 121.
150. Ebd., 117; vgl. S. Freud, Neue Folge der Vorlesungen zur Einführung in die Psychoanalyse, in: Studienausgabe, Bd. I, 608: »Die Psychoanalyse, meine ich, ist unfähig, eine ihr besondere Weltanschauung zu erschaffen. Sie braucht es nicht, sie ist ein Stück Wissenschaft und kann sich der wissenschaftlichen Weltanschauung anschließen.«
151. Neue Folge der Vorlesungen... (s. Anm. 150), 595.
152. Die Zukunft einer Illusion, 122.
153. Neue Folge der Vorlesungen..., 588 f.

154. Die Zukunft einer Illusion, 123.
155. K. Marx, Zur Kritik der Hegelschen Rechtsphilosophie, in A. Ruge/K. Marx (Hg.), Deutsch-Französische Jahrbücher, Paris 1844; zit. nach der Verlag Philipp Reclam jun. Ausgabe, Leipzig 1973, 163. Auch Freud gibt übrigens gelegentlich seiner Überzeugung Ausdruck, »daß die Wirkung der religiösen Tröstungen der eines Narkotikums gleichgesetzt werden darf« (Die Zukunft einer Illusion, 128).
156. »Selbstdarstellung«, 92.
157. S. Freud, Zwangshandlungen und Religionsübungen, in: A. Freud u. a. (Hg.), S. Freud: Gesammelte Werke (Bd. I-XVIII, Frankfurt/M. 1960-1968), Bd. VII, 129 ff.
158. »Selbstdarstellung«, 92; vgl. Zwangshandlungen und Religionsübungen, 138.
159. S. Freud, Totem und Tabu. Einige Übereinstimmungen im Seelenleben der Wilden und der Neurotiker, in: Studienausgabe, Bd. IX, 287-444.
160. »Selbstdarstellung«, 93.
161. Zwangshandlungen und Religionsübungen, 138.
162. »Selbstdarstellung«, 93.
163. J. Rattner, Tiefenpsychologie und Politik (Goldmann Sachbücher, Bd. 11134), München o. J., 127.
164. Vgl. dazu ausführlich: H. Mynarek, Eros und Klerus passim, und: ders., Verrat an der Botschaft Jesu, 5. Kap.
165. Rattner, a. a. O., 128 f.
166. Gelegentlich drückte er sich vorsichtiger aus. Da erschien ihm die Hysterie lediglich als »ein Zerrbild einer Kunstschöpfung, eine Zwangsneurose (als) ein Zerrbild einer Religion, ein paranoischer Wahn (als) ein Zerrbild eines philosophischen Systems« (Totem und Tabu, 363).
167. »Selbstdarstellung«, 55 f.; vgl. S. Freud, Sammlung kleiner Schriften zur Neurosenlehre, Wien 1906, in: Gesammelte Werke, Bd. I; ebenso S. Freud, Die »kulturelle« Sexualmoral und die moderne Nervosität, in: ders., Drei Abhandlungen zur Sexualtheorie und verwandte Schriften (Fischer-TB, Bd. 6044), Frankfurt/M. 1977, 39 ff., 123 ff.
168. Eine treffende, zugleich kurze Zusammenfassung seiner mehrfachen Umformulierungen der Libidotheorie gibt Freud in seiner »Selbstdarstellung«, 84 f.
169. »Selbstdarstellung«, 65 f.; vgl. Freud, Drei Abhandlungen zur Sexualtheorie, 47-109.
170. »Selbstdarstellung«, 66.
171. »Die Ermittlungen über die infantile Sexualität waren am Mann gewonnen und die aus ihnen abgeleitete Theorie für das

männliche Kind zugerichtet worden. Die Erwartung eines durchgehenden Parallelismus zwischen den beiden Geschlechtern ... erwies sich als unzutreffend. Weitere Untersuchungen und Erwägungen deckten tiefgehende Unterschiede in der Geschlechtsentwicklung zwischen Mann und Weib auf. Auch für das kleine Mädchen ist die Mutter das erste Sexualobjekt, aber um das Ziel der normalen Entwicklung zu erreichen, soll das Weib nicht nur das Sexualobjekt, sondern auch die leitende Genitalzone wechseln. Daraus ergeben sich Schwierigkeiten und mögliche Hemmungen, die für den Mann entfallen« (ebd., Anm. 43, Zusatz aus dem Jahr 1935).

172. Vgl. dazu die in Anmerkung 169 genannten Quellen sowie: Die »kulturelle« Sexualmoral und die moderne Nervosität, 127.
173. »Selbstdarstellung«, 65.
174. Ebd.; vgl. Freud, Drei Abhandlungen zur Sexualtheorie, 102 f.
175. Ebd., 66; vgl. Freud, Drei Abhandlungen zur Sexualtheorie, 101.
176. Die »kulturelle« Sexualmoral und die moderne Nervosität, 128.
177. Freud, Massenpsychologie und Ich-Analyse, 56, 60. Freud ist in der Aufzählung der Merkmale des Massenmenschen von Gustave Le Bon's berühmtem Werk »Psychologie der Massen« (1895) beeinflußt.
178. Freud, a. a. O., 56, 62 f., 64, 67 f., 61, 73, 77 f., 61, 79 f., 44 f., 82.
179. Vgl. beispielsweise seine »Selbstdarstellung«, 83.
180. Neue Folge der Vorlesungen zur Einführung in die Psychoanalyse, 588.
181. Die Zukunft einer Illusion, 126 f.
182. »Denken Sie an den betrübenden Kontrast zwischen der strahlenden Intelligenz eines gesunden Kindes und der Denkschwäche des durchschnittlichen Erwachsenen. Wäre es so ganz unmöglich, daß gerade die religiöse Erziehung ein großes Teil Schuld an dieser relativen Verkümmerung trägt? Ich meine, es würde sehr lange dauern, bis ein nicht beeinflußtes Kind anfinge, sich Gedanken über Gott und Dinge jenseits dieser Welt zu machen. Vielleicht würden diese Gedanken dann dieselben Wege einschlagen, die sie bei seinen Urahnen gegangen sind, aber man wartet diese Entwicklung nicht ab, man führt ihm die religiösen Lehren zu einer Zeit zu, da es weder Interesse für sie noch die Fähigkeit hat, ihre Tragweite zu begreifen« (ebd., 126).
183. Ebd., 110, 122-124, 134.

184. Massenpsychologie und Ich-Analyse, 81, 32 f.
185. Freud beschreibt diese Weiterentwicklung folgendermaßen: »Jeder Christ liebt Christus als sein Ideal und fühlt sich den anderen Christen durch Identifizierung verbunden. Aber die Kirche fordert von ihm mehr. Er soll überdies sich mit Christus identifizieren und die anderen Christen lieben, wie Christus sie geliebt hat. Die Kirche fordert also an beiden Stellen die Ergänzung der durch die Massenbildung gegebenen Libidoposition. Die Identifizierung soll dort hinzukommen, wo die Objektwahl stattgefunden hat, und die Objektliebe dort, wo die Identifizierung besteht. Dieses Mehr geht offenbar über die Konstitution der Masse hinaus. Man kann ein guter Christ sein und doch könnte einem die Idee, sich an Christi Stelle zu setzen, wie er alle Menschen liebend zu umfassen, ferne liegen. Man braucht sich ja nicht als schwacher Mensch die Seelengröße und Liebesstärke des Heiland zuzutrauen.« (ebd., 73).
186. Ebd., 74.
187. Vgl. H. Mynarek, Autorität und Tabus, in: ders., Der kritische Mensch und die Sinnfrage, 111 ff.
188. Massenpsychologie und Ich-Analyse, 65, 37 f., 68.
189. L. Feuerbach, Das Wesen des Christentums (Philipp Reclam Jun. Ausgabe Stuttgart 1974. Der Text folgt der dritten Auflage dieses Werkes, die 1849 in Leipzig erfolgte), 80, 83 f., 85, 93, 97, 279-283; vgl. die ausführlichen Darlegungen in meinem Beitrag: Zur Religionskritik von Karl Marx, in: O. K. Flechtheim (Hg.), Marx heute, Hamburg 1983, 187-202.
190. In bezug auf die großen Religionskritiker Schopenhauer und Nietzsche gibt das Freud unumwunden zu. »Die weitgehenden Übereinstimmungen der Psychoanalyse mit der Philosophie Schopenhauers – er hat nicht nur den Primat der Affektivität und die überragende Bedeutung der Sexualität vertreten, sondern selbst den Mechanismus der Verdrängung gekannt – lassen sich nicht auf meine Bekanntschaft mit seiner Lehre zurückführen. Ich habe Schopenhauer sehr spät im Leben gelesen. Nietzsche, den anderen Philosophen, dessen Ahnungen und Einsichten sich oft in der erstaunlichsten Weise mit den mühsamen Ergebnissen der Psychoanalyse decken, habe ich gerade darum lange gemieden; an der Priorität lag mir ja weniger als an der Erhaltung meiner Unbefangenheit« (»Selbstdarstellung«, 87). Heinrich Heine hat Freud allerdings sehr gut gekannt.
191. Die Zukunft einer Illusion, 115 f.
192. Freuds *Traumdeutung* (vgl. sein gleichnamiges geniales Werk

aus dem Jahr 1900), seine Interpretation des *Un-* und *Unterbewußten*, der *Verdrängung*, der Herausbildung des *Über-Ich* und seine *Schichtenlehre* (Es, Ich, Überich) wären in unserem Zusammenhang noch zu behandeln gewesen.
193. z. B. J. Rattner, a. a. O., 36.
194. Vgl. Die Zukunft einer Illusion, 122: »Dies Zusammenwirken von Vergangenheit und Zukunft, welch unvergleichliche Machtfülle muß es der Religion verleihen.«
195. Vgl. dazu die nachfolgenden Ausführungen über C. G. Jung unter 3.
196. D. A. Köberle, Vatergott, Väterlichkeit und Vaterkomplex im christlichen Glauben, in: W. Bitter (Hg.), Vorträge über das Vaterproblem in Psychotherapie, Religion und Gesellschaft, Stuttgart 1954, 15, 18.
197. Vgl. beispielsweise: Der Mann Moses und die monotheistische Religion, 89 f.
198. Die Zukunft einer Illusion, 112 f.
199. Dazu ausführlich: H. Mynarek, Verrat an der Botschaft Jesu, 301 ff.
200. Darüber mehr in den Ausführungen über Humanistische Psychologie unter 3.
201. F. Nietzsche, Also sprach Zarathustra, (Alfred Kröner-Verlags-Ausgabe) Leipzig 1941, 285-290.
202. Religion – Möglichkeit oder Grenze der Freiheit?, 297 ff.
203. Die Zukunft einer Illusion, 133.
204. C. H. Ratschow, Säkularismus, in: Die Religion in Geschichte und Gegenwart³ (RGG), Bd. V, Sp. 1291.
205. Zit. nach »Morgenröte. Ztschr. f. Frei-Religiöse Gemeinden«, 1978, Nr. 4, 14.
206. A. Einstein, Mein Weltbild, 18; vgl. damit das schon im zweiten Buchteil über Einstein Gesagte.
207. Dazu ausführlich: H. Mynarek, Religion – Möglichkeit oder Grenze der Freiheit?, 1. Kap.
208. Die Zukunft einer Illusion, 132, 117.
209. Dazu ausführlich: H. Mynarek, Religion – Möglichkeit oder Grenze der Freiheit?, 141-286, und H. Mynarek, Eros und Klerus, 117 ff.
210. Also sprach Zarathustra, 253.
211. Ken Wilber, Halbzeit der Evolution, Bern 1984, 381 f. (Titel der amerik. Originalausgabe: »Up From Eden«, 1981).
212. Alle soeben zitierten Aussagen Adlers in: A. Adler, Religion und Individualpsychologie, in: A. Adler/E. Jahn, Religion und Individualpsychologie, Fischer-TB, Frankfurt/M. 1975, 68-72.

213. Th. Adorno/M. Horkheimer, The Authoritarian Personality, New York 1950.
214. Vgl. dazu ausführlicher J. Rattner, Tiefenpsychologie und Politik, 49.
215. Capra, Wendezeit, 404.
216. E. Böhler, Die Bedeutung der komplexen Psychologie C. G. Jungs für die Geisteswissenschaften und die Menschenbildung, Vorwort zu: C. G. Jung, *Bewußtes und Unbewußtes*. Beiträge zur Psychologie, Fischer-TB, Frankfurt/M. 1957, 7 f.
217. So durchgängig in: C. G. Jung, Über psychische Energetik und das Wesen der Träume, Zürich 1928/1948.
218. C. G. Jung, Vom Wesen der Träume, in: ders. Über psychische Energetik und das Wesen der Träume, Zürich 1928/1948; hier zit. nach der Auswahl-Ausgabe: C. G. Jung, Welt der Psyche, Kindler-TB, München 1965, 22; vgl. auch Nachmansohn: »Jung setzt die Struktur der Seele in Vergleich mit der des Körpers, der in seiner Entwicklung und seinem Bau noch jene Elemente lebendig besitzt, die ihn mit den wirbellosen Tieren und sogar mit den Protozoen verbinden« (M. Nachmansohn, Die Hauptströmungen der Psychotherapie der Gegenwart, Kindler-TB, München 1965, 142).
219. C. G. Jung, Psychologie und Erziehung, Zürich 1946, 57.
220. P. R. Hofstätter, Tiefenpsychologische Persönlichkeits-Theorien, in: Ph. Lersch/H. Thomae (Hg.), Persönlichkeitsforschung und Persönlichkeitstheorie, Bd. IV des von Ph. Lersch/F. Sander/H. Thomae hrsg. Handbuchs der Psychologie, Göttingen 1960, 560.
221. C. G. Jung, Theoretische Überlegungen zum Wesen des Psychischen, in: C. G. Jung, Welt der Psyche (s. Anm. 145), 108.
222. C. G. Jung, Aion. Untersuchungen zur Symbolgeschichte (Psychologische Abhandlungen, Bd. VIII), Zürich 1951; hier zit. nach Jung, Welt der Psyche (Teil IV: Beiträge zur Symbolik des Selbst), 68.
223. Ebd., 97, 99, 101, 104.
224. Vgl. den Abschnitt »Christus, ein Symbol des Selbst« in Jungs Werk »Aion«.
225. Anmerkung der Herausgeber zu C. G. Jung, Welt der Psyche, 106, Anm. 1.
226. Jung, Welt der Psyche, 104 f.
227. R. Lay, Meditationstechniken für Manager, Rowohlt-TB, Reinbek 1979, 40.
228. Jung, a. a. O., 65, 68-70, 90-93.
229. Jung, Die Beziehungen zwischen dem Ich und dem Unbewußten, Zürich 1945, 126.

230. G. R. Heyer, Der Organismus der Seele, München ²1937, 135.
231. Hofstätter, a. a. O., 561.
232. Jung, Welt der Psyche, 71-74.
233. Ebd., 88, Anm. 1.
234. Vgl. z. B. Jung, a. a. O., 79 f.
235. Ebd., 89.
236. P. Kelly, Um Hoffnung kämpfen, Bornheim-Merten 1983, 168 f., 171 f.
237. Capra, a. a. O., 405 f.
238. C. G. Jung, Über die Archetypen des kollektiven Unbewußten, in: C. G. Jung, Von den Wurzeln des Bewußtseins, Zürich 1954; hier zit. nach der Fischer-TB-Ausgabe: C. G. Jung, Bewußtes und Unbewußtes, Frankfurt/M. 1957, 11 f.
239. U. Greiner, Die Hexen sind unter uns, in: »Die Zeit«, Nr. 12/1985, 47.
240. C. G. Jung, Theoretische Überlegungen zum Wesen des Psychischen, in: C. G. Jung, Von den Wurzeln des Bewußtseins, hier zit. nach Jung, Welt der Psyche, 125 f.
241. Ebd., 126 f.; vgl. die längeren Ausführungen Jungs zur diesbezüglichen Analogie zwischen Physik und Psychologie in seinem »Nachwort« zu »Welt der Psyche«, 133 ff. Jung zitiert dort auch die längere Bestätigung seiner Analogie-Sicht durch den Physiker Prof. W. Pauli, den Entdecker des berühmten, nach ihm benannten sog. Pauli-Prinzips. Dieser betont dort u. a.: »Es ist unverkennbar, daß durch die Entwicklung der ›Mikrophysik‹ eine weitgehende Annäherung der Art der Naturbeschreibung in dieser Wissenschaft an diejenige der neueren Psychologie erfolgt ist: Während erstere infolge der als ›Komplementarität‹ bezeichneten prinzipiellen Situation der Unmöglichkeit gegenübersteht, die Wirkungen des Beobachters durch determinierbare Korrekturen zu eliminieren, und deshalb auf die objektive Erfassung aller physikalischen Phänomene im Prinzip verzichten mußte, konnte die letztere die nur subjektive Bewußtseinspsychologie durch das Postulat der Existenz eines Unbewußten vom weitgehend objektiver Realität grundsätzlich ergänzen« (S. 135, Anm. 1).
242. Ebd., 133.
243. Jung, Aion, 261.
244. Jung, Welt der Psyche, 127, 137 f., 141.
245. P. Jordan, Positivistische Bemerkungen über die paraphysischen Erscheinungen, in: Zentralblatt f. Psychotherapie, Bd. IX, 14 ff., vgl. bei Jung, a. a. O., 137. Anm. 2.
246. Capra, a. a. O., 407.
247. Vgl. dazu seinen gleichnamigen Beitrag in: Naturerklärung

und Psyche (Studien aus dem C. G. Jung-Institut Zürich, Bd. IV), Zürich 1952.
248. Jung, Welt der Psyche, 108.
249. Alle hier soeben angeführten Texte bei Jung, a. a. O., 112 ff., 123, 131, 135, 137.
250. So z. B. Hofstätter, a. a. O., 564.
251. Jung, Über die Archetypen des kollektiven Unbewußten, a. a. O., 40.
252. Vgl. z. B. das Kapitel: »Die psychologischen Aspekte des Mutter-Archetypus« in: Jung, Von den Wurzeln des Bewußtseins.
253. Jung, Über die Archetypen des kollektiven Unbewußten, a. a. O., 46, 48.
254. Mit ihm befaßt sich Jung vor allem in zwei seiner Bücher, in: Psychologie und Alchemie (Psychologische Abhandlungen, Bd. V), Zürich 1944, sowie in: Mysterium Coniunctionis, Zürich 1956.
255. Vgl. dazu ausführlich: J. Campbell, Der Heros in tausend Gestalten, Frankfurt/M. 1953.
256. Jung, Über die Archetypen d. koll. Unbewußten, a. a. O., 27 f., 31, 49.
257. Ebd.; vgl. Jungs Definition: »Allegorie ist eine Paraphrasierung eines bewußten Inhaltes, Symbol dagegen ein bestmöglicher Ausdruck für einen erst geahnten, aber noch unerkannten unbewußten Inhalt« (ebd., 14, Anm. 1).
258. Ebd., 50, 30.
259. Ebd., 33, 41 f., 43.
260. Jung, Theoretische Überlegungen zum Wesen des Psychischen, a. a. O., 115 f.
261. Jung, Über die Archetypen d. koll. Unbewußten, a. a. O., 44.
262. Vgl. dazu: C. G. Jung/K. Kerenyi, Einführung in das Wesen der Mythologie, Zürich ⁴1951.
263. Alle zitierten Stellen in den letzten vier Absätzen bei: Jung, Über die Archetypen d. koll. Unbewußten, a. a. O., 13 f., 15 f., 21 f., 23 f., 25.
264. C. G. Jung, Symbolik des Geistes, Zürich 1948, 374.
265. Alle in den letzten Absätzen angeführten Stellen bei: Jung, Welt der Psyche, a. a. O., 109 f., 114, 116 f., 123 f., 128.
266. Jung, Über die Archetypen d. koll. Unbewußten, a. a. O., 28 f., 37.
267. G. Leonard, Der Rhythmus des Kosmos, 30.
268. Jung, a. a. O., 29, 31.
269. Ebd., 50 f.
270. Zit. nach H. Hark, *Religion und Neurose*. Wenn Gottesbilder

die Seele krank machen, in: Publik-Forum Nr. 2/1985, 24.
271. C. G. Jung, Über die Beziehung der Psychotherapie zur Seelsorge (Vortrag bei der elsäßischen Pastoralkonferenz 1932 in Straßburg), hier zit. nach: Psychologie und Religion (Studienausgabe), Olten 1971, 134 (im Originaltext kursiv gesetzt), 135, 138, 143.
272. Jung, Theoret. Überlegungen zum Wesen des Psychischen, a. a. O., 119.
273. Nachmansohn, a. a. O., 151.
274. Capra, a. a. O., 407.
275. Jung, Probleme der modernen Psychotherapie, in: Jung, Seelenprobleme der Gegenwart (Psychol. Abhandlungen, Bd. III), Zürich 1931.
276. Nachmansohn, a. a. O., 151.
277. Vgl. Nachmansohn, a. a. O., 151 f.
278. Jung, Über die Archetypen d. koll. Unbewußten, a. a. O., 52.
279. Jung, Theoret. Überlegungen ... a. a. O., 122.
280. P. Naffin, Einführung in die Psychologie, Stuttgart ^{5}1956, 215.
281. Hofstätter, a. a. O., 570.
282. Jung selbst zählt ausdrücklich einige mit ihm verwandte Denker auf; vgl. Über die Archetypen d. koll. Unbewußten, a. a. O., 11 f., 43.
283. A. a. O., 43.
284. Jung, Symbolik des Geistes, 374.
285. Jung, Über die Archetypen d. koll. Unbewußten, a. a. O., 44.
286. Goethe, Zur Morphologie, 1822; zit. nach Hofstätter, a. a. O., 565.
287. Goethe, in: Eckermann, Gespräche mit Goethe, 18. 2. 1829, 253.
288. Böhler, a. a. O., 8 f.
289. Nachmansohn, a. a. O., 153.
290. Capra, a. a. O., 406, 408.
291. A. Maslow, Toward a Psychology of Being, Princeton 1962,5 (deutsch: Psychologie des Seins, München 1973).
292. A. Maslow, Eine Theorie der Metamotivation, in: R. N. Walsh/F. Vaughan (Hg.), Psychologie in der Wende, Bern 1985, 143 (Titel der 1980 erschienenen amerik. Originalausgabe: »Beyond Ego«).
293. Ebd., 147; zu den anderen in diesem Abschnitt zitierten Aussagen Maslows siehe ebd., 146-152.
294. Ebd., 143. Erwägungen ähnlicher Art begegnen einem auch immer wieder in Maslows Buch: »The Farther Reaches of Human Natur«, New York 1971.
295. Alle hier (d. h. nach der Anmerkungsziffer 294 im Haupttext)

zitierten Stellen bei Maslow, Eine Theorie der Metamotivation, 143-152.
296. R. N. Walsh, D. Elgin, F. Vaughan, K. Wilber, Paradigmen im Zusammenstoß, in Walsh/Vaughan (Hg.), a. a. O., 53.
297. D. Goleman, Die Frage des Blickwinkels, in: Walsh/Vaughan (Hg.), a. a. O., 35.
298. K. Wilber. Ein Entwicklungsmodell des Bewußtseins, in: Walsh/Vaughan (Hg.), a. a. O., 132.
299. Capra, Wendezeit, 413.
300. R. Lay, Meditationstechniken für Manager, 48.
301. Maslow, a. a. O., 146, 150 f.
302. Maslow, Psychologie des Seins, 11 f.
303. H. Smith, The Sacred Unconscious, in: R. N. Walsh/D. Shapiro (Hg.), Beyond Health and Normality, New York 1983.
304. Maslow, The Farther Reaches of Human Nature, 82.
305. Maslow, Eine Theorie der Metamotivation, 149-151.
306. Zit. nach Maslow, a. a. O., 151.
307. Ebd., 148.
308. Walsh/Vaughan (Hg.), a. a. O., Einführung, 21.
309. Zit. nach Walsh/Vaughan (Hg.), a. a. O., 5.
310. H. Minkowski, Raum und Zeit, in: H. A. Lorentz, A. Einstein, H. Minkowski, Das Relativitätprinzip, Leipzig ^{4}1922.
311. Walsh/Vaughan, a. a. O., 24.
312. Eine gute Einführung in die Welt der T. P. und dieser Forscher bietet das hier schon mehrfach herangezogene Buch »Psychologie in der Wende«, das auch umfängliche Literaturhinweise enthält.
313. So in Grofs Buch »Topographie des Unbewußten«, Stuttgart 1978; vgl. auch vom selben Autor: »Die Begegnung mit dem Tod«, Stuttgart 1980.
314. Gedacht ist hier besonders an solche Arbeiten wie: »The Spectrum of Consciousness«, Wheaton/III. 1977; »The Ultimate State of Consciousness«, in: Journal of Altered States of Consciousness, 1975, 2, 231-242; »The Atman Project«, Wheaton/III. 1980; »Eye to Eye: Transpersonal Psychology and Sciene«, in: Revision, 1979, 2, 3-25; »Psychologia Perennis«, in: Journal of Transpersonal Psychology, Bd. 7, 1975; »No Boundary«, Los Angeles 1979. In deutscher Sprache liegen von K. Wilber vor: »Halbzeit der Evolution« (Titel der amerik. Originalausgabe: »Up From Eden«), Bern 1984; »Wege zum Selbst«, München 1984; »Psychologia perennis und das Spektrum des Bewußtseins«, in: Walsh/Vaughan (Hg.), Psychologie in der Wende, 83 ff.; »Ein Entwicklungsmodell des Bewußtseins«, ebd., 117 ff.; »Auge in Auge: Wissenschaft und Transpersonale

Psychologie«, ebd., 247 ff.; »Zwei Weisen des Erkennens«, ebd., 267 ff.
315. Die in dieser Darstellung der vier Bewußtseinsebenen angeführten Zitate befinden sich in ihrer deutschen Fassung in: Wilber, »Psychologia perennis und das Spektrum des Bewußtseins« (genaue Quellenangabe s. vorige Anmerkung), S. 85, 87, 89.
316. Wilber, Halbzeit der Evolution, 378 f. Die in diesem Abschnitt angesprochene Thematik ist aber das Grundanliegen des gesamten Buches von Wilber.
317. W. James, Die Vielfalt religiöser Erfahrung, Olten 1979, 366. (Titel der amerik. Originalausgabe: »Varieties of Religious Experience«).
318. Zit. nach Walsh/Vaughan, a. a. O., 5.
319. W. James, Psychology: Briefer Course, New York 1910; vgl. mit dem zuletzt von James Gesagten meine im Buch »Religion – Möglichkeit oder Grenze der Freiheit?« entwickelte Definition der Religion als eines umfassenden, ganzheitlichen, grenzüberschreitenden Vitalimpulses, der sich auf immer höhere und größere Wirklichkeiten richtet. Diese Definition wird auch der Dynamik der Entwicklungsstufen bei Wilber (von der Schatten- und Ego-Ebene zur existentiellen und von dort aus zur kosmischen Bewußtseinsebene) gerecht. In den Büchern »Orientierung im Dasein« (München 1979) und in »Religiös ohne Gott« (Düsseldorf 1983) habe ich die psychologisch-pädagogischen Entwicklungsstufen und die religiöse Entwicklung des Menschen unter dem Gesichtspunkt dieser Definition ausführlich dargestellt.

Register

A
Adler, Alfred 246-251, 329, 348
Adorno, Th. W. 248, 276
Ahbleza 85
Ahnenkult 18
Ainu 63 f.
Allport, Gordon 319, 342
Altizer, Thomas 194
Amherst, Sir J. 70
Anima 255, 271 f., 285
Animismus 194, 206
Animus 255, 271 f., 285
Anthropozentrismus 99
Apokatastasis 298
Archetypen 278, 283-286, 289-293, 295-299, 301 f., 307, 310-313
– Lehre 277
– Theorie 45
Aristoteles 181
Atheismus 125
Augustinus 140, 232, 311
Azteken 70

B
Baluba 60
Bauernkulturen 17
Baum 32-36, 38-44, 46 ff.
Behaviorismus 317 f., 329, 334
Bergson, Henri 250
Betazerfall, atomarer 156
Biosphäre 94, 171, 176

Bohm, David 130
Bohr, Niels 127
»bootstrap«-Theorie 102 ff.
Brecht, Bertolt 46
Breuer, R. 159
Buddha 236, 239
Buddhismus 141
Bugental 344
Buttel, C. D. von 313
B-Werte 322-325, 327, 330, 333 f., 337, 340 f.

C
Capra F. 25, 102, 118 f., 175, 277, 282, 305, 316
Carter, Brandon 98
Carus, C. G. 303, 312
Chardin, Teilhard de 25, 124
Chew 103 f.
Chippewas 70
Christentum 64, 122, 140 f., 192 f., 221, 292
Chuang Tzu *s. Dschuang Dsi*
Claudius, Matthias 47
Collins, C. Barry 150
»complexio oppositorum« 297
Crazy Horse 87
Cromleche 16
Crow Dog 81 f.
Cusanus, Nicolaus 131, 297
  s. a. Kues, Nikolaus von
Custer, General 87

D
Dass, Ram 344
Davies, Paul 10
Demokrit 120
Desakralisierung 328
Dessauer, Friedrich 130
Dicke, Robert H. 98
Ditfurth, Hoimar von 100, 113 ff., 142
Drewermann, E. 64
Dschuang Dsi 69
Duwamish 84
Dyson, Freeman J. 99

E
Eddington 130
Eichendorff, Joseph von 47
Eich, Günter 47
EIDOS-Begriff 312
Einstein, Albert 119-122, 128, 130, 134, 136, 238, 240 f., 342
»élan vital« 250
Elgin, D. 344
Eliade, Mircea 62, 194
Elkin, A. P. 50
Engels, Friedrich 8
Eppler, Erhard 48
Erbsünde 192
Eros 271
Eskimo 59, 66
Evans, A. R. 66
Evolution 108, 110-115, 153, 165, 181
»évolution créatrice« 250
Existentialismus, individualistischer 8
Exogamie 51, 190

F
Fadiman, J. 344
Fernjäger 57
Fetischismus 194
Feuerbach, Ludwig 75, 233
Frankl, V. E. 326
Franziskus von Assisi 120
Freud, Sigmund 187-207, 209-213, 215-218, 221-229, 231 f., 234, 236-246, 248, 250 f., 282 f., 315, 317-320, 327 f., 348 f.
Fried, Erich 47
Fromm, E. 316
Fruchtbarkeits
-kult 16 f.
-symbole 17
-religionen 44
Führerkult 218
Fulani 60
Furcht-Religion 119 f.

G
Gaia-Hypothese 162, 170 f., 176 f.
Galilei, Galileo 142 ff.
Gandhi, Mahatma 240
Gehlen, A. 54, 56, 66 f.
Globus, G. 344
Goethe, J. W. v. 10, 46, 116 f., 123 f., 126, 133 ff., 142, 147 f., 303, 311, 313
Goleman, D. 329, 344
Gravitation 155-158, 166
-swellen 160 f.
Grof, St. 343 ff., 350 f.
Großwildnahjäger 57

H
Haeckel, Ernst 115 ff., 119, 128
Haekel, J. 53
Hamingja 27
Harman, W. 343
Harrison, E. R. 102, 159
Hartmann, Eduard von 312
Hasina 27
Hawking, Stephen 150, 152
Hegel 336, 350
Heine, Heinrich 224

Heisenberg, Werner 102, 127, 130, 240
Helena 38
Hesse, Hermann 46, 137 f.
Heuss, Theodor 46
Hierophanie 43
Hill, R. B. 85
Hinayana-Buddhismus 231
Hinduismus 130, 140 f., 231, 339
Hirtenkulturen 17
Hitler 242
Hochgottglaube 194
Höhlenmalereien, steinzeitliche 15
Hölderlin, Friedrich 46
Holbach 224
Homöostase 174, 177
Homo maximus 312
-oeconomicus 269 f.
-technicus 269 f.
-totus 306, 308, 310 f.
-universalis 308, 310
Horkheimer, Max 248
Horney, K. 316
Huai Nan Tzu 119
Humanismus, sozialistischer 8, 249
Hysterie 209

I
Igluik-Eskimo 65
Illusionismus 327
Illusionstheorie 223
»imago Dei« 311
Individualpsychologie 246 f., 249
Individuation 254, 257, 259
-sprozeß 302
Inka 70
Inzest
-scheu 206
-tabu 190
Irenaeus 311

J
Jäger 57
-kulturen, steinzeitliche 17
Jahn 246
Jakuten 61
James, William 130, 351 f.
Jeans, James Hopwood 127 f., 130
Jensen, A. 63
Jesus-people-Bewegung 242
Johnston, B. 78
Jordan, Pascal 282
Judaicus, Philo 311
Judentum 192, 222
Jünger, Ernst 46
Jung C. G. 45, 130, 229, 250-254, 256 f., 259 f., 262, 264, 267 ff., 271 f., 274, 277-300, 302 ff., 306 ff., 310-317, 329, 336, 348
Jungsteinzeit 17 f.

K
Kästner, Erich 46
Kagaba-Indianer 78
Kamia 52
Kannibalismus 56
Kant, Immanuel 312, 314
Kapitalismus 73
Kausalgesetz 109 f.
Kelly, Petra 275 f.
Kepler, Johannes 143, 162, 240
Kernkraft
–, schwache 155 ff.
–, starke 155 ff.
Keynes, Maynard 76
»Kierkegaardsche Neurose« 293
King, Martin Luther 240
Komplexe, autonome 253
Konfutse 239
Konstantin (Kaiser) 39
Kornfield, J. 344

Korpuskel-Welle-
 Dualismus 114
Kraft, elektromagnetische
 155 ff.
Künkel 246
Kues, Nikolaus von 131
Kultur
-religionen 33, 35, 176
-völker 21
Kunze, Reiner 46
Kwakiutl 61

L

Lehndorff, Vera Gräfin 88
Leibniz 130
Libido 214 f., 239, 241

M

Magie 206
Mahayana-Buddhismus 141,
 339
Makrokosmos 156
Mana 27, 29 f., 312
– Glaube 194
Manitu 27
Mao 242
Margulis, Lynn 170
Marx, Karl 8, 206, 223, 225,
 349
Maslow, Abraham 31,
 319-323, 328, 332-337, 340
Materialismus 73
Matriarchat 231
Mediatisation 146
Menhire 16
Mensch, prähistorischer 15,
 17, 19
Metabedürfnisse 322, 324,
 327, 332 f.
Metapathologien 325-328
Mikrokosmos 156
Minkowski, Hermann 342
Misner, Charles W. 150
Mitchell, Edgar 169 f., 178

»Mixmaster-Universum« 150
Monismus 116
Monod, Jacques 8, 105 f.
Monotheismus 122, 191 ff.,
 231
Montagnais 58
Moral-Religion 119 f.
Müller, Friedrich Max 144
Müntzer, Thomas 240
»mundi fabricator« 311
Murngin 52
Murphy, Gardner 339
»Mutter, chthonische« 271
»mysterium fascinosum«
 326
Mystik, christliche 20, 130,
 232, 339

N

Naskapi-Indianer 59, 63
Natur
-gesetze 109, 113, 160
-religionen 33, 176
-völker 15, 21-24, 26, 28-32
 34 f., 40-44, 46, 48-54,
 56-62, 64, 66, 68, 77, 88, 90,
 291
Neopsychoanalyse 316
Neurosen 206, 209, 211, 219 f.,
 226, 241, 302-306, 318, 341
Newton, Isaac 130, 240, 250
Nietzsche Friedrich 10, 83,
 235 f., 243, 275, 295
Noosphäre 94

Ö

Ödipus
-Komplex 195 f., 198, 210,
 216, 218, 220, 225 ff., 246
-phase 210, 216
Ökologie, Begriff der 115 f.
Ojibwa-Indianer 58, 65, 78
Omaha-Indianer 53
Opium-Theorie 223

Orenda 27, 29
Ottawas 70
Otto, Rudolf 129, 326

P
Panentheismus 109
Pan-Sakramentalismus 79
Pantheismus 106, 116, 122-125, 128 f., 132, 140, 239
Parapsychologie 281
Partialtrieb, oraler 210
Partizipation, mystische 25
»pattern of behaviour« 295 f.
Persönlichkeitskult 218
Persona 262, 264, 266, 269, 348
»philosophia perennis« 130, 311
Pierce, Franklin 84
Planck, Max 130, 240
Plato 25, 130, 139, 209, 312
Polytheismus 191, 193, 231
Positivismus 273
Präanimismus 194
»Primitive« 22
Prinzip, anthropisches 96-101, 104 f., 272
Prinzip
– , finales 10, 96
– , ökonomisches 76
– , teleologisches 10, 96
Privatkapitalismus 74
Psychoanalyse 8, 196, 204, 226, 229, 232, 242, 317 ff., 328 ff., 334, 341
Psychologie
– der Befreiung 319
– , Humanistische 317-320, 322 f., 329 f., 334 f., 338, 349, 351
– , komplexe 253, 256
– , existentialistische 349
– , Transpersonale 329, 334 f., 338, 342-345, 348 f., 351

Psychose 302
Psychotherapie 319, 330
– , Humanistische 331 f.
Pubertät 210
PUN 151 f.

Q
Quantenmechanik 101
Quantentheorie 126

R
Radioaktivität 156
Rahner, Karl 132
Rank, Otto 206, 316
Rationalismus, extremer 327
Ratschow, C. H. 19
Reduktionismus 327
Regen, saurer 47
Regressionsphänomen 211, 213
Reich, W. 316
Reinkarnation 40
Relativitätstheorie 342
Religion, kosmische 119, 135 f.
Religiosität, kosmische 120 f., 137, 141, 146, 238, 241
Rensch, Bernhard 25, 29, 109
»représentations collectives« 312
»res cogitans« 330
»res extensa« 330
Restitutionsritual 62
Roberts, Th. B. 344
Rogers, C. R. 320
Rousseau 224
Rütting, Barbara 88

S
Säkularisierung 26, 199
Sammler 57
-kulturen, prähistorische 16 f.
Santayana 134
Sartre, Jean Paul 8

Schopenhauer, Arthur 130
Schrödinger 130
Schultz-Hencke, H. 316
Schwarzer Hirsch 129-132
Schweickart, Russell 170
Schweitzer Albert 247
Seattle 84, 90
»Seelentiere« 51
»self-actualization« 319
Sensualismus 273
Simpson, G. G. 108
Singer, Isaac B. 88
Sioux-Indianer 79-84, 86, 129
Sitting Bull 87
S-Matrix-Theorie 103
Sokrates 239
Sozialdarwinismus 8
Spinoza 116 f., 119 f., 122, 130
Spinozismus 122
Spranger, Eduard 74
Staatskapitalismus 74
Stalin 242
Steinzeit 17, 19
Stern, Horst 47
Stevens, Isaac I. 84
Stlatlum-Indianer 60
Stonehenge 16
Sublimation 243
Substitutionismus 327
Sufismus 130, 339
Sullivan, H. S. 316
Suquamish s. *Duwamish*
Swedenborg 312
Symboltheorie 45
Synchronizität 282
-sphänomen 281

T
Tabugebote 194, 206
Tamate-wka-Nene 34
Taoismus 119, 130, 339
Tart, Ch. 344
Tereno 59

Theismus 106, 123 ff., 127 ff., 132, 239
Theopantismus 129
–, akosmistischer 140
Thomas, Heiliger 131
Tier
-kult, sozialer 51
-phobien 195
»-töterskrupulantismus« 65
Toradja 35
Torres, Camillo 240
Totemismus 49 ff., 56, 190, 194, 206
Totemtiere 50, 54, 190 f., 231
Tout, C. Hill 50
Transzendenz 113 f., 139
–, weltimmanente 115
Traumdeutung 283
Trieb
–, amorpher 295
–, phallischer 210
–, sadistisch-analer 210
Tschuktschen 60
Tuc d'Audoubert, Höhle von 17

U
Uexküll, Jakob von 130
Uhland, Ludwig 47
Unio
– magica 20, 50
– mystica 20, 118
Unreife, sexual-neurotische 214
Unschärferelation 127
Urchaos 149 f.
Urknall 110, 151 f., 160 f., 167, 169, 289
Urphänomene 311 ff.

V
Vaterkomplex 198 s. a. *Ödipuskomplex*
Vaughan, F. 344

Vedanta 339
Vegetations
-kulte 43 f.
-religion 43
Vigenerus 312
Vinci, Leonardo da 196
Völkerpsychologie 51
Vogel, Hans Jochen 47
Voltaire 224

W

Wachstumshierophanie 44
Wärmetod, allgemeiner (entropischer) 11
Waito 59
Wakanda 27, 29
Waldsterben 32, 47

Walsh, R. N. 344
Wanapin 85
Warramunga 41
Wenzel, Alois 25
Wettbewerbsdemokratie 76
Wheeler, J. A. 101
Wik-Munkan 54
Wilber, Ken 130, 329, 343-351
Wogulen 63
Wundt, Wilhelm 51, 351

Z

Zarathustra 235
Zwangs
-dynamismus 209
-neurosen 206 f., 220